Milch besser nicht

JOU-VERLAG

Dieses Buch handelt von einem uns selbstverständlich und lieb gewordenen Nahrungsmittel, von der Milch. Unser Verhältnis zur Milch ist kaum reflektiert und heute fast ausschließlich vom massenhaften Konsum der sehr vielfältigen Milchprodukte und von der Werbung bestimmt. Daraus resultiert ein gängiges Motto: Milch ist gut und gesund. Ein bisschen schimmert dabei der Mythos durch, der daher rührt, dass wir Milch als mütterliche Urnahrung für Mensch und Tier kennen. Die unbestreitbare Tatsache, dass Milch ausschließliches und einziges natürliches Lebensmittel für den jeweiligen Nachwuchs ist, führt offenbar zur kritiklosen Akzeptanz eines heute üppigen Konsums von Milchprodukten auch im Leben von Erwachsenen. Und darin unterscheiden wir uns von allen anderen Säugetieren. Denn diese nehmen nach der Saugperiode als Heranwachsende und Erwachsene keine Milch mehr zu sich. Ihr Gesundheitszustand ist im Allgemeinen unter natürlichen Bedingungen hervorragend. Im Gegensatz dazu nehmen wir Menschen – vor allem in den westlichen Ländern – noch bis ins hohe Alter täglich Milchprodukte zu uns, jedoch keine der eigenen Spezies, sondern aus fremder Milch, überwiegend aus Kuhmilch.

Wie wir uns die Körper unserer Haustiere als Nahrungsquelle aneignen, so verfahren wir auch mit den Fruchtbarkeitserzeugnissen der weiblichen lebenden Tiere, mit Milch und Eiern. Nicht nur der mythische Aspekt von beiden als Urnahrung kommt in der industriellen Milch- und Eiproduktion zum Tragen, sondern auch die menschliche Dominanz über das Tier, das uns ganz selbstverständlich zusätzlich zu seinem Leben die Produkte seiner Fruchtbarkeit abtreten muss. Diese beiden Aspekte lassen kaum Zweifel darüber zu, ob es gut ist, dass sich der Mensch im heute üblichen Maß tierische Körperflüssigkeiten einverleibt.

Maria Rollinger, Jahrgang 1954, Juristin, hat seit langem zum Thema Milch und Ernährung recherchiert und war beruflich mit Milch befasst. Ihre Kenntnisse von Lebensumständen in Ländern außerhalb der westlichen Kultur und über prähistorische Forschungen trugen dazu bei die Problematik unseres Milchkonsums zu erkennen.

Ulrike Martin-Plonka, ist Initiatorin und Leiterin der Selbsthilfegruppe „Laktoseintoleranz und Nahrungsmittelallergien" in Fürth und begleitete die Recherche zu diesem Buch.

MARIA ROLLINGER

Milch besser nicht

Ein kritisches Lesebuch

JOU-VERLAG ERFURT

Hinweis

Dieses Buch soll dazu beitragen, sich mit Ernährungsfragen kritisch auseinander zu setzen. Es ist nicht als Ersatz für ärztlichen Rat und Hilfe gedacht, die immer eingeholt werden müssen, sofern Sie das Gefühl haben nicht gesund zu sein. Für eventuelle Schäden aus einer Selbstbehandlung aufgrund der vorliegenden Informationen übernehmen Verlag und Autorin keine Verantwortung.

Bibliografische Information Der Deutschen Bibliothek
Die Deutsche Bibliothek verzeichnet diese Publikation in der
Deutschen Nationalbibliografie; detaillierte bibliografische Daten
sind im Internet über http://dnb.ddb.de abrufbar.

1. Auflage 2004
2. aktualisierte und überarbeitete Auflage 2007
3. unveränderte Auflage 2010
4. unveränderte Auflage 2011
5. unveränderte Auflage 2013
Copyright © 2013 JOU-Verlag · Johannes Ulbrich · Trier

Bestellungen an: bestellung@milchbessernicht.de
Anregungen und Kommentare an: info@milchbessernicht.de
Besuchen Sie: www.milchbessernicht.de und www.milchlos.de

Lektorat:	Heike Stange, Berlin
	Anna Mawista, Weimar
Herstellung:	Johannes Ulbrich, Trier
Druck:	Druckerei Möbius, Artern

Printed in Germany
ISBN 978-3-940236-00-5

„Milch ist unnütz für Milzkranke und Leberkranke, für mit Schwindel Behaftete, mit Epilepsie Behaftete, für Nervenleiden, Fieber und Kopfschmerzen. Wenn nicht jemand um der Reinigung willen das trinkt, was man das Spaltbare [Molke] nennt.
Der ständige Gebrauch derselben schädigt die Zähne und macht das Zahnfleisch welk und schlaff und setzt die Zähne selbst der Fäulnis und Korrosion aus, vor allem die dickere Milch."

Galen von Pergamon*, 2. Jahrhundert n. Chr.

Inhaltsverzeichnis

Hinweis   6

Vorwort   15

Einleitung   17
Das schöne weite Land, in dem Milch und Honig fließen   17
Sprachgebrauch   20

1 Historie   23
Milch, das historisch neue Nahrungsmittel   23
Niedriger Milchertrag und die ersten Milchprodukte   26
Urgeschichte der Milch   29
Römer und Griechen   33
Germanen und Skythen   35
Geschichte, die noch nicht geschrieben ist   36
Ziegen- und Schafsmilch   43
Die weitere Entwicklung in Deutschland   44

2 Von der Subsistenz zu industrieller Produktion (1870-1970)   49
Produktionssteigerungen   49
Der Milchhandel und die Trinkmilch kommen auf   49
Milch – eine Speisenbeilage   51
Milchhändlerinnen und Absatzgenossenschaften   53
Die Butterrevolution und das Aufkommen von Molkereien   54
Die Margarine wird erfunden   55
Institutionalisierung der Milchwirtschaft   56
Milch – auch für Arbeiter und Arme   57
Milchverfälschung   58
Seuchen und die Einführung der Pasteurisierung   59
Vom Negativ- zum Positivimage   64
Vom ersten Milchgesetz zum Industrieprodukt   65
Leistungssteigerungen bei den Erzeugern   71
Ohne Haltbarkeit keine Milchindustrie   73
Die Homogenisierung kommt auf   74
Noch längere Haltbarkeit mit H-Milch   75
Keimarmut als Grundvoraussetzung   76
Die industrielle Massenproduktion kann beginnen   76

3   Folgen industrieller Milchproduktion und Milchverarbeitung   79
Überproduktion   79
Die kleinen Erzeuger werden zum Aufgeben veranlasst   80
Der Milchertrag pro Kuh steigt immer weiter an   80
Mastitis, Berufskrankheit unserer Hochleistungskühe   85
Milch ist nicht mehr die Alte, sie hat sich gravierend verändert   86
Rückstände und Schadstoffbelastung   91
Das Leiden der Tiere   91

4   Milchproduktekonsum vorgestern, gestern und heute   103
Ein historischer Doktorschmaus und die Doktorandenfete 2000   103
Die Zahlen   105
Von 1800 bis zum Zweiten Weltkrieg   106
Die Zeit nach dem Zweiten Weltkrieg   109
140 Jahre   112
Internationale Statistik   113

**5   Milch, Zivilisationskrankheiten und die Unverträglichkeit
von Grundnahrungsmitteln   115**
Krankheit und Umwelt – wissenschaftlicher Streit ohne Ende   115
Westlicher Lebensstil?   116
Milch – Diabetes – Multiple Sklerose·   118
Epidemiologische Betrachtungen   120
Unverträglichkeiten von Grundnahrungsmitteln   130

6   Laktase   135
Kleines Enzym mit großer Wirkung   135
Laktasebildungsfähigkeit   136
Laktasemangel   138
Problematischer Milch- und Milchprodukteverzehr   140
Die Laktase-Lichtthese   154

7   Milch, Kalzium und die Widersprüche   157
Widersprüche und Denkverbote   157
Was spricht gegen Kalzium aus Milchprodukten?   159
Kalzium – ein problematischer Schlankmacher   163
Gesundheit ohne Milchkalzium ist weltweit möglich   164

8   Milchinhaltsstoffe und ihre Problematik   167
Hauptbestandteile   167
Milchzucker/Laktose   167

Galaktose, Linsentrübung und Unfruchtbarkeit 169
Cholesterin 174
Milcheiweiß 176
Vitamine 180
Mineralstoffe und Säuren 180
Hormone 189
Klonmilch 191

9 Die Milch, das Gentech-Wachstumshormon rBST und IGF I 193
Der Hintergrund 193
Der Streit um die Rattenstudie 195
Das Problem mit rBST 200
Der Wachstumsfaktor IGF I 202
Fragen und Argumente 203
Was hat das mit uns zu tun? 205
Anti-Aging, Doping und Milch 208
Weiter so im Multimillionen-Dollar-Geschäft? 209

10 Pasteurisierung, Paratuberkulose, Kaltpasteurisierung,
Kühlung und was sie bewirken 211
Pasteurisierung 211
Pasteurisierung, die sanfte Art der Konservierung 212
Veränderung von Milchinhaltsstoffen 213
Überlebende Krankheitserreger 216
Alternative Verfahren – Kaltpasteurisierung 218
Kühlung 219

11 Homogenisierung, XO-Faktor, Allergien und Darmschäden 221
Verkleinerung der Fettkügelchen 221
Gesundheitliche Aspekte 223
Wie wird Nahrung vom Körper aufgenommen? 226
Der XO-Faktor 230
Werden Allergien und Darmschäden ernst genommen? 234

12 Milch – frisch, laktosefrei, Milchpulver und Salmonellen 237
Milch 237
Natürliche Milch? 238
Die Zwischenzeit – vom Gemelk zur Milchtüte 240
Haltbare alte Milch wird frische Milch 243
Laktosefreie Milch 245

H-Milch   245
Milchpulver und Salmonellen   246

13 Butter, Margarine, Sahne und Eiskrem   **249**
Geschichtliches zur Butter   249
Butter heute   251
Linol- und Linolensäuren   253
Margarine   255
Rahm, Sahneprodukte   255
Speiseeis   255

14 Sauermilchprodukte und Alaktasie   **257**
Sauermilch und ihr Image   257
Fermentation der Milch   258
Joghurt   258
Joghurt mild   263
Kefir   264
Traditionelle Sauermilchprodukte weltweit   265
Alaktasier und Sauermilch   266
Milchsäure   272
Sauermilch und Histamin, Methionin und Benzoesäure   273

15 Quark, Milcheiweiße und neue Bearbeitungsverfahren   **275**
Quark   275
Quark und Eiweißstandardisierung   275
Haltbarkeit durch Konservierung   278
Rohstoffreservoir durch modernste Technik   278
Milcheiweiße und ihre Verwendung   280
Milcheiweiß und was man darunter verstehen kann   281
Deklaration von Milcheiweiß und Milchzucker   281

16 Käse und Unverträglichkeiten   **283**
Allgemeines zu Käse   283
Sauermilchkäse   283
Labkäse   284
Lab-Käseherstellung   285
Maschinelle Käseherstellung   287
Moderne Käsereifung und die Zeit   289
Schmelzkäse   291
Fett in Tr. 50 %   292

Käse, Alaktasie und Unverträglichkeiten 293

17 Molke und Laktose – ungeliebter Abfall **297**
Ungeliebter Abfall 297
Industrielle und wissenschaftliche Aufbereitung 298
Die Römer – Vorbild in der Abfallverwertung? 301
Gesundheitskost, Fitness, Molkenabfall und Solidarität 302

18 Was hindert uns? **305**
Der Geschmack 305
Irrtümer 306
Der Mythos 307
Die Aufhebung der Tabus 308
Verdrängung in Zeiten von BSE 310
Ideologie und Interessen 312
Milch? Besser nicht! 316

Anhang **318**
Literaturverzeichnis 318
Internetadressen 329
Abkürzungsverzeichnis 333
Maßeinheiten 334
Glossar 335
Stichwortverzeichnis 345

Vorwort

Liebe Leser und Leserinnen,

mit „Milch besser nicht" liegt Ihnen ein recht umfangreiches Buch zu einem der beliebtesten Nahrungsmittel unserer Zeit vor. Sie werden Dinge lesen, die Sie so noch nie gehört haben, über die Sie staunen werden und bei denen Ihnen ab und zu der Bauch grummeln wird.

„Milch besser nicht" ist konzipiert als Information über die geschichtlichen Hintergründe unseres Milchkonsums, als Überblick über die meist englischsprachige Literatur zu Zivilisationserkrankungen und Milch und ferner als Information darüber, wie Milchprodukte heutzutage bearbeitet werden und jede Natürlichkeit verloren haben. „Milch besser nicht" ist insofern als erste umfassende Milchkritik zu verstehen, die zu Papier gebracht worden ist. Wir hoffen sehr, dass das Buch über den Personenkreis der durch Milch Erkrankten hinaus zu Diskussionen anregt, zu weiteren Forschungen und zu einem neuen Verständnis dieses Nahrungsmittels und uns alle zu guter Letzt zu einem verhalteneren Umgang mit Milchprodukten veranlasst.

Wer nicht die Zeit findet sich umfassend mit der Materie zu beschäftigen, kann das Buch auch als Nachschlagewerk benutzen. Denn die Autorin hat jedes Kapitel in sich schlüssig und lesbar gehalten, sodass Sie sich auch zunächst das herauspicken können, was Sie am meisten interessiert. Aus diesem Grunde werden Sie, wenn Sie das Buch in Folge lesen, ein paar unvermeidliche Wiederholungen vorfinden. Wir finden, dass sie dem Verständnis der Materie eher förderlich sind als stören.

„Milch besser nicht" beschäftigt sich nicht mit Säuglingsergänzungsnahrung, spezifischen Kinder(milch)krankheiten, Therapievorschlägen und Diät- und Kochempfehlungen. Solche Themen erfordern eigene Bücher und andere Autoren.

Die im Zusammenhang mit Milch immer wieder gestellte wichtige Frage nach der Säuglingsernährung soll hier – ohne ins Detail gehen zu wollen – pauschal mit „stillen, so lange wie möglich" beantwortet werden. Und auch nach der Stillzeit ist die Ernährung der (kleinen) Kinder ohne fremde Milch meistens möglich und zuträglich.

„Milch besser nicht" zeigt weit über den Gesundheitsbereich hinaus die Problematik unseres Milchkonsums auf. Die Autorin beginnt mit der noch immer recht unerforschten Geschichte der Milch, ihrem Aufstieg zur vermeintlichen Idealnahrung in der Industriegesellschaft und ihrer heutigen paradoxen Existenz als umworbenem Naturprodukt, das tatsächlich ein Industrieprodukt ist.

Fürth, im Juni 2004
Ulrike Martin-Plonka

Zur 2. Auflage

Ich freue mich, dass nach nur zweieinhalb Jahren eine weitere Auflage des Buches „Milch besser nicht" notwendig geworden ist. Dieser Umstand zeigt, welch großer Aufklärungsbedarf herrscht, insbesondere bezüglich einer kritischen Betrachtung der Milch, die von offizieller Seite weder in Deutschland noch in Europa oder den USA stattfindet.
Es muss schon verwundern, dass Milchkonsumkritiker oft als unglaubwürdig dargestellt werden, wenn die Geschichte der Milch, die Statistiken, die Kenntnis heutiger Herstellungsmethoden und letztlich die Studien renommierter Wissenschaftler eine andere Sprache sprechen.

Die Tatsache, dass die Milchindustrie verstärkt neue Absatzmärkte in traditionell milchlosen Ländern zu erschließen sucht, ohne Rücksicht darauf, dass die Bewohner dieser traditionell milchlosen Länder in der Regel Alaktasier, also laktoseintolerant, sind, erzürnt nicht nur mich, sondern auch alle, die sich mit den Problemen der Alaktasie auskennen. Verbrämt wird dieses "Erschließen neuer Absatzmärkte" zumeist unter dem Deckmantel von Entwicklungshilfe und dem angeblich gesundheitlichen Nutzen für die neu geworbenen Kunden – sanktioniert auch noch von höchsten Stellen der Regierungen. Dabei dürfte allein der finanzielle Vorteil im Vordergrund stehen und gesundheitliche Folgen oder gar ethische Überlegungen bleiben außen vor.

Ich hoffe, dass die Lektüre dieses Buches so manchem Leser und mancher Leserin die Augen öffnet und sie neugierig macht auf ein Leben ohne Milch, und dass sie durch Karenz der als ernährungsphysiologisch doch so wertvoll beworbenen Milch und Milchprodukte eine erhebliche Besserung ihrer gesundheitlichen Probleme erfahren werden.
Möge Ihnen die Lektüre dieses Buches einen kritischeren Umgang mit Milch, Joghurt, Quark, Käse und Co ermöglichen.

Fürth im Februar 2007
Ulrike Martin-Plonka

Einleitung

Das schöne weite Land, in dem Milch und Honig fließen

Gott sprach zu Moses:

„Ich habe das Elend meines Volkes in Ägypten gesehen, und ihre laute Klage über ihre Antreiber habe ich gehört. Ich kenne ihr Leid. Ich bin herabgestiegen, um sie der Hand der Ägypter zu entreißen und aus jenem Land heraufzuführen in ein schönes, weites Land, in dem Milch und Honig fließen, in das Gebiet der Kanaaniter, Hetiter, Amoriter, Perisiter, Hiwiter und Jebusiter."

Exodus 3, 7–8

Mehrmals auf ihrer Wanderung durch die Wüste wird den Israeliten das verheißene Land als Land beschrieben, in dem Milch und Honig fließen. Milch und Honig, war das die Vision eines besseren Lebens vor etwa 3300 Jahren?

Wir leben mit Milchseen und Butterbergen, baden in Molke, und Honig gibt es im Überfluss. Die Vision hat sich erfüllt; wir leben inzwischen längst im „gelobten Land". Milch und Honig sind in den Industriestaaten für Centbeträge zu haben, fließen also im Überfluss und machen trotzdem nicht glücklich. Nur langsam setzt sich die Erkenntnis durch, dass mit unserem Milchkonsum etwas nicht stimmt.

Trotz der Propaganda von fitten, aufgeweckten, immer leistungsbereiten Menschen fühlen wir uns zunehmend kränker. Unsere Lebenserwartung steigt, so heißt es. Aber was nützt ein statistisch langes Leben, wenn im Einzelfall eine plötzliche Herzattacke einen 53-Jährigen dahinrafft, eine 45-Jährige an Brustkrebs erkrankt, Parkinson, Demenz und Alzheimer in immer jüngeren Jahren auftreten und Tumorerkrankungen Menschen aller Altersgruppen in steigendem Maße betreffen. Woran mag es liegen, dass immer mehr Kinder an Diabetes erkranken, Asthmaanfälle, Mittelohrentzündungen, Hautausschläge und schwere Aufmerksamkeitsdefizite (ADS) an der Tagesordnung sind, Darmprobleme, Kreislaufattacken, Osteoporose bei Frauen wie bei Männern um sich greifen, Neurodermitis, Allergien und Lebensmittelunverträglichkeiten nicht nur Kindern, sondern auch Erwachsenen das Leben zur Qual machen? Könnte es sein, dass Milch, das moderne Allround-Nahrungsmittel, einen Anteil an dieser Entwicklung hat, dass sie gar nicht so gesund ist, wie von der Werbung, Ernährungswirtschaft und -wissenschaft suggeriert wird?

Wenn mit Milch im Alten Testament die Vision eines besseren Lebens verbunden war, dann war sie mit Sicherheit etwas Besonderes, kein Alltagsprodukt. Warum das so war, gilt es zu beleuchten, steht es doch im deutlichen Gegensatz zur gängigen Interpretation dieser göttlichen Verheißung, die Milch als altes, traditionelles, beliebtes Nahrungsmittel ansieht, das für eine gute Gesundheit am besten reichlich und täglich genossen werden sollte.

Sehen wir uns das Leben der mosaischen Hirtennomaden einmal genauer an. Es fällt auf, dass sie in der Wüste mit einer ganzen Reihe von Milchtieren umhergezogen sind, mit Ziegen, Schafen und Rindern. Warum sollten diese Milchtiere nicht genügend Milch gegeben haben? Übertragen auf heutige Verhältnisse von Milcherträgen hätten die Israeliten eher in Milch baden müssen, als daran Mangel zu leiden. Eine derartige Vorstellung ist jedoch nicht zu halten. Es bleibt also festzustellen, dass Milch bei den Hirtennomaden im Sinai sogar trotz vorhandener Milchtiere knapp gewesen ist. Warum war das so?

Es gibt zwei Gründe. Der erste ist leicht nachvollziehbar. Damalige Milchtiere gaben nur einen Bruchteil der heutigen Milchmenge. Durchschnittliche Jahresleistungen von Milchtieren können kaum 10 % der heutigen betragen haben. Der zweite Grund ist, dass Milch als Getränk historisch kaum eine Rolle in der Ernährung gespielt hat. Milch wurde noch bis weit ins 19. Jahrhundert nicht getrunken, sondern zu Butter und Käse verarbeitet. Um diese Verarbeitungserzeugnisse herzustellen, benötigte man jedoch erstaunliche Mengen Milch im Vergleich zu heute.

Die Kuhmilch verarbeitete man in der Regel zu Butter, Schafs- und Ziegenmilch zu Käse, weil sich aus Letzteren keine schmackhafte Butter herstellen ließ. Milchwirtschaft begann also zunächst mit der Butterherstellung, besser gesagt, Fettgewinnung aus Kuhmilch, was erheblich einfacher zu bewerkstelligen war als die Käseproduktion. Die Hartkäseherstellung ist sogar eine recht späte Entwicklung, sie setzt erhebliches Know-how voraus. Erst Griechen und Römer wurden gute Käser.

Um das Fett aus der Kuhmilch zu isolieren, musste man die Milch einfach nach dem Melken stehen lassen, und nach kurzer Zeit setzte sich oben Rahm ab. Schon diesen konnte man als Lebensmittelfett einsetzen. Da aber auch noch Flüssigkeit im Rahm eingeschlossen war, verdarb dieses Fett leicht, besonders bei hohen Temperaturen, ohne Kühlmöglichkeit. Um den Rahm haltbarer zu machen, galt es die Flüssigkeit daraus zu entfernen. Die dazu entwickelte Technik bestand meist in monotonem, langem Schlagen und Stampfen des Rahms in einem Gefäß oder in einem Lederbeutel. Das führte zur Zusammenballung des Fetts in kleinen Fettkugeln, wobei eine Flüssigkeit, die Buttermilch, austrat. Eine andere Methode, heute noch in Palästina bekannt, bestand in der zusätzlichen Untermischung von Getreidekörnern, die die Flüssigkeit aufsaugen sollten. Anschließend wurden die festen Fettbestandteile gewaschen und zusammengeknetet; das, was wir heute Butter nennen, war entstanden. Sie konnte auch auf simple Art für lange Zeit haltbar gemacht werden, nämlich durch Erhitzung und nachfolgende Abkühlung, wodurch Butterschmalz entstand.

Trotz dieser Kenntnisse war Butter immer knapp, weil es großer Mengen Milch bedurfte, um sie auf diese einfache Art herzustellen. Noch mit heutiger, ausgefeilter Technik werden etwa zehn Liter Milch benötigt, um 500 g Butter herzustellen. Außerdem ist der Fettgehalt der Milch heute etwa doppelt so hoch wie in diesen historischen Zeiten. Für die Herstellung von einem Pfund Butter benötigte man früher ungefähr dreißig Liter Milch. Geht man davon aus, dass eine Kuh etwa einen Liter Milch am Tag gab, dann musste entweder die Milch von mindestens dreißig Kühen für die Herstellung dieser 500 g Butter zusammengenommen werden, oder man sammelte die Milch mehrerer Kühe ein paar Tage lang. Wer konnte in jenen historischen Zeiten dreißig Kühe sein Eigen nennen? Auf kaum jemanden traf das zu und deshalb war die Sammlung der Milch ein häufig praktiziertes Verfahren, mühsam und nicht sehr ertragreich. Wer sesshaft war, lag klar im Vorteil, und das wollten die Israeliten ja werden.

Man muss sich vor Augen halten, dass die Fettversorgung in der Vergangenheit immer schwierig war, noch bis ins 20. Jahrhundert auch bei uns. Fett wurde grundsätzlich aus Pflanzen hergestellt, die sich aber nur zu Öl verarbeiten ließen, das flüssig war, oder aus Tieren und deren Produkten, aus denen man Talg (Rind), Schmalz (Schwein) oder Butter (Kuhmilch) gewann. Bis zum Beginn des 20. Jahrhunderts waren die tierischen Fette die einzigen festen Fette, die zur Verfügung standen, und Butter war das feinste und schmackhafteste von ihnen. Um Talg und Schmalz zu erhalten, musste ein Tier aber getötet werden, für Butter nicht. Diese war in der Vergangenheit das einzige feste[1] und damit leicht zu transportierende Fett, das man produzieren konnte ohne zu töten. Für Nomaden war Butter daher das Idealfett schlechthin.

---

[1] Der Schmelzpunkt von Butter liegt in Höhe der Körpertemperatur. Deshalb bleibt sie auch bei hoher Umgebungstemperatur fest.

Wenn sie sesshaft würden, könnten sie jedoch viel mehr Butter herstellen und wären auch nicht mehr auf wilden Honig angewiesen. Auch letzteres Naturprodukt könnten sie dann planmäßig erzeugen – so sah die mosaische Vision aus. Ihre Botschaft war klar: Milch stand für Butter, das feinste Fett, das Menschen je hergestellt hatten, Honig für Süße – und beides war Mangelware. Damals, als Kuhmilch vorrangig zur Butterherstellung genutzt wurde, verstand jeder, was mit der Vision gemeint war.

Wir heute sind jedoch seit ein paar Jahrzehnten an weiße Milchprodukte im Überfluss gewöhnt und ziehen aus der biblischen Vision die falschen Schlüsse. Wir meinen, Milchkonsum sei eine althergebrachte, tradierte Sitte und könne schon deshalb nicht ungesund sein. Wie wir im Weiteren sehen werden, ist ein Leben mit täglichem Milchverzehr in Form von Trinkmilch, Butter, Käse, Quark, Joghurt, Milchschokolade usw. weder althergebracht noch traditionell und ist im Zweifelsfall ungesund.

Sprachgebrauch

Der generalisierende Sprachgebrauch von Milchkonsum und Milchproduktion in Fachpublikationen und Medien stiftet Verwirrung, sofern wir darunter nur Trinkmilch verstehen. Als VerbraucherInnen denken wir beim Begriff Milch meistens an Trinkmilch und nicht an die verschiedenen Milcherzeugnisse. Unter Milchkonsum und Milchproduktion muss jedoch exakterweise die flüssige Form des Rohstoffs inklusive der gesamten Palette der Milcherzeugnisse verstanden werden, die erheblich mehr umfasst als reine Trinkmilch. Um irreführende Vorstellungen zu vermeiden, ist daher ein exakter Sprachgebrauch vonnöten. Wer weiß heute, dass Milch bis weit in das 19. Jahrhundert fast ausschließlich zur Butter- und Käseverarbeitung genutzt wurde und erst mit Beginn der Industrialisierung als Trinkmilch Verbreitung fand, und zwar zunächst hauptsächlich in den besseren Kreisen der Gesellschaft? Ein solches Wissen ist verloren gegangen. Diese Unkenntnis erzeugt, wenn von Milchverbrauch und Milchkonsum oder von Milcherzeugung und Milchproduktion vergangener Zeiten die Rede ist, leicht eine Assoziation mit heutigen Verhältnissen. Dadurch sind wir alle weit davon entfernt überhaupt nachzufragen, was es mit unserem Milchkonsum auf sich hat, ob er gesund ist oder nicht, ob Milch ein traditionelles Lebensmittel ist oder nicht. Wer nachfragt, wird unter Hinweis auf die Bibel vielleicht hören, dass es Milchkonsum schon immer gegeben hat, und man hält dabei unsere heutigen Gewohnheiten für eine altbewährte Sitte. Um diesen falschen Vorstellungen den Nährboden zu entziehen, werden trotz der sprachlichen Schwerfälligkeit im Weiteren die Wortkombinationen Milch und Milchprodukte, Milchproduktekonsum, Milchprodukteverbrauch, etc. verwendet.

Die Begriffe *Alaktasie, Alaktasier, Laktasier,* die im Deutschen selten zu finden sind, werden ab Kapitel 6 vornehmlich gebraucht. Alaktasie ist ein Synonym für *Laktoseintoleranz, Hypolaktasie* oder *Milchzuckerunverträglichkeit, Laktosemalabsorption.*

In der medizinischen Literatur wird im Deutschen dem Begriff Laktoseintoleranz und im Englischen dem Begriff *hypolactasia* der Vorzug gegeben. Beides sind Bezeichnungen für die fehlende oder mangelnde Bildung beziehungsweise Aktivität des Enzyms Laktase im Dünndarm von Menschen und Säugetieren. Dasselbe drückt der Begriff Alaktasie aus. Letzterer enthält jedoch zusätzlich zum medizinischen ein ethnologisches Moment. Mit den Begriffspaaren *Alaktasie – Laktasie* und *Alaktasier – Laktasier* lassen sich die weltweiten genetischen Gegensätze in Bezug auf den Laktasemangel einerseits und die Laktasebildung andererseits am deutlichsten beschreiben. Um in Erinnerung zu halten, dass der Laktasemangel im Erwachsenalter eine weltweite Erscheinung und immerhin die Norm ist (etwa 80 % der Weltbevölkerung), wird den Begriffen Alaktasie, Alaktasier und Laktasie, Laktasier der Vorzug vor Hypolaktasie und Laktoseintoleranz gegeben.

1 Historie

Milch, das historisch neue Nahrungsmittel

Milch ist das jüngste Lebensmittel auf dem menschlichen Speiseplan. An Jugend wird es nur von Gen-Food übertroffen, das entwicklungsgeschichtlich betrachtet noch im Embryonalzustand steckt. Weil Milch erst seit kurzer Zeit eine Rolle in der menschlichen Ernährung spielt, sind wir global gesehen ungenügend an sie angepasst. Um das zu verstehen, genügt ein Blick in die jüngere Vergangenheit allein nicht. Wir müssen mit der Evolutionsgeschichte beginnen und anthropologische Erkenntnisse über die Ursprünge des homo sapiens einbeziehen. Erst dann lässt sich nachvollziehen, wie neu die moderne Milchernährung in Wirklichkeit ist.

Menschen werden heute zu den Omnivoren (Allesessern) gezählt, weil sie sich ebenso von pflanzlicher wie von tierischer Kost ernähren können. In unseren Ursprüngen waren wir jedoch ganz auf pflanzliche Nahrung eingestellt. Anhand der Entwicklung von Gebissen gefundener Urmensch-Fossilien ist dies zu erkennen und ferner an physiologischen Gegebenheiten, wie unserer Unfähigkeit Vitamin C im Körper selbst herzustellen. Dies gilt als typisches Merkmal aller Pflanzen(fr)esser.[1] Denn wer sich von Pflanzen ernährt, erhält quasi nebenbei eine ausreichende Vitamin-C-Versorgung, die eine eigene Synthetisierung überflüssig macht. Auch haben wir den für Pflanzen(fr)esser typischen langen Dünndarm mit Zotten. Im Vergleich zu den Primaten hat der Mensch den längsten Dünndarm und den kürzesten Dickdarm. Karnivoren (Fleischfresser) dagegen besitzen nur kurze glatte Verdauungsschläuche, damit schädlicher Eiweißverwesung vorbeugend, das tierische Eiweiß möglichst schnell ausgeschieden werden kann. Wir Menschen sind physiologisch also noch heute eher Pflanzenesser. Aus den Verhaltensforschungen über Menschenaffen, die als Pflanzenfresser gelten, wissen wir jedoch, dass diese gelegentlich mit großer Freude und Genuss auch Fleisch von größeren Tieren verspeisen.[2] Ähnlich wird man sich unsere Ursprünge vorstellen dürfen: grundsätzlich pflanzliche Kost mit gelegentlicher Einlage tierischer Proteine. Diese Kost war wohl die geeignetste, um uns zum homo sapiens zu entwickeln.

Worin bestand nun diese Kost im Einzelnen? Der Speiseplan sah Knollen, Wurzeln, Grünzeug wie Binsen und Riedgras, Samen, Nüsse und

---

1 Elmadfa/Leitzmann, Ernährung des Menschen, S. 12.
2 Goodall, Ein Herz für Schimpansen.

Beeren vor, ferner Käfer, Schnecken, Insekten, Muscheln und Eier der verschiedenen Vogelarten, neben Fisch und Fleisch von Kleintieren eines unserer ältesten tierischen Nahrungsmittel. Viel früher als gemeinhin angenommen, nämlich seit ungefähr 1,5 Millionen Jahren kennen Hominiden das Feuer. Seither hat man immer weniger rohe Lebensmittel gegessen, dafür mehr zubereitete, gegarte, also erwärmte Nahrungsmittel, überwiegend jedoch pflanzliche, zum geringeren Teil auch tierische. Tierische Kost in Form von größeren Tieren nahm erst im jüngeren Paläolithikum zu, parallel zur weltweiten Entwicklung der Jäger- und SammlerInnenkulturen. Aber auch hier dominierten tierische Proteine noch nicht. Die gesammelte, pflanzliche Nahrung hat immer etwa 70 % – mit Abweichungen nach oben und unten – der Gesamtnahrung ausgemacht. Manche Forscher vermuten allerdings eine zeitweilig überwiegende oder sogar ausschließliche Ernährung von Großtieren. Sofern diese in Mittel-, Südeuropa und Vorderasien überhaupt stattgefunden hat, ist sie eine Sonderentwicklung, die zeitlich in den letzten Abschnitt der Altsteinzeit fällt. Diese Periode war, was die Ernährung und die kulturelle Entwicklung angeht, bereits differenziert und lässt partielle Fehlentwicklungen erkennen, die ganze Gesellschaften an den Rand des Ruins gebracht haben. Denn Menschen, die sich allein von magerem Fleisch ernährten – und Wildtiere hatten kaum Fett – litten auf Dauer an gravierenden Mangelsyndromen. Als begrenzender Faktor für den Fleisch(protein)verzehr wird allgemein die körpereigene Fähigkeit zur Ammoniakentgiftung angesehen. Danach kann ein Proteinanteil in der Nahrung von maximal 30 % auf lange Sicht schadlos vertragen werden.[3]

Als sich aus den nomadisierenden Jäger- und SammlerInnenkulturen ab etwa 10.000 v. Chr. langsam Viehzucht und Ackerbau betreibende sesshafte Kulturen entwickelten – man bezeichnet diesen Vorgang als neolithische Revolution, traten zusätzlich ernährungsbedingte Fehlentwicklungen auf. Denn durch die sesshafte, Ackerbau- und Viehzucht betreibende Lebensweise wurden Überschussproduktion und als Folge davon einseitige Ernährung im großen Stil überhaupt erst möglich. Aus der archäologischen Forschung sind viele Hinweise auf solche Fehlentwicklungen bekannt.[4]

3   Ernährungs-Umschau, 2006, 53(1), S. 15.
4   siehe dazu z. B. Larsen, Ortner, Theobald, Sobolik, Miller, Wetterstrom in: Kiple u. a., The Cambridge World History of Food, I. 1–1–3 und V. A.; Diamond, Der Dritte Schimpanse; Weiler, Der Aufrechte Gang der Menschenfrau.

Kenneth F. Kiple, einer der Herausgeber des „The Cambridge World History of Food", der im Jahre 2000 erschienen, weltweit wohl größten Enzyklopädie über Ernährung, hat die Periode so beschrieben:

„...Paradoxerweise hat die höhere Nahrungsproduktion, die durch Viehzucht und Ackerbau möglich wurde, zu Umbrüchen in der Ernährung und zu Defiziten geführt. Es scheint gerade in Bezug auf die menschliche Gesundheit so, dass die vielen neolithischen Revolutionen weltweit, mit denen der Ackerbau erfunden und immer wieder neu eingeführt wurde, im kollektiven Bewusstsein der Menschheit als die größten Errungenschaften überhaupt verankert, tatsächlich Schritte rückwärts waren. Mehr noch, wenn wir uns in Erinnerung rufen, dass der überlegene Ernährungsstatus der Jäger- und Sammlergesellschaften gegenüber ihren sesshaften Nachfahren ohne die zwei Nahrungsgruppen, die wir heute als Grundnahrung ansehen – Getreide- und Milchprodukte – die erst infolge der neolithischen Revolution eingeführt wurden, erreicht und aufrechterhalten wurde, dann stellt die Überlegenheit der Jäger- und Sammlergesellschaften eine absolute Häresie gegenüber landläufigen Ernährungsdogmen dar..."[5]

Im Rahmen der neolithischen Revolution, die sich weltweit in einem Zeitfenster von etwa 7000 Jahren abspielte, vollzogen sich in der menschlichen Ernährung gravierende Veränderungen. Tierische Nahrungsmittel – Fleisch, Milch, Eier – und pflanzliche Nahrungsmittel – Getreide, Gemüsepflanzen, Obst – kamen erstmals oder in einem bis dahin nie gekannten Umfang auf den menschlichen Speiseplan. Es begann mit der Domestizierung von Haustieren ab ca. 10.000 v. Chr., die eine kontinuierliche Zunahme tierischer Nahrungsmittel ermöglichte, in erster Linie Fleisch. Ab schätzungsweise 7000 v. Chr. wurde dann langsam Getreideanbau und Gartenbau üblich. Schließlich folgte als Letztes die Milch der Haustiere, für die erst ab etwa 5000 v. Chr. gezielte Produktion und Verarbeitung nachgewiesen ist.

Fleisch und Vogeleier hatten in der menschlichen Ernährung schon lange eine Rolle gespielt, Milch bis dato überhaupt noch nicht. Bei den pflanzlichen Nahrungsmitteln waren die Getreide die Neulinge, denn gesammelte Wurzelnahrung und Grünzeug kannte man ebenfalls schon lange. Alle Getreidearten und Milchprodukte müssen als neue Nahrungsmittel in der menschlichen Ernährung im Zuge der neolithischen Revolu-

---

5 Kiple in: Kiple u. a., The Cambridge World History of Food, VII. 13. Es handelt sich um eine eigene Übersetzung aus dem zweibändigen, englischsprachigen Werk, das nicht ins Deutsche übersetzt worden ist.

tion angesehen werden. Heute haben sie die Stellung von Grundnahrungsmitteln eingenommen. Die Zeit, die wir zur Anpassung an diese
Nahrungsmittel hatten, ist entwicklungsgeschichtlich gesehen recht
kurz. Unsere Adaption ist längst noch nicht abgeschlossen. Es verwundert insofern kaum, dass Nahrungsmittelunverträglichkeiten und Allergien gegen Milch- und Getreideprodukte sehr ausgeprägt sind.[6] Von
beiden Grundnahrungsmitteln ist die Milch das jüngere. Die Adaption an
Milch ist global gesehen am wenigsten fortgeschritten, nur bei den weißen kaukasischen Menschentypen dominiert sie. Der überwiegende Teil
der heute lebenden Menschen ist an Milch als Nahrungsmittel noch immer nicht angepasst.

Niedriger Milchertrag und die'ersten Milchprodukte

Seit Tiere domestiziert wurden, wird Milch wohl von Menschen immer
wieder auf ihre Tauglichkeit als Lebensmittel geprüft worden sein. In
welcher Form Menschen in grauer Vorzeit die Milch ihrer verschiedenen Haustiere zu sich genommen haben, kann heute niemand mit
Sicherheit sagen. Sicher ist allerdings eines: Flüssige Milch, heute als
Trinkmilch bezeichnet, sowie die ältesten verarbeiteten Milchprodukte
Butter, Sauermilch und Käse haben niemals einen herausragenden Teil
der menschlichen Ernährung ausgemacht.[7] Denn alle infrage kommen-
den Tiere, wie die Urformen der heutigen Rinder, Schafe, Ziegen, Esel,
Pferde, Kamele, Büffel, gaben, wenn überhaupt, erheblich weniger Milch
als heute. Diese geringe Menge hätte kaum ausgereicht, eine Sippe mit
Trinkmilch zu versorgen, schon gar nicht, wenn man aus der Milch auch
noch das begehrte Fett zur Butter verarbeiten wollte. Schließlich wurden
früher, im Gegensatz zu heute, riesige Milchmengen benötigt, um ein
Pfund Butter herzustellen. Wie schon beschrieben, reichen wegen des
angezüchteten höheren Fettgehaltes der Milch und wegen der modernen
Herstellungsverfahren mit höherer Fettausbeute heute etwa zehn Liter
Milch aus, um 500 g Butter herzustellen. In der Vergangenheit musste
dafür die drei- bis vierfache Menge eingesetzt werden. Was wollte man

---

6 Auch Hühnereiweiß ist heute ein Hauptallergen, was damit zu tun haben dürfte, dass Hühnereier ebenfalls neue Nahrungsmittel sind. Denn der menschliche Speisezettel kannte zwar diverse Vogeleier, jedoch nicht das heute fast
   täglich genossene Hühnerei bzw. einzelne seiner Bestandteile, die mittlerweile als Zusätze in den verschiedensten Fertignahrungsmitteln zu finden sind.
7 Teuteberg/Wiegelmann, Unsere tägliche Kost, Kapitel: Stadien der Ernäh-
   rungsgeschichte und Anfänge des modernen Milchzeitalters in Deutschland.

mit der Milch eines Tieres anfangen, das nur rund einen Liter Milch am Tag lieferte? Durch die Jahrtausende und Jahrhunderte ziehen sich Zahlenwerte wie 400 bis 600, etwa 900, etwa 2000 g Kuhmilch am Tag, und zwar bei Laktationsperioden von etwa 100 bis 240 Tagen.[8] Das scheint hoch gegriffen zu sein, wenn zum Vergleich der aktuelle Milchertrag pro Kuh in einem nicht industrialisierten Land bei traditioneller Haltung zugrunde gelegt wird. Der liegt nämlich nur bei 300 g täglich bzw. 110 kg jährlich![9] 600 Liter Milch soll eine Kuh im Mittelalter in Mitteleuropa im Jahr gegeben haben.[10] Abzüglich der für die Kälberaufzucht[11] erforderlichen Milchmengen von ca. 250 kg waren das während der Laktation in den futterreichen fünf Sommermonaten etwa 2,3 kg Milch täglich. Danach versiegte die Milch in der Regel. Eine solche Kuh galt als Musterkuh. Ein Hauptnahrungsmittel wie heute konnte Milch, von welchem Tier auch immer, mengenmäßig niemals sein.

Bedenkt man weiter, dass die Wiege der heutigen Zivilisation die warmen Zonen Afrikas und des Vorderen Orients waren, dann wird deutlich, dass auch aus klimatischen Gründen die getrunkene Milch in der menschlichen Ernährung so gut wie keine Rolle gespielt haben kann. Es wird eher so gewesen sein, wie Waris Dirie[12], die in der Wüste Somalias aufgewachsen ist, aus ihrer Kindheit erzählt. Wenn sie durstig war und kein Wasser hatte, trank sie bei Gelegenheit von den Zitzen eines Kamels oder eines anderen Tieres. Das Wenige, das sich melken ließ, wurde auch ab und zu als etwas Besonderes im Familienkreis nach dem Melken frisch getrunken. Was übrig blieb, wurde zwangsläufig zu Rahm,

---

8 Benecke, Der Mensch und seine Haustiere, S. 133.
   Die sehr unterschiedlichen Angaben in der Literatur über die Milchleistung von Kühen kommt u. a. auch dadurch zustande, dass Kühe (und andere Säugetiere) natürlicherweise nur während ihrer Laktationsperioden verwertbare Milch geben, was häufig nicht beachtet wird.
   In der Milchwirtschaft wird nicht in Litern gerechnet, sondern in Kilogramm. 1 Liter Milch entspricht 1030 g.
9 Z. B. in Burkina Faso; in: Oudet, Agrarsubventionen schaffen Armut, S. 11.
10 Mirow, Geschichte des Deutschen Volkes, S. 76.
11 Die Aufzucht von Kälbern ohne Muttermilch durch sog. Milchaustauscher, heute die Regel, ist eine Erscheinung des 20. Jahrhunderts. Bis dahin wurden Kälber mit ihrer Muttermilch großgezogen, sodass bei sämtlichen Zahlen bezüglich der Milchleistung von Kühen dieser Umstand zusätzlich die für den Menschen verfügbare Milchmenge schmälerte.
12 Dirie/Miller, Wüstenblume.

Sauermilch, Quark und Käse. Die Mutter stellte normalerweise aus der ermolkenen Milch Butterfett und Quark bzw. Käse für den Eigenbedarf und zum Tausch gegen andere Lebensmittel her. Denn Milch hat eine für die Weiterverarbeitung sehr nützliche Eigenschaft. Sie ist zwar als flüssiges Getränk nur kurze Zeit haltbar, da sie von Natur aus zum sofortigen Verzehr durch das Neugeborene bestimmt ist. Wird sie jedoch älter, wird sie im Gegensatz zu anderen Lebensmitteln nicht ungenießbar. Sie enthält Milchsäurebakterien, die sich ohne Kühlung schnell vermehren. Das führt zur Ausfällung des Milcheiweißes innerhalb von nur 24 bis 36 Stunden und ergibt zunächst eine schmackhafte Sauermilch. Diesen Prozess nennt man Milchsäuregerinnung. Die saure Milch verdirbt nicht, weil das saure Milieu sie gleichzeitig konserviert. Fäulnisbakterien sind säureempfindlich und werden durch diesen natürlichen Milchsäurefermentationsprozess an weiterer Vermehrung gehindert. In der Folge kann Milch durch die natürliche Konservierung als Sauermilch länger verzehrt und verarbeitet werden.

Weil diese Milch zunächst nicht verdarb, sondern sich in Rahm und Sauermilch, danach in flüssigen und später in festeren Quark bzw. Käse verwandeln konnte und das sogar weitgehend ohne menschliches Zutun, hatte man hiermit die typischen ersten Milcherzeugnisse. Und weil die Versorgung mit Fett in historischen Zeiten in vielen Regionen ein besonderes Problem darstellte, kann man davon ausgehen, dass eine gezielte Milchwirtschaft zunächst anstrebte, den Menschen das Fett aus der Milch als Nahrung zugänglich zu machen. Demzufolge spielten die heute in der Ernährung unter gesundheitlichen Aspekten problematischen Milchbestandteile Milcheiweiß und Milchzucker lange Zeit auch in Gesellschaften, die Milch gezielt verarbeiteten, keine oder nur eine untergeordnete Rolle.

Urgeschichte der Milch

Unsere heutigen Rinder entwickelten sich aus dem Ur, einer Tierart, die von Europa über den Nahen Osten bis nach China verbreitet war. Die Domestizierung ging vom Gebiet des fruchtbaren Halbmondes aus, der sich von Anatolien über den Iran, den Irak, Syrien, Israel und Palästina erstreckte. Von hier gelangten sie als domestizierte Rinder nach Europa. Die europäische Variante des Ur, der Auerochse, trug nur wenig zum Genpool heutiger Rinder bei. Er starb im 17. Jahrhundert aus.

Als erste domestizierte Tiere gelten Ziegen, Schafe und Hunde um 10.000 v. Chr. Rinder sind in Vorderasien erst seit etwa 6000 v. Chr. teilweise domestiziert. In Europa sind sie um 5000 v. Chr. nachgewiesen. Anfangs dominierte als Zweck der Haustierhaltung die Fleischnutzung, was man an dem zunächst ausgewogenen Verhältnis von männlichen und weiblichen erwachsenen Tieren sowie Jung- und Alttieren in archäologischen Funden erkennen kann. Erst später, in Gebieten des fruchtbaren Halbmondes ab 5000 v. Chr. und in Europa nördlich der Alpen ab etwa 3400 v. Chr., überwogen bei Rindern die weiblichen erwachsenen Tiere in vielen Herdenstrukturen, was als Hinweis auf eine beginnende Milchnutzung gilt. Bevor jedoch überhaupt eine Nutzung der Rindermilch stattfand, wurde die Milch von Ziegen und Schafen, die damals nährstoff- und fettreicher war als Kuhmilch, zur Rahm- und Käseherstellung verwendet.[13]

Aus der Sahara, aus Ägypten und Mesopotamien gibt es schon seit 4000 v. Chr. Zeugnisse über die Milchverarbeitung. Relieftafeln aus den Tempeln Sumers um 3100 v. Chr. zeigen Rinderhaltung und Milchverarbeitung. Auch aus Indien kennt man Bildnisse über frühe Milchverarbeitung, ungefähr 2000 v. Chr.[14]

Die ägyptische, griechische und römische Kulturgeschichte ist ab ca. 3500 v. Chr. von Kuh- und Stiergottheiten geprägt, wahrscheinlich als Folge davon, dass die frühen Kulturen ganz auf das Rind, besonders aber auf die Kuh, angewiesen waren, weil sie das erste Arbeitstier des Menschen war. Gleichzeitig nährte sie, indem sie Fleisch- und Milcherzeug-

---

[13] Vgl. zu den Anfängen der Milchnutzung: Benecke, a.a.O., S. 127 ff., Schibler u.a., Ökonomie und Ökologie neolithischer und bronzezeitlicher Ufersiedlungen am Zürichsee, S. 60 ff; Kenneth F. Kiple in GEO WISSEN Nr. 28, erschienen 2001, Ernährung und Gesundheit, S. 66.

[14] Eine übersichtliche Zusammenstellung bietet: Eekhof-Stork, Der große Käseatlas, S. 8 ff.

nisse lieferte. Daher wurden noch vor den Stieren die Kühe als Gottheiten verehrt. Stiere ließen sich nicht domestizieren und zur Feldarbeit bewegen, dazu ließen sich nur die Kühe heranziehen. Sie wurden in sesshaften Kulturen anfangs ausschließlich als Feldarbeitstiere gehalten, die den Pflug über die Äcker zogen. Ihre Milchproduktion war ohne oder nur von untergeordneter Bedeutung. Später erst lernte man den Stier durch Kastration zum Ochsen zu machen, der sich dann auch zur Feldarbeit heranziehen ließ und die Kuhhaltung insofern veränderte.

Die uralten Schöpfungsmythen

Die Achtung vor körperlicher Arbeit in Agrargesellschaften bezog sich anfangs nicht nur auf die Menschen, sondern auch auf die von den Tieren geleistete Arbeit. Arbeitstiere wurden daher nicht wie ihre heutigen Nachkommen als Sachen betrachtet, ,benutzt, genutzt und verbraucht', wie es in ihrer heutigen Bezeichnung als Nutztiere zum Ausdruck kommt. Sie lebten eher als beseelte Mitgeschöpfe mit den Menschen und symbolisierten ihnen Mutterschaft, Zeugungsfähigkeit, Macht, Kraft und damit Herrschaft über Himmel und Erde.

Ursprünglich gab es Göttinnen-Kuhkulte, die schöpferische Allmacht, Kraft und Stärke repräsentierten. Lange danach erst kamen Götter-Stierkulte auf, beispielsweise in der minoischen Kultur Kretas. Uns sind die Kuhkulte heute leider kaum mehr nachvollziehbar, denn wir assoziieren mit Kühen eher die ,dumme Kuh' und den Gedanken an die in unserer Zivilisation bis zum elenden Ende abgezapften und ausgebeuteten Milchkühe. Schon ihre fehlenden stattlichen Hörner, die heute aus Haltungsgründen entfernt werden, verunstalten ihr Aussehen. Da ist nichts Göttlich-Heroisches mehr, nur noch allzu oft endloses Leiden und Siechen in Kuhställen, lebenslang auf kaltem Beton oder Spalten, ohne Stroh und den eigenen Fäkalien ausgesetzt. Und bei denen, die es etwas besser haben, die manchmal weiden dürfen, sieht man von Weitem riesige angezüchtete Euter unter den Körpern hervorquellen, Euter, die jede Bewegung zur Qual werden lassen.

Kühe, von Natur aus individuell und intelligent, mit ausgebildeten sozialen Strukturen, waren jedoch nicht immer Underdogs. In Zeiten, die noch mutterrechtlich geprägt waren, symbolisierte die Kuh mit ihrem gehörnten Kopfschmuck die Schöpferin des Alls und die alles umfassende Muttergottheit. In Indien war das die Urmutter Kali, in Ägypten Hathor, in Kleinasien wurde Io verehrt, in Skandinavien war Audumla die Schöpferin und Nährerin der Welt und die Mutter des Sternenfirmaments. Sie wurde als weiße, gehörnte, milchgebende Mondkuh dargestellt, aus deren Euter sich, Milch ergießend, anschließend gerinnend, Sterne, Länder und Menschen formten. Unsere Milchstraße hat hier ihre mythologischen Wurzeln. Bei den Germanen gab es bis weit in die Zeit der Christianisierung heilige, geweihte Kühe. Der göttliche Aspekt der Kuh hatte im Norden Europas ähnlich wie in den mediterranen Kulturen des Altertums Tradition. In unserer Symbolsprache lebt noch eine leise Erinnerung fort, wenn wir von der heiligen Kuh sprechen und wir meinen damit etwas Tabuisiertes, Unantastbares, etwas Heiliges eben. Heute symbolisieren noch die heiligen Kühe Indiens die Kontinent übergreifenden uralten Schöpfungsmythen.

Der nordeuropäische Eiszeitmythos

Der nordeuropäische Eiszeitmythos ist in der Edda festgehalten. Audumla, die Kuh, die aus dem Chaos hervorgegangen ist, als das Eis mit der Erschaffung der Welt auftaute, beleckt die salzigen Eisfelsen und den salzigen Eisgrund. So leckt sie in drei Tagen den Riesen Buri hervor. Der wird der Großvater des Odin, Begründer des nordeuropäischen Göttergeschlechts der Asen.[15] Audumla, die Kuh, hat sie erschaffen.

Da die letzte Warmzeit etwa 8000 v. Chr., also vor ungefähr 10.000 Jahren einsetzte, kann der gedankliche Ursprung dieses sehr alten Schöpfungsmythos gut eingeschätzt werden. Gegen Ende der Altsteinzeit stand in der nordeuropäischen Mythologie folglich eine göttliche Kuh am Anfang der Schöpfung.

Der Hathor-Kult

Der Hathor-Kult ist heute noch in antiken Tempeln Ägyptens sichtbar. In ihren mythologischen Anfängen war Hathor, von Gestalt eine Kuh, Sinnbild des Göttlichen überhaupt, sie war die alle göttlichen Aspekte vereinende Göttin, Urbild der Mutter und Schöpferin. Der Kuhgestaltigen wurde besonders in der Zeit des alten Reichs, etwa 3600 bis 2000 v. Chr. umfassende Verehrung zuteil. Ihr ursprüngliches Heiligtum liegt in Dendéra, ungefähr 60 km nördlich von Luxor, einer der ältesten Städte am Nil. In ihren Ursprüngen reicht diese Stadt noch weit über die Zeit 3600 v. Chr. zurück. Die archäologischen Forschungen sind längst nicht abgeschlossen.

---

[15] Vollmer, Vollständiges Wörterbuch der Mythologie aller Völker, Stichwort: Audumla.

Die schöne sternenübersäte Hathor, die kuhgestaltige Göttin, ist im Mythos die kosmische Göttin des Himmels, die lebendige Seele der Bäume, Mutter und Amme des Horusknaben, Symbol und Schutzgöttin eines jeden Pharao. Sie ist die Verkörperung des Goldes, des Metalls, des Lichtes und der Sonne, schmückt Göttinnen, Götter und Pharaonen und trägt deshalb die Sonnenscheibe zwischen ihren Hörnern, das Symbol des Göttlichen überhaupt. Sie tritt auch als Löwengestaltige auf, womit ihr schutzspendender Aspekt und ihre unumschränkte Macht symbolisiert wird. In dieser Gestalt wird sie zur Sphinx, vereint männliche und weibliche Kräfte und wird zur Schutzpatronin und Hüterin der Toten. Sie ist die große, allmächtige, über den anderen Gottheiten stehende Göttin, die sich unter ihrem Namen einreihen, der zum allgemeinen Göttinnen- und Göttertitel wird.

Ihre Macht reichte bis in ferne Länder. Überall fand man Heiligtümer zur Verehrung der mächtigen und beliebten Göttin. Als ihr Kult teilweise vom Isis-Kult abgelöst wurde, blieben ihre Kultstätten in und außerhalb Ägyptens lebendig. Denn Hathor war nicht nur die Göttin der Mächtigsten, der Pharaonen, sondern bald auch die allseits verehrte Göttin des Volkes. Im neuen Reich zeichnete sich ein Paradigmenwechsel ab. Hathors Allmacht bröckelte. Die Bauarbeiten zu ihrem letzten Tempel in Dendéra wurden zur Ptolemäerzeit (ab 305 v. Chr.) begonnen und erst in römischer Kaiserzeit beendet.[16] In dieser späten ägyptischen Periode wurde Hathor nur noch in einzelnen Aspekten ihrer Gottheit verehrt. Manchmal war sie noch Amme des Horus, aber ihren allumfassenden Charakter als Mutter und Herrscherin hatte sie eingebüßt. Als Himmelskuh hieß sie Nut, was gleichzeitig ihr ältester Aspekt ist. Er geht auf die noch vor ihr als Himmelskuh und Himmelsmutter verehrte ältere Göttin Nout bzw. Neit zurück. In ihrem Aspekt der Verkörperung von Schönheit und Lebensfreude mutierte sie schließlich zur Göttin der Liebe, was sie bei Griechen und Römern zur Vorläuferin von Aphrodite und Venus gemacht hat. Hera, die kuhäugige Gattin des Zeus, wurde noch in Byzanz als göttliche Kuhgestaltige mit dem gehörnten Kopfschmuck der Hathor dargestellt.[17]

---

[16] Aus dieser späten Periode, die künstlerisch einen Niedergang gegenüber der klassischen ägyptischen Zeit bedeutet, stammen die meisten Bilder von ihr, die sie im Gegensatz zu den älteren Abbildungen weniger majestätisch aussehen lassen, ein deutliches Zeichen ihres Bedeutungsverlusts.

[17] Vgl. zum Gesamtkomplex: Knaurs Lexikon der ägyptischen Kultur; Göttner-Abendroth, Die Göttin und ihr Heros, S. 54 ff.; Walker, The Woman´s

Europa/Io

Unser Kontinent Europa trägt den Namen einer alten mediterranen Mond- und Kuhgöttin. In der älteren prähellenischen Epoche ist Europa die Mondgöttin selbst, die im Triumph auf dem Sonnenstier reitet. Ihr Name hat eine Doppelbedeutung, *breitgesichtig*, ein Synonym für den Vollmond und zugleich *gut für die Weide*, ein Synonym für den fünften Monat des Jahres, den Mai, der in ganz Europa mit Fruchtbarkeitsriten in Verbindung gebracht wurde und in dem die Kühe, die im Herbst trächtig geworden waren, kalbten. Europa wurde zum Beinamen anderer weiblicher Gottheiten. Sogar Hera, die Gattin des Zeus, wurde mit dem Titel Europia bedacht.

Der jüngere Mythos ist dagegen sehr profan. Die junge Frau Europa wird von Zeus in Gestalt des weißen Stiers nach Kreta entführt, wo er sich mit ihr vereinigt und sie ihm drei Kinder gebiert.

Als Symbol des Vollmonds ist Europa gleichzeitig ein Aspekt der in Kleinasien als Mondgöttin und großen Mutter verehrten Io, die als weiße Kuhgestaltige dargestellt wird. In späterer Zeit ist sie nicht mehr Göttin, sondern Herapriesterin. Auch mit ihr vereinigt sich Zeus als weißer Stier, was die Rache seiner Gemahlin heraufbeschwört. Sie lässt Io, ihre Priesterin, durch ganz Südosteuropa, Vorderasien bis nach Äthiopien verfolgen und lässt sie schließlich in Ägypten Ruhe finden. Ios Wanderung durch die halbe Welt soll die ursprünglich weite Verbreitung des Kultes der kuhgestaltigen Göttin bezeugen: Die heilige Kuhgestaltige Europa/Io hieß in Indien Kali, in Syrien Astarte und in Ägypten Hathor/Isis.[18]

Römer und Griechen

Die Römer waren die Ersten, die in Europa eine nennenswerte Milchverarbeitung aufbauten.

Der Begriff der Milch beschränkte sich bei ihnen und den Griechen nicht auf Kuhmilch wie bei uns heute.[19] Man nutzte Milch von ganz verschie-

---

Encyclopedia, Stichwort: Cow.

[18] Robert von Ranke-Graves, Griechische Mythologie, S. 169 ff.; Grant/Hazel, Lexikon der antiken Mythen und Gestalten, Stichwort: Europa, Io.

[19] Im üblichen Gebrauchswortschatz wird mit dem Begriff Milch Kuhmilch verbunden. Im weiteren Text ist unter dem Begriff Milch immer Kuhmilch zu verstehen; wenn dem nicht so ist, wird die Tierart angegeben oder von Humanmilch gesprochen.

denen Tieren, z. B. von Eseln, Pferden, Hunden, Ziegen, Schafen und Rindern. Die verschiedenen Milcharten und die gewonnene Butter bzw. das Butterschmalz wurden hauptsächlich zur äußerlichen Anwendung (Kosmetik, Milchbäder zur Hautreinigung) und als Heilmittel (Salben für die Haut bei Geschwüren und Aussatz) genutzt; Käse wurde seiner zähen Klebekraft wegen als Pflaster auf Wunden verwendet. Für den menschlichen Verzehr stellte man Käse fast ausschließlich aus Schafsmilch und in geringerem Umfang aus Ziegenmilch her, nicht aber aus Kuhmilch. Denn die Käseausbeute aus Schafsmilch war durch den erheblich höheren Eiweiß- und Fettgehalt ungleich höher als bei Kuhmilch.[20] Rinder wurden noch hauptsächlich zur Fleischproduktion gehalten und speziell die Kühe als Zugtiere, nicht nur auf dem Feld, sondern auch als Wagengespann.

Die Römer der republikanischen wie der Kaiserzeit waren zu meisterhaften Käsern geworden. Nicht nur für die Millionenstadt Rom, sondern auch für die Soldaten war mit Käse eine fett- und eiweißreiche Nahrungsquelle erschlossen. Man aß gerne Hartkäse, Grana-Sorten. Käse war das ideale, ergänzende Lebensmittel auf Feldzügen. Denn Schafs- und Ziegenkäse war preiswert, konnte einfach transportiert und lange gelagert werden. Er entwickelte erst bei längerer Lagerung sein volles Aroma. Die Römer verstanden es nämlich, ihren Hartkäse mittels Labenzym herzustellen, das, anders als bei Sauermilchkäse, die Herstellung von hochwertigem, lagerfähigem Käse zuließ. Lab wurde aus den Mägen von Jungtieren gewonnen und zwar wie heute meist von Kälbern, Lämmern und Ziegen. Auch die Griechen kannten Labkäse, sogar schon zu Homers Zeiten, etwa 800 v. Chr.

In städtischen römischen Haushalten gab es die *casale*, eine separate Käseküche, wie sie in Pompeji regelmäßig gefunden wurde. Das Rom der Kaiserzeit hatte einen Markt, *velabrum* genannt, auf dem regelmäßig Käsereiwaren verkauft wurden, und in den großen Städten gab es Zentren, in die der hausgemachte Käse zum Räuchern, zur Haltbarmachung, gebracht werden konnte. In dem ganzen Zeitraum von Cato d. Ä. (234–149 v. Chr.) über Vergil (70–19 v. Chr.) bis zu Columella (1. Jh. n. Chr.) wurde über die damalige Käsewirtschaft berichtet und erst mit der einsetzenden Völkerwanderung erlebte sie ihren Niedergang.

---

[20] Der Eiweißgehalt von Schafsmilch liegt bei ca. 5,5 % und ihr Fettgehalt bei 7,2 %, Kuhmilch hat ca. 3,5 % Eiweiß und 2–4 % Fett.

Ihrer ausgeprägten Käsewirtschaft wegen, bei der große Mengen leicht verderblicher und dann ungenießbarer Molke anfielen, entsorgten schon die Römer diese im Gedärm ihrer Zeitgenossen, indem sie Molke-Entschlackungskuren durchführten, ähnlich wie wir heute.

Griechen und Römer kannten Butter, wie bereits beschrieben. Das Wort Butter stammt vom griechischen *boútyron* was eigentlich Kuhquark bedeutet. Im Lateinischen wurde daraus *butyrum*. Rinderbutter wurde anders als im damaligen Palästina nur in geringem Umfang als Lebensmittelfett genutzt. Offensichtlich war sie ein Luxusartikel, der hauptsächlich als Fett für kosmetische Salben und für die heilende Anwendung bei Hautkrankheiten eingesetzt wurde. Für die tägliche Fettversorgung konnte in ausreichendem Umfang auf pflanzliches Fett, auf Olivenöl, zurückgriffen werden.

Griechen und Römer waren die Ersten, die durch Milch verursachte Krankheiten erkannt haben. Schon der griechische Arzt Hippokrates (460–370 v. Chr.), der als Begründer der medizinischen Wissenschaft gilt, nannte Unverträglichkeitsreaktionen auf Milch und Käse. Bei den Griechen galt Butter sogar als gesundheitsschädlich.[21]

Germanen und Skythen

Die Germanen waren aus römischer Sicht Barbaren, die z. B. im Unterschied zu ihnen Milch aßen, jedoch keine Hartkäse – die feine Lebensart – kannten. Es wird berichtet, dass die Römer ihre Kenntnisse der Käseherstellung nach Germanien brachten, wo Milch hauptsächlich noch als *lac concretum* – gestockte Milch – also als Sauermilch bzw. wässriger Weißquark gegessen worden sein soll.[22] Die alten Germanen waren also noch keine Milchtrinker wie wir heute. Nur in Britannien soll es üblich gewesen sein, frische Milch zu trinken. Noch heute trinkt kaum ein Naturvolk frische Milch. Die traditionelle Konsumform ist, wenn überhaupt, gesäuerte Milch.

Die (Barbaren-)Völker, die um die Zeitenwende an den nördlichen und östlichen Grenzen des römischen Reiches lebten, verfügten aufgrund der klimatischen Gegebenheiten über keine so reiche Fettquelle wie die Römer mit ihrem Olivenöl. Diese Völker griffen daher auf andere Quellen zurück, darunter vermutlich Milch, Ziegen- und Kuhmilch. Letztere eig-

---

[21] Bächtold-Stäubli, Zur Deutschen Volkskunde, Handwörterbuch, Stichwort: Butter.

[22] Tacitus, Germania, Kapitel 23.

nete sich besonders zur Fettgewinnung. Da Kühe in Germanien und dem besiedelten Südskandinavien als heilig galten, dürfte mit ihrer Haltung immer genügend Milch vorhanden gewesen sein, um eine geringe Grundsicherung mit Fett zu gewährleisten. Es galt allerdings kein Schlachtverbot wie in Indien, sondern die heiligen Kühe wurden als Opfertiere dargebracht, deren Fleisch nach der Opferung von allen Anwesenden verspeist wurde. Ihr Status als „heilige" Tiere beugte jedoch sicherlich unnötigen Schlachtungen zur reinen Fleischgewinnung vor und begünstigte die Milchnutzung.

Inwieweit aus dem Rahm der Milch in Germanien schon gezielt Butter hergestellt wurde, ist nicht geklärt. Beschrieben ist jedoch, dass die Skythen, ein Volk, das in Südosteuropa lebte, Butter herstellte. Die Skythen waren Nomaden und verwendeten hauptsächlich Pferdemilch. Sie sind berühmt dafür, dass sie aus ihrer Milch auch ein berauschendes Getränk, den Kumys, herstellten.[23] Allgemein kann davon ausgegangen werden, dass in Gegenden, wo kein Weinbau betrieben werden konnte, sowie bei nomadisierender Lebensweise, die Milch neben der Fettversorgung vornehmlich der Luxusproduktion von alkoholischen Getränken diente. Solche Getränke sind aus der Historie von Skandinavien bis ans Schwarze Meer bekannt.

Geschichte, die noch nicht geschrieben ist

Nach der klassischen römischen Periode wird die Erwähnung von Milch, Butter und Käse spärlich. Offensichtlich ist die Milchgeschichte danach in ein Dunkel eingetaucht, um zu Beginn des 20. Jahrhunderts im strahlenden Licht der industriellen Neuzeit wieder zu erscheinen, dann allerdings mit geballter Kraft. Die jüngere Milchgeschichte seit der Spätantike ist praktisch nicht erforscht. Über die Gründe mag man trefflich spekulieren. Die vorhandenen, nur sporadischen Hinweise lassen den Verdacht aufkommen, das Desinteresse könnte deshalb gepflegt werden, weil möglicherweise die neuen Erkenntnisse mit den heutigen Glaubensbekenntnissen vom 'tradierten Milchkonsum' und der 'gesunden Milch für jeden und jede' nicht miteinander in Einklang zu bringen sind. Auf jeden Fall wird eine ausstehende, zusammenhängende Erforschung der Milchgeschichte manch überraschende Tatsache ans Licht bringen. Das Folgende liefert Einblicke in die vergessene Geschichte.

---

23 Hoops, Reallexikon der Germanischen Altertumskunde, Stichwort: Milch.

Galen von Pergamon

Galen von Pergamon, auch Galenus aus Pergamon in Kleinasien genannt, (ca. 129–199 n. Chr.) war unter verschiedenen Kaisern, u. a. unter Marc Aurel, Arzt in Rom. Berühmt wurde er als Gladiatorenarzt, der schlimmste Verwundungen heilen konnte. Außer seiner Tätigkeit als Mediziner verstand er sich zugleich als Heiler und Lehrer und beschäftigte bis zu zwanzig Schreiber, die sein umfassendes Wissen über Medizin niederschrieben. So wurde das gesamte Wissen der antiken Heilkunde zusammengetragen. Er stützte sich in seinen Lehrmeinungen besonders auf Hippokrates und überlieferte dessen Lehrsätze. Neben Hippokrates gilt er als der bedeutendste Mediziner des Altertums. Galen verknüpfte das klassische antike Heilwissen mit einer eigenen Lehre und entwickelte ein einheitliches und umfassendes System, das auf Theorie und Erfahrung beruhte. 1500 Jahre lang, von der Spätantike über das gesamte Mittelalter bis in die Neuzeit und teilweise bis ins 19. Jahrhundert, galt er als absolute medizinische Autorität, auf die sich Ärzte und Naturwissenschaftler beriefen.

Diese medizinische Autorität hielt nichts von der Milch. Galen machte Milch wie auch Käse bzw. käsereiche Milch für viele Krankheiten verantwortlich. Da er ein großer Verfechter prophylaktischer Medizin war, d. h. Krankheiten durch die Art der Lebensführung – *diaeta* – vorbeugend verhindern wollte, hatte bei ihm die innere körperliche Reinigung – *purgatio* – eine große Bedeutung. Nur zu diesem Zwecke empfahl er ein Milchprodukt, das Käsewasser, heute Molke genannt, zu nutzen. Andere Milcherzeugnisse hielt er für ungesund. Aufgrund der Lehren Galens, sicherlich aber auch aufgrund eigener Erfahrung, standen die meisten mittelalterlichen Gelehrten und Ärzte Milch und Käse skeptisch oder ablehnend gegenüber und rieten den Menschen, insbesondere vom Käsegenuss zu lassen. Denn dieser wurde immer wieder mit schwerer Verdauung, Kopfschmerz und Epilepsie in Verbindung gebracht.

Pantaleone da Confienza und Conrad Gesner

In Auflehnung gegen die herrschende Lehre verfasste der italienische Arzt Pantaleone da Confienza im 15. Jahrhundert eine Schrift über Milchprodukte. Im 16. Jahrhundert folgte ihm der Schweizer Arzt und Naturforscher Conrad Gesner.

Pantaleone da Confienza (ca. 1417–1497), im Gegensatz zu vielen seiner akademischen Zeitgenossen bekennender Käseliebhaber, lebte überwiegend als Leibarzt und Ratgeber der Herzöge von Savoyen in deren Gefolgschaft in der Lombardei und reiste mit ihnen durch Europa (Frankreich, England, Belgien, Flandern, Süddeutschland, Schweiz). Im Jahre 1477 erschien in Turin seine „Summa Lacticiniorum" (Summe der Milchprodukte).[24] Sie ist die älteste bisher bekannte Schrift, die sich ausschließlich mit Milch und Milchprodukten, deren Herstellung und gesundheitlichen Aspekten beschäftigt.

Pantaleones italienische Übersetzerin Irma Naso, die an der Universität von Turin mittelalterliche Geschichte lehrt, stellte fest, dass der Verzehr von Milch im Mittelalter allgemein als gesundheitsschädlich betrachtet wurde, vor allem wenn er übermäßig war. Diese Haltung trug zu einem insgesamt nur geringen Milchproduktekonsum bei. Vor diesem Hintergrund versuchte der Käseliebhaber Pantaleone mit seiner Summa dagegen zu steuern und den Beweis zu führen, dass Käse ein für die Menschen durchaus verträgliches und positives Lebensmittel sein kann. Im heutigen Sprachgebrauch würde man sagen, die Schrift diente dazu, das negative Image des Käses aufzupolieren.

Pantaleone war allerdings Wissenschaftler genug, um sich nicht völlig gegen das Lehr- und Erfahrungswissen von Jahrhunderten bzw. Jahrtausenden zu stellen. Und das wollte er wahrscheinlich auch gar nicht, denn er schildert neben den positiven auch die negativen Erfahrungen mit dem Milch- und Käsegenuss. Seine Erfahrungen und Reiseerlebnisse, die er aus der Sicht des Käsekenners schildert, sind deshalb glaubwürdig. Letztlich kommt aber auch er zu dem Schluss, dass Maßhalten für den Käseliebhaber am gesündesten sei und verweist auf die Lebensweisheit, die sich in dem Vers „Der Käse ist gesund, den eine geizige Hand gibt" ausdrückt.

Seine Reiseerlebnisse lassen den noch immer unterschiedlichen Gebrauch von Milcherzeugnissen in Italien, Frankreich und den nördlicheren Regionen Europas deutlich erkennen. Während Pantaleone ganz in römischer Tradition kein rechtes Verhältnis zu Butter hatte, staunte er über die in Flandern und Deutschland herrschende Vorliebe für eben diese, was allerdings dazu führe, dass dort wiederum keine schmack-

---

[24] Der Originaltext ist Lateinisch. Er wurde erst vor wenigen Jahren in der Nationalbibliothek in Turin wiederentdeckt und zunächst von Irma Naso ins Italienische übersetzt und im Jahre 1990 herausgegeben. Die deutsche Übersetzung von Siegfried Kratzsch ist im Sommer 2002 erschienen; siehe Pantaleone da Confienza im Literaturverzeichnis.

haften Käse hergestellt würden. Als Italiener kannte er den Olivenölgebrauch, der eine Fettversorgung der Menschen ohne Milchfett ermöglichte. Nur Käse aus voller, nicht entrahmter Milch hielt er für aromatisch, und Käse ohne Fett (Sauermilchkäse), wie er nördlich der Alpen meist als Resteverwertung aus der Butterproduktion hergestellt wurde, war für ihn minderwertig. Dass die Nordeuropäer Milch ‚essen' und frischen, weißen, entfetteten Käse (Quark) und Butter lieben, war ihm fremd, und er berichtete es mit Erstaunen. Darin unterscheidet er sich kaum von seinen 1500 Jahre vor ihm lebenden römischen Vorfahren, die die germanische Sitte des Milch- bzw. Quarkessens barbarisch fanden.

Was die Gesundheit anging, stellte er sich nicht gegen die Tradition, die wusste, dass Milcherzeugnisse auf Menschen unterschiedlich wirkten. Auch seiner Erfahrung nach gab es solche, für die sie gar nicht verträglich waren und daher krank machten, und wieder andere, denen sie nicht oder weniger schadeten. Er wendete sich hauptsächlich gegen diejenigen ärztlichen Autoritäten, die sämtliche Käse für alle Menschen wegen ihrer schlechten Verdaulichkeit und den Krankheiten, die sie befördern, als „abscheulich" betrachteten. Dem setzte er entgegen, dass er viele Menschen beobachtet hat, die Käse in Maßen durchaus vertrugen. Und da gute Käse so wohlschmeckend sind, sollte man sie nicht allen verbieten. Aber wenn der Mensch in die Jahre kommt, dann...

„...könnte dadurch, dass er [der Käse] im hinfälligen Greisenalter die Katarrhe [Asthma] vervielfältigt, sehr unbekömmlich sein, da wir sehen, dass eine Anzahl von hinfälligen Greisen vom Katarrh erstickt werden. Und deshalb sehe ich nicht, dass irgendein Käse hinfälligen Greisen bekömmlich ist. Vielleicht aber wäre der alte [Käse] weniger schlecht, freilich in mäßiger Menge genommen, wegen der Schwierigkeit der Verdauung, und gewiss bin ich ziemlich traurig, wenn ich daran denke, dass ich in jenes Alter eintreten muss, wenn es Gott gefällt, da ich mich des Käses enthalten muss, den ich doch sehr gerne esse...",

sagt Pantaleone, der immerhin ein stattliches Alter von weit über achtzig Jahren erreichte.[25]

Conrad Gesner, Schweizer Arzt und Naturforscher (1516–1565) und junger Zeitgenosse Martin Luthers, veröffentlichte im Jahre 1541 ein „Büchlein von der Milch und den Milchprodukten".[26] Darin stellt er das Wissen seiner Zeit zum Thema Milch anhand von Zitaten antiker und

---

[25] Pantaleone da Confienza, Summe der Milchprodukte, S. 53, 58; [...] Erläuterungen der Verf.

zeitgenössischer Ärzte dar. Wenn es um die gesundheitliche Wirkung von Milchprodukten geht, zitiert er hauptsächlich Galen. Gesner starb an der Pest.

Beide Bücher zeichnen ein sehr ähnliches Bild. Sie beziehen sich auf traditionelle medizinische Autoritäten wie Galen, Hippokrates, Avicenna, Dioskurides und andere und kombinieren deren Wissen mit eigenen Erfahrungen. Sie repräsentieren das damalige Wissen der Ärzte über Milch und Milchprodukte und beschreiben negative wie positive Wirkungen der weißen Lebensmittel. Die herrschende negative Meinung scheint ihnen zu undifferenziert gewesen zu sein. Im Lichte der heutigen Erkenntnisse betrachtet, ist ihr Wissen überraschend modern.
Anhand beider Schriften lassen sich die antiken und spätmittelalterlichen Vorstellungen über die medizinische Anwendung von Milch und Milchprodukten unter Verwendung des damaligen Vokabulars wie folgt darstellen:

- Grundsätzlich wird die Bekömmlichkeit der Milch je nach einzelnem Menschen unterschiedlich gesehen. Milch hat sowohl abführende wie verstopfende Wirkung, je nachdem wie die Natur desjenigen ist, der sie gebraucht.

- Ihre entgiftenden, beruhigenden und entschärfenden Eigenschaften werden gelobt. Diese dürften zum großen Teil auf die neutralisierende Wirkung von Milch auf die Magensäure zurückzuführen sein. Geschwüre sowohl außerhalb als auch innerhalb des Körpers sollten zur sanften, entschärfenden Reinigung mit Milch gewaschen werden.

- Heute ist völlig in Vergessenheit geraten, dass Milch im Magen gerinnt und klumpt und deshalb schwer verdaulich ist. Dies wird mehrfach in beiden Büchern wiederholt. Auch deshalb wird vor Milchgenuss gewarnt oder es zumindest als besser angesehen, die schon vorverdauten Milchprodukte wie frischen Käse (Quark) und Oxygala (Sauermilch) zu essen. So ist auch zu verstehen, dass allgemein vom Milchessen und nicht vom Milchtrinken gesprochen wurde.

- Milch wurde in der medizinischen Therapie als Dickmacher eingesetzt. Ihr wurde große Nährkraft zugesprochen und Dünne, die man häufig für krank hielt, sollten, um dick zu werden, viel Milch zu sich nehmen. Wer dünn sein wollte, sollte umgekehrt Milch meiden. Das

---

[26] Die deutsche Übersetzung der lateinischen Schrift von Siegfried Kratzsch ist erstmals in 1996 erschienen.

deckt sich z. B. mit heutigen Beobachtungen, dass Dicke, die Milch nicht vertragen, beim Weglassen derselben gleichzeitig abnehmen. Die für manche Menschen zutreffende gute Nährkraft mag z. T. aber auch damit zu tun gehabt haben, dass sowohl die zu medizinischen Zwecken eingesetzte Milch als auch die dazu verwendete Molke häufig aus Schafsmilch war, die weitaus fett- und eiweißreicher ist als Kuhmilch.

- Molke war in medizinischen Kreisen als Abführ- und Darmreinigungsmittel bekannt; es muss also die Darmträgheit auch in der Vergangenheit ein häufiges Problem gewesen sein. Ein großer Teil der berühmten guten gesundheitlichen Wirkungen der Molke beruhte auf diesem Phänomen. Sie wurde dafür nicht nur oral zugeführt, sondern auch mittels einer Klistierspritze in den Enddarm gespritzt. Heute scheut man sich so klar auszusprechen, dass Molke ein Abführmittel ist. Molke musste frisch sein, da sie nach etwa einem halben Tag ungenießbar war. Für die medizinische Anwendung konnte daher in den seltensten Fällen auf die beim Käsemachen angefallene Molke zurückgriffen werden, sondern man musste Molke zu dem Zeitpunkt zubereiten, an dem sie zur *purgatio* eingesetzt werden sollte.

- Ansonsten wurde Molke als Tier-, besonders Hundefutter, verwendet und galt vielen nur als verdorbene Milch oder sogar als Hefe der Milch, ein Gärsaft also, in den sich Molke nach ein paar Stunden verwandelte.

- Eselsmilch erkannte man als der menschlichen Milch am ähnlichsten und daher am gesündesten. Dies verdankt sie der Tatsache, dass sie im Magen nicht gerinnt, und das ist insoweit zutreffend, als sie nur einen geringen Anteil an Kaseinen enthält, genau wie humane Muttermilch. Aus diesem Grunde wurde sie zur Kinderernährung empfohlen, sofern keine Mutter- oder Ammenmilch vorhanden war.

- Butter galt als Heilmittel bei Entzündungen der Ohren, des Mundes und der Schamgegend. Sie wurde von außen aufgetragen, um Verhärtungen entgegen und heilend zu wirken.

- Bei Auswurf der Brust und der Lunge hielt man die Betroffenen zum Butter- und Honiglecken an.

- Zusammen mit Honig auf das Zahnfleisch aufgetragen, wurde Butter zur Beförderung des Zahnens bei Kindern eingesetzt.

- Aus Käse und durch Kochen eingedickter Milch bereitete man Pasten zu, die auf Wunden aufgestrichen wurden und wie Pflaster wirkten. So machte man sich die stark klebenden Eigenschaften der Kaseine zunutze.

- Beim Käse aber, so Galen, seien alle zu tadeln. Käse führe zu Verstopfung und könne daher zur Behandlung von Durchfall eingesetzt werden.

- Arme Leute sollen frischen Quark und Sauermilch gegessen haben, während die Wohlhabenden und Gebildeten hauptsächlich dem harten Käse zusprachen, allerdings nur zum Nachtisch als Gaumenfreude, weil sie um die ungesunden Wirkungen wussten.

Die Liste der beobachteten Krankheiten durch Milch- und Käsegenuss ist lang und deckt sich mit dem, was heutige Milchkonsumkritiker beschreiben:

- Verschlüsse und Krankheiten der Leber,
- Nierensteine,
- Blasensteine,
- Katarrhe (Asthma),
- Blähungen unter dem Zwerchfell (führt zu Druck auf das Herz und Herzbeschwerden),
- Blähungen im Unterleib, angeschwollener Unterleib,
- Schädigung von Zähnen und Zahnfleisch,
- schwerer Hautausschlag,
- Milzerkrankungen,
- Erstickungsanfälle,
- Veränderung der Sehkraft,
- Kopfschmerzen,
- Nervenleiden,
- Schwindel,
- Epilepsie.

Was sonst noch bekannt ist

Von einigen Klöstern des frühen Mittelalters ist bekannt, dass dort Käse hergestellt wurde. Meistens handelte es sich um Ziegenkäse, da Kühe, wenn sie überhaupt gehalten wurden, als Fleischlieferanten und Feldarbeitstiere dienten und noch nicht wie heute als Milchvieh. Auch Ziegen wurden in erster Linie als Fleischtiere gehalten, wegen ihrer geringen Milchleistung erst in zweiter Linie als Milchtiere. Das Verhältnis zum Käse war auch in dieser Zeit sehr zwiespältig. Käse galt in Kreisen der Klöster als ungesund, leider aber auch als schmackhaft. Zur Zeit Hildegard von Bingens (1098 bis 1179) kannte man nur Ziegenkäse. Kuhkäse war weitgehend unbekannt. Butter vom Rind wurde zu Hildegards Zeiten wie bei Griechen und Römern eher als Salbe eingesetzt, was auf geringe Kuhmilchmengen hindeutet, die zur Herstellung von Käse kaum ausreichten. Bei Hildegard findet sich wie in der antiken Medizin das Verbot, Ziegenkäse an Epileptiker zu verabreichen.[27]

In Küstengebieten und den Alpen, wo schon früh gewerblich Käse produziert wurde, konnten Zinsen an die Grundherren auch in Form von Käse entrichtet werden.[28]

In Norddeutschland und im Allgäu entwickelte sich im Mittelalter eine Rinder-Milchviehhaltung zur Eigenversorgung mit Butterfett und Sauermilchkäse. Denn Kuhmilchfett eignete sich besser zur Butterung als Schafs- oder Ziegenmilchfett. Ähnliche Entwicklungen gab es in den Alpenregionen der Schweiz und Österreichs und im Küstenland Holland.

Ansonsten ist über die Verwendung von Milch, Butter und Käse aus dem Mittelalter wenig bekannt. Das erste Buch über Butter stammt aus dem Jahre 1664: „Tractatus de Butyro" von dem Holländer Martini Schoockius. Er hat auch die Schrift „Über die Abneigung gegenüber dem Käse" – „De Aversatione Casei" – verfasst, ein Buch, das noch auf seine Übersetzung wartet.

Ziegen- und Schafsmilch

Ziegen sind die ersten größeren Tiere, die domestiziert wurden und zwar schon im 8. Jahrtausend v. Chr. Als Hausziegen haben sie sich jedoch erst zwischen dem 6. und 12. Jahrhundert n. Chr. über Asien, Europa und Afrika ausgebreitet. Ihre Haltung dient bis heute der Eigenversorgung ihrer Besitzer mit Haaren, Fellen, Fleisch und Milch. Sofern Ziegen Milchlieferanten waren, stellte man überwiegend Ziegenkäse her, auch weil Ziegenmilch zur Butterung ungeeignet ist. Die durchschnittliche Milchleistung von Ziegen variiert je nach Rasse und Umgebung stark. So geben heutige griechische Landrassen nur um die 100 kg Milch

---

[27] Bächtold-Sträubli, Zur Deutschen Volkskunde, Stichwörter: Käse und Butter.

[28] Abel, Geschichte der Deutschen Landwirtschaft vom frühen Mittelalter bis zum 19. Jahrhundert, S. 95, 105.

jährlich, andere Ziegenrassen um die 300 kg. Auch hier war die Milchleistung in der Vergangenheit erheblich niedriger. Noch für das Jahr 1800 wird die durchschnittliche jährliche Milchleistung in Deutschland auf ungefähr 150 kg je Milchziege geschätzt.[29] Die neuesten züchterischen Erfolge machen aus Ziegen richtige Milchspenderinnen. Deutsche Edelmilchziegen liefern mittlerweile um die 1000 kg jährlich. Trotzdem sind Ziegenmilchprodukte wegen ihres für viele Menschen gewöhnungsbedürftigen Geschmacks und Geruchs Nischenprodukte geblieben. Historisch gesehen kann für die menschliche Ernährung wegen der grundsätzlich geringen Milchleistung die Ziegenmilcherzeugung kaum von Bedeutung gewesen sein. Zwar stieg in Notzeiten der Bestand an Ziegen stark an, sank jedoch bald nach der Entspannung der Verhältnisse wieder rapide. Die Bedeutung der Ziege als Milchtier ging über eine geringe Selbstversorgung mit Ziegenkäse praktisch nicht hinaus.

Ähnliches gilt für Schafsmilch, die in Deutschland eine noch geringere Rolle gespielt hat. Es gab zeitweise hohe Schafsbestände, jedoch wurden sie hauptsächlich zur Wollproduktion gehalten. Anders sah dies in den Mittelmeerländern aus, in denen aus Schafsmilch schon seit den römischen Zeiten Schafsmilchkäse hergestellt wurde.

Aufgrund der insgesamt geringen Bedeutung von Ziegen- und Schafsmilch in Nordeuropa wird im Folgenden das Augenmerk auf die Kuhmilchproduktion gelegt.

Die weitere Entwicklung in Deutschland

Seit dem Dreißigjährigen Krieg zogen die Menschen verstärkt vom Land in die Städte, weshalb sich dort die Nachfrage nach Lebensmitteln erhöhte und erste gewerbliche Formen der Milcherzeugung und -verarbeitung bekannt wurden. Im 17. Jahrhundert wanderten Holländerfamilien nach Nord- und Ostdeutschland ein, die hier ihre Kenntnisse in der Milchverarbeitung zu ihrer Einkommensquelle machten. Sie traten als selbstständige Pächter größerer Kuhbestände insbesondere von solchen Gutsbesitzern auf, die über viel Land verfügten. Letzteres war die Voraussetzung für eine rationelle Kuhwirtschaft, die sich daher in Gebieten mit entsprechend großen Flächen etablierte. Die Gutsbesitzer stellten das Futter für die Tiere. Aufgabe der Holländer war es, die Kühe zu melken, die Milch zu Butter und die Magermilch zu Käse (Sauermilchkäse) zu verarbeiten. Butter und Käse wurden anschließend zu festen Preisen

---

[29] Bittermann, Die landwirtschaftliche Produktion in Deutschland, S. 60.

an Butter- und Käsehändler verkauft. Die jährliche Pacht betrug 73 Pfund Butter pro Kuh, was dem durchschnittlichen Milchertrag einer Kuh pro Jahr entsprach. Der Gesamterlös dieser Milchverarbeitungswirtschaft wurde zu etwa 77 % aus Butter, 13 % aus Käse und 10 % aus dem Mastschweineverkauf erwirtschaftet. Bis ins 20. Jahrhundert blieb es nämlich üblich, die Restmilch, also Molke, die Buttermilch und sonstige Reste an Schweine zu verfüttern. Es war bekannt, dass Schweine unter Molkeverfütterung besser gediehen, d. h. größer wurden, als mit ihrem sonstigen Futter. Neben der Milchverarbeitung wurde daher häufig auch eine Schweinezucht betrieben, deren Einnahmen ganz der Holländerfamilie zuflossen.

Die Holländereien waren Familienbetriebe. Der Mann wickelte die Geschäfte ab und die Frau, die Meierin, war für die eigentliche Milchverarbeitung zuständig. Sie war diejenige, die die Butter- und Käseherstellung nach tradierten Rezepten mit Hilfe ihrer Milch- und Melkmädchen erledigte. Der überwiegende Teil der körperlichen Arbeit in der Meierei wurde eigenverantwortlich von Frauen geleistet. So wurden auch zum Melken ausschließlich Frauen beschäftigt, die so genannten Melkmädchen, was sich mit Ausnahmen bis ins 20. Jahrhundert erhalten hat. Besonders das Melken war harte körperliche Arbeit: Die Melkerinnen mussten mit ihren schweren Holzgefäßen zweimal am Tag, in der Regel morgens und nachmittags jeweils um vier Uhr, zum Melken auf die Weide und anschließend mit den noch schwereren, gefüllten Gefäßen den Rückmarsch antreten. Im 18. und 19. Jahrhundert konnte man sie mit der schweren Dracht (Tragejoch) sehen, einem Holzbalken auf den Schultern, der in der Mitte eine Auskerbung für den Nacken hatte und an dessen beiden Seiten die Melkeimer hingen. Von der schweren Arbeit waren die Frauen physisch schnell verbraucht, ihr gesellschaftliches Ansehen war gering.[30]

Aus den Angaben über die jährliche Pacht lässt sich die durchschnittlich jährliche Milchleistung der norddeutschen Holländer-Kühe berechnen: etwa 1168 Liter bei einem Verbrauch von ungefähr 16 Litern Milch für ein Pfund Butter.[31] Dies entspricht für damalige Verhältnisse einer sehr

---

[30] Auf die Geschichte der Holländereien wird in der Dissertation von Andrea Fink, Von der Bauernmilch zur Industriemilch, S. 21 und dem Aufsatz von Georg Davids in: Die Milch, S. 147 ff. hingewiesen.

[31] Fink, S. 22; nach den dortigen Angaben lag der durchschnittliche Milchverbrauch für ein Pfund Butter bei 16 Litern Milch, nach anderen Angaben bei 20-30 Litern.

hohen Milchleistung, die als gewerbliche durchaus realistisch sein kann. Noch für das beginnende 19. Jahrhundert gilt jedoch eine jährliche Milchleistung von nur 600 bis 800 Litern als durchschnittlich üblich. Das Beispiel bestätigt indirekt, dass Milch nicht als Getränk Verwendung fand, sondern hauptsächlich als Butter und außerdem als Käserohstoff. Die Restmilch war Abfall oder Schweinefutter. Auffallend ist auch, wie noch bis ins 19. Jahrhundert der Ertrag einer Kuh angegeben wurde, nämlich in Pfund Butter, nicht in Milchlitern.

Bis zum Ende des 18. Jahrhunderts blieben Milcherzeugung und -verarbeitung eine bäuerlich-ländliche, lokale Angelegenheit. Es wurde zwar auch Handel mit Butter und Käse betrieben, jedoch nur im Rahmen relativ geringer Überschussproduktion einer ansonsten sich selbst versorgenden und Kleinhandel betreibenden Agrargesellschaft. Mit Einsetzen der Industrialisierung zu Beginn des 19. Jahrhunderts änderte sich dies. Um 1800 wird eine Milchproduktion von 4,3 Millionen Tonnen geschätzt, 1850 bereits das Doppelte.[32] Die Zahl der Rinder stieg jedoch nicht um das Doppelte an. Für 1800 werden zehn Millionen Rinder geschätzt und für 1853 13 Millionen. Die Steigerung der Milchleistung lag also nur zum Teil an der höheren Anzahl von Rindern. Vor allem war sie einer erheblich gestiegenen Milchleistung pro Kuh geschuldet. Dieser Trend hält bis heute an und ist insofern schon 200 Jahre alt. Allerdings war die Milchleistung von Stall zu Stall, von Region zu Region und auch je nach Rinderrasse äußerst unterschiedlich. Die Bandbreite verlief etwa zwischen 600 und 2500 kg Jahresleistung pro Kuh. Parallel dazu stieg auch das Gewicht pro Kuh erheblich an: Um 1800 lag es bei 250 kg pro Tier. Heute sind unsere Kühe 600 bis 700 kg schwer.

Die Ausweitung der Milcherträge ging mit einer allgemeinen Verdoppelung der Agrarproduktion in der Zeit von 1800 bis 1850 einher. Sie war Folge der intensivierten Bodennutzung, des Fruchtwechselanbaus anstelle der Dreifelderwirtschaft sowie der Umstrukturierung des gesamten Agrarsektors mit Aufteilung der Allmenden. So erzielte man höhere Erträge durch mehr Fläche und gleichzeitig führten verbesserte Düngungsmethoden zum Anbau einer größeren Vielfalt von Nutzpflanzen, z. B. Kartoffeln und Rüben. Damit wurde eine ganzjährige Fütterung des Viehs in großem Umfang überhaupt erst möglich.[33] Vor dieser Zeit muss-

---

[32] Diese und weitere Zahlen aus Comberg, Die deutsche Tierzucht im 19. und 20. Jahrhundert, S. 39 ff. Sie sind eher zu hoch geschätzt, vgl. Kapitel 4.

[33] Mirow, Geschichte des Deutschen Volkes, S. 485 ff.

ten Kleinvieh und oft auch die Rinder noch vor dem Winter geschlachtet werden, weil nicht genug Futter produziert werden konnte, um die Tiere neben den Menschen über den Winter zu bringen.

Trotz dieser Produktionssteigerung war Milch in der ersten Hälfte des 19. Jahrhunderts noch vor allem Rohstoff für Butter und etwas Käse und hatte kaum eine andere Bedeutung.

2 Von der Subsistenz zu industrieller Produktion (1870-1970)

Produktionssteigerungen

Nach der ersten Phase der Milchproduktionssteigerung zwischen 1800 und 1850 verdoppelte sich die Milchproduktion bis zum Jahr 1900 erneut. Von einem deutlichen Aufschwung und einer industriellen Milchwirtschaft in Deutschland kann jedoch erst seit den 70er Jahren des 19. Jahrhunderts die Rede sein.

„Während bis in die 1870er Jahre die Milchwirtschaft weitgehend auf den bäuerlichen Haushalt beschränkt blieb oder bestenfalls einen Nebenverdienst der Hausfrau bildete, rückt die Milchproduktion und ihre Weiterverarbeitung von nun an in den Mittelpunkt des Interesses bei der Rindviehhaltung," schreibt ein Wissenschaftler über diese Zeit.[1]

Die Bevölkerung wuchs in der Periode zwischen der Reichsgründung im Jahr 1871 und dem Ersten Weltkrieg 1914 rasant an, insgesamt um mehr als ein Drittel. Dank gestiegener Realeinkommen – auch bei den ärmeren Schichten – wuchs die Nachfrage nach den als höherwertig betrachteten tierischen Lebensmitteln wie Käse, Butter, Eier und Fleisch stetig an, was wiederum deren Produktion ankurbelte. Die aus einheimischer Erzeugung nicht zu befriedigende Nachfrage wurde seit den 1890er Jahren bei Butter und Käse sogar durch Importe aus Holland und Dänemark ausgeglichen. Der jährliche Pro-Kopf-Verbrauch von Butter und Käse stieg Schätzungen zufolge von sechs kg im Jahre 1860 auf zwölf kg im Jahre 1910.[2] In dieser Zeit erhöhte sich auch die durchschnittliche jährliche Milchleistung pro Kuh auf etwa 2200 kg. Noch um 1850 hatte sie unter 1000 kg betragen.

Der Milchhandel und die Trinkmilch kommen auf

Mit Beginn des 19. Jahrhunderts gründeten Bauern in manchen großen Städten so genannte Milchniederlagen. Dabei handelte es sich um einen angemieteten Raum oder einen Marktstand, dem Bauern ihre Milch lieferten und von dem aus angestellte Milchmädchen die Milch in die Häuser und Haushalte der Kunden brachten. Diese bestimmten, von welchem Bauern oder sogar von welcher Kuh sie ihre Milch beziehen wollten. Bald wurden an den Milchniederlagen auch direkt Verkäufe abgewickelt. Viele so genannte Milchmädchen wurden Milchhändlerinnen,

---

1 Winkel in: Comberg, Die deutsche Tierzucht im 19. und 20. Jahrhundert, S. 92.

2 Bittermann, S. 57 ff.; Fink, S. 27.

die selbstständig Milchniederlagen anmieteten und das Geschäft in Eigenregie betrieben. Solche Entwicklungen waren jedoch auf die größten Städte beschränkt.

1850 hatten nur vier Städte in Deutschland mehr als 100.000 Einwohner (Berlin, Breslau, Hamburg, München). Die meisten Städte waren noch bis zum Ende des 19. Jahrhunderts recht ländlich geprägt, weshalb sich dort um die Mitte des Jahrhunderts eine Milchversorgung mit städtischer Stallhaltung entwickelte, die durch Milchlieferungen von Bauern der Umgebung ergänzt wurde. Die unbehandelte Milch wurde von Milchbauern oder Milchhändlern, so genannten Sammlern, ausgefahren und lose von Haus zu Haus verkauft. Die Feinverteilung an die Stammkunden übernahmen meistens die weiblichen Mitglieder der Sammlerfamilien.

Die Etablierung des Milchhandels für nicht bäuerliche, städtische Haushalte war verknüpft mit dem Aufkommen des Trinkmilchkonsums. Wer als städtischer Haushalt Milch bezog, konnte mangels Platz und Gerätschaft die Milch nicht mehr zu Butter und Käse verarbeiten wie ein bäuerlicher Haushalt. Milch erfüllte jetzt andere Zwecke. Einer bestand in ihrem häufiger werdenden Einsatz als Getränk. Diese Milch musste immer frisch sein, weil sie sonst nach zu kurzer Zeit sauer geworden wäre. Milchhandel fand daher zunächst nur im örtlichen Nahbereich statt.

Wie in den anderen westlichen Ländern auch ist in Deutschland die Steigerung der Milcherzeugung und die Entwicklung des Usus, Milch als Trinkmilch zu nutzen, eine mit der Industrialisierung einsetzende Erscheinung. Erst als die technischen Rahmenbedingungen – Verbesserung der Kühltechnik und des Transportwesens – geschaffen waren, lagen die Grundvoraussetzungen für einen überregionalen Milchhandel vor, in dessen Folge Milch/Trinkmilch überhaupt zu einem bedeutenderen Ernährungsfaktor werden konnte. Der richtige Aufschwung setzte in Deutschland erst in den Jahren ab 1870 ein, später als in den meisten Nachbarstaaten. Nach der Reichsgründung 1871 begann das Jahrzehnt des intensiven Eisenbahnbaus und 1874 erfand Carl von Linde die Ammoniak-Kompressionsmaschine, die eine erhebliche Verbesserung der Kühltechnik ermöglichte. Erst mit diesen Errungenschaften wurden die engen örtlichen Grenzen, die dem Milchhandel bis dahin gesetzt waren, überwunden. Milch konnte beispielsweise mit einem Pferdefuhrwerk ohne zu verderben nur etwa fünf km weit transportiert werden, ein Radius, der sich mit Eisenbahnanschluss auf ungefähr 30 km erhöhte.

Mit den neuen Möglichkeiten, die frische Milch vom Land in die Städte zu transportieren, nahm hauptsächlich der Trinkmilchkonsum der höheren städtischen Schichten zu. Aber auch die waren von der Milch als gewöhnlichem Getränk noch nicht überzeugt, wie aus Untersuchungen über Ernährungsgewohnheiten im 19. Jahrhundert zu erkennen ist.[3] Bis in die höheren Kreise wurden noch immer hauptsächlich Kaffee und Bier getrunken und vor allem Suppen und Getreidebreis verzehrt. Der damalige Kaffee war ein Malzkaffee aus Zichorien, importierter Bohnenkaffee spielte noch kaum eine Rolle. Die weniger Wohlhabenden waren das Milchtrinken traditionsgemäß überhaupt nicht gewöhnt. Milch galt im proletarischen Milieu nicht als Nahrungsmittel für Erwachsene, sondern eher für Kinder, Alte und Kranke. Wenn überhaupt, konnten sich Proletarier nur Milch schlechterer Qualität leisten, und das war eine Milch, die häufig mit Wasser gestreckt war.

Trinkmilchcharakter im heutigen Sinne hatte die lose Händlermilch bis ins 20. Jahrhundert nicht. Vielmehr schöpfte man immer noch die Sahne von ihr ab, um sie beim Kochen zu verwenden, und gewann Dickmilch und Quark. Milch blieb hauptsächlich Verarbeitungsmilch, die allerdings immer häufiger auch getrunken wurde. Auf die gesamte Bevölkerung umgerechnet, ist der Milchkonsum demzufolge während des 19. Jahrhunderts nur geringfügig angestiegen.

Milch – eine Speisenbeilage

Historisch gesehen sind Milch, Butter und Käse lediglich Speisenergänzungen, ähnlich einer Beilage, etwas für Kinder sowie alte Menschen und kein regelmäßiger Ernährungsbestandteil für Erwachsene, so die ethnographische Beschreibung. Milch war bis weit in das 20. Jahrhundert hinein kein Grundnahrungsmittel.

Die geringe Rolle, die Milch noch gegen Ende des 19. Jahrhunderts vor allem in den ärmeren Schichten gespielt hat, geht aus dem folgenden Speiseplan einer Armenspeisung hervor.

---

3 Vgl. Teuteberg/Wiegelmann, Der Wandel der Nahrungsgewohnheiten unter dem Einfluss der Industrialisierung.

„Mittags-Mahlzeiten für 4 Erwachsene in sehr dürftigen Verhältnissen"
aus dem Jahre 1882.[4]

Sonntag	3 Pfd. Sauerkraut 5 Pfd. Kartoffeln ¼ Pfd. frischer Speck
Montag	1½ Pfd. Erbsen 6 Pfd. Kartoffeln 1 Pfd. frische Schweineknochen
Dienstag	½ Pfd. Gerste in Suppe 6 Pfd. Kartoffeln Wurstbrühe oder Buttermilch
Mittwoch	1½ Pfd. weiße Bohnen in Suppe 5 Pfd. Kartoffeln Oel und Zwiebel
Donnerstag	7 Pfd. Kartoffeln Zwiebelsauße mit Oel 1½ Pfd. Panhas
Freitag	4 Pfd. Kartoffeln in Suppe 1 Pfd. Buchweizenmehl in Pfannkuchen Fett zu Suppe und Oel zu Kuchen
Samstag	½ Pfund Reis in Suppe 5 Pfd. Kartoffeln 1 Lit. Wurstbrühe

Tabelle 1

Außer der Buttermilchalternative am Dienstag sind die Versorgten zu
den Mittagsmahlzeiten überhaupt nicht mit Milcherzeugnissen in Berührung gekommen. Heute wäre das undenkbar. Milchprodukte gehören
trotz ihrer aufwendigen Verarbeitung zu den billigsten Nahrungsmitteln
überhaupt und gelten als Grundnahrungsmittel.

---

4 „es begann in Berlin"– Bilder und Dokumente aus der Deutschen Sozial-
   geschichte. Ausstellung vom 21. 5.-12. 7. 1987 in Berlin, Rogner und Bern-
   hard, München, 1987.
   „Panhas" ist ein Auflauf aus Blut- und Leberwurst, Speck und Buchweizen.

Milchhändlerinnen und Absatzgenossenschaften

Die lose Milch wurde auf dem Land wie in der Stadt von den Milch-händlerfamilien vertrieben. Anfangs verdienten sich Kleinbauern damit ein Zubrot, gegen Ende des Jahrhunderts betrieben das Geschäft bereits hauptsächlich Händlerfamilien ohne bäuerlichen Bezug zur Produktion. Das Geschäft war meist auf den Mann eingetragen. Die Frauen leisteten jedoch die Hauptarbeit und waren zusätzlich sogar noch häufig für die Heranschaffung der Milch mit Eisenbahn, Pferde- oder Hundefuhrwerk verantwortlich, und sie leisteten schließlich die Feinverteilung. Denn die Milch wurde damals nicht in Geschäften verkauft, sondern von Milch-frauen und Milchmädchen, die mit Handwagen von Haus zu Haus zogen und sie aus Kannen direkt in die Töpfe der Kundinnen, meist Dienst-mädchen und Hausfrauen, schöpften.

Die heute immer wieder zitierte Milchmädchenrechnung hat hier ihren Ursprung. Denn es gab regelmäßig Auseinandersetzungen zwischen den Händlerinnen, den Milchmädchen, und ihren Kundinnen über die Quali-tät der Milch und über den Preis. Vielfach wurden die Milchfrauen gene-rell für eine schlechte Milchqualität verantwortlich gemacht oder für de-ren angebliche oder tatsächliche Verfälschung. Die nicht selten vorge-kommenen Milchpanschereien setzten den ganzen Milchhandel in ein unseriöses Licht.

Wo immer Frauen arbeiten, wird – jedenfalls von ihnen selbst – nicht viel Geld verdient. So war es auch damals im Milchgewerbe und das Ge-schäft mit der losen Milch war ein schwieriges. Meist konnten die Bauern von den Händlerfamilien die Pacht ihrer gesamten Jahresproduk-tion erzwingen. Die Milch musste beim Erzeuger zweimal täglich abge-holt, transportiert und ausgefahren werden. Sämtliche Schwankungen in Produktion und Nachfrage hatten die Milchhändlerinnen abzufangen. Die nicht verkaufte Milch musste von ihnen eigenhändig zu Butter und Käse verarbeitet oder an Milchsammelstellen zurückgeliefert werden. Es wa-ren meist Proletarierfamilien, die dieses Geschäft betrieben, auch hier hauptsächlich die Frauen. Wegen der konstanten Preise konnten nur ge-ringe Überschüsse erwirtschaftet werden.

Um 1900 verschärften sich die Auseinandersetzungen zwischen Milch-erzeugern und -händlern um den Milchpreis. Beide Seiten organisierten sich in Verbänden, um die Milchpreise auszuhandeln. Dabei saßen die Vereine der Produzenten zunächst am längeren Hebel. Sie versuchten den Milchabsatz zum Teil selbst zu organisieren und die städtischen

Kleinhändler auszuschalten. Auf Dauer gelang dies nicht, denn auch die von den Milchproduzenten gegründeten Absatzgenossenschaften mussten die Milch irgendwie in die einzelnen Haushalte bringen, was wiederum nur über die Kleinhändler möglich war. Deren Lage verbesserte sich infolge der Auseinandersetzungen insoweit, als sie jetzt keine ganze Milcherzeugung eines Bauern mehr pachten mussten. Anstatt von diesem bezogen sie ihre Milch nun von der Absatzgenossenschaft oder dem Milchproduzentenverein. Das hatte für sie den Vorteil, die Nachfrageschwankungen nicht mehr auf eigene Kosten ausgleichen zu müssen. Andererseits waren sie an die vorgegebenen Preise der Produzentenvereine gebunden.

Die Milchkleinhändler hielten sich bis in die 30er Jahre des 20. Jahrhunderts und wickelten bis in diese Zeit noch immer hauptsächlich die Trink-/Milchversorgung der Einzelhaushalte ab. Sogar in den 1950er Jahren waren sie mancherorts noch im Geschäft.

Die Butterrevolution und das Aufkommen von Molkereien

Nicht nur der Handel mit Milch/Trinkmilch kam seit Mitte des 19. Jahrhunderts in Schwung, sondern auch beim Hauptmilchprodukt, der Butter, zeichneten sich tiefgreifende Veränderungen ab. Noch immer wurde aus Milch hauptsächlich Butter hergestellt, deren Produktionsverfahren sich in der Zeit nach 1870 aber entscheidend veränderte. Durch die verbesserte Milchzentrifuge von Wilhelm Lehfeldt und dem Schweden Gustav de Laval konnte die Milch erheblich rationeller entrahmt werden als in der Vergangenheit. Denn bei traditioneller Herstellung wurde im Prinzip nur der Rahm der Milch abgeschöpft, ein Teil des Fettes verblieb in der Restmilch. Mit den neuen Milchzentrifugen konnte man schon um die Jahrhundertwende ganz andere, erstaunliche Fettgewinne aus der Milch erzielen: Benötigte man um 1850 noch durchschnittlich 20 bis 25 Liter, um ein Pfund Butter herzustellen, so reichten mit Hilfe der Zentrifuge für dieselbe Menge etwa 14 Liter. Zusätzlich war diese Butter von erheblich besserer Qualität und preiswerter als ihre Vorgängerin. Die neue Technik setzte sich entsprechend in kurzer Zeit durch. Der Einsatz von Zentrifugen und Butterungsmaschinen lohnte sich jedoch nur bei großen Milchmengen, über die ein einzelner Hof nicht verfügte. Die veränderten Techniken legten daher für ein rationelles Arbeiten Gemeinschaftsbetriebe nahe; so mussten sich Höfe zusammenschließen und zusammenarbeiten. Die Butterherstellung war bis zu dieser Zeit in den bäuerlichen Haushalten eine Frauendomäne und wurde – ein Phänomen, wie es sich ja in vielen Bereichen der Gesellschaft und Wirtschaft vollzog – im Rahmen der Technisierung zu einer außerhäuslichen, gewerblichen, jetzt von Männern in so genannten Buttereien organisierten Tätigkeit.

Aus den privatwirtschaftlich und genossenschaftlich betriebenen Rahmstationen, Buttereien und Käsereien – Letztere hatten sich besonders in Süddeutschland gebildet – entwickelten sich um die Jahrhundertwende Molkereien und Absatzgenossenschaften, um größere Mengen Butter und Käse vermarkten zu können. Die meisten damaligen Molkereien stellten nämlich noch keine Trinkmilch her wie heute, sondern produzierten lediglich die traditionellen Milchprodukte Butter und Käse. Die Trinkmilch wurde meistens direkt von so genannten Milchsammelstellen, die von Bauern mit Milch beliefert wurden, weiter an Händler und sonstige Kunden abgegeben. Sauermilch und Quark wurden noch nicht in den Molkereien hergestellt, sondern in den städtischen Haushalten aus der lose erworbenen Milch für den Eigenverbrauch. Eine der Hauptfunktionen damaliger Molkereien war, die Restmilch aus dem Handel und die bei der Butter- und Käseherstellung angefallenen Produkte Mager-, Buttermilch und Molke an die Bauern zurückzuliefern. Diese fütterten ihrerseits damit die Schweine und das Jungvieh. Die Ausweitung der Milcherzeugung ging so Hand in Hand mit der Ausdehnung der Schweinehaltung.

Die Margarine wird erfunden

Die mit Beginn des 19. Jahrhunderts einsetzende Landflucht und die Industrialisierung trieben die Menschen in die Städte, in denen jetzt eine ganz neue Versorgungssituation entstand. Lebensmittelengpässe und steigende Lebensmittelpreise waren die Folge, insbesondere ab Mitte des Jahrhunderts bei Butter, Käse und Fleisch. Lediglich die Getreidepreise fielen infolge billiger Importe aus Nordamerika. Butter und Käse guter Qualität wurden hauptsächlich von den Bessergestellten konsumiert, denn Butter galt beim Fettverbrauch als Zeichen gehobenen Lebensstils. Die Masse der gering Verdienenden musste auf Butter minderer Qualität zurückgreifen oder bei Schmalz und Öl bleiben. Erst ab den 1870er Jahren kam die Margarine hinzu. Im Auftrag des französischen Königs Napoleon III. war sie in den 1860er Jahren von dem Agrarwissenschaftler Méges-Mouriés entwickelt worden, weil man ein preiswertes Fett als Butterersatz für die Armee suchte. Zunächst konnte Margarine nur aus Rindertalg und Magermilch hergestellt werden, ein Umstand, der es möglich machte, Magermilch anstatt den Schweinen den Menschen zuzuführen. Im Jahre 1902 erfand der deutsche Chemiker Wilhelm Normann das Verfahren zur Fetthärtung und nun konnten auch flüssige Pflanzenöle zur Herstellung von festem Fett wie Margarine eingesetzt werden. Margarine, auch als Industriebutter bezeichnet, wurde darauf zur Butter der ärmeren Bevölkerung.

Die Suche nach einem Butterersatz wirft ein bezeichnendes Licht auf die allgemeine Knappheit des begehrten Hauptmilchprodukts, der Butter.

Institutionalisierung der Milchwirtschaft

Nach der Reichsgründung 1871 gründeten die schon bestehenden Interessensvereine und Genossenschaften der Milcherzeuger und -händler zunächst Molkereien als Selbsthilfeeinrichtungen, um die Verwertung der Rückmilch und der Restmilch aus der Butter- und Käseherstellung zu organisieren und um den Milchmarkt zu regulieren. Die kleinen Erzeuger konnten ihre Milch an diese neuen Institutionen liefern, wo sie gekühlt wurde, also länger haltbar blieb. Die Vereine und Genossenschaften sorgten auch dafür, dass die Kühe ihrer Mitglieder auf Tuberkulose (Tbc) und Euterentzündung untersucht wurden, weil diese Krankheiten die Qualität der Milch sehr beeinträchtigten. Und vielfach wurde die Rückmilch schon pasteurisiert. Die wissenschaftliche Methodik stand seit den 1880er Jahren zur Verfügung, und zwar mit den Entdeckungen Robert Kochs (Tuberkelbazillen) und Louis Pasteurs (Wärmebehandlung von Lebensmitteln zur Abtötung von Keimen).

Aus den Absatz- und Produktionsgenossenschaften sowie den Molkereien entstanden Förderverbände für die Milchwirtschaft, aus denen sich wiederum Lehr-, Forschungs- und Versuchsanstalten entwickelten, die sowohl privat als auch staatlich organisiert waren. Die Milchwissenschaften wurden schließlich zu einer eigenen Disziplin im akademischen Betrieb. Nachdem schon jahrzehntelang Verfahren für die Milchwirtschaft entwickelt worden waren, besonders mit Hilfe der Bakteriologie, kam es nach dem Ersten Weltkrieg zur Zusammenfassung der vielen Lehr- und Forschungsanstalten in zwei Behörden: die Preußische Versuchs- und Forschungsanstalt für Milchwirtschaft in Kiel im Jahre 1922, Vorgängerin der bis 2003 so genannten Bundesanstalt für Milchforschung[5], und im Jahre 1923 die Süddeutsche Versuchs- und Forschungsanstalt für

---

[5] Seit 1. Jan. 2004 heißt sie Bundesforschungsanstalt für Ernährung und Lebensmittel, Standort Kiel (ehem. Bundesanstalt für Milchforschung).

Milchwirtschaft in Weihenstephan. Die Milchforschung wurde mit diesem Zusammenschluss auch überregional zu einem staatlichen Anliegen.

Milch – auch für Arbeiter und Arme

In den 1870er Jahren wurden die ersten Milchzeitungen gegründet und zahlreiche Informationsschriften zur Milch veröffentlicht. Propaganda war notwendig geworden, denn auch die ärmere Bevölkerung sollte an Milch und Milchprodukte gewöhnt werden. Die Arbeiter- und Armennahrung bestand nämlich noch um 1914 hauptsächlich aus Kartoffeln, Brot, Fett (Talg, Schmalz, Butter) und Zichorienbrühe (Kaffee).[6] Ärzte und Hygieniker wurden nicht müde, die Unter- und Fehlernährung der Kleinkinder aus diesen Kreisen anzuprangern, die sie durch Milch zu beseitigen hofften. Außerdem steckte hinter der Milchpropagierung unverhohlen der Gedanke, das proletarische Milieu durch Gewöhnung an Trinkmilch vom hohen Alkohol- bzw. Bierkonsum abzubringen. Die Milchhäuschen, in denen Milch zu Sonderpreisen abgegeben wurde, konnten jedoch den Bierverkaufsstellen nicht wirklich den Rang ablaufen. Die erfolgreiche Propagierung der Milch über Jahrzehnte einerseits und gestiegene Einkommen andererseits führten jedoch dazu, dass bis zum Ersten Weltkrieg der Milchkonsum auch im ärmeren Bevölkerungsteil üblicher geworden war.

Mit welchen Argumenten die Milch propagiert wurde, verdeutlicht ein Originaltext aus dem Jahre 1911.[7]

> In einem Liter Vollmilch ist nach Dr. Herz-München die gleiche Eiweißmenge vorhanden wie in einem halben Pfund Fleisch oder fünf großen Eiern; der Gehalt an Milchzucker entspricht dem Nährwert des in 230 Gramm Kartoffeln oder in 90 Gramm Brot enthaltenen Stärkemehls, und das Fett in einem Liter Vollmilch würde 40 bis 50 Gramm Butter geben. Ein Liter Milch kann mithin ein halbes Pfund Fleisch oder fünf große Eier und außerdem ein Butterbrot oder gleichviel geröstete Kartoffeln oder Nudeln ersetzen.

---

6 Ellerkamp, Industriearbeit, Krankheit und Geschlecht, S. 122 ff.
7 Aus einer Broschüre der Milchgenossenschaft Trier: Zur Ausstellung in Saarbrücken 1911, Die Milch, Stadtarchiv Trier.

Ein Liter völlig entrahmter Milch entspricht immer noch einem halben Pfund Fleisch mit Salzkartoffeln oder fünf Eiern mit ein paar trockenen Semmeln.

Wenn das Dextrin des Bieres als gleichwertig angenommen wird, enthalten Milch und Bier gleichviel Zucker, und wenn man die Giftigkeit des Alkohols außer acht läßt, auch gleich viel Brennstoffe; dagegen enthält das Bier siebenmal weniger Stickstoffbestandteile als die Milch, deren Eiweißkörper (Käsestoff und Albumin) zugleich wertvoller sind als die des Bieres. Dabei ist die Milch überall wesentlich billiger wie Bier.

Milchverfälschung

Milch war bis in die 1870er Jahre ein nicht reglementiertes Lebensmittel. Man verarbeitete sie so, wie sie aus dem Euter kam. Erste Regelungen zu Nahrungsmitteln wurden mit dem „Gesetz über den Verkehr mit Nahrungsmitteln, Genussmitteln und Gebrauchsgegenständen" (Nahrungsmittelgesetz)[8] im Jahre 1879 geschaffen, womit die Grundlage für Überwachungsmaßnahmen wie Betriebskontrollen und Probeentnahmen gelegt wurde. Dabei ging es in erster Linie noch nicht um Krankheitsvorsorge und Hygiene, sondern um Prüfungen hinsichtlich Lebensmittelverfälschungen.

Allgemein wurden Lebensmittelverfälschungen und die neuen Konservierungsmittel gegen Ende des 19. Jahrhunderts als großes Problem betrachtet. Auf dem Land hatte es eine natürliche Lebensmittelkontrolle über die engen sozialen Bindungen der Produzenten und Konsumenten gegeben. Als dieses Korrektiv mit der Urbanisierung wegfiel, gab es auch keine Hemmungen mehr, mindere Qualität oder Fälschungen zu möglichst hohen Preisen zu verkaufen. Hinzu kam, dass die Naturwissenschaften, was die Produktion künstlicher Nahrungsmittel anging, eine Blüte erlebten. Dazu gehörte die schon erwähnte Margarine, eine Kunstbutter, die vielfach nicht als solche gekennzeichnet, sondern als Butter verkauft wurde. Man stellte Kunstweine, Kunsthonig, Kunsteis, Süßstoffe, Fleischextrakte etc. her. Außerdem experimentierte man mit Konservierungsstoffen, setzte Glutamat als Geschmacksverstärker ein und stellte Konserven, Fertigsuppen und Kindernährmittel her. Die neuen Techniken der Nahrungsmittelherstellung überforderten staatliche Kon-

---

8 RGBl., 1879, S. 145.

trollorgane, Gesundheitsverantwortliche und schließlich auch die Konsumenten. Als Reaktion darauf wurde das Nahrungsmittelgesetz geschaffen, das eine Kennzeichnungspflicht für die neuen Nahrungsmittel, Ersatz- und Zusatzstoffe einführte. Auf dieser Grundlage konnten die Länder und Städte Vorschriften zum Schutz der Gesundheit erlassen. Es folgten Länderverordnungen über den Verkehr mit Milch, allesamt Vorläufer des späteren, ersten Milchgesetzes von 1930.

Das Nahrungsmittelgesetz verlangte eine Differenzierung zwischen einerseits nachgemachten oder verfälschten und andererseits natürlichen Nahrungsmitteln, sodass vielfach ein erbitterter Streit darüber entbrannte, was nun Verfälschung war und was nicht. Bei der Milch stand sogar in Frage, ob der Verkauf von teilentrahmter Milch als eine Verfälschung anzusehen war oder nicht. Was das Milchpanschen mit Wasser anging, konnte es so leicht nicht nachgewiesen werden, weil die entsprechenden, zuverlässigen Untersuchungsmethoden fehlten. Aus heutiger Sicht kann nur staunend zur Kenntnis genommen werden, dass ein niedrigerer Fettgehalt als der natürliche damals vielfach als Lebensmittelverfälschung betrachtet wurde.

Bei der Trinkmilch hätte durch Festlegen des Fettgehaltes relativ einfach Klarheit geschaffen werden können. Dagegen wendeten sich jedoch die Milcherzeuger vehement und auch erfolgreich. Ihre Argumente waren die jahreszeitlichen sowie die rassen- und fütterungsbedingten Schwankungen im Fettgehalt der Milch, die keine Normierungen und keinen Mindestfettgehalt zuließen. Trotzdem gingen einige Länder und Städte dazu über, wenigstens den Fettgehalt der Vollmilch festzulegen: Zwischen 2,8 und 3% lag die Bandbreite. Daran ist zu erkennen, wie niedrig der Fettgehalt natürlicher Milch damals lag. Heute werden durchschnittliche Werte im Fettgehalt zwischen vier und sechs Prozent erreicht. Für die vielen anderen Milchsorten gab es meistens keine Fettgehaltsfestlegungen. Das Prinzip war noch immer, dass Milch das ungeteilte Gemelk einer Kuh ist, mit welchem natürlichen Fettgehalt auch immer. Sinn der Reglementierung war anfangs nur, die Verfälschung, Irreführung und den unlauteren Wettbewerb einzudämmen. Gesundheitsaspekte waren nachrangiger Natur.

Seuchen und die Einführung der Pasteurisierung

Mit der Erhöhung der Milchproduktion in der zweiten Hälfte des 19. Jahrhunderts gingen auch hygienische Probleme einher. Die dauernde Stallhaltung von Milchvieh hatte sich besonders in den Städten immer weiter ausgebreitet. Damit nahmen Rinderkrankheiten und Tierseuchen beträchtlich zu. Unsicherheit herrschte allerdings darüber, ob die tierischen Krankheiten auf Menschen übertragbar waren. Deshalb war auch unklar, ob man sich schützen musste und wie dieser Schutz aussehen könnte. Der Erreger der Rinder-Tbc – das war bekannt seit Ende des Jahrhunderts – unterschied sich von dem der menschlichen Tbc, sodass man zunächst fälschlicherweise nicht mehr von einer Übertragung vom Tier auf den Menschen ausging. Die Bekämpfung der Seuche hatte insofern hauptsächlich ökonomische Gründe, weil an Lungentuberkulose, die auch bei Rindern vorherrschte, viele Tiere verendeten. Mit jedem neuen Rinder-Tbc-Fall entstand ein hoher wirtschaftlicher Schaden.

Bis zum Beginn des Ersten Weltkrieges wurde zur Bekämpfung der Tierseuchen ein System von staatlichen Kontrollen und veterinärmedizinischen Auflagen, wie der gezielten „Ausmerzung"[9]/Keulung befallener Tiere oder Herden, der Errichtung zentraler Schlachthöfe und der Einführung der tierärztlichen Fleischbeschau, installiert. Die zur Durchsetzung dieser Maßnahmen ausgegebene Parole lautete, dass gute, gesunde Milch nur von gesunden Tieren stammen könne.

Zusätzlich versuchte man die Übertragung der Tbc über die Milch von einer Tierart auf die andere auszuschließen. Denn Schweine erwiesen sich als sehr anfällig gegenüber dem Rinder-Tbc-Erreger. Er übertrug sich innerhalb kürzester Zeit auf sie, weil sie in der Regel die Restmilch (rückgelieferte Milch und Molke) erhielten. Die Dramatik lässt sich an folgendem Beispiel erkennen: Noch 1880 waren am Berliner Schlachthof nur etwa 0,3 % der angelieferten Schweine an Tbc erkrankt und 1905 waren es bereits 47,5 %. Für die Übertragung war eindeutig die verfütterte Restmilch verantwortlich. Daher wurde in den 1890er Jahren zunächst ein Erhitzungszwang auf 90 °C für die zur Tierfütterung verwendete Milch festgelegt, jedoch nicht für die an Menschen abgegebene Trinkmilch. Der Durchseuchungsgrad der Tierbestände ging in der Folge bis in die 1930er Jahre kontinuierlich zurück.

Entscheidenden Anteil an der Einführung und Verankerung von Seuchenbekämpfungsmaßnahmen hatte die damals international bekannte

---

9 Damaliger Sprachgebrauch. Der Begriff „ausmerzen", der aus dem nationalsozialistischen Vokabular im Zusammenhang mit der Judenverfolgungen noch in schrecklicher Erinnerung ist, stammt aus dem Agrarbereich. Er bedeutet Aussonderung von kranken oder unbrauchbaren Tieren und ihre anschließende gezielte Tötung. Heute wird das Wort Keulung benutzt.

Wissenschaftlerin und Tuberkuloseforscherin Lydia Rabinowitsch-Kempner, eine ehemalige Mitarbeiterin Robert Kochs. Beide nahmen öffentlich unterschiedliche Positionen zu den Gefahren durch Rindertuberkulose ein.[10] Während Koch die Gefahren für geringer hielt, setzte sich Rabinowitsch-Kempner für die strenge Durchführung von Hygienemaßnahmen sowohl in der Milchgewinnung als auch in der -verarbeitung ein. Wie sich später herausstellte, hatte sie Recht, denn der Mensch kann auch durch den Rinder-Tbc-Erreger infiziert werden, was sogar relativ häufig vorgekommen ist. Rabinowitsch-Kempner wurde Professorin und Leiterin des Bakteriologischen Instituts in Berlin am Moabiter Krankenhaus.

Die Industrialisierung im 19. Jahrhundert war durch unglaubliches soziales Elend in den Städten gekennzeichnet, durch eine hohe Säuglingssterblichkeit, Infektionserkrankungen und Epidemien. Lange Arbeitszeiten und Lohnarbeit erschwerte es Frauen oft, ihre Kinder ausreichend oder überhaupt zu stillen. Eine einigermaßen ausreichende und adäquate Ersatznahrung war aber nicht vorhanden. Man gab den Babys Getreidebrei, nach Möglichkeit mit Kuhmilch vermischt. Hygieniker und Ärzte erklärten die mangelnde Milchversorgung der Städter mitverantwortlich für die hohe Säuglingssterblichkeit, die in den 1880er Jahren mit 21,5 % ihren Höhepunkt erreichte, um ab 1900 wieder abzufallen. Sie setzten sich aus diesem Grund für eine Förderung des Milchkonsums auch in den ärmeren Schichten ein. Ursache wird jedoch nicht nur eine mangelhafte Säuglingsernährung gewesen sein, sondern ganz allgemein schlechte Hygieneverhältnisse, bedingt durch krankheitsfördernde Wohnumstände. Dies besserte sich erst mit dem aufkommenden Wohlstand der Gründerzeit ab 1890.

1877 starben im Deutschen Reich etwa 37 % der Menschen an Lungentuberkulose und mehr als 10 % an Diphtherie. 1913, also vor dem Ersten Weltkrieg, waren es nur noch 15 % bzw. 2 %, die dieses Schicksal erlitten. Cholera war bis zum Ende des 19. Jahrhunderts ebenfalls noch eine große Gefahr. Von der großen Choleraepidemie im Jahre 1892 wurden allein in Hamburg innerhalb weniger Wochen fast 10.000 Menschen hinweggerafft.

Als in den 1880er Jahren Robert Koch den Cholera-Erreger identifizierte, geriet verunreinigte Milch generell in den Verdacht, an der Übertra-

---

10 Spitzmüller, Lydia Rabinowitsch-Kempner, S. 112 ff. Sie war die zweite Frau in Preußen, die den Professorentitel erhielt.

gung von Infektionserkrankungen beteiligt zu sein. Insbesondere die Milch aus Sammelstellen oder -molkereien, aus denen Milch verschiedener Erzeuger und Kühe vermischt wieder abgegeben wurde, waren als mögliche Überträger von Krankheiten ausgemacht worden. Der Gedanke war der, dass Kinder in der Vergangenheit nur die Milch einer bestimmten Kuh erhalten hatten und kein Milchgemisch von verschiedenen Kühen. Denn es gab ein Erfahrungswissen, das Krankheiten mit dem Genuss vermischter Milch in Verbindung brachte. Diese Vorstellung ist aus heutiger Sicht richtig. Denn durch die Milchvermischung in den Sammelstellen, die noch keine Pasteurisierung kannten, breiteten sich Erreger aus dem Gemelk einer einzelnen Kuh in der Gesamtmenge aus. Wenn mehrere Tiere mit unterschiedlichen Erregern infiziert waren, musste das menschliche Immunsystem gegen sämtliche Erreger vorgehen, wurde also intensiver in Anspruch genommen. Kam die Milch dagegen nur von einer Kuh, musste das menschliche Immunsystem in der Regel weniger Resistenzen bilden und wurde daher auch weniger belastet. Heute spielt dieser Aspekt durch die generelle Pasteurisierung keine Rolle mehr.

Der Grund, warum gerade Milch neben der Wasserversorgung als Infektionsherd ausgemacht wurde, war das Auftreten von Epidemien sowohl in wohlhabenden, hygienisch besser gestellten Haushalten als auch in ärmeren. Da die wohlhabenderen bekanntermaßen mehr Milch konsumierten als die ärmeren Schichten, dachte man zwangsläufig an die Milch. Dies führte Anfang des 20. Jahrhunderts dazu, dass Forderungen nach einer spezifischen Erhitzung (Pasteurisierung) der Molkereimilch und höheren Hygienestandards erhoben wurden. Ein genereller Erhitzungszwang für Milch, die zum menschlichen Genuss bestimmt war, wurde durch die Jahre bis zum Ersten Weltkrieg heftig diskutiert, scheiterte jedoch letztlich an den Konsumenten, die große Vorbehalte gegen das Erhitzen hatten. Die meisten Menschen waren nämlich der Auffassung, dass pasteurisierte Milch nicht mehr nach Milch schmeckte. Sie bekam durch die damals hohen Pasteurisierungstemperaturen von über 85 °C einen Kochgeschmack. Die in den Molkereien auf freiwilliger Basis pasteurisierte und sterilisierte Milch konnte sich allein wegen dieser geschmacklichen Minderwertigkeit gegenüber herkömmlicher Milch nicht durchsetzen. Außerdem galt es als Makel, dass von pasteurisierter Milch kaum mehr Rahm abgeschöpft werden konnte, denn noch immer war das Fett das Wesentliche an der Milch. Milch, aus der kein Rahm gewonnen werden konnte, war nach damaligem Verständnis wertlos; man war nicht bereit, dafür Geld zu zahlen. Außerdem wurde die Pasteurisierung als Konservierungsmethode betrachtet, und Konservierung hatte allgemein einen schlechten Ruf. Hinzu kam ferner, dass pasteurisierte Milch damals teurer war als unbehandelte; heute ist das genau umgekehrt. Ein Grund, warum sich pasteurisierte gegenüber normaler Milch nur langsam durchsetzte, war folgende simple Überlegung: Eine Molkereierhitzung und damit die Reduzierung schädlicher Keime ließ sich durch einfaches Abkochen der Milch im eigenen Haushalt bewerkstelligen. Warum sollte man eine Konserve, also pasteurisierte, 'gekochte' Milch teuer einkaufen? Einer allgemeinen Pasteurisierung wurde aus den genannten Gründen hartnäckiger Widerstand entgegengebracht. Sogar schon die Kühlung von Milch wurde vielfach als qualitätsmindernder Eingriff betrachtet. Deshalb wurden zunächst andere Hygienemaßnahmen rechtlich verankert. Dazu zählten diverse Tuberkulosetilgungsverfahren und der Ausschluss von kranken Personen, z. B. mit Typhus, aus dem Milchgewinnungsprozess, da man richtigerweise davon ausging, sie würden die Milch infizieren.

Immerhin wurde mit dem Viehseuchengesetz 1909[11] ein erster Erhitzungszwang für die Milch ausgesprochen, die von Kühen mit sichtbarer Tbc stammte. Außerdem durften unerhitzte Magermilch und Milchrückstände nicht mehr in den Handel gebracht werden. Dieses Gesetz, das erst 1912 in Kraft trat, sah für die Pasteurisierung weite Übergangsfristen bis in die 1920er Jahre vor. Bei Erzeugern und Molkereien fehlte häufig noch in den 1930er Jahren das nötige Wissen und die richtige Gerätschaft, um eine Pasteurisierung überhaupt durchführen und kontrollieren zu können. Pasteurisierung von Trinkmilch blieb daher die Ausnahme. Erst mit dem Milchgesetz von 1930 wurde ein allgemeiner Pasteurisierungszwang eingeführt und unter den nationalsozialistischen Zwangsgesetzen teilweise und zu guter Letzt nach dem Zweiten Weltkrieg vollständig durchgesetzt. Heute wird er nicht mehr in Frage gestellt, obwohl die Tierseuchen, die zunächst Grund für seine Einführung gewesen waren, längst besiegt sind. Mit Einführung des neuen EU-Lebensmittelrechts ab 1. 1. 2006 wurde der gesetzlich fixierte Pasteurisierungszwang nach 75 Jahren zwar wieder abgeschafft. Realiter besteht er jedoch weiter, denn industrielle Milchwirtschaft ist ohne Pasteurisierung oder Verfahren ähnlicher Wirkung unmöglich geworden (Kapitel 10).

---

[11] RGBl., 1909, S. 519.

Vom Negativ- zum Positivimage

Wir können uns heute kaum mehr vorstellen, dass Milch vor noch nicht einmal 100 Jahren ein Lebensmittel unter vielen anderen war und keines, das man in heutiger Art und Menge zu sich nahm. Und doch ist es so. Vor 100 Jahren war die Milch zwar groß im Kommen, aber noch lange war sie nicht als neues Grundnahrungsmittel etabliert. Die Distanz gegenüber Milch war vielseitig motiviert. In jedem Fall hatte Milch kein einheitliches Image als gutes und gesundes Lebensmittel wie in heutiger Zeit, sondern ihr wurden die unterschiedlichsten Vorbehalte und diese auf allen gesellschaftlichen Ebenen entgegengebracht. Einerseits war sie das bäuerliche, unbearbeitete, natürliche Produkt, das als solches von den Wohlhabenden mittlerweile geschätzt wurde. Andererseits wurde bäuerlich auch mit Rückständigkeit verbunden. In den proletarischen Bevölkerungskreisen war der Milchkonsum noch nicht verbreitet. Milch galt hier weiterhin als eine weiche, weibliche Flüssigkeit für Kinder, Alte, Kranke und besonders für das Vieh. Von vielen Menschen wurde sie noch unmittelbar als eine tierische Körperflüssigkeit wahrgenommen, die als solche Ekel erregte und wie Blut mit Tabus belegt war. Bis in unsere Zeit gilt Milch eher als ein weibliches Nahrungsmittel, das Männer weniger zu sich nehmen. Der nach Geschlechtern differenzierte Konsum hat sich jedoch mittlerweile angeglichen.

Seit den Entdeckungen Robert Kochs war wissenschaftlich gesichert, dass Milch massenhaft Keime, respektive Bakterien enthielt. Zwar wusste man einerseits um die gesunden, positiven Bakterien, die Milchsäurebakterien. Jedoch vermutete man trotz aller Hygienemaßnahmen, dass Milch Krankheitskeime transportiere, und das machte sie für viele Menschen noch immer nicht erstrebenswert. Um diesen gesundheitlichen Bedenken begegnen zu können, stand mit dem Beginn des 20. Jahrhunderts das Hygienemanagement in der sich bildenden Milchwissenschaft und in den Molkereien im Vordergrund. Man propagierte als gesunde Milch diejenige, die möglichst keimfrei war. Damit wurde allmählich ein Image kreiert, das nur die Milch als gut, gesund, hygienisch und modern betrachtete, die in einer Molkerei bearbeitet worden war. Letztlich trugen die langen Kämpfe gegen die Gesundheitsvorbehalte zur Gestaltung des modernen Milchimages bei, und dieses rankte sich hauptsächlich um den Begriff gesund, weil 'hygienisch einwandfrei'.

Nach dem Ersten Weltkrieg begann zwischen den industrialisierten Ländern – Deutschland eingeschlossen – ein internationaler Handel mit verarbeiteten Lebensmitteln. Der gesamte Agrarsektor der Industrieländer befand sich in den 1920er Jahren im Umbruch, was Produktionssteigerung und Rationalisierung der Handels- und Absatzwege mit sich brachte, aber auch zu Krisen mit Über- und Unterproduktion führte. Die Milchproduktion steigerte sich in Deutschland bis 1928 wieder auf den Vorkriegsstand. Ein Drittel der gesamten landwirtschaftlichen Betriebseinnahmen wurde jetzt mit Milch erzielt. So erreichten die Einnahmen das Niveau der Getreide- und Kartoffelwirtschaft. Durch Stallhaltung und die erhebliche Milchleistungssteigerung war über das ganze Jahr hinweg eine kontinuierliche Milcherzeugung möglich geworden. Milch wurde so zu einer verlässlichen Einnahmequelle für Klein- und Großbauern. Da der Trinkmilchkonsum in Deutschland im internationalen Maßstab noch immer gering war und Butter und Käse zur Bedarfsdeckung eingeführt werden mussten, konnte man von ausbaufähigen Absatzmärkten ausgehen. Diese Aussicht führte zu weiterer Produktionssteigerung seitens der Bauern. Milch bekam immer mehr das Image eines leicht und rationell zu produzierenden Lebensmittels, das dem Bauern Einkommen sicherte, dem Verbraucher einen billigen Preis und darüber hinaus eine eiweißreiche, nahrhafte und gesunde Ernährung. Kurz und gut, das ideale Nahrungsmittel war entdeckt.

Vom ersten Milchgesetz zum Industrieprodukt

Das neue Agrarmodell

Die Fragen, wie Agrarprodukte, also auch Milch und Milchprodukte, möglichst rationell abgesetzt werden und wie eine kontinuierliche Versorgung der Städte erreicht werden konnte, wurden in den 1920er Jahren zum Problem, das zu lösen anstand. Man ging davon aus, dass mit der noch überwiegend bäuerlichen, auf Selbstversorgung ausgerichteten Struktur der Landwirtschaft, verbunden mit regionaler Vermarktung der Überschussproduktion, eine kontinuierliche, qualitativ gleichbleibende Versorgung der Industriezentren auf Dauer nicht geleistet werden konnte. Deshalb wurde ein Agrarmodell angestrebt, das weiterhin von bäuerlicher Produktion ausging, jedoch mit anschließender industrieller, standardisierter Verarbeitung: Agrarprodukte sollten an Verarbeitungsgenossenschaften und -betriebe oder – im Fall der Milch – an Molkereien zwangsweise abgeliefert werden. Zwang erschien insofern notwendig, als die Gesamtmilchmenge noch zu zwei Dritteln in den bäuerlichen Betrieben verarbeitet wurde und erst zu einem Drittel in Verarbeitungsbetrieben. Das neue Agrarmodell erforderte also eine gravierende Umstrukturierung in der Landwirtschaft, die sich auf freiwilliger Basis nicht hätte bewerkstelligen lassen. Im Milchsektor boten sich die aus dem Ersten Weltkrieg bekannten Milchsammelstellen und Milchverteilstellen sowie die in der Regel genossenschaftlich organisierten Molkereien an. Zusätzlich machte man sich die für die Kriegsbewirtschaftung geschaffenen staatlichen Reglementierungen und Überwachungsstrukturen zunutze. Anstatt sie nach dem Krieg abzuschaffen, wurden sie mit unterschiedlichsten Begründungen in den 1920er Jahren fortgeführt und sogar ausgebaut.

Durch das Milchgesetz von 1930[12] wurde der Milchsektor in diesem Sinne neu geordnet. Das Gesetz legte den Grundstein für die kommende zentralistische Lenkung des gesamten Agrarbereichs und galt als richtungsweisend für alle anderen Agrarsektoren. Denn das Milchgesetz führte schon vor der nationalsozialistischen Machtergreifung erstmals für ein Lebensmittel die staatliche Ermächtigung zum zwangsweisen Zusammenschluss von Erzeuger- und Verarbeitungsbetrieben ein. Bald nach der Machtergreifung im Januar 1933 machten die Nationalsozialisten davon Gebrauch. Es folgte mit dem Gesetz über den vorläufigen Aufbau des Reichsnährstandes[13] noch im Jahre 1933 die beginnende umfassende staatliche Lenkung von Produktion, Verarbeitung, Handel, Absatz und Preisen in allen landwirtschaftlichen Sektoren.

Der Agrarsektor ist bis heute nicht aus der staatlichen Lenkung entlassen, die vor etwa 90 Jahren im Ersten Weltkrieg ihren Anfang genommen hat. Die unter den Nationalsozialisten im Zusammenhang mit dem Reichsnährstandsgesetz implementierten „Marktordnungen" für die verschiedenen Agrarerzeugnisse leben weiter; heute sind es die EU-Marktordnungen, von denen die Milchmarktordnung noch immer die bedeutendste ist. Von je her garantiert das Milchgeld den kleineren Bauern den größten und am ehesten kontinuierlich fließenden Teil ihres Einkommens.

Die Mixtur aus verschiedenen Notwendigkeiten, wie Gesundheitsschutz der Bevölkerung, Tierseuchenbekämpfung, Teilnahme am internationalen Handel, Produktionssteigerung, Sicherung der bäuerlichen Einkommen und die Ernährung der Bevölkerung mit einem preiswerten und nach damaligem Erkenntnisstand ernährungsphysiologisch hochwer-

---

[12] RGBl. I, 1930, S. 421.
[13] RGBl. I, 1933, S. 626.

tigen Produkt, führte also seit dem Ersten Weltkrieg zu einer immer umfassenderen staatlichen Reglementierung des Milchsektors. Die Einführung und Durchsetzung der Pasteurisierungspflicht für jedwede Milch, verbunden mit dem beschriebenen generellen Milch-Ablieferungszwang an Molkereien, machte aus der bäuerlichen schließlich die Industriemilch. Nicht pasteurisierte Milch wurde endgültig zur Rohmilch[14], im wahrsten Sinne des Wortes zum Rohstoff für Milchbearbeitungsbetriebe, also für die Molkereien, in denen sie zu Milchprodukten verarbeitet wurde. Der Handelsaspekt wurde immer entscheidender, denn nur pasteurisierte Milch war industriell zu Standardprodukten zu verarbeiten, weil sie erheblich länger haltbar blieb. Gesundheitliche Aspekte waren weniger relevant geworden, nachdem die Tierseuchen im Rückgang begriffen und ein Überwachungssystem zur Garantie der Keimarmut lose verkaufter Milch eingeführt war.

Die Milchindustrie entsteht nach dem Zweiten Weltkrieg

Mit den Entwicklungen, die in den 1920er- und 30er Jahren gesetzestechnisch und strukturell eingeleitet worden waren, war Westdeutschland Anfang der 50er Jahren bereit für die industrielle Verarbeitung von Milch. Die Milchindustrie konnte entstehen.

Die Milchmarktordnung, so wie sie das Milchgesetz von 1930 vorgab und wie sie unter den Nationalsozialisten eingerichtet worden war, wurde mit dem Milch- und Fettgesetz von 1952 grundsätzlich beibehalten. Denn jetzt galt es nicht mehr nur die Versorgung der Bevölkerung sicherzustellen, was mit der herkömmlichen kleinbäuerlichen und kleinbetrieblichen Struktur von Produktion, Verarbeitung und Distribution durchaus möglich gewesen wäre und in der Vergangenheit ja auch funktioniert hatte, sondern das Ziel war nun die billige Massenproduktion für den Massenkonsum und den internationalen Handel. Eine umfassende staatliche Lenkung des Landwirtschaftssektors war nach einer 'Gewöhnungsphase' während des Dritten Reiches nun leicht beizubehalten und galt bei den damaligen Politikern als unausweichlich, um ihre Ziele zu erreichen. Nach einem 20-jährigen Rationalisierungs- und Konzentrationsprozess im Milchsektor brachte auch die gemeinsame Marktorganisation für Milch und Milcherzeugnisse, die zwischen 1964 und 1968 innerhalb der Europäischen Wirtschaftsgemeinschaft eingerichtet worden war, kei-

---

14 Die Unterscheidung zwischen Rohmilch und anderen Milcharten ist eine Schöpfung des EU-Rechts. In früheren Zeiten sprach man allgemein, auch in Gesetzestexten, nur von Milch.

ne Abkehr von der Marktlenkung. Im Gegenteil, die Landwirtschaft und besonders der Milchsektor waren und sind Musterbeispiele für umfassendes Lenkungsrecht innerhalb von Gesellschaften, die sich ideologisch dem freien Wettbewerb verpflichtet fühlten und fühlen. Interessanterweise wurde die Lenkung der Agrarproduktion eine systemübergreifende Erscheinung.

In anderen Ländern hatte in der Landwirtschaft seit den 1920er Jahren ebenfalls ein Konzentrationsprozess stattgefunden, der in Produktion und Verarbeitung ganz auf Befriedigung von Massenbedürfnissen ausgerichtet war. Durchaus unterschiedliche Politikverständnisse und Gesellschaftsordnungen – fordistisches Gedankengut, das hinter der Industrialisierung der US-Landwirtschaft stand, Kolchosen und Sowchosen der damaligen UdSSR, die landwirtschaftlichen Produktionsgenossenschaften der DDR und schließlich die Marktordnungen der EWG – müssen als unterschiedliche Ausdrucksformen derselben Interessenlage industrialisierter Staaten gesehen werden, die Ernährung ihrer Bevölkerung industriell sicherzustellen.

Erst mit dem Zwang zu Größe und rationeller Produktion konnte sich in jedem System – mit mehr oder weniger Erfolg – eine Agrar- und Nahrungsmittelindustrie herausbilden. Was aus Sicht der 20er bis 60er Jahre als erstrebenswert galt, nämlich viel und billig zu produzieren, hatte einen entscheidenden Haken, der erst allmählich deutlich wird: Jede Industrie produziert nach den Regeln der Fließbandlogik und nicht nach den Regeln der Natur. D. h., sie benötigt den kontinuierlichen Zugriff auf Rohstoffe, den die natürliche, bäuerliche Kreislaufwirtschaft nicht bieten kann. Eine kontinuierliche Rohstoffproduktion in großem Stil, die Ungleichartigkeit und Ungleichzeitigkeit natürlicher Prozesse ausgleichen muss, ist jedoch ohne zentrale Lenkung, sei sie staatlich oder privatwirtschaftlich organisiert, nicht denkbar. Überall, wo die Landwirtschaft sich durch Lenkungsprozesse aus der kleinbäuerlichen Struktur entfernen und Masse produzieren musste, wurde der bäuerliche Betrieb zum Rohstofflieferanten. Und als Rohstofflieferant – das liegt in der Logik des Prozesses – werden die Erzeuger, wie sie dann anstelle von Bauern und Landwirten heißen, immer mehr an den Rand gedrängt. Die Preise verfallen, wie das bei Rohstoffen, die im Überfluss vorhanden sind, üblich ist. Die Macht der Erzeuger ist an Verarbeitungsbetriebe, Industrie und Handel übergegangen. Und in stetem Wettbewerb katapultieren diese sich gegenseitig in den Ruin. Der scheinbare Ausweg heißt maximale Kostensenkung. Diese jedoch ist nur mit einem möglichst niedrigen Input erreichbar. Was das für den Tierstall bedeutet, zeichnet sich immer deutlicher ab: Tiermehl für Pflanzenfresser/Wiederkäuer, Hormone und Antibiotika für Schlachttiere, damit sie schneller ihr Schlachtgewicht erreichen und vorher nicht an epidemischen Krankheiten verenden, Abfallverfütterung nicht nur an Tiere, sondern auch an Menschen (Molke, Abfallhormone im Glukosesirup u. Ä.), bakteriell umgewandelte Fäkalien als Fleischersatz und schließlich gentechnologisch veränderte Tiere zur Ertragssteigerung.[15] Altöl für Hähnchen, Nikotin in Eiern und Gammelfleischverkauf sind dann auch keine Besonderheiten mehr. Und als sicher noch nicht letzten Clou haben wir mit dem Klonen unserer Nutztiere die Fließbandlogik in die innere Welt der lebendigen und beseelten Natur integriert. Immer gleiche Tiere sollen jeweils dieselben Eigenschaften haben und immer gleiche, berechenbare Leistungen erbringen, damit auf Dauer ihre Verwertung noch kostengünstiger wird – das ist das zum Greifen nahe Ziel.

Wir sind in der typischen Abwärtsspirale des Wettbewerbs innerhalb gesättigter Märkte gefangen und stehen einem gigantischen Problem gegenüber, das uns das Leben kosten kann: Risiko Nahrungsmittel durch manipulierte Natur. Durch die BSE-Seuche wuchs langsam das Bewusstsein, dass es so nicht weitergehen konnte; aber wie es weitergehen kann, weiß auch keiner. So gut und gesund die kleinbäuerliche Produktionsweise auch gewesen sein mag, so wenig können und wollen die meisten zur Siebentagewoche bäuerlichen Lebens zurück. Die Frage ist also: Wie integrieren wir gesunde Nahrungsproduktion in einen modernen Arbeitsalltag und in ein Berufsleben, und was sind wir bereit dafür zu tun und zu zahlen?

Die bisherige Antwort war das Leitbild agrarindustrieller, arbeitsteiliger und kostenreduzierender Großstrukturen, die viele in Deutschland noch nicht einmal für verwirklicht halten: Strukturen, die in die jetzige Krise von potenziell gesundheitsschädlichen und qualitativ minderwertigen Agrarerzeugnissen geführt haben. Daher wird das Sowohl-als-auch gepredigt und man darf gespannt sein, ob und was

---

15 Siehe dazu z. B. Rifkin, Das biotechnologische Zeitalter, S. 47 ff., 132 ff.; Pollmer/Hoicke/Grimm, Vorsicht Geschmack, S. 18.

sich verändern wird. Sicher ist indes eines, nämlich dass sich ohne Verhaltensveränderungen von ErzeugerInnen und VerbraucherInnen sowie ohne effektive staatliche Kontrolle und Überwachung von Produktion und Handel nichts ändern wird.

Die Beibehaltung der Marktordnung, was Ablieferungszwang an die Molkereien, festgelegte Einzugsgebiete für jede Molkerei in Bezug auf Milchanlieferung, Verarbeitung und Handel und schließlich staatlich festgesetzte Höchstpreise hieß, begründete man mit der Notwendigkeit des Verbraucherschutzes, mit Hygienenotwendigkeiten, Gesundheitsschutz, Qualität und mit der notwendigen Rationalisierung in der Milchwirtschaft. Lieferpflicht und Pasteurisierungszwang wurden als Normalzustand festgelegt, die Direkt- und Selbstvermarktung und die Abgabe von (Roh-)Milch wurden die genehmigungspflichtige Ausnahme. Die Erwartungen der vielen kleinen bäuerlichen Betriebe waren nach dem Krieg natürlich ganz anders gewesen, weshalb der Widerstand gegen die Ablieferungspflicht groß war, besonders in Süddeutschland, wo die Landwirtschaft im Vergleich zum Norden eher kleinbäuerlich strukturiert war. Eine strikte Kontrolle der Direktvermarktung war politisch nicht opportun. Milchverbände und Molkereiwirtschaft arbeiteten dafür mit massiver Propaganda. Milch und Milcherzeugnisse der selbstvermarktenden Höfe wurden als unhygienisch und gesundheitsgefährdend angeprangert. Der Erfolg bei Bauern und Verbrauchern war jedoch nicht überragend, denn in den 50er Jahren wurde noch etwa ein Drittel der erzeugten nationalen Gesamtmilchmenge im Rahmen der Direktvermarktung auf den Höfen entweder selbst verbraucht, als Trinkmilch vermarktet oder zu Butter bzw. Quark und Käse verarbeitet. Die Milchablieferungsquote an die Molkereien erhöhte sich nur langsam, bis zum Milchwirtschaftsjahr 1967/68 auf 82 %. Sie liegt heute mit kleinen Schwankungen bei 96 %.[16] Ab 1957 wurde die Ablieferungsmoral der Bauern und Bäuerinnen durch staatliche Förderung (Grüner Plan) gestärkt, indem ein Aufpreis von mehreren Pfennigen auf das von der Molkerei zu zahlende Milchgeld geleistet wurde. Entscheidend war jedoch, dass die kleinen Kuhhaltungen (ein bis drei Kühe), mit denen sich die Bäuerinnen mittels Direktver-

---

[16] Die Zahlen in diesem Kapitel sind, sofern nichts Abweichendes vermerkt ist, den Statistischen Jahrbüchern für das Deutsche Reich, den Statistischen Jahrbüchern über Ernährung, Landwirtschaft und Forsten (Statistik L) und der ZMP – Marktbilanz Milch, Bonn, jeweils verschiedene Jahrgänge, entnommen. Sie beziehen sich in der Zeit von 1949 bis 1990 auf Westdeutschland.

marktung traditionell ein Zubrot durch Butterung und Käsen verdienten, zunehmend aufgegeben werden mussten. Sie lohnten sich nicht mehr, standen doch die Kosten in keinem Verhältnis zu den Einnahmen. Die Kosten für die Kühlhaltung der Milch nach dem Melken (der Ablieferungsmodus von zweimal täglich wurde auf einmal täglich, schließlich zwei- bis dreitägig gesenkt, was Kühlung auf dem Hof nötig machte), Hygieneauflagen, Arbeits- und sonstige Betriebskosten und Auflagen für die Direktvermarktung ließen eine rationelle Milcherzeugung nur noch in größeren Betrieben zu. Diese wiederum kamen in der Regel der Ablieferungspflicht nach, sodass sich im Laufe der Zeit mit den Betriebsaufgaben der Kleinen das Direktvermarktungsproblem von selbst löste. Die erste Betriebsaufgabewelle war Ende der 1960er Jahre abgeschlossen. Von den kleinen Nachkriegsbetrieben mit bis zu drei Kühen war 1969 nur noch etwa ein Viertel vorhanden, in Zahlen waren das 1949 1,04 Millionen Betriebe und 1969 noch 266.000.[17]

Nicht nur die Erzeuger mussten rationalisieren und konzentrieren, auch die Molkereien traf dieses Los. Die etwa 3200 Molkereien im Jahr 1955 schrumpften bis 1968 noch einmal auf fast die Hälfte, auf etwa 1700; heute sind es gerade noch 200. Innerhalb der Molkereiwirtschaft konzentrierte sich die Verarbeitung auf immer weniger und größere Betriebe, denn die notwendig gewordene Automatisierung der Anlagen ließ nur die größeren Betriebe überleben. Außerdem griff der Staat zusätzlich durch Aufgabebeihilfen für die Betriebe und Vorruhestandsregelungen für die betroffenen Arbeitnehmer ein.

Die Modernisierung der Molkereien fand überwiegend in den 1960er und 70er Jahren statt. Sie bestand im Wesentlichen aus einer Umstellung auf automatische, EDV-gestützte Prozessführung mit den entsprechenden Anlagen und der Einführung der chemischen, d. h. automatisierten Reinigung von Rohr- und Tanksystemen. Erst die prozessgesteuerte Temperatur-, Durchfluss- und Dampfbehandlung der kontinuierlich durch die Apparate fließenden Milch ließ gute Pasteurisierungsergebnisse zu und ebnete den Weg für neue Produkte.

Leistungssteigerungen bei den Erzeugern

In der Zeit vor und nach dem Zweiten Weltkrieg hatte eine Milchkuh eine durchschnittliche Jahresleistung von 2400 bis 2500 kg Milch. Diese Leistung stieg bis 1969 auf 3800 kg an und liegt heute bei 6800 kg.

---

[17] Fink, Von der Bauernmilch zur Industriemilch, S. 136.

Parallel dazu schrumpfte kontinuierlich der Milchkuhbestand, was wegen der enormen Milchleistungssteigerung pro Kuh notwendig geworden war. Während die Leistungssteigerung pro Milchkuh in der Zeit nach 1968, als die EWG-Marktordnung in Kraft trat, hauptsächlich der Zuchtauswahl, dem Kraftfutter sowie seinen Zusätzen zu verdanken war, hatte sie in der Nachkriegszeit noch auf anderen Faktoren beruht: Die Mechanisierung der Landwirtschaft, also die Einführung des Traktors als Arbeitsmittel, hatte einen kaum vorstellbaren, entscheidenden Einfluss. Denn vor dem Krieg setzten noch immer über dreißig Prozent der Betriebe Kühe als Feldarbeitstiere ein, 1958 immerhin noch fast zwanzig Prozent. Kühe, die als Arbeitstiere eingesetzt werden, können nicht ständig kalben und Milch geben. So hatte ein beträchtlicher Teil der Kühe noch nach dem Zweiten Weltkrieg ein relativ abwechslungsreiches Leben, das Phasen der Milchlieferung und solche des verstärkten Arbeitseinsatzes einschloss. Durch die Mechanisierung wurden die Kühe auf dem Feld nicht mehr gebraucht, sie wurden 'arbeitslos'. Folglich konnten sie ihr ganzes Kuhleben als reines Milchtier verbringen, was nach jeder Kalbung eine möglichst baldige Neubesamung erstrebenswert machte, um den ununterbrochenen Milchstrom zu gewährleisten. Liegt das normale durchschnittliche Lebensalter von Kühen bei 25 Jahren – ein Schlachtalter von 18 Jahren war keine Seltenheit, so sind viele Kühe in konventioneller Haltung heute nach vier bis sechs ununterbrochenen Kalbungszyklen so ausgelaugt und entkräftet, dass sie bereits nach durchschnittlich sechs bis acht Lebensjahren geschlachtet werden. Da im Zuge der modernen Produktionsmethoden die Fertilität der Kühe rapide nachgelassen hat, werden viele von ihnen, die Fortpflanzungs- oder andere gesundheitliche Probleme bekommen, in noch viel jüngerem Alter geschlachtet.[18]

Auch die Pferdehaltung ging durch die Einführung des Traktors nach dem Krieg zurück, ebenso die Schafhaltung. Deren Futterflächen standen jetzt für die Haltung von Milchkühen zur Verfügung.

Ein weiterer Faktor war das Futter selbst. Auf dem Weltmarkt standen bald nach dem Krieg billige Eiweißfuttermittel auf Sojabasis zu Verfügung, die mit Leistungsverstärkern, Vitaminen und Mineralstoffen angereichert waren. Sie verdrängten immer mehr das herkömmliche, heimische Futter.

---

[18] EU-BST-Tier-Report, Kapitel 3.

Schließlich trug entscheidend zur Leistungssteigerung bei, dass bis 1960 Tuberkulose und Brucellose[19] endgültig besiegt und dadurch keine Produktionsausfälle mehr zu verzeichnen waren. So produzierten immer weniger Kühe immer mehr Milch.

Ohne Haltbarkeit keine Milchindustrie

Der Umweg der Milch über die Molkerei verlängerte die Dauer ihres Weges zum Verbraucher. Der Aspekt der Haltbarkeit und Langlebigkeit von Milch und Milchprodukten rückte dadurch uneingeschränkt in den Vordergrund. Hinzu kam, dass Milch und Milcherzeugnisse bundesweit handelbar wurden. Bis 1970 war die Be- und Verarbeitung der Milch trotz aller Rationalisierung und Konzentrierung wegen des festgelegten Tätigkeitsradius jeder Molkerei noch eine regionale Angelegenheit. Als die rechtlichen Beschränkungen 1970 wegfielen, konnten Frischmilcherzeugnisse überregional gehandelt werden. Sie mussten daher haltbar und frisch zugleich sein, ein Widerspruch in sich, der sich – wenn auch nur scheinbar – einzig durch starke Bearbeitung des Rohstoffs lösen ließ. Ohne Zweifel hat dabei die fehlende gesetzliche Frische-Definition geholfen. Milch konnte solange als 'frisch' deklariert werden, solange sie nicht geronnen war. Da man die Milchgerinnung mittels Technik immer weiter hinausschieben konnte, wurde die Milch immer älter und konnte trotzdem noch als frisch bezeichnet werden.

Die fehlende Frische-Definition hat eine lange Tradition. Als man sich erstmals Ende der 1920er Jahre darum bemühte ein Milchrecht zu schaffen, war es noch selbstverständlich, dass Milch nur etwa ein bis einein-halb Tage nicht säuerte. Nur eine zeitlich derart frische Milch gerann unter bestimmten, festgelegten Bedingungen nicht. Sobald sie aber gerann, durfte sie nicht mehr als frisch bezeichnet werden. Damals gab es zwischen einem nicht geronnenen Zustand der Milch und der zeitlichen Nähe zur Milchgewinnung keinen Unterschied. Offensichtlich erschien es unvorstellbar, dass die Milchgerinnung mittels Technik einmal tage-lang hinausgeschoben werden könnte. Genau das gelang. Die Voraussetzungen dafür waren bei den technischen Anlagen ab den 1960er und 70er Jahren geschaffen. Durch die neuen Kühl-, Bearbeitungs- und Abfülltechniken konnte die natürliche Milchsäuregerinnung nun tagelang hinausgezögert werden. Eine 'alte' Milch von fünf bis sechs Tagen konn-

---

[19] Brucellose ist eine ebenfalls auf den Menschen übertragbare Infektionskrankheit, die früher große Schäden angerichtet hat.

te jetzt, da die gesetzlichen Bestimmungen nie geändert worden waren und sich noch immer allein auf den Gerinnungszustand der Milch bezogen, aufgrund der verbesserten Technik als „frisch" bezeichnet werden. Für eine industrielle Produktion waren das ideale Voraussetzungen.

Es dauerte allerdings, bis die Menschen die abgepackte alte als frische Milch akzeptierten. Noch 1950 war die offene Milchabgabe bei frischer Milch die Regel (ca. 90%). Das hieß, die Milch wurde entweder direkt beim Erzeuger abgeholt oder aber von der Molkerei lose über Milchhändler oder Milchgeschäfte geliefert und dort den Endverbrauchern in ihre Milchkannen abgefüllt. Ein großer Teil dieser lose verkauften Milch war nicht pasteurisiert und auch die Molkereien brachten noch Vorzugsmilch in den Handel. Viele Konsumenten hatten nämlich noch immer Vorbehalte gegen die Pasteurisierung. 1960 wurden fast sechzig Prozent der Milchproduktion, 1971 noch mehr als dreißig Prozent lose verkauft. Abgepackte Milch begann sich erst in den 60er Jahren zu verbreiten, als sich die Lebensmittelversorgung durch Einzelhandelsgeschäfte und Supermärkte durchsetzte und die bisherige Milchdistribution durch Milchhändler und Milchgeschäfte allmählich verdrängte. Die lose Milch galt zwar als Trinkmilch, wobei jedoch üblicherweise daraus Milchprodukte, wie Rahm, Sahne, Dickmilch und manchmal auch noch Quark oder Frischkäse, gewonnen worden waren. Je mehr der lose Milchverkauf zurückging, desto mehr wurden die bis dato häuslich hergestellten Milcherzeugnisse in den Molkereien produziert. Heute werden sie fast ausschließlich außer Haus hergestellt. Was als frische Trinkmilch angeboten wird, ist so weit bearbeitet (keimbefreit, pasteurisiert und homogenisiert), dass sich im eigenen Haushalt daraus noch nicht einmal mehr Dickmilch herstellen lässt.

Die Homogenisierung kommt auf

Kühlung und Pasteurisierung blieben die wichtigsten Aspekte der Haltbarkeit. In den 60er Jahren gesellte sich eine alte Technik im neuen Gewand hinzu, die heute nicht mehr aus der Produktion von Trinkmilch und Milcherzeugnissen wegzudenken ist, die Homogenisierung. Man kannte diese Technik schon seit Beginn des Jahrhunderts. Sie wurde in Deutschland später als in anderen Ländern – erst in den 60er Jahren – vermehrt eingesetzt. Während die Pasteurisierung bereits die Aufrahmfähigkeit der Milch einschränkte und einen längeren Frischeeindruck erzeugte, erwiesen sich 'längerlebige' Milchprodukte als hartnäckiger. Noch immer setzte sich ihr Fett bei längerer Lagerung oben auf dem

Produkt ab. Die Frische war daran für die Verbraucher deutlich auszumachen. Mit der Homogenisierung, bei der die relativ großen Fettkügelchen der Milch erheblich verkleinert werden, kann dieser Aufrahmeffekt verhindert oder verzögert werden. Milchprodukte konnten mit dieser Bearbeitungsmethode nun auch 'optisch frisch' gehalten werden. Homogenisierung geschieht nur aus kosmetischen und technischen Gründen. Sie hat im Gegensatz zur Pasteurisierung, bei der auch potenzielle Krankheitserreger abgetötet werden, nicht den geringsten gesundheitlichen Nutzen. Eher ist das Gegenteil der Fall. Die Homogenisierung ist für gewisse Gesundheitsbeeinträchtigungen verantwortlich, z. B. Allergien und Darmschäden, was jedoch noch immer von der herrschenden Meinung in der Ernährungswissenschaft abgestritten oder ignoriert wird.

Noch längere Haltbarkeit mit H-Milch

Um Milch noch länger haltbar zu machen, wurde die H-Milch erfunden. H-Milch ist ultrahocherhitzte, so genannte UHT-Milch *ultra high temperature*. Sie ist 1963 erstmals in Deutschland hergestellt worden. Ihre Vermarktungschancen waren damals gering, denn es gab noch ein etabliertes zeit- und ortsnahes Angebot loser frischer Milch, die außerdem preiswerter als H-Milch war. Das änderte sich mit der Zeit. 1970 lag der Anteil an H-Milch noch bei nur drei Prozent der gesamten Trinkmilchmenge. Da H-Milch aber sehr lange haltbar ist (bis zu drei Monaten), wurde sie mit der Verdrängung des Lebensmitteleinzelhandels durch Supermärkte und sonstige Discountläden für die Händler interessant. Die Preise verfielen. Aufgrund von Preiskämpfen wurde sie trotz intensiver Bearbeitung billiger als die abgepackte 'frische' Milch. 1977 hatte sie schon einen Marktanteil von 40 %, heute liegt er bei 67 %. Sie ist aus den Regalen der Supermärkte und Discounter nicht mehr wegzudenken. Da die Herstellung von H-Milch eine starke Bearbeitung erfordert, ist ihr ernährungsphysiologischer Wert gering. In den letzten Jahren wird dies vermehrt durch Zusätze wie Kalzium, Vitamine, Eisen etc. und durch neuartige Milchmixgetränke auf der Basis von H-Milch ausgeglichen.

Keimarmut als Grundvoraussetzung

Die Haltbarkeit von Milch und Milchprodukten wurde nicht nur durch verbesserte und neue Bearbeitungstechniken in der Molkerei erreicht. Um (Roh-)Milch industriell verarbeiten zu können, muss sie möglichst keimarm gewonnen werden. Denn eine starke Keimvermehrung durch maschinelle Melkanlagen, Lagerbehältnisse, Tankwagentransporte und Kühlung gilt als unvermeidlich. Aus diesem Grund wurde zunächst über die Molkereien und später durch Gesetze auf die Erzeuger Druck ausgeübt, die Milch möglichst keimarm zu erzeugen und sie in einem solchen Zustand bereits den Molkereien zur Verfügung zu stellen (Kapitel 3).

Die industrielle Massenproduktion kann beginnen

Nachdem also alle Voraussetzungen geschaffen waren, damit Milch und Milchprodukte haltbar gemacht und in Lebensmittelgeschäften und Supermärkten verpackt angeboten werden konnten, begann ihre industrielle Massenproduktion in den 1960er und 70er Jahren. Folgende Zahlen sollen das beispielhaft verdeutlichen: In der Zeit von 1960 bis 1974 nahm der Absatz von Frischkäse und Quark um 124%, der von Sauermilchprodukten um 1020% und der von Käse um 60% zu.[20] Käse war schon immer außer Haus hergestellt worden, deshalb war hier die Steigerung niedriger, aber immer noch beachtlich; bei Quark gilt Ähnliches. Sauermilchprodukte sind als Dickmilch die klassischen, bis dahin bereits fast ausschließlich im Haushalt in geringem Umfang selbst hergestellten Produkte; erst durch ihre Produktion (meist als Joghurt) in den Molkereien wurden sie nun auch statistisch erfasst – daher die extrem hohe Steigerungsrate. Aber gerade im Sauermilchbereich wurde mit Joghurt zusätzlicher Absatz erschlossen, den es vorher so nicht gegeben hatte.

Die Produktion von Milch und Milchprodukten wurde allmählich immer rationeller und billiger. Während anfangs noch die klassischen Produkte Trinkmilch, Sahne, Butter, Quark, Käse und Sauermilch/Joghurt im Vordergrund standen, wurden mit der Zeit eine Vielzahl neuer Milchprodukte und Milchmischprodukte angeboten. Weil sie als gesund und billig angepriesen wurden, weitete sich ihr Anteil an der täglichen Nahrungsaufnahme stetig aus. Heute haben sie den Rang eines Grundnahrungsmittels erreicht. Entsprechend ist die Milch verarbeitende Industrie (Molkereien, Käsereien, Molkeverarbeiter, Milchpulverhersteller etc.) zu einem wichtigen und mächtigen Sektor in der Ernährungsindustrie

---

[20] Fink, S. 174.

geworden. Seit 1965 stellt sie die umsatzstärksten Betriebe innerhalb der Nahrungsmittelbranche.

Das Leben in einer Arbeits- und Industriegesellschaft verlangte nach immer mehr fertigen und verpackten Nahrungsmitteln. Milcherzeugnisse und -produkte passen nach ihrer Ausrichtung auf industrielle Produktionsmethoden ideal in diese Lebenswelt hinein. Sie sind immer Endprodukte, mundgerecht bearbeitet, d. h. ihr Bearbeitungsgrad ist extrem, wie die folgenden Kapitel zeigen werden. Trotzdem profitieren sie weiter von dem zu Anfang des 20. Jahrhunderts kreierten Image der natürlichen, weißen, guten und gesunden Milch.

3 Folgen industrieller Milchproduktion und Milchverarbeitung

Überproduktion

Nicht nur die industrielle Verarbeitung der Milch trug zum Problem der Überversorgung bei, eine große Rolle spielte ab 1968 die EWG-Marktordnung selbst. Durch staatliche Interventionsstellen, die Butter und Magermilchpulver zu festgesetzten Preisen aufkaufen mussten, konnte Milch nach Gutdünken produziert werden. Im Zeitraum von 1968 bis 1984 steigerte sich die durchschnittliche jährliche Milchleistung pro Kuh um mehr als tausend Kilogramm, und zwar von 3700 auf etwa 4800 kg. Mit solchen Kühen ließ sich wahrlich viel Milch produzieren. Und aufgrund bester Zentrifugentechnik konnte jede Milch, die nicht absetzbar war, vollständig in Rahm und Magermilch getrennt werden. Aus Rahm macht man bekanntlich Butter, bevor er verdirbt, und aus Magermilch, sofern sie anders nicht zu verwerten ist, Magermilchpulver. So konnte die gesamte überschüssige Milch von den Herstellern in Form von Butter und Magermilchpulver an die Interventionsstellen abgeliefert werden. Diese mussten sowohl die gesamte Butter als auch alles Magermilchpulver annehmen, das ihnen angeboten wurde, und festgesetzte Preise dafür zahlen, Faktoren, die das Absatzrisiko auf den Staat abwälzten. So entstanden Butterberge und Milchseen. Besonders zu Anfang der 1980er Jahre, als der Weltmarkt sich von europäischen Milchprodukten gesättigt zeigte, mussten die Mitgliedstaaten mehr und mehr Butter und Milchpulver aufkaufen. Von der Regelung profitierten in erster Linie die Verarbeiter, also die Molkereien und die Lagerhalter, weniger die Erzeuger. Letztgenannte durften allerdings weiter fleißig Milch produzieren, die sie wiederum zu festgesetzten Richtpreisen an die Molkereien abliefern konnten. Um die Milchmengen zu begrenzen, wurde im Jahre 1984 die Quotenregelung eingeführt: Milcherzeugern wurden Lieferrechte erteilt, die sie nicht überschreiten durften, wollten sie dabei nicht wiederum finanzielle Einbußen hinnehmen. Diese so genannte Milchgarantiemengen- oder Milchquotenregelung hat noch immer Bestand. Zwar häufig genug tot gesagt, lebt sie wahrscheinlich, solange es den EU-Subventionsagrarmarkt gibt.

1983 war das Jahr mit der bisher höchsten Milchproduktion in Westdeutschland, nämlich 26,1 Millionen Tonnen. Die Milchquotenregelung brachte eine dauerhafte Absenkung auf etwa 22 Millionen Tonnen und hält sich damit bis heute auf dem Niveau der Zeit vor 1968, also vor der

Einrichtung der EWG-Milchmarktordnung.[1] Das wirft, nachdem das Ergebnis bekannt ist, ein bezeichnendes Licht auf die Sinnhaftigkeit von Marktregulierungen.

Die kleinen Erzeuger werden zum Aufgeben veranlasst

Die gemeinsamen EWG-Marktorganisationen und die Agrarpolitik der EG waren und sind von extremer Lenkung durch Subventionen geprägt. Das Unheil einer Milchüberproduktion als Folge war schon im Vorgriff erkannt worden. Deshalb wurde zunächst der Kuhbestand reduziert, in dem die Betriebe zum Aufgeben angehalten wurden. Über Abschlachtprämien, Nichtvermarktungsaktionen, Einführung einer Milchrente, die an diejenigen gezahlt wurde, die ihre Lieferrechte an den Staat verkauften, und Förderprogramme für Neuinvestitionen wurden viele kleine Erzeuger „vom Markt genommen", wie dieser Vorgang im Fachjargon bezeichnet wird. Gefördert wurden Betriebe, die in rationellere Tierhaltungs- und Melksysteme investierten. Bis Mitte der 80er Jahre war die zweite große Marktbereinigung nach dem Zweiten Weltkrieg durchgeführt, die kleinen Erzeuger hatten nahezu alle aufgegeben.

Der Milchertrag pro Kuh steigt immer weiter an

Bedenkt man, dass noch 1850 die durchschnittliche jährliche Milchleistung einer Kuh bei etwa tausend Kilogramm gelegen hatte, dann waren im Jahre 1950, also 100 Jahre später, 2500 kg und 120 Jahre später im Jahre 1970, 3900 kg schon eine beträchtliche Steigerung. Diese war noch überwiegend einer natürlichen Verbesserung oder Änderung der Haltungsbedingungen geschuldet (Ställe, Futter, Gesundheitsüberwachung, reine Milchviehhaltung statt Verwendung als Arbeitstier) und durch Zuchtverbesserungen bedingt. Die darauf folgenden Leistungssteigerungen in den Jahren 1980 auf etwa 4600 kg, 1990 auf etwa 5000, 2000 auf 6100 und 2006 auf 6800 kg beruhen auf noch intensiveren und rigoroseren Eingriffen.

Ende der 1960er Jahre wurden reine Milchrassen wie die Holstein-Friesian[2] aus den USA in die deutsche Schwarzbunte eingezüchtet. Letztere

---

[1] Für Gesamtdeutschland ergibt sich während der 1990er Jahre konstant eine jährliche Milchproduktion um die 28 Mio. t (D-West ca. 22 Mio. t, D-Ost ca. 6 Mio. t).

[2] Andere reine Milchrassen sind: Jersey- und Guernseyrinder, Brown-Swiss, Ayrshire.

ist eine Zweinutzungsrasse (Fleisch- und Milchlieferantin) mit vorwiegender Milchproduktion. Die Holstein-Friesian brachte gegenüber der Schwarzbunten eine um tausend Kilogramm höhere Milchleistung, was dem Milchertrag pro Kuh einen großen Schub verlieh.

Die Futterumstellung tat ein Übriges. Von ballaststoffreichem Futter aus Gras, Heu, Klee, Runkelrüben, Hafer und Luzerne wechselte man auf Kraftfutter. Unter Kraftfutter verstand man anfangs noch Getreide-, Soja- und Maissilage, also eine rein vegetarische Kost. Schon dies bedeutete jedoch den ersten Sündenfall, denn auch Getreide und Mais sind keine artgerechten Futtermittel. Rinder benötigen Ballaststoffe, also hauptsächlich Gras, Klee und Heu, daran sind sie noch immer am besten angepasst. Da die meisten Tiere heute ganzjährig im Stall stehen, sind die natürlichen Ballaststoffe der Wiese meistens unerreichbar. Das Futter ist nur noch wenig abwechslungsreich und kommt, um eine hohe Milchleistung zu garantieren, nicht mehr ohne energiereiche Proteinzusätze aus. Neben Silagen aus Gras/Heu, Raps, Mais, Weizen und Gerste werden Futtermittel stark mit tierischen und pflanzlichen Eiweißen angereichert. Was gerade billig zu haben ist, wird genutzt, und häufig sind das Abfälle aus der Nahrungsmittelindustrie: Z.B. Magermilch- und/oder Molkenpulver, Soja-Rapsschrot, Sojarückstände, Erdnussschalen, Kokosschalen, Rückstände aus der Obstverarbeitung, Fett aus Fettschmelzen, die verbrauchte Fette der Nahrungsmittelindustrie verarbeiten. Und schließlich landeten bis in die jüngste Vergangenheit dann auch Tiermehl und Tierfett im Stalltrog. So wurde und wird reinen Pflanzenfressern wie Rindern auch tierisches Eiweiß verabreicht. Das heutige Kraftfutter ist der Physiologie der Kühe nicht angepasst. In ihrer Eigenschaft als Wiederkäuer benötigen sie für ihre vier Mägen eine niedrig-energetische, faserreiche Pflanzenkost, so wie sie sie früher einmal, in aller Gemüts- und Seelenruhe auf der Weide grasend, vorgefunden haben. Tierische Proteine und tierische Fette, also neben dem Tiermehl auch Milch- und Molkenpulver, gehören nicht – sozusagen am allerwenigsten – zu ihrer natürlichen Nahrung.

Aus der nicht artgerechten Tierhaltung hat sich mit großer Wahrscheinlichkeit die BSE-Krise entwickelt. Die Verfütterung von Tiermehl an Rinder ist erstmals 1996 nach der britischen BSE-Krise EU-weit verboten worden. Die ausreichende Überwachung dieses Verbotes in den Mitgliedstaaten war anfangs fraglich. In Deutschland wurde in vielen Futtermittelproben, die Ende 2000 mit Ausbruch der hiesigen BSE-Krise gezogen wurden, erhebliche Tiermehlrückstände gefunden. Die Verfütterung von Tiermehl (tierisches Protein) an andere Schlachttiere als Wiederkäuer, wie Schweine und Hühner, ist im Zuge der deutschen BSE-Krise dann zusätzlich EU-weit verboten worden, weil man eine weitere, möglicherweise auf andere Tiergattungen übergreifende Seuche verhindern wollte. Ende 2003 ist das umfassende Verfütterungsverbot relativiert worden: Material von Nichtwiederkäuern darf an Nichtwiederkäuer, sowie Blutmehl und sonstige Blutprodukte von Nichtwiederkäuern an Fische verfüttert werden. An einer weiteren Verwässerung wird von Seiten der Tiermehllobby tatkräftig gearbeitet. In 2007 geht es wieder darum das Tiermehlverfütterungsverbot aufzuweichen oder gar ganz abzuschaffen. Nur massive VerbraucherInnenproteste werden dagegen helfen, siehe: www.foodwatch.de

Auch die neuen mechanisierten Haltungstechniken und das durchrationalisierte Haltungsmanagement trugen entscheidend zur Ertragssteigerung bei. Die großen Erzeuger produzieren bodenunabhängig Milch, das heißt, der Betrieb baut entweder kein oder nur noch wenig eigenes Futter an. Stattdessen ist er auf zugekauftes Futter angewiesen. Zur Vereinfachung der Arbeitsabläufe herrscht reine Stallhaltung vor. Die Tiere stehen ihr Leben lang nicht unter freiem Himmel. In den Ställen ist beispielsweise die Fütterung und Fäkalienbeseitigung automatisiert. Das Liegestroh fehlt, obwohl oder gerade weil das die Kühe als ihre natürliche Nahrung betrachten und es aufgrund des Mangels im angebotenen Kraftfutter auffressen würden. Die Milchgewinnung selbst ist durch immer weiter verbesserte Melksysteme rationalisiert: früher Rohrmelkanlagen im Stall, heute Melkstände außerhalb des Stalles mit Melkrobotern und elektronischer Melkanlage.

Und schließlich trägt eine ununterbrochene Folge von Trächtigkeiten noch während der Laktation zu dem heutigen hohen Milchertrag bei, mit denen aus jedem Tier ein Maximum an Milchleistung herausgeholt wird.

Wie ein relativ kleines Tier von 250 kg innerhalb von nur 200 Jahren zu einer Art Milchmaschine mit 600–700 kg Lebend-Körpergewicht gemacht wurde, wird aus folgender Tabelle ersichtlich.[3]

Durchschnittliche Milchleistung pro Laktation und Kuh

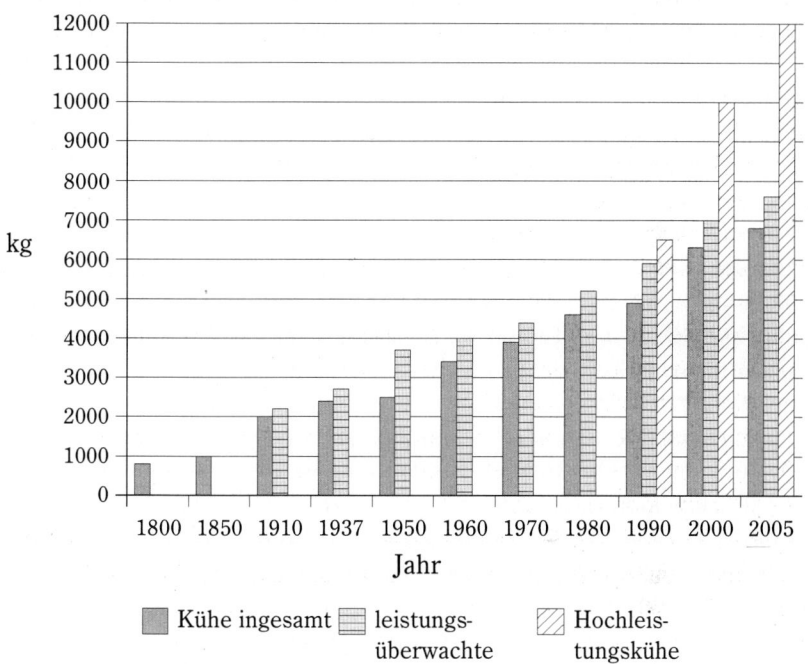

Bei weiter stagnierendem Milch- und Milchproduktekonsum und nur geringen Aussichten auf deren Absatzmöglichkeiten sind anhaltende Bemühungen auf nochmalige Steigerung der Milchleistung äußerst fragwürdig. Wenn immer weniger Kühe immer mehr Milch geben, kann dies nur zu weiterem Konkurrenzdruck und zu weiteren Betriebsaufgaben führen. Das ist auch in Brüssel verstanden worden, wo eine weitere Reduzierung des Bauernstandes aus vielen Gründen nicht mehr (nur) für opportun gehalten wird. Die Haltung ist ambivalent. So werden z. B. die landschaftspflegerischen Leistungen bäuerlicher Kultur mittlerweile als durchaus

---

[3] Nach: Bittermann, Die landwirtschaftliche Produktion in Deutschland 1800–1950; Comberg, Die deutsche Tierzucht im 19. und 20. Jahrhundert; Statistische Jahrbücher L; Fachpresse.

notwendig betrachtet, was in den 1990er Jahren in Form der EU-Mutterkuhprämie neue subventionsrechtliche Blüten trieb und einen schönen Nebeneffekt hatte: Wir sahen wieder viel mehr Kühe auf der Weide, und die kamen so gar nicht geschunden und ohne dicke Euter daher. Es handelte sich meistens um braune, weiße oder graue, nicht gefleckte Tiere. Dem mobilen Volk wurde der Anblick traditioneller Kuhhaltung beschert, der es denken ließ, dass die Zustände wohl so dramatisch nicht sein können, wie immer behauptet wird, denn Kühe standen noch immer auf den Weiden. Jedoch, hier lag ein grandioser Irrtum vor, denn Kuh ist nicht gleich Milchkuh. Die Prämie wurde nur für Kühe gezahlt, die nicht zur Milchlieferung gehalten wurden, sondern um Nachwuchs für die Fleischproduktion zu gebären. Deshalb standen bis 2005, als die Mutterkuhprämie im Zuge der Agrarreform abgeschafft worden war, diese Kühe am kostengünstigsten auf Wiesen, wo sie wenig Arbeit machten und sich vom sonst nicht genutzten Grünzeug ernährten. Milchkühe dagegen wurden und werden nach wie vor ganzjährig in Ställen und/oder stallnah gehalten, um ein möglichst effizientes Futter- und Melkmanagement zu garantieren. Weidefutter und Weidegang würden hier nur stören. So sahen wir seit Jahren dank Brüssel Mutterkuhprämienkühe und ihre Töchter, Färsen genannt, auf den Weiden grasen. Daneben hält man ebendort häufig auch die zum ersten Mal trächtigen Milchkühe und Trockensteher (Kühe, kurz vor dem Abkalben), meist Fleckvieh. Diese Kühe geben keine Milch, müssen also im Gelände auch nicht gemolken werden. Laktierende, also Milch gebende Kühe, sind auf Weiden zur seltenen Ausnahme geworden. Den Rinderreporten aus 2005 ist zu entnehmen, dass nur noch etwa fünf Prozent aller Milchkühe regelmäßigen Weidegang erhalten.

Der letzte Versuch die Milchleistung von Kühen auf breiter Front durch das gentechnisch hergestellte Hormon Rindersomatotropin (BST) weiter zu steigern ist fehlgeschlagen. Obwohl es in den USA zugelassen ist, wurde seine Verwendung innerhalb der EU im Jahre 1999 verboten (Kapitel 9). Das bedeutet jedoch nicht, dass die europäischen Bauern nicht alles daransetzen auch ohne BST die Milchleistung ihrer Kühe auf Weltniveau anzuheben. In großen Betrieben muss eine Kuh heute mindestens 8000 kg Jahresleistung bringen. Auch 12.000 kg und mehr sind keine Seltenheit. In Sachsen machte im Jahre 2002 eine Kuh mit einer Jahresleistung von 18.133 Litern von sich reden.[4]

---

4 Deutsche Milchwirtschaft 8/2002, S. 342.

Mastitis, Berufskrankheit unserer Hochleistungskühe

Mastitis ist eine bakterielle Entzündung der Euterdrüsen und heute mit epidemischen Ausmaßen die häufigste Erkrankung bei Milchkühen. Sie ist das, was wir bei Frauen Brustentzündung nennen würden, also eine äußerst schmerzhafte Angelegenheit.

Euterentzündungen kamen bei Kühen schon immer vor, ohne jedoch jemals zu einem ernsten, allgemeinen und flächendeckenden Problem zu werden. Mit Einführung der Melkmaschinen in den Nachkriegsjahren begann die epidemische Verbreitung der Krankheit.[5] Heute sind vierzig Prozent aller Kühe in Europa von klinischer und subklinischer Mastitis betroffen.[6] Je höher die individuelle Milchleistung einer Kuh ist, desto höher ist ihr Risiko an Mastitis zu erkranken, ein 'Berufsrisiko' also. Nur durch den Einsatz von Penicillin und Antibiotika kann die Entzündung in Schach gehalten oder bekämpft werden. Sie ist der häufigste Grund für den Einsatz von Antibiotika bei Kühen. Weil Mastitis nur durch Antibiotika bekämpft werden kann, stehen Milchprodukte in der Diskussion über die Ursache zunehmender Antibiotikaresistenz beim Menschen.

Milch von an Mastitis erkrankten Kühen hat eine veränderte Keimflora. Ihr fehlen Milchsäurebakterien und sie enthält somatische Zellen, d. h. Körpereiterzellen, die normalerweise in der Milch nicht enthalten sein dürfen. Zusammen mit Arzneimittelrückständen versetzen sie die Milch in einen Zustand, der die Käseproduktion problematisch werden lässt. Der Gehalt an somatischen Zellen muss daher niedrig gehalten werden,

---

5   Mastitis wird durch verschiedene Erreger hervorgerufen. Mittlerweile gibt es Stämme, die auf Antibiotikatherapien nicht mehr ansprechen. Hierzu gehören Staphylococcus aureus- und aggressive E.coli-Bakterien, so genannte EHEC-Bakterien (Stamm 0157:H7), die immer größere Verbreitung finden und als Auslöser von schweren Darmkrankheiten beim Menschen gelten. Die meisten E.coli-Bakterien sind völlig harmlos und gehören zu unseren natürlichen Darmbewohnern.

Mittlerweile gehen etwa 30 % aller schweren Mastitiden in den USA auf das Bakterium Staphylococcus aureus zurück. Parallel zu seinem Auftreten sind die antibiotikaresistenten Staphylococcus aureus-Infizierungen (MRSA=Methicillin-resistente Staphylococcus aureus) in Krankenhäusern in den letzten 15 Jahren erheblich angestiegen. Ähnliches gilt für Deutschland. Ob es einen Zusammenhang gibt?

6   Vgl. EU-BST-Tier-Report, Kapitel 3 und 6.
Die subklinische Mastitis ist zwar noch nicht mit Penizillin behandlungsbedürftig, sie verändert jedoch die Keimflora, lässt den Milchertrag sinken und führt zu mehr Körperzellen (Eiter) in der Milch.

was durch Grenzwertvorgaben erreicht wird. Liegt eine behandlungsbedürftige Mastitis vor, muss das Tier mit Antibiotika behandelt werden. Nach einem genau festgelegten Plan darf die Milch für eine bestimmte Anzahl von Tagen nicht dem menschlichen Verzehr zugeführt werden, und zwar solange nicht, bis man davon ausgehen kann, dass das Antibiotikum abgebaut worden ist. Wer das allerdings genau nimmt, hat das Nachsehen, denn da die Milch der Erzeuger nicht täglich getestet werden kann, verlassen sich manche Erzeuger auf die Vermischung, also die ausreichende Verdünnung ihrer Antibiotika(-Milch) in ihren Tanks und denen der Molkereien.

Milch ist nicht mehr die Alte, sie hat sich gravierend verändert

Aussagekräftige Untersuchungen darüber, inwieweit sich die Inhaltsstoffe von Kuhmilch im Lauf der Geschichte verändert haben, scheint es nicht zu geben. Wenn überhaupt, dürfte eine gesicherte Datenlage erst seit der Gründung der Milchforschungsanstalten vor etwa achtzig Jahren vorhanden sein. Unabhängig davon, ob und was chemische Analysen über die Jahrzehnte an Einzelheiten zu Tage gefördert haben, können drei große Bereiche ausgemacht werden, bei denen es ganz offensichtliche Veränderungen gegeben hat. Es sind dies die Keimflora der Milch, ihr Fett- und ihr Eiweißgehalt.

Keimflora

In ermolkener Milch kommen wie überall in der Natur Keime vor. Dabei übertreffen die Milchsäurebakterien eindeutig alle anderen. Für die Milch ist das ideal, denn so wird sie zunächst sauer und nicht faulig. Durch die Milchsäuregerinnung werden die ebenfalls in Milch vorkommenden Fäulnisbakterien lange Zeit in Schach gehalten. Bevor gerade Letztere die Oberhand gewinnen können, ist die Sauermilch längst verzehrt. So schützt die Milch sich selbst vor Verderbnis. Anders ausgedrückt, die Selbstsäuerung ist das milcheigene Programm zur Verhinderung früher Fäulnis. Derart ist die Milch von Natur aus angelegt. Der maschinelle Milchgewinnungs- und Verarbeitungsprozess greift in diesen natürlichen Prozess ein.

Der zulässige, gesetzlich festgelegte Keimgehalt von Rohmilch meint die Gesamtzahl aller Keime in der Milch, also sowohl Milchsäurebakterien als auch Fäulnisbakterien und andere. Eine allgemein hohe oder niedrige Keimzahl sagt daher nicht viel über einen positiven oder negativen Zustand der Milch aus. Aus Sicht der Verbraucher dürfte eine möglichst natürlich belassene Milch, die von selbst säuert, also viele Milchsäurebakterien bzw. Keime enthält und nicht etwa faulig wird und riecht, eine gute Milch sein. Ganz anders sehen dies die Molkereien. Für sie ist eine gute Rohmilch eine Milch mit möglichst geringer Gesamtkeimzahl. Denn die Molkereien stehen vor dem Problem, die Milch vor ihrer Verarbeitung tagelang als Flüssigkeit haltbar machen zu müssen. Dies kann im Prinzip nur durch Unterdrückung der natürlichen Milchsäurefermentation mittels Kühlung geschehen. Denn Milchsäurebakterien entwickeln sich bei höheren Temperaturen gut. Ungefähr bei 12 °C verlangsamt sich ihr Wachstum beträchtlich, sodass bei den üblichen Kühltemperaturen von 4 bis 8 °C der Milchsäurefermentationsprozess wirksam aufgehalten werden kann. Gekühlte Milch ist jedoch der ideale Nährboden für Fäulnisbakterien, so genannte psychrotrophe (Kälte liebende) Keime. Diese vermehren sich besonders bei niedrigen Temperaturen, 7 °C und noch tiefer. Nach zwei- bis dreitägiger Lagerung gewinnen sie in einer auf 4 °C gekühlten Milch die Oberhand. Psychrotrophe Keime produzieren fettspaltende und eiweißzersetzende Enzyme, die in der Milch ausreichend Material zur Spaltung vorfinden. Viele dieser Keime werden zwar durch Pasteurisierung abgetötet, einige Arten überleben aber nicht nur diese, sondern sogar die Ultrahocherhitzung (UHT). Da auch die abgetöteten psychrotrophen Keime zuvor schon Enzyme gebildet haben und diese hitzestabil sind, agieren diese weiter. Das ist auch der Grund, warum H-Milch – ungeöffnet – verderben kann.

Die Vermehrung beider Keimarten, sowohl der Milchsäurebakterien als auch der Kälte liebenden Keime, ist folglich im industriellen Herstellungsprozess unerwünscht. Weder darf die Milch vor ihrer Verarbeitung gerinnen, noch darf sie faul werden. Um dies zu erreichen, muss die Gesamtkeimzahl der Rohmilch auf ein Minimum abgesenkt werden. Im Laufe der Jahre ist daher der zulässige Keimzahlgehalt für Rohmilch immer weiter gesenkt worden, in den 1970er und 80er Jahren für Milch der Güteklasse 1 beispielsweise bis auf 500.000, dann auf 300.000 und in den 90er Jahren auf 100.000 Keime pro Milliliter. Und obwohl die Rohmilch dadurch immer keimärmer geworden ist, sind Milch und Milcherzeugnisse heute nicht wirklich keimärmer als Milch/-produkte vergangener Zeiten. Eher ist das Gegenteil der Fall. Denn der Einsatz von Melkmaschinen, neuen Melkständen und neuen Milcherfassungssystemen (Umstellung von Kannen auf Tanksammelwagen, die einer umfassenden Reinigung nicht zugänglich sind) führt anstatt zu einer Keimreduktion zu einer Rekontaminierung mit Keimen. Zusammen mit den

langen Lagerzeiten – Milch wird nur noch zwei- oder dreitägig abgeholt–
sind diese Techniken die eigentliche Ursache für die Verkeimung von
Rohmilch. Hygienisch gewonnene, d. h. von Hand in saubere Eimer ge-
molkene Rohmilch, ist nämlich von Natur aus relativ keimarm. Ihre
Keimflora besteht überwiegend aus Milchsäurebakterien. Über Melkmaschinen gewonnene Milch ist dagegen trotz aller Hygiene und Desinfektion erheblich keimreicher und zusätzlich noch reicher an somatischen
Zellen, da maschinelles Melken zu chronischen Euterentzündungen
führt. Bei von Maschinen ermolkener Milch – und heute gibt es kaum
noch andere – verändert sich die ursprünglich von Milchsäurebakterien
dominierte Keimflora hin zu einer, in der Fäulnisbakterien vorherrschen.
Diese Bakterienflora, in der die Fett und Eiweiß zersetzenden Bakterien
die Oberhand haben, vermehrt sich rasch im gesamten Rohrleitungssys-
tem einer modernen Melkanlage und kann nur durch permanente Reinigung und Desinfektion unterdrückt werden.
Um die als unvermeidlich betrachtete Bakterienvermehrung in der Milch
während der Lagerung beim Erzeuger, der Transporte in Tankwagen
und der weiteren Lagerung in den Molkereien möglichst gering zu halten, muss die Ausgangsmilch, also die Rohmilch, so keimarm wie möglich sein. Nicht die Tatsache, dass keimarme Rohmilch (auch) gesund für
die Verbraucher ist, steht also im Vordergrund – dies ist lediglich ein
nützlicher Nebeneffekt –, sondern eine möglichst lange Verarbeitungs-
und Lagerfähigkeit. Tatsächlich ist auch keimreiche Milch gesund und
unbedenklich, sofern es sich um Säuerungskeime handelt. Die Gesetzeslage bestätigt dies indirekt. Nach ihr dürfen rohe Büffel-, Schafs- und Ziegenmilch bis eineinhalb Millionen Keime pro Milliliter enthalten, rohe
Kuhmilch dagegen nur 100.000.[7] Büffel-, Schafs- und Ziegenmilch werden entweder von Hand gemolken oder nach dem Maschinenmelken sofort verarbeitet. Kuhmilch wird durch Maschinen ermolken, gelagert und
nicht sofort bearbeitet; hier liegen die wesentlichen Unterschiede.
Rohmilch, die von Natur aus über viele Milchsäurebakterien verfügen
sollte, wird allein schon durch die geforderte extreme Keimarmut verändert. Ihre Flora wird zusätzlich durch moderne Melk-, Transport- und La-
gersysteme verändert. Die Milch, die schließlich in der Molkerei verarbeitet wird, bietet ein Keimmilieu, in dem Fäulnisbakterien dominieren

---

[7] Verordnung (EG) Nr. 853/2004 Anhang II, Abschnitt IX des Europäischen
Parlaments und des Rats mit spezifischen Hygienevorschriften für Lebensmittel tierischen Ursprungs, ABl. L 139/55 vom 30.4.2004.

oder zumindest in erheblich größerer Zahl vorhanden sind als in Rohmilch. Das ist einer der Gründe, warum unsere Trinkmilch nicht mehr sauer, sondern allenfalls bitter wird.[8] In der Milchwirtschaft ist das ein offenes Geheimnis. Nur bis zu den MilchkonsumentInnen scheint sich bis heute noch nicht herumgesprochen zu haben, was man seit gut zwanzig Jahren ganz offen nachlesen kann: „Heutzutage wird Milch kaum mehr von selber sauer. Die Ursachen sind der Mangel an Milchsäurebakterien und die Kühllagerung der Milch."[9]

Der industrielle Gewinnungs- und Verarbeitungsprozess hat Zwänge geschaffen, die im Ergebnis die Milch selbst verändert haben. Offensichtlich meint man für diesen mittlerweile so effektiven und rationellen Gewinnungs- und Verarbeitungsprozess eine solche Veränderung in Kauf nehmen zu dürfen oder zu müssen. Den Preis dafür haben ErzeugerInnen und VerbraucherInnen zu zahlen. Die einen müssen noch kapitalintensiver wirtschaften, denn immer mehr Maschinen und Vorrichtungen auf den Höfen sind zur Erfüllung der Vorgaben vonseiten der Molkereien notwendig. Wie üblich, wird die Disziplin zum Mitmachen über den Preis erreicht. Je nach der Höhe des Keim- und Zellgehalts müssen die Erzeuger kräftige Abschläge vom Milchgeld hinnehmen. Die Konsumenten zahlen, indem sie ein Lebensmittel nicht mehr in seiner ursprünglichen Form genießen können und mit der Aussicht leben müssen, dass die veränderte Bakterienflora möglicherweise gesundheitliche Gefahren birgt. Denn wenn Milch/-produkte heute mehr eiweißspaltende Enzyme enthalten, bedeutet dies, dass sie auch mehr von diesen gespaltene Substanzen enthalten, also mehr kleine Peptide und Aminosäuren, deren Umbauprodukte, wie z. B. biogene Amine, sich schließlich als Mitverursacher von Darmschäden und Allergien entpuppen könnten.

Fett

Die Milch ist heute erheblich fetthaltiger als früher. Lag der vermutete Fettgehalt von Kuhmilch in prähistorischen Zeiten bei etwa zwei Prozent, so lag er vor hundert Jahren noch bei maximal drei Prozent. Im Durchschnitt der 1990er Jahre wurden schon mehr als 4,2 % erreicht. Diese erhebliche Fettgehaltserhöhung hat jedoch für heutige MilchkonsumentInnen nur relative Bedeutung. Da die Milch in der Molkerei zunächst vollständig in Rahm und Magermilch/Milchplasma getrennt wird,

---

8   Ein anderer Grund ist die zusätzliche Veränderung der Keimflora durch die chronische Mastitis vieler Kühe und deren Bekämpfung durch Antibiotika.

9   Blau/Kielwein, Die Erzeugung von Qualitätsmilch, S. 87.

um anschließend wieder auf einen beliebigen Fettgehalt eingestellt zu werden, sind Milch/-produkte mittlerweile vom natürlichen Fettgehalt völlig entkoppelt. Der den Tieren angezüchtete hohe Milchfettgehalt dient allein einer höheren Fettausbeute.

Allerdings hat sich nicht nur die Quantität des Fettes, sondern auch seine Qualität verändert. So führte das veränderte Futter – wenig Ballaststoffe, proteinreiches Kraftfutter und Maissilage, kein Wiesenfutter im Sommer – dazu, dass sich die Zusammensetzung der Fettsäuren von mehr ungesättigten hin zu mehr gesättigten verschoben hat. Damit wurde die Butter härter. Gesättigte Fettsäuren gelten ernährungsphysiologisch als ungünstig im Gegensatz zu ungesättigten. Letztere bestimmen bei klassischer Haltung und Fütterung die Konsistenz der Butter, sie machen sie weicher und streichfähiger. Auch beim Fett ist also mit der anderen Zusammensetzung der Fettsäuren eine erhebliche qualitative Veränderung eingetreten.

Für die jungen Kälber hatte und hat die Fettgehaltserhöhung sehr negative Effekte, weil ihre Verdauungsorgane nicht daran angepasst sind. Wenn die Kälbchen die fetthaltige Muttermilch trinken würden, bekämen sie Durchfall, der häufig mit schweren Gesundheitsbeeinträchtigungen verbunden ist. Um das zu verhindern, werden sie mit fettreduzierten Milchaustauschern gefüttert. Auch wenn man wollte, könnten Kälber heute nur unter großen Risiken mit der Muttermilch aufgezogen werden, was selbstverständlich auch aus Kostengründen gar nicht mehr versucht wird.

Eiweiß

Eiweiße gehören zu den Hauptbestandteilen der Milch. Ihre Menge und Zusammensetzung haben sich ebenfalls infolge der stark gestiegenen Nachfrage nach Milcheiweißen verändert. Durch Zuchtauswahl und durch gentechnologisch veränderte Kühe wird auf die Eiweißzusammensetzung speziell der Kaseine Einfluss genommen. Im Gemelk solcher Tiere sind mehr beta- und kappa-Kaseine, die die Käseverarbeitung und -ausbeute günstig beeinflussen, als in der Milch anderer Kühe. Die Milchverarbeitung soll durch die Art der produzierten Milch noch weiter rationalisiert werden. So soll zukünftig zwischen Kühen unterschieden werden, die ausschließlich Milch für die Butterherstellung und Magermilchgewinnung liefern, und Kühen, die Milch nur für die Käseverarbeitung produzieren. Die Designer-Milch von den Kappa-Kasein-Kühen, so werden diese Kühe genannt, soll direkt vom Stall in die Käserei geliefert werden.[10] Wer fragt schon, ob die Vermehrung dieser spezifischen Kaseine in unserem Käse gesundheitlich unbedenklich ist?

Rückstände und Schadstoffbelastung

Tierarzneimittelrückstände (z. B. Antibiotika und Hormone), Pestizide und Herbizide, Rückstände von Desinfektionsmitteln (hauptsächlich Chloroform) und Schadstoffe (z. B. Schwermetalle, PCB) können heute in der Milch vorkommen. Zur Bekämpfung der häufig auftretenden Euterentzündungen (Mastitis) und als Masthilfen werden in der Regel Antibiotika gegeben. Ihr Einsatz als Leistungsverstärker für Milchkühe ist nicht erlaubt, was jedoch nicht bedeutet, dass sie als solche nicht eingesetzt werden. Denn wie lässt sich ihr Einsatz als Arzneimittel von dem als Leistungsförderer im Einzelfall abgrenzen? Pestizide und Herbizide finden ihren Weg über das Futter in die Milch, ebenso Schwermetalle und PCB. Auch wenn die Anwendung einiger schädlicher Substanzen bei uns verboten ist, finden sie ihren Weg zu uns über Futtermittel aus der so genannten Dritten Welt. Mittlerweile gibt es für viele Rückstände und Schadstoffe Höchstmengenverordnungen. Über die Einhaltung wachen die Länder. Wie effektiv die Überwachung und die Kontrollen sind, zeigen die in regelmäßigen Abständen publik werdenden Lebensmittelskandale.

Das Leiden der Tiere

Was Wissenschaftler im Auftrag der EU sagen

Nicht artgerechte Haltungsbedingungen und Stress erzeugende Tiertransporte sind seit einigen Jahren in das öffentliche Bewusstsein gerückt. Auf weniger bekannte Aspekte in diesem Zusammenhang, die jedoch genauso gravierend sind, soll hier hingewiesen werden. Der EU-BST-Tier-Report stellt dafür eine neutrale und kompetente Erkenntnisquelle dar. Er wurde als Entscheidungsgrundlage für den Ministerrat zur Zulassung des gentechnisch hergestellten Rinderwachstumshormons BST innerhalb der EU im Jahre 1999 erstellt. Er befasst sich jedoch nicht nur mit den Auswirkungen von Wachstumshormonen zur Milchleistungssteigerung, sondern auch mit dem damaligen gesundheitlichen Status europäischer, nicht hormonbehandelter Milchkühe, der sich in der

---

10 Karatzas in: Nature Biotechnology, 2003, Feb., 21(2), S. 138 und Brophy u. a. in: ebenda, S. 157 ff.

Zwischenzeit nicht verbessert hat. Einige zusammengefasste Feststellungen:[11]

- „Der Gesundheitszustand von Milchkühen ist um so prekärer, je mehr Milch sie geben, denn damit wird auch das Risiko größer, dass sie an Mastitis, Klauenstörungen, Laufproblemen (Hinken), Fruchtbarkeitsstörungen, Verdauungsstörungen und Verhaltensstörungen erkranken. Die heutigen Milchkühe müssen erheblich mehr Milch produzieren als ihre Vorfahren. In vielen Ländern liegt der durchschnittliche jährliche Milchertrag pro Kuh über 8000 kg.

- Die Fruchtbarkeitsprobleme nehmen trotz tierärztlicher Überwachung ständig zu. Die Befruchtungsraten von 55 bis 66 % noch vor zwanzig Jahren sind bis heute auf 45 bis 50 % zurückgegangen. Deshalb werden viel mehr Kühe in jungen Jahren geschlachtet als noch vor zehn oder zwanzig Jahren.

- Wenn gesundheitliche Probleme auftauchen, wird ebenfalls schnell geschlachtet. Bauern haben daran ein Interesse, weil sie dann weniger Probleme haben [z. B. keine Kosten für den Tierarzt, keine Nachweispflichten etc]. Dies führt – mangels vorhandener Tiere – zu unzureichenden amtlichen Kenntnissen bezüglich Tierkrankheiten und sonstiger Probleme.

- Mastitis ist für die Kühe sehr schmerzhaft. Das betroffene Gewebe ist äußerst berührungsempfindlich. Durch Vorbeugen und Behandeln sollte die Mastitishäufigkeit eigentlich zurückgehen, was jedoch nicht der Fall ist. Ebenso wenig sinkt die Häufigkeit der Klauenstörungen und des Lahmens, wodurch die Tiere an ihrem artgerechten Verhalten gehindert werden. Man kann davon ausgehen, dass in Europa auf hundert Milchkühe jährlich durchschnittlich fünfzig Fälle von Klauenstörungen und vierzig Fälle von Mastitis kommen.

- Die Kühe passen sich nicht leicht an die Kraftfutterernährung an. Die Vorfahren unserer heutigen Milchkühe waren an eine Ernährung überwiegend aus Pflanzenfaserstoffen mit niedriger Energieausbeute angepasst. Trotz aller angezüchteten Veränderungen sind

---

[11] EU-BST-Tier-Report, Kapitel 3; eigene Übersetzung;
http://ec.europa.eu/food/fs/sc/scah/out21_en.html
der Report kann auch über die Generaldirektion Gesundheit und Verbraucherschutz bei der EU-Kommission in Brüssel angefordert werden, am besten unter Hinweis auf das Amtsblatt L 331/71 vom 23. Dez. 1999 (1999/879/EG). [...] Anmerkung der Verf.

> die meisten Charakteristika ihrer Vorfahren erhalten geblieben. Eine Ernährung, die aus viel Eiweiß und wenig Fasermaterial besteht, ist daher für sie auf Dauer problematisch."

Die 'Vernutzung' der Tiere

Auf einen weiteren Aspekt, der schon angesprochen wurde, soll in diesem Zusammenhang erneut hingewiesen werden: die 'Vernutzung' heutiger Milchkühe durch lebenslange Trächtigkeit und Laktation. Den wenigsten KonsumentInnen ist bewusst, dass Kühe immer wieder kalben müssen, um Milch zu geben. Weit verbreitet, aber falsch ist die Vorstellung, eine Kuh müsse nur einmal kalben, um dann ihr ganzes Leben lang Milch zu geben. Tatsächlich ist die Laktationszeit nicht endlos, sondern beschränkt. Früher dauerte sie cirka fünf bis sechs Monate. Danach versiegt der Milchstrom natürlicherweise oder wird so gering und unrentabel, dass die Kuh wieder ein Kalb gebären muss, um weiter profitabel Milch zu geben. Mittlerweile ist die Laktation auf zehn bis elf Monate ausgedehnt worden. Man könnte auch noch länger melken. Jedoch, solange bei den jüngeren Kühen der Milchertrag gerade am Beginn der Laktation hoch ist, sind noch längere Laktationszyklen nicht interessant. Die jungen Kühe sollen vielmehr immer wieder kalben, damit sie möglichst oft die hohen Milchmengen der ersten Laktationsphase geben. Man besamt sie jeweils ein paar Wochen nach dem Kalben, damit sie, wenn ihre Milchleistung stärker abnimmt, neu kalben und in einen neuen Laktationszyklus eintreten. So geben sie praktisch ununterbrochen Milch und sind fast ununterbrochen schwanger. Man kann davon ausgehen, dass heute wenigstens 50 % der ermolkenen Milch von trächtigen Kühen stammt.[12] In der Vergangenheit wurden Kühe, als sie noch nicht ausschließlich zur Milchproduktion gehalten wurden, auf natürlichem Wege nach einer Laktation erneut trächtig, bzw. man wartete mit der Besamung ab, bis ihre Milchleistung nachließ. Das heißt, diese Milch war von der Zusammensetzung her überwiegend reine Kälbermilch. Heute, da der Körper einer Kuh Milchproduktion und Trächtigkeit über Monate gleichzeitig bewältigen muss, handelt es sich überwiegend um Milch ei-

---

12 Da die Milch von trächtigen und nicht trächtigen Tieren gemischt wird, ist anzunehmen, dass Milchprodukte – konservativ geschätzt – durchschnittlich zu 50 % von trächtigen Kühen stammen. In den USA geht man von 80 % aus. Eine Kuh, bei der die Anschlussbefruchtung geklappt hat, ist ungefähr während ¾ ihrer Laktationszeit schwanger. Das Thema Trächtigkeit und gleichzeitige Laktation wird nur ungern oder überhaupt nicht thematisiert.

ner schwangeren Kuh. Dies dürfte gravierende Auswirkungen auf ihre hormonelle Zusammensetzung haben. Nicht nur die Tiere sind durch die enorme Doppelbelastung gestresst, sondern auch die MilchkonsumentInnen werden mit weiteren Hormonen in der Milch konfrontiert und belastet. Dies beunruhigt mittlerweile auch Wissenschaftler angesehener Universitäten, die einen Zusammenhang zwischen hormonabhängigen Krebsarten und Milchkonsum nicht mehr ausschließen.[13] Was wir wissenschaftlich nur ahnen, gehört zum tradierten Erfahrungswissen bäuerlicher Kultur. Denn weltweit werden noch immer Milchtiere in kleinbäuerlicher Haltung und in Subsistenzwirtschaften, wenn sie trächtig geworden sind, nicht mehr gemolken.

Modernes Kuhleben

Milchkühe werden, wie ihre Bezeichnung schon sagt, nur noch zur Milchproduktion gehalten. Reproduktion und Laktation sind daher auf das effizienteste durchrationalisiert. Denn jeder Tag, an dem eine Kuh keine Milch gibt, ist ein unnötiger Kuhtag, ein unnötiger Kostenfaktor, denn so ein Tier frisst täglich ungefähr 50 kg Futter. Eigentlich ist sie keine Kuh mehr, welch altmodischer Begriff aus ferner Zeit, sondern eine Produktionseinheit. Geben wir dieser aus Sentimentalität trotzdem einmal einen Namen, sagen wir Helene, und betrachten sie etwas aus der Nähe. Im Schnitt verläuft Helenes Leben so:

Ihre Geschlechtsreife tritt im Alter von sieben bis acht Monaten ein. Helenes erste Besamung findet im Alter von etwa 15 Monaten statt.[14] Anschließend ist Helene ungefähr neun Monate lang trächtig. Ungefähr mit 24 Monaten kalbt sie das erste Mal. Das Kälbchen – Anni – wird ihr sofort genommen; es darf nicht einmal am Euter saugen. Die erste Kolostralmilch[15] erhält es aus dem Nuckeleimer. Anni wird ab sofort über so genannte Milchaustauscher ernährt. Manche Bauern mischen Helenes Kolostralmilch in den Milchaustauscher, aber aus dem Euter ihrer Mutter darf Anni sie nicht haben. Würde sie nämlich die Milch der eigenen Mutter trinken, erkrankte sie, bekäme Durchfälle und Infektionen. Denn ihre Verdauungsorgane sind auf den hohen angezüchteten Milchfettge-

---

[13] Ganmaa und Sato in: Medical Hypothesis, 2005, Aug., 65(6), S. 1028-1037.

[14] Entscheidend ist das Gewicht der Kuh. Mit 400–450 kg Lebendgewicht kann besamt werden.

[15] Kolostral- oder Biestmilch wird die Milch der ersten fünf Tage nach der Kalbung genannt.

halt der Muttermilch nicht eingerichtet, weswegen Anni u. a. mit einer entfetteten Milch ernährt wird. Und wenn sie am Euter saugte, müsste man Angst haben, dass Mutter und Tochter sich Infektionen zuziehen, und Helene würde für die von ihr erwartete Milchleistung zu wenig Futter fressen. Zudem bräuchte sie länger, bis sie wieder brünstig würde, was ihre Anschlussbesamung verzögern würde. Solch kostenträchtige Risiken werden von vornherein ausgeschaltet, indem Anni unnatürlicherweise nicht ihre Muttermilch saugen darf. Aber auch die Molkerei bekommt von der Kolostralmilch nichts ab, denn die erste Milch, die Helene fünf Tage lang nach dem Kalben gibt, darf nicht dorthin abgegeben werden, weil sie zum menschlichen Genuss ungeeignet ist (Hormone!). Endlich, am sechsten Tag nach dem Kalben, darf Helenes Milch für den menschlichen Verzehr genutzt werden. So beginnt Helene nach etwa 24 Lebensmonaten ihre Milchproduktion für uns Menschen.

Ungefähr 310 Tage lang soll sie Milch geben, die heutzutage durchschnittliche Laktationsperiode. Wäre Helene nicht bald nach ihrer ersten Geburt wieder besamt worden, dann stünde sie nach Ende der Laktation ohne jeden wirtschaftlichen Nutzen im Stall herum, was selbstverständlich nicht sein darf. Deshalb wird sie sechs bis acht Wochen nach Annis Geburt erneut besamt, häufig mit hormoneller Unterstützung. Bei Helene gelingt diese neue Befruchtung; das bedeutet, sie ist während der weiteren Zeit ihrer Laktation gleichzeitig schwanger. Während ihr Körper Milch gibt, entwickelt sich in ihm gleichzeitig ein neuer Embryo zum Kalb. Dieses zweite Kälbchen – Hubert – wächst innerhalb weiterer neun Monate in ihrem Körper heran. Etwa sechs Wochen vor dem errechneten Geburtstermin für Hubert wird Helene 'trockengestellt', was in der Regel medikamentös (Antibiotika oder Hormone) geschieht, damit sie keine Milch mehr gibt. Denn diese Milch, die sie bis kurz vor der Niederkunft geben würde, wäre ebenso wenig wie die Kolostralmilch für den menschlichen Verzehr geeignet. Deshalb kann auf diese letzte Milch vor der Geburt leicht verzichtet werden. Nachdem Hubert zur Welt gekommen ist, beginnt der Kreislauf von Neuem. Helene ist jetzt etwa 36 Monate alt. Erneut wird ihr das Kalb genommen, ab dem sechsten Tag produziert sie wieder Milch für uns Menschen, darf sechs bis acht Wochen frei von Schwangerschaft sein, um dann erneut besamt zu werden; sie gibt wieder Milch, während sie gleichzeitig trächtig ist, wird vor dem Abkalbungstermin wieder mit Medikamenten trockengestellt, kalbt erneut und ein neuer Zyklus beginnt. Mit der dritten Laktation hat Helene ihren Milchlieferungszenit erreicht und schon überschritten. Ihre

Kräfte lassen nach. Schwangerschaft und gleichzeitige Laktation, Trockenstand, Geburt, während der Laktation erneute Besamung und Schwangerschaft; eine solche Nutzung hält kein Tier auf Dauer aus, auch Helene nicht. So beginnt die Milchleistung meist schon in der vierten Laktationsperiode abzunehmen. Und nach der fünften wird sie unökonomisch. So kommt Helene, die den Stress von insgesamt sechs Schwangerschaften und Geburten, fünf Laktationsperioden parallel zu fünf Schwangerschaften überlebt hat, mit ungefähr sieben Jahren ins Schlachthaus. Helene war nach heutigen Maßstäben eine gute Kuh, ihr Leben hat sich für den Erzeuger mehr als gelohnt, im Gegensatz zu dem vieler ihrer Kolleginnen. Diese nämlich kommen ihre Erzeuger teuer zu stehen, weil ihre Körper zu wenig Milch gegeben haben oder in den Befruchtungsstreik getreten sind. Sie mussten früher ins Schlachthaus als Helene, weil eine neue Anschlussbefruchtung sich nicht gelohnt hätte oder gescheitert war. Und das hat die Kosten für ihre Aufzucht als Milchkuh im Verhältnis zu ihrer späteren Milchleistung, sprich Ausbeute, erheblich erhöht. Da war Helene eine richtige Musterkuh.

Ihre per se befruchtungsschwachen Kolleginnen finden sich am häufigsten in den großen Betrieben, die auf extreme Milchleistung durch Hochleistungskühe setzen. Ihr Leben ist im Vergleich zu Helenes kurz, aber das machen sie durch eine noch höhere Milchleistung wett. In ihrem Großbetrieb haben sie keine Namen mehr, sondern sind nur die Nummern auf ihren Ohrmarken: 17007 DE 72–092. Sie sehen den Schlachthof meist nach zwei Laktationen, wenn die Anschlussbefruchtung nicht mehr glückt, andernfalls sind sie nach der dritten Laktation völlig ausgelaugt. Auf 8000 bis 10.000 kg Milch pro Laktation muss eine solche Kuh schon kommen, was bedeutet, dass sie in den Wochen ihrer Hauptmilchleistung 45 bis 50 kg Milch täglich geben muss. Eine Kuh, die während ihrer ersten Laktation keine 7000 kg erreicht, wird anschließend gleich ins Schlachthaus geführt. Eine weitere Laktation wäre nicht sinnvoll, ihre geschätzte zukünftige Milchleistung läge zu niedrig. In manchen Betrieben werden 17007 und ihre Kolleginnen sogar dreimal am Tag gemolken – üblich sind zweimal – und geben durchschnittlich 35 bis 45 Liter Milch täglich. Apropos melken: Auch das ist ein sentimentaler Begriff, „Milchentzug" heißt das heute so verräterisch. In anderen EU-Staaten, z. B. in Schweden, Finnland, Dänemark, in den Niederlanden und Großbritannien sowie in den USA, in Kanada, Japan und Israel, sind weitaus höhere Mengen – fünfzig Liter und mehr – täglicher Milchentzug auf dem Zenit einer Laktation keine Seltenheit.[16] Um diese Milchmengen zu produzieren, müssen 17007 und ihre Kolleginnen eine schier unglaubliche Stoffwechselleistung erbringen. Denn um einen Liter Milch zu produzieren, durchfließen über 500 Liter Blut das Euter![17] Sie haben richtig gelesen: Riesige Milchmengen führen zu noch riesigeren Stoffwechselumsätzen in den Körpern der Tiere. Ein dem angemessenes Kraftfutter kann ihnen keine Futtermittelindustrie und auch nicht das ausgeklügelteste Futtermanagement zur Verfügung stellen. Die notwendigen Nährstoffe müssen die Tiere ihrem eigenen Körper entziehen, aber genau darin liegt dann der Profit der Milcherzeuger. Sie sagen dazu, die Kapitalkosten pro Kuh ändern sich ab einem bestimmten Haltungsniveau nicht mehr oder der Erhaltungsaufwand pro Kuh bleibt gleich oder die Futtereffektivität steigt mit zunehmender Milchleistung. Im Klartext: Eine Kuh, die in zwei Laktationen 20.000 kg Milch gibt, ist profitabler als eine Kuh, die dafür vier Laktationen benötigt. Das bedeutet, die Körper von 17007 und ihren Kolleginnen laugen mehr und mehr aus. Sie leiden an Pansenübersäuerung, Stoffwechselstörungen, magern ab und Kalzium wird aus ihren Knochen herausgeschwemmt. Gegen Ende ihres kurzen vier- bis fünfjährigen Lebens sind sie völlig ausgelaugt. Nachdem 17007 endlich von ihrem Leben erlöst und ihr Fleisch von den Knochen entfernt ist, sehen die Metzger im Schlachthof, was sie häufig sehen und woran sie sich schon lange gewöhnt haben: die Knochen einer Kuh, die zum Brechen porös sind.

Turbohochleistungskühe

Mit 17007 und ihren Kolleginnen ist jedoch das Ende der Effizienz maximierenden Milcherzeugung noch lange nicht erreicht. Erlebt die durchschnittliche Hochleistungskuh noch zwei Laktationen mit einer Lebensmilchleistung von 18.000 bis 20.000 kg und wird dabei 50 bis 60 Monate alt, also vier bis fünf Jahre, so geht das auf amerikanische Art mit einer Turbohochleistungskuh noch schneller: Sie hat Turbohochleistungsgene und wurde deshalb mit Hilfe des Embryonentransfers von einer Leihmut-

---

16 Japan, traditionell kein Milchland, nähert sich in seinen städtischen Zentren westlicher Lebens- und Ernährungsweise teilweise an. Daher gibt es in Japan mittlerweile eine beachtliche industrielle Milchproduktion. Allerdings nähern sich seit Ende des Zweiten Weltkrieges auch die Erkrankungsarten und -raten denen der westlichen Welt an. Der durchschnittliche japanische Milchverbrauch liegt jedoch weit unter dem westlicher Industriestaaten (Kapitel 6).

17 Fahr und von Lengerken (Hrsg.), Milcherzeugung, S. 55.

terkuh ausgetragen. Sie wird so früh wie möglich geschwängert, damit sie ein Kalb gebiert und mit der Milchleistung beginnen kann. Diese ihre erste und einzige Laktation wird mit Hilfe von Hormonen auf mindestens 18 Monate – meistens weitaus länger, 24 bis 30 Monate sind nicht ungewöhnlich – ausgedehnt, in denen sie ungefähr 18.000 kg – meistens mehr – Milch liefert. Nach dieser Laktation ist sie cirka 42 Monate alt, also 3½ Jahre und wird geschlachtet. Für dieselbe Milchmenge hat die Turbohochleistungskuh gegenüber der Hochleistungskuh ihrem Erzeuger wenigstens acht Monate Haltungkosten eingespart.[18] Ein traumhaftes Geschäft, auf Kosten der Gesundheit der Tiere und von VerbraucherInnen selbstverständlich. Unsere Turbohochleistungskuh ist mit dem Ende der Laktation physisch derart am Ende, dass sie meistens schon vor dem Schlachten zusammenbricht. Eine neue Laktation ist nicht einmal mehr angedacht und ihr Fleisch eignet sich, wie das der anderen Hochleistungskühe auch, nur noch zur Hamburgerherstellung und Wurstverarbeitung.

Klonkühe

Das Klonen von Nutztieren ist schließlich der Endpunkt der 'vernutzenden' Tier- und Milchproduktion.

Ein agrarwirtschaftliches Ziel ist die Minimierung der natürlichen Unterschiede innerhalb einer Art, sodass die gewünschten Produktionsparameter dauerhaft gleich bleiben.[19] Da die Klontechnik noch immer ineffizient und teuer ist, rechnet niemand ernsthaft mit vielen Klontieren in

---

[18] In den USA ist es keine Seltenheit, dass eine Kuh, die eine gute Milchspenderin ist, mittels Hormongaben bis zu 30 Monaten, also 2½ Jahre gemolken wird. Die Einsparung von Haltungskosten in den Zeiten ohne Milchleistung ist dadurch enorm.

[19] Ein pharmazeutisches Nutzungsfeld ist der Einsatz von transgenen Tieren, d. h. genetisch veränderten Klonen. Sie bilden in ihrer Milch bestimmte chemische Substanzen, die aus der Milch herausgefiltert werden. Milchtiere sind die besonderen Tiere der Wahl, weil sie nicht getötet werden müssen, um an die von ihnen produzierten Substanzen zu gelangen, sofern es gelingt, dass sie diese in ihr Gemelk abgeben. Außerdem sind nur sie im Stande komplexe chemische Strukturen in ihrer Milch zu produzieren. Mittels gentechnisch veränderter Bakterien und Hefen lassen sich nämlich nur einfache Moleküle zur pharmazeutischen Nutzung vermehren. Über gentechnologisch modifizierte Klon-Milchtiere soll zukünftig komplexe Designer-Medizin in preiswerter Massenproduktion hergestellt werden.

naher Zukunft. Wie ineffektiv das Klonen ist, kann den entsprechenden Studien (Kapitel 8 – Klonmilch) entnommen werden:

- Im Verhältnis zu den durchgeführten Zellkerntransfers entstehen nur etwa 2 % gesunde Langzeit überlebende Rinder.
- Sie sind keine exakten Kopien eines anderen existierenden Tieres.
- Ihr Geburtsgewicht ist etwa 20 % höher als das von Nicht-Klonen.
- Klonrinder haben signifikant mehr schwere Entwicklungsstörungen, die als 'cloning syndrome' bezeichnet werden; z.b. haben 42 % aller Kuhklonembryos Wassersucht (Hydropsie).
- Sie altern früher, aber ob sie auch früher sterben würden, ist nicht gesichert, denn wenn sich Schwierigkeiten einstellen, werden die Tiere getötet. Ob sie also jemals die Chance hätten, die für Rinder übliche Lebensspanne von bis zu 30 Jahren auszufüllen, bleibt im Dunkeln.
- Viele sterben am 'adult clone sudden deaths syndrome' (plötzlicher Tod eines erwachsenen Klons).

Da darf es nicht überraschen, dass eine gesunde Klonkuh 15.000 bis 17.000 $ kostet. Viele Klonkühe wird es daher auf absehbare Zeit nicht geben. Warum aber wird dann trotzdem geklont?

In den Fokus der Begehrlichkeiten sind die sexuell, also mittels Eizelle und Sperma, gezeugten Nachkommen der Klone getreten. Sie sind weit weniger gesundheitsanfällig als jene – einige Auffälligkeiten ihrer Klonmütter werden allerdings übernommen – und erheblich preiswerter. Mit ihnen kommt man züchterisch dem Klon sehr nahe, erhält also die gewünschten genetisch gleichartigen Eigenschaften, die einfach und vielfach reproduzierbar sind. Viele gezeugte Nachkommen kann ein Betrieb von einem Klon theoretisch preiswert produzieren.

Um kommerziell in die Technologie Klonen und Erzeugung von Klonnachkommen einsteigen zu können, ist es wichtig, dass die Klonprodukte Milch und Fleisch auch absetzbar sein werden. Denn Klonprodukte sind bisher weltweit noch nirgendwo auf dem Markt. Vorreiter spielen wie häufig die USA, die mittels ihrer FDA den Weg für die kommerzielle Nutzung bereiten. Die FDA präsentierte Ende 2006 eine 700-seitige vorläufige Risikoabschätzung, die den Klonfirmen signalisiert, dass die Lebensmittelsicherheit von Klonprodukten als unbedenklich eingestuft werde.[20] Das erfreut nur die wenigen Klonfirmen, die es gibt, und sonst

---

[20] http://www.fda.gov/cvm/Documents/Cloning_Risk_Assessment.pdf

niemanden, denn VerbraucherInnen diesseits wie jenseits des Atlantiks, lehnen Klonprodukte mehrheitlich ab. Aber nicht nur die VerbraucherInnen sind abwehrend, auch die europäischen Verbände der Ernährungsindustrie, die eine politische Auseinandersetzung über Klonfleisch und Klonmilch möglichst vermeiden wollen.[21] Eine Debatte über Klon-Lebensmittel könnte auf andere Bereiche wie Gentechnologie und Lebensmittelsicherheit übergreifen, was selbstverständlich aus deren Sicht nicht für opportun gehalten wird.

Europäischerseits hat die EU-Kommission nun die Initiative ergriffen und die Europäische Behörde für Lebensmittelsicherheit (EFSA) um eine Stellungnahme zur Sicherheit von Klonprodukten – Milch und Fleisch – gebeten. Sie soll im August 2007 vorgelegt werden. Interessant ist die Begründung für die Überprüfung: Man müsse davon ausgehen, dass wir am Beginn einer großflächigen kommerziellen Nutzung des Tier-Klonens stehen, das sich noch vor 2010 in die globale Nahrungskette ausbreiten werde.[22] Diese zeitlich sehr optimistische Annahme im Gegensatz zu den noch immer geringen und teuren Klonerfolgen, lässt ahnen, dass wir Europäer einen Schutz vor Klonmilch und -fleisch von der EU-Kommission nicht zu erwarten haben, die sich eher als Konkurrentin der USA sieht. Wie die Kommission sich positionieren wird, dürfte entscheidend von der öffentlichen Meinung und dem Druck der EU-VerbraucherInnen abhängen, Klonlebensmittel abzulehnen.

Ob es nun allein ums Klonen geht oder die Vorstufe – Nutzung von Klonen als Genpool für sexuell, im Labor gezeugte Klonnachkommen, es stellt sich die ethische Frage auch dann: Was darf der Mensch, was lässt er besser?

Klonen bedeutet totalitäre Kontrolle des Menschen über das Tier, der es niemals entrinnen kann. Manipulierte Zellen und Gene sind ihm als seine Natur aufgezwungen. Lebendige Wesen verdanken nun ihre Entstehung nicht mehr nur künstlicher Befruchtung und Embryonentransfers, sondern auch dem chirurgischen Eingriff in ihre Zellstruktur und/oder genetischen Codes. Diese lebendigen Wesen können niemals mehr dagegen opponieren, sie sind Gestalt gewordene Manipulation. Ob wir es zulassen sollen, dass Milch und Fleisch von in ihrem Wesen manipulierten

---

21 Z.B. http://www.dairyreporter.com/news/ng.asp?n=72338-milk-cloned-eu
22 http://www.euractiv.com/en/food/food-agency-determine-safety-cloned-meat-milk/article-162335

Tieren auf unsere Esstische gelangt, ist eine Frage, die dringend der Diskussion und Beantwortung bedarf.

Das Vokabular und die Argumentation der Klonbefürworter ließt sich so: *Elite-Gene, genetisch überlegene Tiere, identische Schwestern, identische Kopien, Leihmutterkühe, Embryonentransfer;* nur die *besten* und *fittesten* Tiere werden geklont; allein in den USA ein *500 Millionen-Dollar-Markt jährlich*; man schaffe keine *Blaupausenkreaturen,* sondern Klonen sei die *Feinabstimmung* von dem, was die Menschen schon seit Jahrtausenden bei der *Zucht* von Nutztieren täten; *ungewöhnliche Eigenschaften* könnten erhalten, *verletzte* und *alte* Tiere *ersetzt* werden. Und last, but not least müsse man die Öffentlichkeit, die dem Klonen mehrheitlich negativ gegenüber stehe, in diesem Sinne *bilden,* bzw. *erziehen.*[23] Wer Zellen und Gene manipulieren kann, dem scheint es offenbar auch nicht ausgeschlossen, der Weltöffentlichkeit seine Sicht der Dinge – trotz Widerstandes – nahezubringen. Wenn wir uns als Menschen und als VerbraucherInnen diese Vereinnahmung nicht vehement verbitten, dann wird es wohl einfach so geschehen.

Damit wir tagtäglich und kontinuierlich mit 'guter' Milch und Butter, mit Quark, Käse, Joghurt und vielen anderen Milchprodukten versorgt werden können, nehmen wir millionenfaches physisches und psychisches Leiden der einstmals hochgeschätzten, göttlichen Kühe in Kauf. Wir verschwenden kaum Gedanken daran, wie diese Milchprodukte entstanden sind. Wir glauben noch immer, Milch sei eine saubere Sache, so weiß und rein strahlt ihr Image. Gerne fallen wir auf die Werbeslogans der Milchindustrie herein, denn die hässliche Produktion ist verdrängt. Milch fließt in unseren Köpfen strahlend weiß aus einem Bottich im goldenen Sonnenschein auf saftige Wiesen. Unsere Sinne sind betört, wenn wir Milchwerbung sehen und ihr lauschen. Milch ist nicht tierisch, fast schon vegetarisch, also gut und gesund, fast reine Medizin. Das Tier, die lebende Kreatur, ist hinter ihrer Körperflüssigkeit völlig unscheinbar geworden. Doch die Realität ist grausam, Milch entstammt wie Fleisch, Eier und Schinken auch, den lebendigen Körpern spezifischer Tiere, Körpern, die mittlerweile so modifiziert sind, dass ihre Schöpfer glauben, sie benötigten nur noch eine lebende Physis, die einzig und allein dem menschlichen Nutzen untergeordnet werden kann.

---

23 Ein Beispiel in Amerikanisch vom 27. März 2007:
   http://www.bloomberg.com/apps/news?pid=20601103&sid=aiICRT52uqBk&refer=us

4 Milchproduktekonsum vorgestern, gestern und heute

Ein historischer Doktorschmaus und die Doktorandenfete 2000

Den frappierenden Unterschied zwischen einem Festmenü vor vierhundert Jahren und einem heutigen offenbart dieses Beispiel:
Der Doktorschmaus der Universität Köln im Jahre 1591 für drei doctores theologiae mit einigen hundert Gästen.[1]

An den oberen Tischen, wo die vornehmeren Gäste saßen, erhielten je zwei Personen folgende Gerichte:
Gericht 1
2 Schüsseln Erbsen,
1 Stück Fleisch (Ochse) zu 2½ Pfund gehauen,
1 gesottener Kapaun und Wildbret von 3 Hirschen
Gericht 2
1 Schüssel, darin je ein Stück Salm, Hecht und Karpfen
Gericht 3
1 gebratener Kapaun, 1 Feldhuhn, 1 Junghuhn, 1 Stück gebratener Stör,
2 Schüsseln Reisbrei, dazu ein Schau- und Essgericht von Pfauen und Schwänen, die mit Flügeln und Schwänzen geziert waren
Gericht 4
allerlei Backwerk und Nachtisch, ferner Brot, Wein, Bier

Das Doktoranden-Büfett im Jahre 2000 sah möglicherweise so aus:
Gericht 1
Minestrone,
Spargelcrème-Suppe
Gericht 2
Antipasti, Fleischpasteten,
Blattsalate mit diversen Crème- und Joghurtsoßen
Gericht 3
Gegrilltes gewürztes Fleisch
vom Rind und Schwein mit Soßen,
Perlhuhn in Soße,
Schollenfilet in Kräuterkruste

---

1   Nach Abel, Geschichte der deutschen Landwirtschaft vom frühen Mittelalter bis zum 19. Jahrhundert, S. 186.

Gericht 4
Kartoffeln in Sahnesoße,
Käse-Gratin von verschiedenen Gemüsen,
Nudelauflauf mit Käse überbacken,
Reis
Gericht 5
diverse angerichtete Salate mit Fisch, Fleisch, Gemüse und Obst,
diverse Brotsorten
Gericht 6
Käseplatte,
Mousse au Chocolat,
Kuchen, Eiskrem, Obst,
Wein, Bier, Softdrinks, Wasser

Während sich beim Doktorschmaus die Milchbestandteile auf das Gericht 4 konzentrierten, in dem Butter und Milch sich möglicherweise im Backwerk versteckten und zum Nachtisch vielleicht Käse gereicht wurde, der offenbar keiner besonderen Erwähnung wert war, begegnet man bei einem modernen Büfett auf Schritt und Tritt Milchprodukten und ihren separierten Bestandteilen Milchzucker und Milcheiweiß: in den Suppen, den Salatsoßen, in den Soßen für die Hauptgerichte, für Überbackenes sowie im Nachtisch und sogar in Brot und Aromen für Getränke.

Pauschal betrachtet, kann über die vergangenen tausend Jahre Folgendes zur Ernährung gesagt werden: Man hat sich überwiegend von diversen Getreidearten, Fleisch, Fisch, Hülsenfrüchten aller Art, Nüssen, Samen, Gemüse, von Öl und in geringem Umfang von Obst, Eiern, Butter, Käse und kaum von Frischmilcherzeugnissen ernährt. Mal überwog der Fleischverzehr (Spätmittelalter und im 15./16. Jahrhundert), mal 'lag der Getreide- und Hülsenfrüchteverzehr höher (17./18. Jahrhundert). Der Doktorschmaus demonstriert den hohen Fleischverzehr zu Beginn der Neuzeit, der entgegen landläufiger Ansicht alle Schichten der Bevölkerung umfasste.[2]

---

[2] Siehe dazu beispielsweise die im Literaturverzeichnis angegebenen Werke von Abel, Mirow und Teuteberg.

Die Zahlen[3]

Wer sich ein Bild vom Milchkonsum der Vergangenheit verschaffen will, trifft auf höchst unzulängliches Zahlenmaterial (siehe die folgenden Tabellen). Man ist meist auf Schätzungen angewiesen. Ab 1800 tauchen gelegentlich Zahlen auf, die jedoch zum Teil extrem voneinander abweichen. Sogar die Zahlen der Reichsstatistik, die es auf dem Milchsektor erst ab dem Jahr 1930 gab, wurden nach eigenen Aussagen der Statistiker noch überwiegend geschätzt.

Kontinuierliche Angaben bezüglich Milcherzeugung und -konsum sind bis in die 30er Jahre des 20. Jahrhunderts nicht vorhanden. Sofern Statistiken aufgestellt wurden, beruhen sie auf Verallgemeinerungen der Einzelangaben von Gütern und Höfen, die in der Regel gut organisiert waren und daher eher eine überdurchschnittliche Milcherzeugung gehabt haben dürften. Belegbare Aussagen lassen sich bezüglich der tatsächlich erzeugten Milchmengen und des Gesamtmilchkonsums nicht treffen. Am aussagekräftigsten ist der geschätzte Pro-Kopf-Verbrauch einzelner Milcherzeugnisse, weil er durch Einzelangaben verifiziert werden kann. Nach diesen waren im 19. Jahrhundert fast ausschließlich Butter und Käse von Bedeutung, gefolgt von Trinkmilch Anfang des 20. Jahrhunderts.

Unterstellt man, dass die geschätzten Zahlen trotz aller gebotenen Vorsicht eine Tendenz anzeigen, dann fällt auf, dass die Gesamtmilcherzeugung vor 200 und 100 Jahren pro Kopf der Bevölkerung im Verhältnis zu heute zwar ein beachtliches Niveau erreicht hatte, während daraus jedoch erheblich weniger Milcherzeugnisse hergestellt worden sind. Was zunächst Fragen aufwirft, wird leicht verständlich, wenn berücksichtigt wird, wie Milch früher genutzt wurde und wie heute. Am Beispiel der Butter sei dies demonstriert:

Nehmen wir an, zur Herstellung von einem Pfund Butter wurden um 1800 30 Liter Milch, 1860 nur noch 20 und 1900 schließlich nur noch 14 Liter benötigt, dann wird deutlich, dass der Rohstoffeinsatz in der Vergangenheit erheblich höher gewesen ist als heute. Früher musste, um genügend Rahm zur Butterung zu gewinnen, die Milch mehrerer

---

3 Die Zahlen dieses Kapitels sind entnommen und berechnet nach: Statistische Jahrbücher für das Deutsche Reich, Statistische Jahrbücher über Ernährung, Landwirtschaft und Forsten (Statistik L), ZMP – Marktbilanz Milch, jeweils verschiedene Jahrgänge; Teuteberg, Unsere tägliche Kost; Comberg, Die deutsche Tierzucht im 19. und 20. Jahrhundert; Bittermann, Die landwirtschaftliche Produktion in Deutschland 1800–1950; Gravert, Die Milch.

Tage gesammelt werden. Nach dieser Zeit war die dabei angefallene Magermilch zum großen Teil ungenießbar und konnte daher nur noch entweder zu Sauermilchkäse verarbeitet oder weggeschüttet werden. In jedem Fall war die Käseproduktion als Resteverwertung im Verhältnis zur Butterproduktion gering. Heute hingegen wird die gesamte anfallende Magermilchmenge vollständig genutzt. Es werden hauptsächlich Trinkmilch, Sauermilchkäse, Joghurt, Magerquark, Milchmischgetränke und als letzte Resteverwertung Magermilchpulver daraus hergestellt, sodass es praktisch keinen Milchabfall mehr gibt. Auch die bei der Käseherstellung in großen Mengen anfallende Molke galt früher als Abfall und als nicht genusstauglich. Heute nutzen wir sie wiederum intensiv als Milchzucker- und Milcheiweißquelle und setzen diese Bestandteile sowohl in Milchprodukten, wie Quark, Joghurt und Käse, als auch in anderen Nahrungsmitteln ein. Kurzum, die Zahlen bestätigen doch nur den unglaublichen technologischen Fortschritt, der eine immer intensivere Nutzung sämtlicher Milchinhaltsstoffe zuließ: Mit weniger Rohstoff konnte immer mehr hergestellt werden.

Ob diese Entwicklung von gesundheitlichem Nutzen war und ist, steht allerdings auf einem ganz anderen Blatt. Denn umgekehrt sagen die Zahlen auch aus, dass jahrhunderte- und jahrtausendelang ein großer Teil der heute genutzten Milchinhaltsstoffe nicht dem menschlichen Verzehr zugeführt wurden. An große Mengen Milchzucker und Molkeneiweiß, die damals Abfall waren, sind wir, was die Verdauungsorgane betrifft, trotz kleinbäuerlicher Milchwirtschaft in der jüngeren Vergangenheit nicht angepasst.

So lückenhaft die Zahlen insgesamt auch sein mögen, sie zeigen eindeutig den langsamen Anstieg des Milch- und Milchproduktekonsums innerhalb der ersten hundert Jahre der Milchwirtschaftsentwicklung und seine geradezu atemberaubende Explosion während der nächsten hundert Jahre, besonders seit dem Zweiten Weltkrieg. Ab dem Jahre 2000 sind weitere Veränderungen minimal, insgesamt stagniert der Milcherzeugniskonsum zur Zeit auf höchstem Niveau.

Von 1800 bis zum Zweiten Weltkrieg

Die Schätzungen für den Butter- und Käseverbrauch für 1860 und 1910 dürften realistisch sein. Man unterschied bei den Mengenangaben noch nicht zwischen Butter und Käse; Letzterer spielte gegenüber der Butter die untergeordnete Rolle. 1910 kommt erstmalig die Trinkmilch hinzu, die in den Jahren um 1860 mangels Masse unberücksichtigt blieb.

Die vorhandenen Zahlen zum Trinkmilchkonsum beziehen sich auf den jährlichen Familienverbrauch in verschiedenen Städten zu Beginn des 20. Jahrhunderts: in Königsberg 102 kg, Soest 98 kg, Münster 89 kg, Hamburg 120 bis 130 kg, Hamm 81 kg und in Berlin 400 bis 500 kg.[4] Der hohe Berliner Trinkmilchkonsum dürfte auf die in der Reichshauptstadt in großer Zahl anzutreffenden Menschen aus 'höheren', Milch konsumierenden Schichten zurückzuführen sein. Die Milchmengen müssen auf vier bis fünf Personen umgerechnet werden. So wird für die Zeit vor dem Ersten Weltkrieg eine Annahme von zwanzig Kilogramm pro Person eher zu hoch als zu niedrig sein, zumal der bis 1935 im Verhältnis stark angestiegene Trinkmilchkonsum lediglich um die 26 kg pro Kopf gelegen hat. Alle Zahlen sind selbstverständlich nur als grobe Anhaltspunkte zu betrachten. Der unterschiedliche Verbrauch an Milch/-produkten je nach Schichtzugehörigkeit und Umgebung (Stadt oder Land) war sowohl von Region zu Region als auch individuell verschieden. Trotz dieser Unwägbarkeiten werden im Durchschnitt die Verhältnisse wie oben beschrieben oder recht ähnlich gewesen sein.

Interessant ist der Vergleich von 1860 und 1910, zeigt er doch, welch rasante technologische Entwicklung im Milchsektor in diesen fünfzig Jahren trotz der Widrigkeiten durch Tierseuchen stattgefunden hat. Innerhalb von fünfzig Jahren hat sich der Pro-Kopf-Verbrauch an Butter und Käse verdoppelt und blieb bis nach dem Zweiten Weltkrieg nahezu konstant.

Statistik anders gesehen

Üblicherweise werden vorhandene Daten genutzt, um eine Statistik zu erstellen. Was aber, wenn keine oder nur wenige Daten vorhanden sind wie bei der Milch? Mit ungläubigem Staunen wird diese Lücke von den Autoren, die sich dieser Thematik angenommen haben, zur Kenntnis genommen, dann aber nicht weiter thematisiert. Das Nichtvorhandensein von Daten hat jedoch einen eigenen Informationswert, an dem Wichtigkeit und Aktualität eines Themas festzumachen sind. Eine Betrachtung der amtlichen Statistiken unter dem Blickwinkel der Auslassung fördert Erstaunliches über die Milch zutage: So hielt die Milcherzeugung erst Ende der 1920er Jahre, also vor noch nicht einmal achtzig Jahren, Einzug in die Reichsstatistik.

Mit der Gründung des Deutschen Reichs 1871 dehnte Preußen seine schon recht ordentlich geführten Statistiken auf alle zum Reich ge-

---

4 Schürmann in: Die Milch, S. 36.

hörenden Länder aus. 1880 erschien der erste Band der „Statistischen Jahrbücher für das Deutsche Reich", der relevante Daten für die Zeit ab der Reichsgründung enthält. Auffallend ist, dass bis zum Ersten Weltkrieg weder Milch noch Butter und Käse in der umfangreich dargestellten landwirtschaftlichen Produktion eine Rolle spielen. Dagegen wird der Gewinnung von Bier, Branntwein, Schaumwein und Zucker, dem Bergbau, dem Obst-, Wein-, Hopfen- und Tabakanbau sowie dem Außenhandel breiter Raum gewidmet. Das mag zum Teil damit zu erklären sein, dass Daten durch Besteuerung und Überwachung vorhanden waren, beispielsweise über Bier, Zucker, Branntwein und den Außenhandel. Andererseits ist nicht nachvollziehbar, warum andere Agrarprodukte und der Viehbestand ausführlich dargestellt werden, die weder der Besteuerung noch der Überwachung unterlagen, während die Milchproduktion keinerlei Erwähnung fand, aber sogar *Wiesenheu*[5] statistisch erfasst werden konnte. In der Gesamtschau lässt dies eigentlich nur den Schluss zu, dass die Milchproduktion für die Ernährung als nicht sonderlich bedeutend angesehen worden ist. Anhand der Reichsstatistiken lässt sich im chronologischen Verlauf die langsam wachsende statistische Bedeutung von Milch/-produkten nachvollziehen. Der Sprachgebrauch der Statistiken ist uneinheitlich und die inhaltliche Gewichtung von Jahrbuch zu Jahrbuch unterschiedlich, aber folgende Jahreszahlen sind sehr aufschlussreich:

1880 – *Butter* findet sich im Außenhandel. Unter Gewerbe werden *Betriebe für kondensirte Milch, Butterfabriken und Käsereien* aufgeführt.

1901 – Butterpreise werden erstmals ausgewiesen.

1905 – *Milchbutter* wird in der Einfuhr erwähnt, *Butter und Käse* als Handelsobjekte.

1907 – *Molkerei, Butter- und Käsefabrikanten* tauchen als Gewerbe auf.

1908 – *Käser und Molker* werden als Gewerbe genannt.

1915 – Milch taucht als *eingedickte Sirupmilch* auf; der *Viehstand,* der bisher nur *Kühe* und anderes *Rindvieh* unterschied, nennt bei den Kühen erstmals *Färsen und Kalbinnen.*

1919 – erstmals werden Preise für *Vollmilch* angegeben.

1927 – beim Gewerbe ist künftig nur noch von *Molkerei* die Rede.

---

5 Begriffe zitiert aus der Statistik des Deutschen Reichs in damaliger Schreibweise, hier *kursiv.*

1929 – beim Kuhbestand erhalten *Milchkühe* erstmals eine eigene Rubrik.

1930 – es wird eine erste *Milcherzeugungsstatistik* für das Jahr 1928 ausgewiesen.

1931 – zusätzlich zur Milcherzeugung werden *Milchanlieferungen* an Molkereien und ihre *Milchverwertung* im Jahre 1930 dargestellt.

Die Milchstatistik wird in den Folgejahren immer umfangreicher. Nach dem Krieg ist sie in den Statistischen Jahrbüchern bis heute enthalten, mittlerweile jedoch in verschlankter Form, denn ab 1955 gibt es für den landwirtschaftlichen Sektor eigene statistische Werke.

Die Zeit nach dem Zweiten Weltkrieg

Seit den 50er Jahren liegt zwar ausreichend Datenmaterial vor, aber die Lücken spiegeln in schon gewohnter Weise die Geschichte der Milchprodukte wider. So ist z. B. Sahne bis 1960 noch nicht gesondert ausgewiesen, sondern bei den Frischmilcherzeugnissen – mit Umrechnungen in Milchwert – enthalten. Die hohen Zahlen der Frischmilchprodukte von 1930 bis 1960 sind zum Teil diesem Umstand geschuldet. Sahne als Molkereiprodukt hatte nur eine beschränkte Relevanz, denn die meisten Menschen schöpften ihre Sahne von der frischen Trinkmilch ab. Erst in den 60er Jahren, als die elektrischen Rührgeräte aufkamen und das Handschlagen der Sahne ersetzten, konnte sie sich zum Massenprodukt entwickeln.

Milchproduktekonsum vorgestern, gestern und heute

Jahr	1800	1816	1852	1861	1871	1880	1890	1900	1910	1930	Einheit
Bevölkerung[6], ca.	22	24	35	38	40	45	49	56	64	65	Mio.
Gesamte Milcherzeugung, geschätzt	4,3		8,6	9,3				18,3		23,7	Mio. t
Milcherzeugung pro Kopf der Bevölkerung, geschätzt	195		246	245				327		365	kg/Kopf & Jahr
Milch (frisch, lose)									20		kg/Kopf & Jahr
Butter und Käse	4			6					12		kg/Kopf & Jahr

Tabelle 2

---

6 Mit Auf- und Abrundungen unter Berücksichtigung von Staatsgebietsver-
änderungen; aus: Statistisches Bundesamt, Bevölkerung und Wirtschaft
1872–1972.

Jahr	Einheit	2005	2000	1995	1990	1990	1980	1970	1960	1950	1935
Bevölkerung, ca.	Mio.	82	82	81	79						67
Bevölkerung Bundesgebiet 1949-1990	Mio.					63	61	61	55	50	
Gesamte Milcherzeugung	Mio. t	28,4	28,5	28	28	23,6	24,7	22,2	19,2	14,6	24,2
Milcherzeugung pro Kopf der Bev.	kg/Kopf & Jahr	345	348	346	354	375	405	364	349	292	361
Frischmilch-Erzeugnisse*	kg/Kopf & Jahr	92,7	89,9	91,0	91,5	91,5	84,5	93,7	123,4	122,0	116,4
davon Trinkmilch	kg/Kopf & Jahr	64,2	61	66,4	67,6		75,9	58,8	53,6	45,9	26,5
davon Joghurt	kg/Kopf & Jahr	17	15,3	12,9	11,7	7,7	6,77	3,75	0,9		
Butter	kg/Kopf & Jahr	6,4	6,6	7,1	7,3	6,6	7,1	8,3	8,5	6,3	7,8
Käse	kg/Kopf & Jahr	22,2	21,2	19,8	17,3	18,4	13,7	10,1	4,5	3,9	3,2
Sahne	kg/Kopf & Jahr	7,6	7,8	7,5	6,7	7,6	5,0	3,5	(3,3)	(1,5)	
Dauer-Kondensmilch und Milchpulver	kg/Kopf & Jahr	7,4	7,5	7,1	7,3	7,7	8,3	9,4	8	5,7	3,1
Speiseeis, Eiskrem	kg/Kopf & Jahr	8,1	8,3	8,1	8,2	8,2	6,6	4,4	2		

Tabelle 3
* Frischmilch-Erzeugnisse: Milch, Quark, Sauermilcherzeugnisse, Sahne bis ins Jahr 1960, dann ohne Sahne.

111

140 Jahre

Innerhalb von 140 Jahren ist – wenn auch in großen Zeitabständen – die enorme Steigerung des Milchproduktekonsums um das 24fache zu erkennen.

Deutlich wird auch, dass die Fett- und Eiweißproduktion (Sahne, Eiskrem, Käse, Joghurt) nach dem Zweiten Weltkrieg ein exponentielles Wachstum erfahren haben. Besonders nach 1970, als die technische Umstellung der Molkereien auf moderne Maschinen weitgehend abgeschlossen war, steigerte sich der Milchproduktekonsum enorm.

Konsum verschiedener Milchprodukte 1860 bis 2005

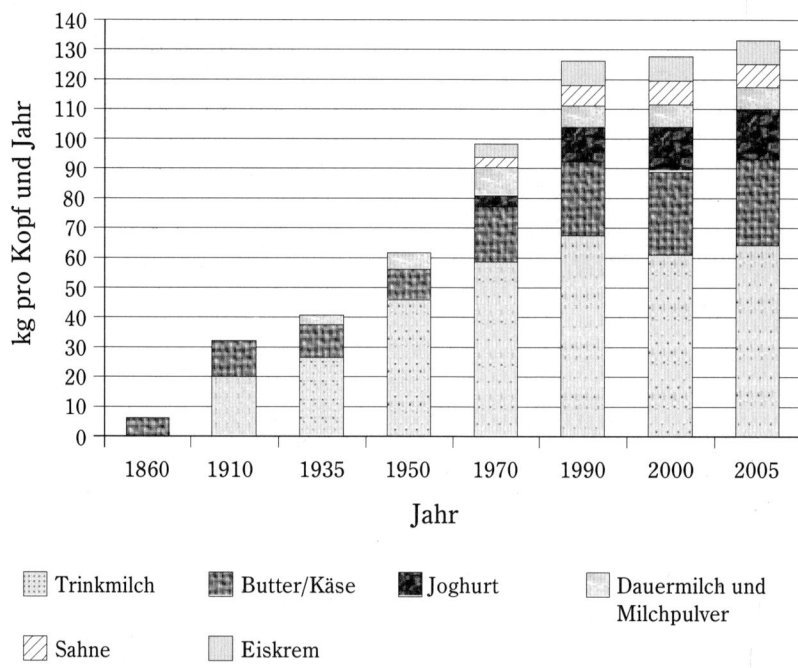

Was für Deutschland gilt, trifft auf die gesamte EU und alle westlichen Industriestaaten zu. Die Milchwirtschaft hat sich dort innerhalb der letzten zweihundert Jahre von der bäuerlichen Butter- und Käseerzeugung weg und stattdessen hin zu industrieller Produktion entwickelt. Dabei spielten die Frischmilcherzeugnisse neben einer insgesamt enormen Produktionsausweitung eine immer bedeutendere Rolle. Dementsprechend ist der Konsum von Milchprodukten besonders in den letzten hundert Jahren in allen westlichen Industriestaaten exponentiell gewachsen.

Internationale Statistik

Der aktuelle Pro-Kopf-Konsum der Hauptmilcherzeugnisse – Frischmilch inklusive Joghurt, Butter und Käse – wird aus der folgenden Tabelle ersichtlich.

Während einige osteuropäische Staaten eine Zunahme zu verzeichnen haben, stagniert in den klassischen Milchländern der Verbrauch durchweg auf hohem Niveau.

Griechenland, Spanien und Portugal erlebten nach ihrem EU-Beitritt einen aufholenden Milchkonsum.

Die Spitzen-Milchländer, z. B. Finnland und Schweden, verbrauchen viel Trinkmilch und andere Frischmilcherzeugnisse, jedoch weniger Käse, während die Milchländer mit einem scheinbar niedrigeren Gesamtkonsum, z. B. Deutschland und Frankreich, erheblich mehr Käse verzehren.

Die Aufnahme von Milchinhaltsstoffen dürfte daher in etwa gleich sein.

Land	1995 kg/Kopf	2002/2003 kg/Kopf
Finnland	208,8	196,8
Irland	188,1	172,3
Schweden	169,7	170,1
Dänemark	157,6	163,8
Niederlande	151,6	150,7
Estland*	152,0	109,2
Großbritannien	134,1	125,9
Frankreich	127,8	131,6
Spanien	124,7	141,7
Australien	122,2	112,8
Schweiz	119,3	106,8
Deutschland	117,9	123,9
Italien	115,7	88,8
USA	115,5	102,0
Österreich	115,3	101,0

Milchproduktekonsum vorgestern, gestern und heute

Land	1995 kg/Kopf	2002/2003 kg/Kopf
Neuseeland	113,5	110,8
Belgien	109,1	102,4
Polen*	101,4	72,1
Kanada	98,7	100,3
Portugal	95,9	125,7
Ungarn	92,0	90,4
Slowakei	84,8	92,5
Weißrussland*	83,7	61,8
Griechenland	83,2	96,8
Tschechien	79,6	94,6
Ukraine*	78,2	55,1
Argentinien	68,2	64,1
Slowenien	60,4	-
Bulgarien	59,8	-
Rumänien	53,6	-
Japan	43,8	37,6
Russland	41,8	65,8
Lettland	-	41,8
Indien*	34,0	78,0
Südafrika	30,5	30,4
Litauen	29,6	55,2
China*	5,3	12,0

*Die Zahlen für Indien und China spiegeln die Milchproduktion wider, nicht den Konsum oben genannter Milchprodukte. Mangels anderer verfügbarer Daten sind sie in die Statistik aufgenommen worden, da beide Länder als künftige bedeutende Milchentwicklungsländer gelten. Der Verbrauch o.g. Milcherzeugnisse dürfte niedriger liegen als die Produktionszahlen ausdrücken. Dasselbe gilt 1995 für einige osteuropäische Staaten.

5 Milch, Zivilisationskrankheiten und die Unverträglichkeit von Grundnahrungsmitteln

Krankheit und Umwelt – wissenschaftlicher Streit ohne Ende

Noch immer ignoriert der wissenschaftliche Mainstream Verbindungen zwischen spezifischen Umweltfaktoren und Krankheiten, sofern es sich nicht um allseits anerkannte Gifte handelt. Es wird zwar eingeräumt, dass Umwelteinflüsse – und die Ernährung ist auch ein solcher – eine große Rolle im Krankheitsgeschehen spielen. Sobald jedoch ein bestimmter Umweltfaktor bzw. eine Substanz von Wissenschaftlern ausfindig gemacht wird, heißt es standardmäßig: Ein ursächlicher Zusammenhang ist wissenschaftlich nicht oder noch nicht erwiesen oder: Weitere Forschungen sind notwendig. Nur Wenige wagen eine Festlegung, denn die Studie, die das jeweilige Gegenteil beweisen soll, ist längst in Auftrag gegeben. Jeder Wissenschaftler befindet sich in dem Dilemma, mit seiner Behauptung nicht hundertprozentig sicher sein zu können.

Nahrungsmittel sind ebenso wie die Atemluft primäre Umwelteinflüsse. Essen in Verbindung mit Krankheiten zu bringen, ist naheliegend und grundsätzlich unbestritten, zumindest solange, wie es pauschal um die so genannte gesunde Ernährung geht. Verdächtige spezifische Nahrungsmittel und Substanzen werden zwar erforscht, aber über Ergebnisse und Schlussfolgerungen wird anschließend heftig gestritten. Denn die Erforschung von Umweltfaktoren mündet in der Regel nicht in eine Laboruntersuchung, die auf einem bestimmten Chromosom X eine Genmutation nachweist, sondern es handelt sich meistens um epidemiologische Studien, Auswertungen von Statistiken, Ländervergleiche, Befragungen von Probanden zu Umweltfaktoren, nachträgliche Auswertung von Studien unter spezifischen Gesichtspunkten, Tierstudien, bei denen man nicht weiß, inwieweit sie auf Menschen übertragbar sind, oder Studien mit humanen Zellkulturen, bei denen ebenfalls ungewiss ist, ob und wie ihre Ergebnisse auf einen Gesamtorganismus angewendet werden können. Manche Studien laufen über Jahre oder Jahrzehnte und werden von unterschiedlichen WissenschaftlerInnen betreut. Fehlerquellen sind nicht auszuschließen, womit ihre Akzeptanz von vornherein in Frage gestellt ist. Je nach Standpunkt lässt sich trefflich streiten, ursächliche Zusammenhänge können entweder als gegeben angenommen werden oder eben nicht. So wird der im Prinzip unbestreitbare Einfluss von Umweltfaktoren auf das Krankheitsgeschehen in Bezug auf bestimmte Substanzen letztlich zur Glaubenssache. Interessen und Loyalitäten der Kombattanten beherrschen das Spiel und lassen dadurch allgemeine Orientierungslosigkeit aufkommen. Behörden, Ärzte und Patienten in aller Welt reagieren darauf meistens verunsichert. Ein junges Beispiel, das krebserregende Acrylamid in Chips, Pommes Frites und in ähnlichen kohlenhydrathaltigen Erzeugnissen stellte dies dar: Kaum hatten Wissenschaftler den Krebsverdacht laut geäußert, traten Kollegen auf den Plan und behaupteten das Gegenteil. Behörden und Verbraucher reagierten entsprechend dem jeweiligen Hü und Hott.[1] Derartigen Dilemmas kann man als Individuum nur entgehen, indem man sich selbst möglichst umfassend informiert und eigene Schlüsse zieht. Denn solch öffentliche Schauspiele, die Forschern und Medien meist mehr dienen als den VerbraucherInnen, desavouieren die Wissenschaft selbst.

Westlicher Lebensstil?

Die Statistiken haben verdeutlicht, dass unser heutiger Milchkonsum im Vergleich zu dem der vorindustriellen Vergangenheit außergewöhnlich ist. Industriell hergestellte Milchprodukte verzehren wir erst seit den 1960er und 70er Jahren, also seit etwa dreißig bis vierzig Jahren. Milch mit ihren diversen Milchprodukten ist mittlerweile das Lebensmittel Nummer eins geworden. Je nach Milieu und eigener Ernährungsausrichtung stellt sie etwa ein Drittel bis zur Hälfte unserer täglichen Kalorienaufnahme. Wer in Kühlschränke und Gefrierfächer blickt, sieht, was überwiegend verzehrt wird.[2] Wir nehmen in großen Mengen die Hauptmilchinhaltsstoffe Milchfett, Milcheiweiß, Milchkohlenhydrat

---

1 Nachzulesen in fast allen Tageszeitungen seit dem 25. April 2002. Besonders schön die FR am 25. 4. 02 mit der Meldung, dass Grundnahrungsmittel in aller Welt eine krebserzeugende Substanz in hoher Konzentration enthalten können. Am nächsten Tag folgte umgehend das Dementi anderer Wissenschaftler. Bis heute weiß niemand, was das grundsätzlich kanzerogene Acrylamid im Zusammenwirken mit anderen Substanzen wirklich bewirkt.

2 Mit dem Erstellen einer „Nationalen Verzehrsstudie" ist im April 2004 die Bundesforschungsanstalt für Ernährung und Lebensmittel (BfEL) in Karlsruhe beauftragt worden, deren Ergebnisse stehen frühestens 2007 zur Verfügung. Derzeit muss noch aufgrund einer älteren Untersuchung von durchschnittlich ein drittel der Kalorienaufnahme von Milch und Milchprodukten ausgegangen werden. Viele Menschen ernähren sich aber mittlerweile fleischlos oder fleischarm und essen stattdessen häufig Käse und Quark, womit sich ihr Verzehr von Milchprodukten erheblich gesteigert hat.
Nach Angaben des US Department of Agriculture entnehmen die Amerikaner mittlerweile 52 % ihrer täglichen Kalorienaufnahme den Milchprodukten!

(= Milchzucker), Milchmineralien und Milchhormone zu uns. Deshalb ist es von großer Wichtigkeit zu wissen, ob und was daran möglicherweise ungesund ist. Eine radikale Nährstoffumstellung, wie wir sie mit der in einem kurzen Zeitraum erfolgten Milchindustrialisierung erlebt haben, dürfte gesundheitliche Probleme per se verursachen. Immer mehr Menschen gelangen zu der begründeten Annahme, dass für westliche Zivilisationserkrankungen, z. B. Diabetes, Herz- und Kreislauferkrankungen, Osteoporose, Krebs, chronisch entzündliche Darmerkrankungen, Multiple Sklerose (MS), Parkinson, Allergien und Asthma, diese rasante Umstellung mitverantwortlich ist und der pauschale Hinweis auf den westlichen Lebensstil als Erklärung allein nicht ausreicht. Letzteres ist höchstens eine allgemein verwendete Floskel. Wird nachgefragt, was unter westlichem Lebensstil verstanden wird, ist die Antwort: Stress, Bewegungsarmut und ballaststoffarme Ernährung. Diese Faktoren mögen auch dazu beitragen; wer aber das Leben in so genannten Entwicklungsländern, in Schwellenländern, in Japan und China kennt, der weiß, dass es diese Faktoren dort ebenfalls zuhauf gibt, ohne dieselben Krankheitsbilder zu erzeugen. Entgegen hiesigen Klischees lieben und verzehren in diesen Ländern viele Menschen ballaststoffarme, faserarme Nahrungsmittel allein schon deshalb, weil sie ihren Zähnen nicht allzu sehr schaden. Und weil sich die meisten Menschen den Besuch beim Zahnarzt nicht leisten können, lernen sie schon von Kindesbeinen an, ihre Gebisse zu schonen. Man verdeutliche sich, dass Fleisch nur in den klassischen Industrieländern stückweise als Steak oder Schnitzel verzehrt wird, während in Asien und Afrika Kleinportionen als Geschnetzeltes oder Gehacktes üblich sind, sowohl bei Armen als auch bei Reichen. Immer mehr Menschen bezweifeln, dass Lebensstilfaktoren allein die gravierenden Unterschiede zwischen den westlichen Industrie- und den übrigen Ländern erklären können. Sucht man nach einem schichtübergreifenden, alle Völker des Westens, Ostens und Südens betreffenden Faktor in den traditionellen Lebensgewohnheiten, dann stößt man auf den äußerst unterschiedlichen Milchkonsum. Jenseits der westlichen Welt ist er bei traditioneller Lebensweise gering bis nicht vorhanden. Das fällt unweigerlich ins Auge. Nun stellt sich die Frage, ob die Milch dieser entscheidende Faktor sein kann, der westliche Zivilisationserkrankungen begünstigt, im Gegensatz zu den anderen Faktoren, die ja in fast allen Gesellschaften ähnlich sind. Denn unsere so genannten Zivilisationserkrankungen sind in Ländern ohne oder mit geringem Milch/-produktekonsum fast oder ganz unbekannt. Sie treffen ihre Bevölkerung erst mit Übernahme unseres Lebensstils, speziell unserer Ernährung. Und dabei spielen weniger Coca Cola und Co eine Rolle, sondern Milch und Milchprodukte. In diesem Licht betrachtet, wird Milch für immer mehr Menschen in den westlichen Ländern ein gesundheitlich umstrittenes Nahrungsmittel, auch weil sie neben ihrem vermuteten Zusammenhang mit Zivilisationserkrankungen unbestreitbar Allergien auslöst und bei immer mehr Menschen mit lebenslanger Unverträglichkeit (Intoleranz) ins Leben eingreift.

Milch – Diabetes – Multiple Sklerose

Der Zusammenhang zwischen Diabetes und Milchkonsum ist in den letzten zwanzig Jahren wissenschaftlich besonders in Finnland und Kanada erforscht worden.[3]

Danach gilt es als gesichert, dass Kuhmilchkonsum im Säuglingsalter und in der frühen Kindheit das Risiko, an juvenilem Diabetes Typ I zu erkranken, erheblich erhöht. Entsprechende Studien sind aus fast allen 'Milchländern' von diversen Universitäten und Forschungsteams mit immer ähnlichem Ergebnis durchgeführt worden. Nur US-amerikanische Studien finden sich zu diesem Thema selten und wenn doch, weisen sie die Milch-Diabetes-Studien anderer Länder gerne pauschal zurück, ohne dem jedoch eigene, andere Forschungsergebnisse entgegenzusetzen.[4] Aber auch in den USA wird der Milch-Diabetes-Zusammenhang diskutiert, sodass sich die dortige Milchindustrie mit ihrem „national dairy council" bemüssigt gesehen hat, ein langes Essay dazu ins Internet zu stellen.[5] Obwohl darin die Milch-Diabetes-Verbindung als nicht existent dargestellt werden sollte, ist sie eher bestätigt als widerlegt worden. Als kleinsten gemeinsamen Nenner erkennen auch amerikanische Wissenschaftler an, dass viele Patienten mit Autoimmunerkrankungen und hö-

---

3 Exemplarisch wird verwiesen auf: Virtanen u. a. in: Diabetologia, 1994, Apr., 37(4), S. 381 ff. und Karjalainen u. a. in: Scandinavian Journal of Immunology, 1994, Dec., 40(6), S. 623 ff.

4 Bodington in: Diabetic Medicine: A Journal Of The British Diabetic Association, 1994, Aug.-Sept., 11(7), S. 663-665 und Atkinson in: Journal Of the American College Of Nutrition, 1997, Aug., 16(4), S. 334-340.

5 Eine verständliche Zusammenfassung der wissenschaftlichen Forschung zu Milch-Diabetes bietet: John McDougall in:
http://www.nealhendrickson.com/mcdougall/020700puthepancreas.htm
Die Stellungnahme der US-Milchindustrie zu Milch-Diabetes:
http://www.nationaldairycouncil.org/NationalDairyCouncil/Nutrition/Reducing/diabetesMellitusPage1.htm

Milch, Zivilisationskrankheiten und die Unverträglichkeit von ...

herem Diabetesrisiko erhöhte Antikörperwerte gegenüber spezifischen Kuhmilchproteinen aufweisen.[6] Deutsche Studien zum Milch-Diabetes-Zusammenhang haben ebenfalls Seltenheitswert und noch immer wird auch bei uns so getan, als sei eine Verbindung zwischen Milchkonsum und Diabetes reine Spekulation.

Für den Milch-Diabetes-Zusammenhang gibt es im Prinzip folgende Erklärung: Bestimmte Molkeneiweiße (Serumalbumin, beta-Laktoglobulin), aber auch bestimmte Kaseine gelten als Substanzen, die Immunreaktionen auslösen und dadurch das Risiko an Diabetes Typ I zu erkranken, erhöhen. Beispielsweise ähnelt das bovine Serumalbumin einem in der Bauchspeicheldrüse gebildeten menschlichen Eiweiß, das bei der Insulinproduktion eine Rolle spielt. Wird das Kleinkind nun mit Kuhmilch gefüttert, entwickelt es Antikörper gegen die fremden Eiweiße. Die Antikörper, die es gegen das bovine Serumalbumin entwickelt, richten sich gleichzeitig gegen das eigene Bauchspeicheldrüseneiweiß, weil vermutlich die Antikörper das bovine nicht von dem menschlichen Eiweiß unterscheiden können. Auf diese Weise könnte die Autoimmunreaktion des juvenilen Diabetes in Gang gesetzt oder gefördert werden.[7] Offensichtlich ist die Nahrungsaufnahme im Kleinkindalter für das spätere Risiko zu erkranken sehr entscheidend, was damit zu tun haben dürfte, dass Darm und Bauchspeicheldrüse erst Monate nach der Geburt voll funktionsfähig sind und vorher auf artfremde Eiweiße besonders kritisch reagieren.

Für einen Zusammenhang zwischen hohem Milchkonsum und Diabetes Typ II, dem so genannten Altersdiabetes, sprechen zwei neue skandinavische Studien. Auch hier sind Milcheiweiße involviert, von denen insolinotrope Effekte ausgehen. Die Studien kommen zu dem erstaunlichen Ergebnis, dass Trinkmilch, Käse und insbesondere Molke die Insulinausschüttung nach einer entsprechenden Mahlzeit gegenüber Fleisch, Fisch, Gluten und weißem Weizenbrot beträchtlich erhöhen.[8]

6　Atkinson u. a. in: The New England Journal Of Medicine, 1993, Dec., 329(25), S. 1853-1858.

7　Karjalainen u. a. in: The New England Journal Of Medicine, 1992, Jul. 30, 327(5), S. 302 ff.

8　Nilsson u. a. in: American Journal Of Clinical Nutrition, 2004, Nov., 80(5), S. 1246-1253; Hoppe u.a. in: European Journal Of Clinical Nutrition, 2005, Mar., 59(3), S. 393-398.

Mittlerweile ist sogar der Zusammenhang zwischen Milch-Diabetes und Multipler Sklerose nicht mehr nur eine epidemiologische Hypothese. Kanadische Forscher sind im Jahre 2001 – bislang unwidersprochen – mit Studienergebnissen an die Öffentlichkeit getreten, die darlegen, dass Diabetes Typ I und Multiple Sklerose (MS) immunologisch sehr ähnliche Erkrankungen sind, kaum voneinander unterscheidbar. Bei beiden Erkrankungen erstreckt sich die Autoimmunreaktion sowohl auf die Bauchspeicheldrüse wie auf das bei MS betroffene Nervengewebe. Und in beiden Fällen sind Immunreaktionen auf Kuhmilchproteine involviert.[9] Selbst deutsche Forscher scheinen sich mittlerweile mit international diskutierten Thesen zur Milch- und MS-Problematik anzufreunden. Das Max-Planck-Institut für Neurobiologie in Martinsried hält einen Zusammenhang zwischen einem mit der Milch aufgenommenem Kuhmilcheiweiß und einer bestimmten Form der MS für möglich.[10]

Was auch immer die wissenschaftlichen Forschungen weiter ergeben mögen, Tatsache ist, dass Milch seit zwanzig Jahren ein sehr verdächtiges Lebensmittel im Zusammenhang mit Diabetes ist und dass offensichtlich Verbindungen zu weiteren Zivilisationskrankheiten bestehen.

Epidemiologische Betrachtungen

Diabetes

Zum Beispiel Finnland und Spanien.

Finnland ist eines der Länder mit dem höchsten Milch- und Milchproduktekonsum (252 kg/Kopf in 2000) und hat gleichzeitig weltweit die höchsten Diabetesraten. Spanien gehörte bis Ende der 1990er Jahre zu den EU-Ländern mit dem niedrigsten Milch- und Milchproduktekonsum (125 kg/Kopf in 2000) und hatte eine der niedrigsten Diabetesraten.[11]

---

[9] Dosch u.a., University of Toronto in: Journal Of Immunology, 2001, Apr. 1, 166(7), S. 4751-4756.
    Siehe weitere Informationen: http://www.DIRECT-MS.org/
[10] Guggenmos u.a. in: Journal Of Immunology, 2004, Jan. 1, 172(1), S. 661-668; ein Kommentar in Deutsch: Allergo Journal, 2004, 13. Es handelt sich um das in der Fettkügelchenmenbran befindliche Eiweiß Butyrophilin.
[11] McCarty und Zimmet in: International Diabetes Institut, Diabetes, 1994 to 2010; via Internet abrufbar.

Schon seit Beginn der 1990er Jahre ist bekannt, dass parallel zum steigenden Milchkonsum in dem betreffenden Land die Diabetesraten ansteigen.[12]

Multiple Sklerose

MS ist hauptsächlich auf Industrieländer, also die Milchländer beschränkt. Wie oben ausgeführt, gibt es auch hier eine Verbindung zum Milchkonsum.[13]

Herz-Kreislauf-Erkrankungen

Aus einer sich über Jahre erstreckenden Studie geht hervor, dass die Infarktsterblichkeit in Finnland am höchsten und in Griechenland am niedrigsten ist.[14] Das verstärkt den untersuchten Zusammenhang, denn in Griechenland werden noch weniger Milch/-produkte als in Spanien konsumiert.

Eine ganze Reihe Studien zeigt erneut wie auch schon häufig in der Vergangenheit, dass ein Zusammenhang zwischen Milchkonsum und Herzerkrankungen anzunehmen ist.[15]

Das *Polymeal*-Konzept, in dem es um die Prävention von Herz-Kreislauferkrankungen durch Ernährung geht, enthält kein einziges Milchprodukt. Polymeal beruht auf einer internationalen wissenschaftlichen Studie, mit der Lebensmittel ausfindig gemacht wurden, die sich als protektiv gegenüber Herz-Kreislauferkrankungen gezeigt haben.[16] Solche mit dem größten protektiven Effekt waren: Fisch, schwarze Schokolade, Früchte, Gemüse, Knoblauch, Mandeln und mässiger(!) Weingenuss.

---

[12] Dahl-Jorgensen u. a. in: Diabetes Care, 1991, 14, S. 1081 ff.

[13] Siehe den eindrucksvollen Aufsatz zu MS und sie beeinflussende Ernährungsfaktoren, wie Milch u. a. tierische Eiweiße, Hefe und Leguminosen, des kanadischen Geologen Ashton F. Embry, übersetzt von Detlef Neumann: http://www.mss-ev.de/1023_04_u.htm
und die französische Gesundheitsstudie zu MS und Milchkonsum: Malosse u.a. in: Neuroepidemiology, 1992, 11(4-6), S. 304-312.

[14] Kasper, Ernährungsmedizin und Diätetik, S. 308.

[15] Seely in: International Journal Of Cardiology, 2002, Dec., 86(2-3), S. 259-263; Moss und Freed in: International Journal Of Cardiology, 2003, Feb., 87(2-3), S. 203-216.

[16] Franco u. a. in: British Medical Journal, 2004, Dec., 329, S. 1447-1450, eine deutsche Zusammenfassung auf http://www.milchlos.de/milos_0718.htm

Brustkrebs

WHO-Zahlen über die Brustkrebshäufigkeit weltweit (Zahl der Neuerkrankungen) decken sich mit denen über die Höhe des Milchkonsums. Einsame Spitzen bilden die westlichen Milchländer mit dem höchsten Milchproduktekonsum:

Dänemark, die Niederlande, Schweden, die USA, Belgien, Frankreich, Finnland, Deutschland, Kanada, Großbritannien, Australien, die Schweiz, Neuseeland, Ungarn, Italien, Österreich und Norwegen,

gefolgt von den Ländern mit mittlerem Milchkonsum, den europäischen Mittelmeerländern:

Portugal, Griechenland, Spanien

und von Osteuropa:

Russland, Bulgarien, Polen, Rumänien,

wiederum gefolgt von den Ländern, die in ihrem städtischen Milieu auf westlichen Lebensstil mit Milchkonsum umschwenken, das sind beispielsweise:

Brasilien, Mexiko, Japan, Malaysia und die Philippinen,

gefolgt von den Ländern mit noch immer sehr niedrigem Milchkonsum, wie:

Südafrika, Indonesien, China, Thailand, Indien, Südkorea, Syrien, Saudi Arabien und der Iran.[17]

Brustkrebs in West- und Ostdeutschland

Frauen sollten ins Grübeln kommen, wenn zumindest im Ausland zur Kenntnis genommen wird, dass die Brustkrebsraten auf dem Gebiet der ehemaligen DDR erheblich niedriger lagen und noch heute liegen als vergleichsweise in den Altbundesländern. In Deutschland wird dies öffentlich nicht diskutiert, denn dann müssten auch solche Fragen zu Lebensstil und Ernährung gestellt werden, die zu den großen Tabuthemen im Gesundheitsbereich gehören.[18]

---

[17] WHO = World Health Organisation
GLOBOCAN 2000, Lyon, International Agency for Research on Cancer-IARCPress, 2001: http://www-dep.iarc.fr
Länderaufzählungen nach Brustkrebshäufigkeit; eigener Vergleich der Brustkrebshäufigkeit mit der Höhe der durchschnittlich verzehrten Milchprodukte. Ungarn ist der einzige osteuropäische Ausreißer bei den ansonsten westlichen Ländern mit den höchsten Brustkrebsraten.

[18] Der einzige mir bekannte Hinweis auf die Unterschiede zwischen Ost und West in einer deutschen Publikation stammt von der Strahlenexpertin Profes-

Als Erklärung durchaus plausibel wäre wiederum das Milchkonsumverhalten, insbesondere der erheblich niedrigere Käsekonsum in der ehemaligen DDR. Auch hier sind zwar die Brustkrebsraten parallel zum höheren Milchproduktekonsum angestiegen. Sie lagen und liegen jedoch signifikant unter den westdeutschen Raten.

Brust- und Prostatakrebs

Die von der englischen Geochemikerin Jane Plant auf der Grundlage des „Atlas der Krebssterblichkeitsrate in der Volksrepublik China" und WHO-Statistiken vergleichend dargestellten Brust- und Prostatakrebsraten innerhalb Chinas, Japans, Thailands und westlicher Länder zeigen die überproportionale Häufigkeit der Erkrankungen in den westlichen Ländern gegenüber den asiatischen und innerhalb dieser Länder ein Stadt-Land-Gefälle in westlich orientierten Städten Asiens. Umweltbelastungen in asiatischen Städten generell können daher keine allein ausschlaggebenden Faktoren sein. Milchprodukte, deren Konsum in bestimmten chinesischen und japanischen Städten als Ausdruck westlichen Lebensstils stark zugenommen hat, bestätigen sich offenbar als entscheidender Faktor. So wird in China Brustkrebs umgangssprachlich als Reiche-Frauen-Krankheit bezeichnet, weil sich nur Wohlhabende westliche Nahrungsmittel leisten können.[19] Und die Wohlhabenden sind es auch, die erkranken. Asiatische Vorstellungen von westlichen Nahrungsmitteln beziehen sich hauptsächlich auf Milch, Eiskrem, Schokoladeerzeugnisse und Käse, also Milchprodukte. Erst in der jüngeren Vergangenheit kamen Coca Cola, Mac und Burger hinzu. Japanische Wissenschaftler bestätigten in einer im Jahre 2003 veröffentlichten Studie, dass die gravierenden Lebensstilveränderungen in Japan nach dem Zweiten Weltkrieg wahrscheinlich im Zusammenhang mit der parallel dazu gestiegenen Brustkrebshäufigkeit stehen. Milch und Milchprodukten komme, so die Studie, dabei eine besondere Rolle zu.[20]

Eine ganze Reihe neuerer Studien von der Harvard-Universität aus den USA, aus Großbritannien und Frankreich stellen ernstzunehmende Beziehungen zwischen Prostatakrebs, Milch und Kalzium her.[21] Die Vorstellung, warum Milchkonsum zum Prostatakrebswachstum im fortge-

---

sorin Dr. Inge Schmitz-Feuerhake in der Zeitschrift EMMA, Mai/Juni 2002, S. 31, die sich gegen das prophylaktische Reihenscreening (Mammographie) ausgesprochen hat.

[19] Plant, Dein Leben in Deiner Hand, S. 120 ff.

[20] Li XM u. a. in: Medical Hypotheses, 2003, Feb., 60(2), S. 268-275.

schrittenen Stadium beiträgt, ist Folgende: Hohe Kalziumkonzentrationen im Blut unterdrücken die Bildung von Vitamin-D. Letzteres ist für eine Differenzierung gesunder Prostatazellen notwendig und trägt zur Verhinderung von Zellwucherungen bei. Fehlt es, kann sich krankhaftes Zellwachstum gegenüber dem gesunden beschleunigen. Über diesen Weg – Behinderung der Vitamin-D-Synthese – kann hoher Kalziumkonsum, z. B. durch viele Milchprodukte, zur Beschleunigung des Tumorwachstums bei Prostatakrebs beitragen.

Ein Gedanke zu Milch und Brustkrebs

Das Euter der Kuh ist das der weiblichen Brust entsprechende Organ. Könnte es nicht sein, dass der ständige, tägliche Konsum des Brustsekrets einer fremden Spezies dem weiblichen Körper signalisiert: Wachse, produziere Milch! Da die weiblichen Brustdrüsen, besonders nach der Menopause, keine Milch mehr produzieren sollen, könnten sie kontinuierlich durch die in der Milch vorhandenen Hormone falsche Signale bekommen?

Jane Plant drückt es so aus: „Wenn Brustgewebe immer wieder in Flüssigkeit mit einem erhöhten Gehalt an einem Wachstumsfaktor gebadet wird, der von Natur aus eigentlich Personen weiblichen Geschlechts in der Pubertät signalisiert, Brüste zu entwickeln, und/oder die ein Hormon enthält, das von entscheidender Bedeutung für die Milchproduktion bei Säugetieren ist, ist es da ein Wunder, dass Zellen Fehler begehen, die zu Krebs führen?"[22]

Ist ein solcher Gedanke nicht eigentlich naheliegend?

Weitere Ausführungen zu Brustkrebs, den Wachstumsfaktoren und Milch finden Sie im Kapitel 9.

Eierstockkrebs

Immer wieder gibt es Veröffentlichungen, die bösartige Ovarialtumore mit Milchkonsum in Verbindung bringen. Dieser Zusammenhang wird von neueren Studien der Harvard Medical School (USA) und dem Karo-

---

[21] Chan u. a. in: American Journal Of Clinical Nutrition, 2001, Oct., 74(4), S. 549-554; Gunnell u. a. in: British Journal Of Cancer, 2003, Jun. 2, 88(11), S. 1682-1686; Xiang Gao u. a. in: Journal Of The National Cancer Institute, 2005, Dec. 7, 97(23),S. 1768-1777; Giovannucci u. a. in Cancer Epidemiology, Biomarkers & Prevention, 2006, Feb., 15(2), S. 203-210; Kesse u. a. in: British Journal Of Nutrition, 2006, Mar., 95(3), S. 539-545.

[22] Plant, S. 167.

linska Institut, Stockholm (Schweden) bestätigt.[23] Danach geht mit steigendem Milchzuckerkonsum ein erheblich höheres Risiko, an bösartigen Eierstocktumoren zu erkranken, einher. Die Studien werden als Untermauerung der These, die einen Zusammenhang zwischen Milchzucker und Ovarialkrebs annimmt, angesehen. Die Forscher stellen sogar die Frage, ob es vor diesem Hintergrund sinnvoll ist Frauen zum Milchkonsum aufzurufen, um der Osteoporose vorzubeugen.

Morbus Parkinson

Das Risiko an Parkinson zu erkranken ist für Männer, folgt man zwei umfangreichen aktuellen Ernährungsstudien der Harvard Universität (USA), bei täglich mehrfachem Milchproduktekonsum erheblich höher als bei Männern, die weniger als einmal pro Tag Milchprodukte zu sich nehmen. Bei Frauen konnte ein Zusammenhang nicht festgestellt werden, was ein Hinweis für die weitere wissenschaftliche Forschung sein sollte, geschlechtsspezifisch ausschlaggebende Faktoren zu ergründen. Neue Studien haben den Zusammenhang Milch-Parkinson bestätigt.[24]

Autismus

Die Ursachen von Autismus im Kindesalter sind nicht bekannt. In den Industriestaaten ist die Anzahl der betroffenen Kinder kontinuierlich ansteigend.

Bekannt ist, dass eine milch- und/oder weizenfreie Ernährung meistens zu erheblichen Verbesserungen der Symptomatik führt. Wird die Diät aufgegeben, treten die krankhaften Symptome wieder auf.

Als Erklärung ist folgende Vorstellung entwickelt worden: Neben den autistischen Symptomen sind bei Betroffenen meist auch Funktionsstörungen des Darms zu beobachten, die zur Durchlässigkeit der Darmwände für größere Eiweißpartikel (Peptide) führen. In der Folge werden viele dieser Peptide vor ihrer vollständigen Verdauung durch die Darmwand ins Blut geschleust, wo sie dann unerwünschte Wirkungen entfalten können. Bei Autismus, vielleicht aber auch bei anderen Erkrankungen wie

---

23 Fairfield u. a. in: International Journal Of Cancer, 2004, Jun. 10, 110(2), S. 271-277 und Larsson u.a. in: American Journal Of Clinical Nutrition, 2004, Nov., 80(5), S. 1353-1357.

24 Chen u. a. in: Annals Of Neurology, 2002, Dec., 52(6), S. 793-801; British Medical Journal, 2003, (January 4), 326, S. 10 und Park u. a. in: Neurology, 2005, Mar. 22, 64(6), S. 1047-1051; Chen u.a. in: American Journal Of Epidemiology, online Vorabveröffentlichung 31. Jan. 2007.

Schizophrenie, werden offenbar bei einem Teil der Patienten opioid wirkende Peptide des Milcheiweißes Kasein und des Weizeneiweißes Gluten durch den Darm ins Blut aufgenommen. In Studien konnten im Urin betroffener autistischer Kinder unnatürlich hohe Konzentrationen dieser morphinen Substanzen, die Kasomorphine und Gluteomorphine/ Gliadinomorphine genannt werden, festgestellt werden (Kapitel 8 – Kasomorphine). Vielen Berichten zufolge haben Menschen mit Autismus durch eine gluten- und kaseinfreie Diät ihre Krankheit in den Griff bekommen.[25]

Drei Wissenschaftlergruppen, jeweils um Robert Cade in den USA; Paul Shattock in Großbritannien und Kalle Reichelt in Norwegen, forschen eingehend zu dieser Problematik.[26]

In Deutschland beschäftigt sich die Selbsthilfegruppe "Wir Eltern von Kindern mit Autismus" mit der Erkrankung und ihrem Zusammenhang mit Milch und Gluten. Die Internetseite ist allen Betroffenen zu empfehlen: http://www.autismus-wir-eltern.de

Akne, Neurodermitis

Die Berichte von Betroffenen, die ihre schweren Hautprobleme durch Meiden von Allergenen in den Griff bekommen und sogar geheilt haben, sind zahlreich. Trotzdem tut das medizinische Establishment so, als seien das Barfußdoktoreien nicht wirklich ernstzunehmen.

Die praktizierte Wirklichkeit sieht anders aus: Betroffene, die sich umfassend informieren, benötigen das Medizinsystem meist nur noch, wenn ihre allergenfreie Diät nicht helfen sollte. Das Hauptallergen ist meistens Milch, so dass Betroffene sich häufig schon mit milchfreier Diät von Kortison und Co verabschieden können. Zurück bleibt der Frust, warum sie von ihren Ärzten meist monatelang, manchmal jahrelang ohne großen Erfolg behandelt wurden, obwohl eine allergenfreie Diät das Übel an der Wurzel gepackt hätte.

Im Internet sind viele Berichte von Betroffenen über die positive Wirkung von allergen- und/oder milchfreier Ernährung zu finden. Auch

[25] http://www.autism-diet.com
http://members.aol.com/lisas156/gfpak.htm
[26] Die Ergebnisse der Studien von Robert Cade sind zu finden unter:
http://www.paleodiet.com/autism/cadelet.txt
Shattock u.a. in: Expert Opinion On Therapeutic Targets, 2002, Apr., 6(2), S. 175-183; Reichelt u.a. in: Nutritional Neuroscience, 2001, 4(1), S. 25-37 und 2003, Feb., 6(1), S. 19-28.

scheint bei manchem Mediziner langsam ein Umdenken einzusetzen.[27] Zu guter Letzt hat sich auch die amerikanische Harvard-Universität dem Thema angenommen und die Betroffenen dürfen jetzt quasi amtlich davon ausgehen, dass zwischen Milchkonsum und Akne ein Zusammenhang besteht.[28]

Rheumatoide Arthritis

Auch hier gibt es, ähnlich wie bei den Hautkrankheiten, mittlerweile ein Volkswissen über heilende oder lindernde Strategien, die von Medikamenten unabhängig machen können. Denn viele Betroffene haben die Erfahrung gemacht, dass allergenfreie Ernährung die Symptome verschwinden lässt oder mildert. Auch bei dieser Erkrankung gehören Milchprodukte zu den Hauptallergenen.

Die Wissenschaft scheint sich jetzt diesem Volkswissen anzunähern, denn es wurde eine, von den Wissenschaftlern selbst als bahnbrechend bezeichnete, Entdeckung gemacht: In den Entzündungsherden befallener Gelenke wurde Histamin gefunden, der Stoff, den die Zellen des Immunsystems bei akuten allergischen Reaktionen ausschütten. Auch wird jetzt zur Kenntnis genommen, dass viele Betroffene Antikörper gegen bestimmte Nahrungsmittel, häufig Milcheiweiße, aufweisen. Wer also seine Arthritis mit allergenfreier Ernährung behandelt, kann sich mittlerweile auch auf wissenschaftliche Forschung berufen.[29]

ADS und ADHS

Das Aufmerksamkeits-Defizit-Syndrom bei Kindern, das häufig mit Hyperaktivität gepaart ist und dann abgekürzt ADHS heißt, hängt, wie alle Fachleute wissen, auch mit der Ernährung zusammen. Wer schon einmal ein ruhig vor sich hinspielendes Kind erlebt hat, das nach dem Genuss eines einzigen Milchschokoladeriegels eine halbe Stunde später aufdreht und zum nicht mehr zu bremsenden Wildfang wird, weiß wovon die Rede ist. Neben sonstigen allergenen Nahrungsmitteln lohnt es sich, auch bei diesem Syndrom zu testen, ob das Weglassen von Grundnah-

---

[27] Danby in: Journal Of The American Academy of Dermatology, 2005, 52, S. 360-362; sein kurzer, informativer Essay zum Thema Milch, Akne und Co ist zu finden:
http://www.acnehelp.org.uk/papers/Commentary.pdf

[28] Adebamowo in: Dermatology Online Journal, 2006, May 30, 12(4),S. 1.

[29] Binstadt u. a. in: Nature Immunology, 2006, Mar., 7(3), S. 284-292 und Hvatum u. a. in: Gut, 2006, Sep., 55(9), S. 1240-1247.

rungsmitteln wie Getreideerzeugnissen (Gluten) und Milcherzeugnissen (Milcheiweiße) die Symptome verbessert. Dies ist häufig der Fall, so dass den Kindern Psychopharmaka erspart bleiben können.

Wer sich vergegenwärtigt, dass viele Kinder hauptsächlich von Nudeln, Pizzas, Brot, Würstchen, Milch-/Schokodrinks und -riegeln, Pudding und Eiskrem leben, sämtlich sehr gluten- und milcheiweißhaltig, darf sich nicht wundern, dass darauf auf längere Sicht Unverträglichkeiten entstehen, die die beschriebenen Symptome auslösen.

Aus dem Internet wie auch aus der Fachliteratur können umfassende Informationen zu ADS bezogen werden. Auf das Buch von Friedrich Klammrodt, der als Lehrer das Problem über Jahrzehnte studiert hat, „Unkonzentriert, aggressiv, überaktiv – Ein Problem der Erziehung oder der Ernährung" und von Doris Rapp „Ist das Ihr Kind?" sei besonders hingewiesen.

Allergien im west-ostdeutschen Vergleich

Trotz der erheblich höheren sichtbaren Luftverschmutzung zu DDR-Zeiten waren dort allergische Erkrankungen sehr viel seltener als im Westen der Republik. Sie sind innerhalb weniger Jahre nach der Vereinigung bei dauernd abnehmender Luftverschmutzung und sich gleichzeitig angleichenden Ernährungsgewohnheiten explosionsartig angestiegen. Um dies zu erklären, hat man die „Hygiene-/Horttheorie" erfunden. Danach soll besonders das kindliche Immunsystem durch den frühen Kinderkrippenaufenthalt geschult und somit weniger allergieanfällig gewesen sein. Im Klartext heißt das: Höhere Verschmutzung schützt vor Allergien, was nicht unbedingt falsch sein muss, aber in die Allergiediskussion nicht hineinpasst. Denn ein Blick z. B. nach Skandinavien hätte genügt, um zu wissen, dass die Allergieanfälligkeit dortiger Krippenkinder hoch oder sogar höher liegt als in Westdeutschland. Die Hygienetheorie ist daher nicht ernstzunehmen und zeugt noch dazu von Unkenntnis der Lebensverhältnisse Ostdeutschlands. Denn dort besuchten in den 1990er Jahren noch immer viele Kinder im Kleinkindalter eine Kinderkrippe, und diese sind inzwischen trotzdem erheblich allergieanfälliger als ihre Vorgänger zu DDR-Zeiten.

Als Erklärung kommt, da Luft und Schmutz zumindest als Alleinverursacher ausscheiden, ein anderer Umweltfaktor in Frage und zwar wiederum die Ernährung. Neben der Luft ist, wie bereits beschrieben, die Nahrung der dauerhafteste und stärkste Umwelteinfluss. Diese Tatsache aber ist in Politik, Wissenschaft und Wirtschaft so ungefähr das Letzte, was man offiziell zur Kenntnis nehmen möchte. Und daher werden auch die Fragen, welche Nahrungsmittel denn Hauptverursacher sein könnten, erst gar nicht gestellt, vom sehr unterschiedlichen Milchkonsum in der Vergangenheit beider deutscher Staaten ganz zu schweigen. Was im Osten der Republik als Allgemeingut gilt und von den wenigen, bereits zu DDR-Zeiten praktizierenden Allergologen bestätigt wird, nämlich dass Nahrungsmittel mit hoher Wahrscheinlichkeit ausschlaggebende Faktoren sind, wird ignoriert oder als möglichst nebensächlich abgetan.[30] Verunsicherung auf breiter Front ist die Folge.

Offenbar hat man die Unhaltbarkeit der Hygienetheorie erkannt und eine neue Variante ins Spiel gebracht, die „Hoftheorie". So sollen neuerdings Kinder, die auf dem Lande, speziell in bäuerlichen Betrieben, aufgewachsen sind, weniger allergieanfällig sein als ihre städtischen Altersgenossen. Auch hier werden Lebensmittel in der Diskussion wieder ausgeblendet, stattdessen wird allein auf die im bäuerlichen Betrieb stärkere Immunabwehr gegen sonstige Umweltfaktoren hingewiesen. Da darf und muss es erstaunen, wenn am anderen Ende der Welt genau das Umgekehrte gilt. Denn neuseeländische Kinder auf Farmen leiden offenbar häufiger an allergischen Erkrankungen als städtische. Hinzu kommt noch, dass man dort einen Zusammenhang zwischen Heuschnupfen und Joghurtkonsum bzw. atopischem Ekzem und Rohmilchkonsum erkannt hat.[31]

Bei solchen Widersprüchen stellt sich die Frage, wie sehr Forschung von Interessen gesteuert ist.

Die Liste der Erkrankungen, die mit Milchkonsum in Verbindung gebracht werden, ließe sich fortsetzen. So kontrovers epidemiologische Studien zu diskutieren sein mögen, zeigen sie doch zumindest Trends auf, die die Wissenschaft wie im Falle von Diabetes und MS veranlassen müsste, weitere Forschungen zu betreiben. Bis das aber geschehen sein wird, liefern sie den Menschen Hinweise, wie sie die Vermeidung krankmachender Faktoren und ihren Gesundheitsschutz selbst in die Hand nehmen können.

---

[30] Vgl. Gesundheitsbericht für Deutschland, GBE 1998, herausgegeben vom Statistischen Bundesamt, S. 259 ff. und Spezialbericht Allergien 2000; Gespräche der Autorin mit AllergologInnen, die schon zu DDR-Zeiten praktiziert haben.

[31] Wickens u. a. in: Allergy, 2002, Dec., 57(12), S. 1171-1179.

Unverträglichkeiten von Grundnahrungsmitteln

Spiegelbildlich zur Etablierung der historisch neuen Nahrungsmittel Getreide und Milch ließen sich in einer Graphik die Menschen darstellen, die noch immer nicht an diese Nahrungsmittel angepasst sind. Weder die Ursachen noch die Verbreitung dieser Erscheinung sind wissenschaftlich ausreichend erforscht. Unverträglichkeiten werden unter Krankheiten verbucht, was im sozialen Kontext der Industriestaaten zwar korrekt, vom Denkansatz her jedoch falsch ist. Denn ursprünglich ist der homo sapiens weder ein Milch- noch ein Getreideverzehrer. Unverträglichkeitserscheinungen müssten daher grundsätzlich unter dem Gesichtspunkt der Noch-nicht-Adaption verstanden werden. Tatsächlich wird diesem Aspekt aber kaum Aufmerksamkeit geschenkt.

Immerhin wird der ursächliche Bezug zum Nahrungsmittel bei Getreide- und Milchunverträglichkeit anerkannt. Da keine Medikamente zur Heilung verfügbar sind, besteht die einzig mögliche Therapie darin, auf das Lebensmittel zu verzichten.[32] Insofern handelt es sich um 'preiswerte' Krankheiten für das Gesundheitswesen mit entsprechend niedrigem Aufmerksamkeitswert. Den Betroffenen und ihrem sozialen Umfeld verlangen sie allerdings einiges an Energie, Disziplin, Toleranz und Finanzen ab.

Da beide Unverträglichkeitsreaktionen häufig gemeinsam auftreten, sollen beide hier kurz dargestellt werden. Die Milchzuckerunverträglichkeit wird im folgenden Kapitel noch ausführlicher behandelt.

Getreide: Gluten

Beim Getreide ist der für viele Menschen unverträgliche Bestandteil das so genannte Klebereiweiß Gluten.[33] Es schädigt bei schweren Unverträglichkeiten die Darmmukosa bis zur völligen Zurückbildung der Darmzotten, sodass dem Körper immer weniger Nährstoffe zugeführt werden und schwerste Krankheitsbilder auftreten. Man nennt diese Krankheit Zöliakie. Die Glutenunverträglichkeit als solche ist seit dem 19. Jahrhundert bekannt. Allerdings wird sie in der westdeutschen Gesellschaft erst

---

[32] Im Falle der Milch gibt es für die Milchzuckerunverträglichkeit einen Enzymersatz, dessen therapeutischer Nutzen sehr beschränkt ist. Den meisten Betroffenen bleibt nur die Karenz von Milch und Milchprodukten.

[33] Eigentlich ist nicht das Gluten, sondern nur seine alkohollösliche Proteinfraktion, genannt Gliadin, der Auslöser der Erkrankung. Allgemein wird aber von Gluten gesprochen, sodass man sich am besten diesem Sprachgebrauch anschließt.

in den letzten 20 Jahren richtig wahrgenommen. In Großbritannien, im Osten unserer Republik, in Osteuropa und z. B. auch in der Türkei waren und sind Zöliakie und Sprue[34] als Krankheitsbilder weitaus geläufiger. Neuere Forschungen belegen, dass es verschiedene Formen unterschiedlichen Schweregrades gibt.[35] Dabei wird darüber spekuliert, ob ihre Häufigkeitszunahme auf verbesserte Diagnosemöglichkeiten zurückzuführen ist, was sich sicherlich nicht ausschließen lässt. Der entscheidende Punkt dürfte jedoch ein anderer sein: Ähnlich wie bei der Milch nehmen wir heute im Vergleich zu früher ein Vielfaches an glutenhaltigen Nahrungsmitteln zu uns. Denn während die pflanzliche Grundnahrung in anderen Erdteilen aus glutenfreien Pflanzen wie Mais, Kartoffeln, Hirse, Yamswurzeln, Maniok, Bananen und Reis bestand und noch besteht, wurden in Europa, Vorderasien und Nordafrika, schon seit es den Ackerbau gibt, auch glutenhaltige Nahrungsmittel wie Emmer (Urform des Weizens) und Dinkel gegessen, und zwar im Laufe der Zeit immer mehr. Aber auch bei uns hat man noch bis vor gut 100 Jahren sehr viel mehr glutenfreie Getreidesorten, wie Hirse, Hafer und Buchweizen[36], gegessen. Handelsüblicher Hafer ist heute glutenhaltig, da bei maschineller Bearbeitung Vermischungen durch glutenhaltige Getreidesorten stattfinden bzw. nicht ausgeschlossen werden können.[37] Weil speziell Hirse, aber auch Hafer, maschinell schwer zu ernten sind, baut man heute hauptsächlich glutenhaltige Getreidesorten wie Weizen, Roggen und Gerste an. Entsprechend hat sich der Geschmack geändert, man isst nun lieber Brot als Brei und Müsli. Hartweizen, der im Gegensatz zu Weichweizen besonders glutenhaltig ist, wird als Rohstoff für Nudeln immer beliebter. Zusätzlich wird Gluten wegen seiner Bindungsfähigkeit (Klebereiweiß) mittlerweile flächendeckend in der Nahrungsmittelindustrie für die Herstellung von Milchprodukten (Joghurt, Eis, Schokolade), Fertignahrung und als Ersatz für modifizierte Stärken eingesetzt, um nur einige Bereiche zu nennen. Früher hatten Menschen, die glutenhaltige Ge-

---

34 Ältere Bezeichnung der Erkrankung, wenn sie erst im Erwachsenenalter auftritt.

35 Prof. Dr. med. Wolfgang Caspary in: Deutsches Ärzteblatt vom 7. Dez. 2001, S. A 3282 ff.; eine amerikanisch-italienische Gemeinschaftsarbeit zu Zöliakie: Fasano und Catassi in: Gastroenterology, 2001, 120, S. 636-651.

36 Buchweizen ist botanisch gesehen keine Getreideart, wird jedoch im täglichen Leben wie Getreide genutzt.

37 In der Wissenschaft wird noch immer gestritten, ob das dem Gluten des Weizens entsprechende Eiweiß des Hafers, das Avenin, Zöliakie auslöst.

treidesorten schlecht vertrugen, keine oder nur geringe Gesundheitsbe-einträchtigungen, weil sie mit diesen Getreidearten auch kaum oder gar nicht in Berührung gekommen sind; Hirse war – insofern glücklicherwei-se – eine gängige Speise der Armen und diese ist glutenfrei. Weizen ist heute besonders glutenhaltig, da der Weizenpreis sich u. a. nach dem Glutengehalt richtet, was zur Zuchtauswahl von noch glutenhaltigeren Weizensorten geführt hat. Außerdem ist kaum mehr bekannt, dass durch die alte Brotbacktechnik der langsamen Sauerteiggärung das Gluten im Roggen oder Weizen zum Verschwinden gebracht wurde.[38] Im Gegensatz dazu wird Brot heute überwiegend mit Hefe gebacken, die das Gluten im Getreide nicht umwandelt. Und unser modernes Sauerteigbrot, das im Schnellverfahren und mit Zusätzen produziert wird, ist im Vergleich zu früher auch sehr glutenhaltig. So wird verständlich, dass in Zeiten, als hauptsächlich echtes Sauerteigbrot verzehrt wurde und Nudeln und Piz-za kaum bekannt waren, die Glutenunverträglichkeit keine große Rolle gespielt haben kann, wogegen heute die physiologische Nicht- oder Schlechtanpassung vieler Menschen an glutenhaltige Getreidearten voll zum Tragen kommt. Dies sind die Gründe, warum diverse Zöliakiefor-men nun immer häufiger auftreten.

Milch: Milcheiweiße und Milchzucker

Bei der Milch sind die unverträglichen Inhaltsstoffe verschiedene Milch-eiweiße und Milchzucker (Laktose). Es gilt bei Milcheiweißallergien und Milchunverträglichkeiten Ähnliches wie bei Getreide: Erst durch die un-geheure Zunahme des Milchverbrauchs treten Krankheiten in Erschei-nung, die es in Zeiten ohne oder mit geringem Milchkonsum nicht oder nicht in der Schärfe gegeben hat. Hinzu kommt, dass der ursächliche Zu-sammenhang zwischen Milchgenuss und Beschwerden heute ähnlich ver-wischt ist wie bei der Glutenunverträglichkeit. Denn bei Zöliakie entwi-ckeln sich die Darmschäden nur allmählich über lange Zeiträume. Für Betroffene und Ärzte ist der Zusammenhang zwischen körperlicher Symptomatik und den genossenen Nahrungsmitteln nicht offensichtlich und so verhält es sich auch bei der Milch.

Nur in früheren Zeiten, als die Essgewohnheiten diesbezüglich noch an-ders waren, war die Milch leicht als unverträglich zu identifizieren, da sie meist kurze Zeit nach dem Milchgenuss Darmkrämpfe und Durchfälle auslöste. Dies ist heute durch die technologische Bearbeitung von Milch-

---

[38] Di Cagno u. a. in: Applied And Environmental Microbiology, 2002, Feb., S. 623-633.

produkten nicht mehr ohne weiteres möglich. Durch Kühlung, Pasteurisierung und Homogenisierung werden Milchfett und Eiweiße so beeinträchtigt, dass die Technologen die behandelten Milchprodukte als besser verdaulich anpreisen können. Sie sind es in der Tat, aber sie sind deshalb nicht gesünder, sogar das Gegenteil ist der Fall. Denn Magen und Darm rebellieren nicht mehr, sondern verdauen, was sie vor hundert Jahren noch direkt mit Übelkeit und Durchfällen geahndet haben. Die Verwendung von Milchzucker und Milcheiweißen in kleinen und kleinsten Dosen in der Lebensmittelindustrie, in Brot, Backwaren, Wurst, Schinken, Soßen, an Gemüse und Obst, in Fertignahrung, Tiefkühlkost und Medikamenten, zusätzlich zu den genossenen Milchprodukten, summiert sich heute zu dauernden Darmbeschwerden und/oder Allergien mit allerlei Folgeerscheinungen, ohne dass der direkte Nahrungsmittelbezug offensichtlich wäre. Die Milch ist heute, ähnlich wie das Gluten, ein nahezu überall versteckter leiser Krankmacher geworden, den die Betroffenen nicht mehr ohne weiteres als solchen ausmachen können. Diese Entwicklung ist fatal, gerade weil weit mehr Menschen von Unverträglichkeitsreaktionen auf Milchinhaltsstoffe betroffen sind, als gemeinhin angenommen.

6 Laktase

Kleines Enzym mit großer Wirkung

Milch besteht aus Wasser, Milchzucker, Fett, Eiweißen, Mineralstoffen und Hormonen. Um den Milchzucker, also den Kohlenhydratanteil der Milch, verdauen zu können, bedarf es bei Mensch und Tier eines Enzyms namens Laktase, auch als β-Galaktosidase bezeichnet. Diese Laktase wird im Dünndarm gebildet, und zwar in den Mukosazellen des Bürstensaumes. Sie spaltet Laktose (Milchzucker), einen Zweifachzucker/Disaccharid in die Einfachzucker/Monosaccharide Glukose (Traubenzucker) und Galaktose (Schleimzucker), jeweils zu gleichen Teilen. Erst dann können die entstandenen Monosaccharide durch die Dünndarmwände in das Blut transportiert werden, wo die Glukose dem Körper als Energiequelle dient. Die Galaktose wird erst über die Leber weiter zu Glukose umgewandelt.

Bilden die Mukosazellen des Dünndarmes, aus welchen Gründen auch immer, keine Laktase, dann wird der Milchzucker enzymatisch nicht verdaut. Er gelangt nach der Dünndarmpassage ungespalten in den Dickdarm, wo er bakteriell aufgespalten wird. Das hat Gärprozesse im Dickdarm zur Folge. Die Gärung verursacht primär Blähungen, die mit Übelkeit, abdominalen Schmerzen, Durchfällen oder Obstipation und anderen Beschwerden verbunden sein können. Es werden unnatürlich hohe Mengen Gase – Kohlendioxid, Methan und Wasserstoff – abgesondert. Buttersäuren, Milchsäuren, Essigsäuren, kurzkettige Fettsäuren, Ammoniak und Stoffwechselgifte vermehren sich stark. Der osmotische Druck steigt, was wiederum zu Wasseransammlungen führt, die Durchfälle verursachen. Häufig treten aber auch Reaktionen auf, die Obstipation zur Folge haben. Die Symptomatik ist vielfältig und keinesfalls einheitlich.

Werden trotz Laktasemangels über Jahre oder Jahrzehnte täglich Milch und laktosehaltige Nahrungsmittel verzehrt, sind auf Dauer gravierende gesundheitliche Beeinträchtigungen zu verzeichnen. Es kann sich um zusätzliche Nahrungsmittelunverträglichkeiten und -allergien[1], Stoffwech-

---

1 Eine gute Zusammenstellung verschiedener Nahrungsmittelunverträglichkeiten und ihrer Beziehung zueinander bieten Ledochowski, Widner, Fuchs, Universitätsklinik Innsbruck in: Journal für Ernährungsmedizin 3/2000, S. 10 ff.; zur Diagnostik bei Nahrungsmittelallergien: Raithel, Hahn, Kalden, Universität Erlangen-Nürnberg in: Deutsches Ärzteblatt, 2002, 99, S. A780-786; Tüttenberg, Nahrungsmittelallergien erkennen und behandeln.

selstörungen, wie chronischer Kalziummangel, der wiederum an der Entstehung von Osteoporose beteiligt ist, Schädigungen der Darmschleimhäute, Nierensteine, Herz-Kreislauf-Erkrankungen und viele andere Beeinträchtigungen mehr handeln. Die langfristigen Auswirkungen sind wissenschaftlich kaum erforscht und deshalb auch weitgehend unbekannt. Das erscheint bemerkenswert angesichts der Tatsache, dass wir heutzutage massenhaft milchzuckerhaltige Produkte verzehren und Milchzucker in immer mehr Nahrungsmittel eingeschleust wird.

Laktasebildungsfähigkeit

Milchzucker kommt in der Natur nur in der Muttermilch von Säugetieren vor. Entsprechend wird das Enzym Laktase nur für die Säuglings- und Kleinkindernährungsphase gebildet, da Milch ursprünglich und natürlicherweise auch nur für diesen Zweck da ist. Weil außerdem kein anderes Nahrungsmittel Milchzucker enthält, besteht für sein Verdauungsenzym bei ausgewachsenen Tieren und erwachsenen Menschen keine physiologische Notwendigkeit. Demzufolge sind wir Menschen wie alle Säugetiere ursprünglich keine Laktasebildner im Erwachsenenalter.

Bis vor wenigen tausend Jahren haben erwachsene Menschen weltweit überhaupt keine Laktase in ihrem Dünndarm gebildet. Deshalb konnte der homo sapiens bis dahin Milch und Milchprodukte nicht verdauen. Erst mit der Domestizierung von Haus- und Herdentieren, die in manchen Gegenden etwa ab 5000 v. Chr. gemolken wurden, entwickelte sich die Fähigkeit noch bis in das Erwachsenenalter Laktase zu bilden. Damit konnten Milchprodukte verzehrt werden ohne zu erkranken. Das traf hauptsächlich auf nordeuropäische Menschen zu, also Menschen weißer Hautfarbe.

Die Fähigkeit, das Verdauungsenzym zu bilden, beruht in Europa auf einer Genmutation, die wahrscheinlich bei Völkern, die zwischen Ural und Wolga siedelten, entstanden ist.[2] Sie ist eine menschheitsgeschichtlich sehr junge Erscheinung, die vermutlich erst zwischen 4600 und 2800 v. Chr. entstanden ist und die auch nur beim Menschen auftritt. Sie ist dominant vererbbar, im Gegensatz zum Laktasemangel, der rezessiv vererbt wird. Wäre die Genmutation schon lange in unserem Genpool

---

[2] Peltonen u.a. in: Nature Genetics, 2002, Feb., 30(2), S. 233 ff.; Bersaglieri u.a. in: American Journal Of Human Genetics, 2004, Apr., 74(6), S. 1111-1120; Kaiser in: American Society of Human Genetics meeting, Science, 2004, Nov. 19, 306(5700), S. 1284-1285.

vorhanden, müsste die Laktasedominanz weitaus verbreiteter sein, als sie tatsächlich ist. Die neueste paleogenetische Studie mit DNA-Skelett-untersuchungen von Nord-und Mitteleuropäern, die vor 5500 v. Chr. lebten, zeigt, dass diese sämtlich noch keine Mutanten waren. Mit anderen Worten, diese unsere Vorfahren müssen sämtlich laktoseintolerant gewesen sein. Ein Ergebnis, das die Fachwelt, wie die Öffentlichkeit im März 2007 in Erstaunen versetzte.[3]

Auch bei einigen afrikanischen Völkern sind Genmutationen, die für die Laktasebildung verantwortlich sind, entdeckt worden. Die in Ostafrika festgestellten drei Mutationen haben sich nach neuesten Erkenntnissen unabhängig voneinander zwischen 4800 und 700 v. Chr. entwickelt, betreffen unterschiedliche Genabschnitte und unterscheiden sich von der europäischen Genvariante. Deshalb muss die bisherige Vorstellung, dass die europäische Mutation die einzige weltweit sei, fallen gelassen werden.

Nach der Ostafrika-Studie ist davon auszugehen, dass mit dem Aufkommen der Viehzucht, wenn in ihrer Folge die Nutzung von Milch üblich geworden ist, sich jeweils unabhängig voneinander Genmutationen durchgesetzt haben, die zu dem selektiven Vorteil führten, Milch in den Nahrungspool mit einbeziehen zu können, ohne gesundheitlichen Schaden davon zu tragen.[4] Offensichtlich hatte jedoch die Milchnutzung unter den ostafrikanischen Lebensbedingungen einen geringeren selektiven Vorteil als dies in Nordeuropa der Fall war. Denn während sich in Afrika die Mutationen kaum verbreitet haben, übertrug sich die europäische Variante auf viele verschiedene Völker, die sich geographisch stark ausbreiteten. Die europäische Genmutation hat sich mit der Auswanderung der Menschen weißer Hautfarbe mittlerweile überall auf der Welt festgesetzt.

---

3 Burger u. a. in: Proceedings of the National Academy of Science USA, 2007, Mar. 6, 104(10), S. 3736-3741.

4 Tishkoff u.a. in: Nature Genetics, 2007, Jan., 39(1), S. 31-40 und Ingram u.a. in: Human Genetics, 2007, Feb., 120(6), S. 779-788; Wade in: The New York Times, Dec. 10, 2006.

Laktasemangel

Formen

Bei der Unfähigkeit Laktase zu bilden werden drei Formen unterschieden:[5]
Der *kongenitale* Laktasemangel bezeichnet die angeborene Unfähigkeit Laktase zu bilden und ist eine äußerst seltene Erscheinung, die in der Regel zum Tod führt, wenn sie nicht erkannt wird.
Der *sekundäre* Laktasemangel beruht entweder auf einer Erkrankung des Dünndarms, z. B. Enteritis, Colitis, Morbus Crohn und Zöliakie/Sprue, bakterielles Overgrow-Syndrom oder auf schwerer Unterernährung. Sie ist unter Umständen reversibel, sofern die Grunderkrankung geheilt werden kann.
Der im Laufe des Lebens auftretende irreversible Laktasemangel aufgrund genetischer Disposition ist die dritte und häufigste Erscheinungsform des Laktasemangels, häufig auch als *primärer* Laktasemangel bezeichnet. Die dabei zu verzeichnende Abnahme oder der völlige Verlust der Laktasebildungsfähigkeit ist ein völlig normaler physiologischer Vorgang und eigentlich keine Krankheit. Er ist grundsätzlich auch nicht auf Umwelteinflüsse, wie Ernährung, psychische Faktoren oder Stress etc., zurückzuführen, sondern auf genetische Prägung. Mittlerweile sind die Gene, die für die Beibehaltung der Laktaseproduktion verantwortlich sind, bekannt. Man kann jedoch noch nicht vorausschauend angeben, wann bei jedem einzelnen Individuum die Laktasetätigkeit eingestellt wird bzw. sich vermindert.

Laktasemangel weltweit

Schätzungsweise achtzig Prozent der Menschheit bilden als Erwachsene das Enzym Laktase nicht mehr und werden als laktoseintolerant (=milchzuckerunverträglich), als Hypolaktasier oder Alaktasier bezeichnet.[6] Auch in den weißen Ethnien nordeuropäischer Herkunft ist der Laktasemangel noch immer in beträchtlichem Umfang vorhanden. Die Mehrheit dort gehört jedoch zu den Laktasebildnern. Man nennt sie auch Laktasier. Ihre weißen Verwandten in Übersee, weiße Nordamerikaner, Süd-

---

5 Je nach Autor wird auch anders unterschieden, die mittlerweile am häufigsten zu findende Einteilung der Ursachen für einen Laktasemangel wird hier vorgestellt.

6 Die treffendste Veröffentlichung in deutscher Sprache zur Laktoseintoleranz, stammt von Ledochowski, Bair und Fuchs im österreichischen Journal für Ernährungsmedizin, Nr. 1 aus 2003, S. 7-14.

afrikaner, Australier und Neuseeländer sind ebenfalls überwiegend Laktasier. Innerhalb Europas zeigt sich ein Nord-Süd- und ein West-Ost-Gefälle. In der dänischen und schwedischen Bevölkerung sollen nur etwa drei Prozent der Menschen laktoseintolerant sein, bei Holländern sind es 10 %, bei den Deutschen 15, bei den Finnen 18, Österreichern 20, Polen 25, Russen 35, Franzosen 30, Norditalienern 30, Süditalienern 60 bis 70 und bei den Griechen 70 %. Die Zahlen beruhen alle auf Schätzungen. Es gibt keine Untersuchungen mit wirklich repräsentativen Erhebungen.[7] Als sicher gilt nur, dass die Alaktasie/Laktoseintoleranz in Nordeuropa gering verbreitet ist und nach Süden hin zunimmt. Dasselbe gilt für Osteuropa: Je weiter man nach Osten schaut, desto höher ist die Rate an Milchzuckerunverträglichkeit.[8] Für die anderen Kontinente gilt: Die Bevölkerung Asiens, australische und neuseeländische Ureinwohner, nord- und südamerikanische Ureinwohner, Grönlandeskimos und Afrikaner sind zu 90 bis 100 % Alaktasier. Für Afrika werden nur einzelne ethnische Gruppen als Laktasebildner angegeben, z. B. die Tutsi in Ruanda und Völker im Nigerdelta, z. B. die Fulani und Hima.[9] Für Indien gelten im Punjab Raten von 30 %, im restlichen Land 60 bis 80 % Alaktasie/Laktoseintoleranz. Bei Arabern sind es um die 80 %, wobei Hamiten eine

---

[7] Eine differenzierte Übersicht, aber nicht repräsentativ, bieten Elmadfa/Leitzmann, Ernährung des Menschen, S. 441-445; siehe auch Kasper, Ernährungsmedizin und Diätetik, S. 147.

[8] Die slawischen Sprachen hatten ursprünglich kein Wort für Milch. Moloko, mleko, mloko sind aus dem deutschen entlehnte Wörter, siehe Grimms Wörterbuch, Milch.

[9] Die kenianischen Massai werden häufig als Laktasebildner genannt, was zweifelhaft ist. Elmadfa/Leitzmann, S. 13, berichten zwar, dass die Hauptnahrung der Massai aus Kuhmilch und ergänzend aus Rinderblut bestehe. Das aber ist eine Ausländern und Touristen liebevoll präsentierte Geschichte zur Imagesteigerung. Tatsächlich leben die Hirten-Nomaden des Massaivolkes als Halbnomaden, genau wie alle anderen auch, und ernähren sich hauptsächlich von getauschtem Getreide, sonstigen gesammelten pflanzlichen Nahrungsmitteln und Fleisch. Lediglich die jungen Krieger ernähren sich während einer kurzen Phase ihrer Initiation abseits der Stammesgemeinschaft unter anderem von Milch/Sauermilch. Die Hauptnahrung keines noch so abgelegenen Stammes besteht aus Flüssigkeiten. Die Massai gehören außerdem zu der größeren Volksgruppe der Neloten, die ihrerseits Alaktasier sind. Im Übrigen gibt es andere Autoren, die die Massai nicht als Milchtrinker, sondern als Sauermilchverzehrer kennen gelernt haben, was bezüglich der Milchzuckerunverträglichkeit ein entscheidender Unterschied ist (siehe Klupsch, S. 26).

Ausnahme bilden und angeblich nur zu 10 % laktoseintolerant sind. Türken und Iraner weisen eine Rate von etwa 70 % Alaktasie/Laktoseintoleranz auf.

Die Prozentzahlen bedeuten für Deutschland: Es gibt etwa zehn Millionen Alaktasier in der deutschen Bevölkerung und zwei bis drei Millionen in der Bevölkerung ausländischer Herkunft; hier wurde vorsichtig nur von 30 % Alaktasiern ausgegangen, obwohl die meisten Ausländer aus südlichen Ländern kommen. Tatsächlich dürften also etwa 12 bis 13 Millionen Alaktasier in Deutschland leben, von denen ungefähr ein Viertel aus dem Ausland stammt.

Problematischer Milch- und Milchprodukteverzehr

Asiaten, Afrikaner, indigene Bevölkerung

In asiatischen und afrikanischen Gesellschaften ist ein Leben ohne Milch aufgrund der Unverdaulichkeit derselben die Regel und insofern unproblematisch. Dort ernährt man sich in traditionellen Milieus fast ausschließlich von anderen Nahrungsmitteln; also haben diese Gesellschaften auch nur eine geringe Milchproduktion. In Schwarzafrika z. B. wird auch heute noch überwiegend Butter bzw. Butterfett aus der Milch hergestellt. Noch nicht einmal als Sauermilch wird sie von der Mehrzahl der Menschen verzehrt, denn schon Kinder wissen, dass man davon Bauchkrämpfe bekommen kann. Man überlässt die Sauermilch gerne Europäern und verzichtet ohne Reue.

In Südasien – Indien und Pakistan, aber auch in Südchina – stammt Milch nicht nur von Kühen, sondern auch von Büffeln. In Indien ist sogar mehr als die Hälfte der erzeugten Milch Büffelmilch. Auch hier hat Milch traditionell den Charakter einer Ernährungsbeilage und ist kein regelmäßiger Ernährungsbestandteil für Erwachsene. In den Oberschichten ändert sich das derzeit rapide, hin zu westlichem Milchkonsumverhalten. Mangels Kühlmöglichkeiten wird sie in der Regel als Sauermilch, die meist als Joghurt bezeichnet wird, und in Form von Butter verzehrt. Bei traditioneller Herstellung enthalten Joghurt und Butter keine oder sehr geringe Mengen Milchzucker, sodass sie von einer vorwiegend laktoseintoleranten Bevölkerung vertragen werden können. Trotz einer erheblichen Ausweitung der Milchproduktion in den letzten Jahrzehnten reicht ihr Verzehr in Indien bei weitem nicht an die Mengen heran, die in den westlichen Industrieländern verspeist werden. Für die tägliche Grundernährung von Erwachsenen sind Milch und Milchprodukte traditionell weder in Asien noch in Afrika, Lateinamerika, Ozeanien und für die indigene Bevölkerung der USA, Australiens und Neuseelands relevant. Die meisten Asiaten und Afrikaner wissen, dass sie von Milchprodukten krank werden, viele indigene Populationen wissen es nicht. Weil ihre ursprüngliche Lebensweise zerstört ist, müssen sie sich in westlichen Ländern (USA, Australien, Neuseeland) genauso wie die europäischen Einwanderer ernähren. Durch die für sie von Kindesbeinen an falsche, inadäquate Ernährung werden sie krank, sind dadurch deutlich weniger leistungsfähig und auch aus diesem Grund mit sozialen Folgen belastet, z. B. mit hoher Arbeitslosigkeit. Neben selbstverständlich noch anderen Aspekten ist das Ernährungsproblem ein entscheidendes, das einem Kreislauf sozialer Isolation und gegenseitiger rassistischer Vorwürfe Nahrung gibt. Am Ende einer Kette von Fehlentwicklungen überlassen die weißen Regierungen die eingeborene Bevölkerung ihrem Schicksal, versorgen sie zu allem Unglück auch noch mit den weißen, milcheiweiß- und milchzuckerhaltigen industriellen Nahrungsmitteln und behaupten, ihnen damit Gutes getan zu haben.

In Abständen wird dieses Problem in den Medien aufgegriffen.[10] Es ist bekannt, dass westliche Nahrung viele Krankheiten indigener Bevölkerungen verursacht, jedoch werden die Bestandteile westlicher Nahrung nicht benannt, die die Übeltäter sind. Diesbezüglich sind die Pima-Indianer aus Arizona in den USA die wohl wissenschaftlich am besten erforschte Bevölkerungsgruppe. Sie haben erst seit etwa 30 Jahren ihre Nahrungsgewohnheiten von traditionell auf amerikanisch umgestellt. Vorher waren sie ein gesundes und schlankes Volk, während heute jeder zweite an Diabetes und Fettleibigkeit leidet. Angeblich weiß man nicht warum und sucht jetzt das Gen, das diese Krankheiten verursacht. Dass Mediziner und andere Wissenschaftler, aber auch Politiker noch nicht auf den naheliegenden Gedanken gekommen sein sollen, dass Nahrungsmittel und speziell die im Überfluss angebotenen unverdaulichen Milchprodukte neben Coca Cola und Co an der gesundheitlichen und in der Folge sozialen Verelendung vieler indigener Völker schuld sein könnten, zeigt in voller Schärfe, mit welch beharrlicher Ignoranz dem Problem unterschiedlicher Nahrungsverträglichkeit begegnet wird.

---

[10] Bezüglich der Aborigines, siehe z. B. FR vom 3. Juli 2001; Pima-Indianer z. B. VOX-TV am 3. Sept. 2001 und Ravussin u. a. in: Diabetes Care, 1994, Sep. 17(9), S. 1067-1974 und Williams u. a. in: Diabetes Care, 2001, May, 24(5), S. 811-816.

Diesbezüglich haben es Afrikaner vergleichsweise leichter. Ihren Regierungen und mittlerweile auch vielen Hilfsorganisationen ist das Problem bekannt. Sie tauschen die gutgemeinten Schokoladelieferungen und sonstigen 'ungenießbaren' Lebensmittel nach Möglichkeit aus. Wenn das nicht geht, vergammeln die Lieferungen in Lagerhäusern oder werden auf dem so genannten Weltmarkt verkauft. Erfahren europäische und amerikanische Journalisten davon, ist der internationale Blätterwald meist voll von Korruptionsvorwürfen. Man setzt sich nur ungern mit der eigentlich einsichtigen Wahrheit auseinander, dass armen und hungernden Menschen nicht mit nonchalanter Selbstverständlichkeit westliche, verarbeitete Nahrungsmittel angeboten werden können, die diese Menschen krank und noch kränker machen. Es gehört zum guten Ton, etwas dorthin geschickt zu haben, auch wenn oder gerade weil es unsere Überschussproduktion ist. Wenn es nicht angenommen wird, dann darf sich der Europäer oder Amerikaner doch wohl erregen? Diese Verhältnisse sind der Nährboden, auf dem die beiderseitigen Vorurteile wachsen: Die Afrikaner empören sich, dass die Westler mal wieder ihren Abfall – siehe das zusätzliche Problem abgelaufener Verfallsdaten auf Packungen und neuerdings gentechnisch verändertes Getreide – losgeworden sind, den ihre Leute nun essen sollen. Das wird als Zumutung empfunden. Der Westen denkt jedoch in selbstgefälligeren Kategorien und stört sich an der Undankbarkeit der Beschenkten. Von globalem Denken – in einer utopisch-positiven Wortbedeutung – sind die Beteiligten meilenweit entfernt.

Laktasemangel – auch ein Problem der Weißen

In Europa und Nordamerika wird die Laktoseintoleranz für die weiße Bevölkerung zunehmend zum Problem. Denn hier ernährt man sich – milieuabhängig – mittlerweile zu 30 bis 50 % von Milch und Milchprodukten, die als Grundnahrungsmittel gelten. Angesichts der Tatsache, dass ein großer Teil der weißen Bevölkerung das Enzym Laktase produziert, könnte diese Ernährung auf den ersten Blick auch für richtig gehalten werden. Die Rechnung geht jedoch nicht auf: Zum einen ist der Inhalt von Milchprodukten heute ein anderer als noch vor fünfzig Jahren und lässt gesundheitliche Probleme entstehen. Zum anderen gibt es einen nicht unerheblichen Anteil Alaktasier in der Bevölkerung, je nach Region etwa 10 bis 70 %. Hinzu kommt, dass die Laktaseaktivität der weißen Bevölkerung inhomogen ist, das heißt, je nach Individuum in einem anderen Lebensalter eingestellt wird. Dieser Prozess dauert so lange an, bis schließlich in einem Alter ab etwa 65 Jahren auch bei der weißen Bevöl-kerung vermutlich zu über 50 % eine niedrige oder keine Laktaseaktivität mehr zu verzeichnen ist.[11] Auch in hiesigen Breiten befinden sich die Menschen im Laufe ihres Lebens auf dem Weg vom Laktasier zum Alak-tasier und parallel dazu befinden sie sich auf dem Weg einer schleichen-den, immer größer werdenden gesundheitlichen Beeinträchtigung, so-fern sie Milchprodukte zu sich nehmen.

Unkenntnis?

Auf höchster politischer Ebene wird verstanden, dass Milch, Milchzu-cker und industriell verarbeitete Lebensmittel für Menschen, die sich traditionell milchfrei und zusatzstofffrei ernähren, ein gesundheitliches Problem darstellen können. Eindrucksvoll wurde dies am Inhalt der Carepakete demonstriert, die ab dem 7. Oktober 2001 über Afghanistan abgeworfen worden waren. Unabhängig von der Fragwürdigkeit dieses Handelns, kann festgehalten werden: Sie enthielten kein Milchpulver, trotz vorhandener großer Milchpulverüberschüsse in den USA, dafür aber solide, geeignete Nahrung wie Reis und Bohnen. Sogar die ein paar Tage später abgeworfenen amerikanischen Menüs enthielten keine Milchprodukte, sofern die Aufzählung ihres Inhalts in den Zeitungen vollständig war.[12] Offensichtlich wird dieses Problem berücksichtigt, wenn angesichts existenzieller Bedrohungen auf nonverbale Kommunika-tion zwischen den Völkern zurückgegriffen wird. Denn einer feindlich ge-sinnten Bevölkerung, die freundlich gestimmt werden soll, kann man kei-ne Nahrungsmittel anbieten, die sie krank machen würden und die deshalb sofort zu der Vermutung Anlass geben könnten, dass sogar Nah-rungsmittel als Waffen eingesetzt würden.[13]

Aus diesen offensichtlich vorhandenen Kenntnissen werden aber keine Konsequenzen für die eigene Bevölkerung gezogen, wie US-Schulspei-

---

11 Leider können mangels repräsentativer Statistiken keine genauen Angaben gemacht werden. Nach Auskünften von Menschen, die im Medizinbereich tä-tig sind, sind 50 % in der Altersklasse ab 65 eher niedrig geschätzt. Siehe auch Schleip, Laktoseintoleranz, der davon ausgeht, dass in Deutschland 60-Jährige schon zu über 90 % Alaktasier sind.
12 Vgl. z. B. die FAZ vom 9. und 11. Okt. 2001.
13 Die diplomatischen Verwerfungen, die es aufgrund von Milchpulverlieferun-gen an Länder mit einer überwiegend laktoseintoleranten Bevölkerung schon gegeben hat, schildert Marvin Harris in seinem Buch: Wohlgeschmack und Widerwillen, Die Rätsel der Nahrungstabus, S. 138 ff.

sungsprogramme für Arme, also vor allem hispanische und schwarze Schulkinder zeigen, die voller billiger Milchprodukte sind. Unter gesundheitlichen Aspekten ist dies nicht nachvollziehbar. Neben Ignoranz können ebenso wirtschaftliche Interessen vermutet werden. Was auch immer die Gründe sind, lange wird dem Problem, das sich auch in den Milchländern immer drängender stellt, nicht mehr ausgewichen werden können, denn es belastet unter anderem die Gesundheitsbudgets, wenn als Folge beispielsweise eine Generation von adipösen und insulinabhängigen Kindern heranwächst. Extrem betroffen von der Laktoseintoleranz-Problematik sind sowohl in den USA wie in Westeuropa die mittlerweile beträchtliche Anzahl Einwanderer aus südlichen Ländern, in geringerem Umfang auch Asiaten. Denn Letztere verzehren bekanntlich überall auf der Welt ihre eigenen Nahrungsmittel, was sehr einsichtige Gründe hat, denn westliche Lebensmittel werden von ihnen hauptsächlich wegen der enthaltenen offenen oder versteckten Milchprodukte nicht vertragen. Ernähren sie sich trotzdem nach westlichen Gepflogenheiten, geht es ihnen schlecht: Sie werden krank und wundern sich, dass es ihnen während eines Heimataufenthalts allmählich wieder besser geht. Ähnliche Erfahrungen machen die in Europa lebenden Türken, Araber, Afrikaner, Pakistani, Inder und Osteuropäer, die aufgrund ihrer sozialen Lage meist auf die billigen Milchprodukte zurückgreifen oder angewiesen sind. Viele fühlen sich dauernd krank und sind es, auch ohne den Grund zu kennen. Sie wissen zwar häufig, dass Milch für sie ungesund ist, und lassen die Trinkmilch dann auch meistens weg. Dass dies nicht ausreicht, wissen sie jedoch oft nicht. Denn es gibt weder in der westlichen noch in der östlichen und südlichen Hemisphäre ein allgemeines Wissen darüber, dass nicht die Milch an sich, sondern der in ihr enthaltene Milchzucker die Nahrungsmittelunverträglichkeit auslöst, und damit eine viel größere Palette von Lebensmitteln als vermutet unverträglich ist. Denn Milchzucker ist generell in allen Milchprodukten und versteckt in vielen anderen industriell hergestellten Lebensmitteln enthalten. Welche Völker Laktasebildner sind und welche nicht und welche Konsequenzen sich daraus für die Ernährung ergeben, scheint mehrheitlich unbekannt zu sein.

Weiße Europäer und Amerikaner sind einmal mehr vergleichsweise gut dran: Besuchen sie südliche Länder, dann verursacht ihnen der mangelnde Milchproduktekonsum keine gesundheitlichen Probleme. Meist kehren sie erholt zurück, ohne zu bemerken, dass nicht nur die Urlaubserlebnisse, sondern auch die zwangsläufige Abstinenz von Käse, Joghurt und Co für das Wohlbefinden verantwortlich sind. Nur umgekehrt wird ein Schuh daraus. Denn die überwiegende Zahl der Menschen aus südlichen Ländern und Asien müssten Milchprodukte während eines Aufenthaltes in Europa, in den USA, Australien oder Neuseeland generell meiden, obwohl diese dort zu den Grundnahrungsmitteln gehören und auch billig sind. Wie aber bereits gesagt, wissen die wenigsten Einwanderer um das eigentliche Problem der versteckten Milchzuckerzusätze. Die weltweit allgemeine Unwissenheit ist erstaunlich und zeigt, wie weit wir von echtem globalem Denken noch entfernt sind. Denn Essen und Nahrungsmittel sind elementar. In einer Welt, in der es Migrationsbewegungen nicht nur über Ländergrenzen, sondern über Kontinente hinweg gibt, sind neben gravierenden kulturellen auch elementare gesundheitliche Differenzen zu berücksichtigen und dazu gehört die Verträglichkeit von Nahrungsmitteln. Es würde den westlichen Milchgesellschaften gut anstehen, das Problem als solches zu benennen und entsprechend zu handeln. Denn neben den Einwanderern ist auch die eigene Bevölkerung tangiert. Eine weltoffene, globale und den nationalen Gesundheitsbudgets kostenersparende Politik müsste die Betroffenen aufklären und den Bestrebungen der Industrie kritisch gegenüber stehen, unsere Milchkonsumstandards nach Asien, Afrika und Südamerika zu exportieren. Die Anerkennung unserer weltweit unterschiedlichen Befindlichkeiten in diesem grundsätzlichen Punkt wäre ein Stück sinnvoller Globalisierung. Genau das Gegenteil geschieht derzeit:

Globalisierung des Milchkonsums

Der westliche Standard des Milchproduktekonsums soll – so der Traum internationaler Unternehmensberater und der Milchindustrie, aber auch einiger politischer Eliten in Entwicklungsländern – auf sämtliche „Milch-Defizit-Regionen" ausgedehnt werden. Das heißt nichts anderes, als dass Milchproduktion und -konsum vehement globalisiert werden. Als Milch-Defizit-Regionen sind alle Länder definiert, die einen beträchtlich niedrigeren Milchkonsum als die Milchländer aufweisen. Das sind Süd- und Mittelamerika, die asiatisch-pazifische Region, Indien, Afrika, Arabien aber auch Osteuropa, also alle Regionen, in denen der überwiegende oder ein großer Teil der Bevölkerung alaktasisch ist und daher Milchkonsum aus gesundheitlichen Gründen bisher nur eine untergeordnete Rolle in der Ernährung gespielt hat. Das Problem der Laktoseintoleranz wird von den Globalisierern dabei gerne ausgeblendet, die Floskel von „kulturellen" Differenzen, die es auszugleichen gelte, wird zur Umschreibung bemüht. Dass sich diese kulturellen Differenzen aufgrund eines handfesten gesundheitlich-medizinischen Problems entwickelt haben, wird damit hartnäckig ignoriert.

Anhand von Statistiken ist die bisher schon erfolgte Globalisierung des Milchkonsums wie auch das scheinbar noch enorme Entwicklungspotenzial abzulesen.

Milchproduktion in kg pro Kopf[14]

Jahr	China	Japan	Indien	Brasilien	Argentinien	USA	Deutschland
1950			46 *				292 W
1970			38 *	52 *			364 W
1980	1 *		41 *	67 *			405 W
1990	3	66	31	96	198	270	354
1995	5	66	34	99	251	268	346
2000	6	66	76	135	250	278	348
2005	18	64	80	134	259	272	345

*Schätzungen

Das internationale Milch-Business hat insbesondere den asiatisch-pazifischen und den lateinamerikanischen Markt entdeckt. Die Statements der Verbände, Milchproduktefabrikanten, Maschinen- und Anlagenbauer vermitteln den Eindruck, als sei das neue Eldorado entdeckt worden. Die trotz teilweiser Industrialisierung noch immer äußerst niedrigen jährlichen Milch-Produktions- und Verbrauchszahlen um das Jahr 2000 pro Kopf in Vietnam (1 kg), Malaysia (1,3 kg), Indonesien (5 kg) und China (6 kg, etwa 20 kg in Städten mit westlichen Konsummustern, etwa 2 kg in anderen Städten und auf dem Land gegen 0 kg), in Thailand (10 kg), Indien (76 kg) und Brasilien (135 kg) erheblich mehr, aber immer noch weit unter dem Konsum westlicher Industrieländer, wie der EU mit 326 kg, lassen glänzende Geschäfte erwarten. Indien kommt eine besondere Bedeutung zu, da hier eine kleinbäuerliche Milchproduktionsinfrastruktur vorhanden ist, auf deren Grundlage sich Melktechnik und Molkereianla-

---

[14] Gerundete Zahlen berechnet nach Rabobank International, ZMP-Marktbilanz Milch, verschiedene Jahrgänge, FAOSTAT.

gen leichter verkaufen lassen. In anderen asiatischen Ländern muss eine nennenswerte heimische Milchproduktion erst aufgebaut werden. Daher rückt zusätzlich zum Anlagenbau das Exportpotenzial der asiatisch-pazifischen Regionen für haltbare Milchprodukte wie Milchpulver und Käse ins Blickfeld. Wenn China seine Milchproduktion mit jährlichen Zuwachsraten von 15% steigern will und der chinesische Premier Wen Jiabao in Martin-Luther-King-Manier davon spricht, dass er einen Traum habe, einen Traum, dass sich jeder Chinese täglich 500 g Milch leisten können sollte,[15] dann ist klar, wohin die Reise geht. Ohne weiteres westliches Know-how, Produktionsanlagen und kontinuierlichen Importen von Milchpulver ist diese Steigerung aus eigener Kraft nicht möglich.

Die Geschäftsinteressen des internationalen Milch-Business decken sich offensichtlich mit denen der chinesischen Politik, so schnell wie möglich westliche Standards zu erreichen. Chinesische Politiker gedenken nämlich, das Längenwachstum ihrer Bevölkerung mittels Milchkonsums zu steigern. In China ist nicht unbemerkt geblieben, dass das Längenwachstum der japanischen Bevölkerung seit der Westöffnung nach dem zweiten Weltkrieg stetig angestiegen ist. Dies wird allgemein auf die dortige erhebliche Steigerung des Milchkonsums – Milch enthält Wachstumshormone – zurückgeführt. Entsprechende Studien werden in China mit Hilfe westlicher Milchwissenschaftler seit ein paar Jahren durchgeführt. Sie belegen, dass z. B. chinesische Kinder, denen Milchpulver verabreicht wurde, schneller wachsen und größer werden als Vergleichskinder, die kein Milchpulver erhielten.[16] In der allgemeinen Euphorie, mit dem Westen auch längenmässig gleichzuziehen, kommen in der chinesischen Presse Experten zu Wort, die täglichen Milchkonsum für Chinesen ein Leben lang fordern. Sie schrecken nicht davor zurück, ihren Landsleuten zu erklären, dass die Welthandelsorganisation den Lebensstandard eines Volkes an dem Pro-Kopf-Konsum von Milch messe.[17] Die einfache Botschaft lautet: höherer Milchkonsum = höherer Lebensstandard bzw. sozialer Aufstieg durch Milchkonsum. Diese offizielle Propaganda wird ab und zu von warnenden Stimmen unterbrochen, die die Problematik der Laktoseintoleranz nicht ausblenden wollen, aufgrund derer eine beträchtliche Steigerung des Milchkonsums über das bisher er-

---

[15] http://www.shanghaidaily.com/art/2006/04/25/265243/Glass_of_milk_a_day_ _makes_Premier_happy.htm

[16] British Journal of Nutrition, 2004, Jul., 92(1), S, 5-6 und Osteoporosis International, 2004, Aug., 15(8), S. 654-659.

[17] http://www.chinadaily.com.cn/bizchina/2006-08/26/content_674966.htm

reichte Niveau nicht zu erwarten sei. Bestätigt wird dies von Unternehmen, die an ihr Limit gestoßen sind und sich aus dem Chinageschäft wieder zurückziehen, weil sich der in den westlich orientierten Städten Chinas etablierte Milchproduktekonsum auf andere Regionen und die Landbevölkerung nicht übertragen lässt. Denn selbst chinesische Milchbauern trinken noch immer nicht ihre eigene Milch, sondern produzieren traditionell nur für die Städte. Die Milcheuphorie der letzten Jahre hat Milchpulvermengen ins Land gespült, die nicht mehr absetzbar sind. Die Milchpreise befinden sich im freien Fall. Auch werden die chinesischen Behörden langsam hellhörig, besonders wegen der sich häufenden Milchskandale, in denen Menschen zu Schaden kamen. Schließlich schickten die Chinesen im August 2006 amerikanisches Milchpulver wegen Überschreitens der zulässigen Nitratgehalte in die USA zurück. Eine Lappalie nur, aber eine deutliche Warnung, dass sich China nicht mehr als Weltmüllhalde für westliche Milchüberschüsse benutzen lassen will. Mittlerweile dürfte die Aufklärung seriöser Wissenschaftler vor den Gesundheitsgefahren von Milchprodukten, gepaart mit den eigenen Erfahrungen der Menschen die Euphorie beeinträchtigt haben. Denn es ist nicht unbemerkt geblieben, dass neben dem Längenwachstum auch bis dato unbekannte Zivilisationserkrankungen, wie Adipositas, Diabetes und Krebs, die Städte mit westlichem Lebensstil erfasst haben. Dass Wohlstand nicht nur Früchte trägt, sondern auch negative Implikationen hat, wird derzeit (2007) erstmals von offizieller Seite eingeräumt. Insofern ist die Globalisierung des Milchkonsums – zum Glück – ein zweischneidiges Schwert. Sie stößt an natürliche Grenzen, die durch die physische Unverträglichkeit, also in erster Linie die Laktoseintoleranz der Bevölkerung, gezogen werden.

Mangelnde Aufklärung und Desinformation

Die Realität in unseren Breiten sieht auch heute noch so aus: Kaum ein Arzt sagt ausländischen Mitbürgern, dass sie bei uns keine Milchprodukte zu sich nehmen sollten. Denn dass es sich beim hiesigen Joghurt um ein von seiner Zusammensetzung her anderes Produkt als in ihrer Heimat handelt, wissen die wenigsten Ärzte und Patienten. Und so wird vor diesen Milcherzeugnissen, die in der Regel für alle Alaktasier unverträglich sind, oft nicht gewarnt oder sie werden sogar empfohlen und dann auch verzehrt. Auch müssten die ausländischen MitbürgerInnen beim Einkaufen die Zutatenliste lesen, was für eine Bevölkerung, die zum Teil nur unzureichend deutsch spricht, noch problematischer ist als bereits für viele Deutsche. Wie dringend Aufklärung Not tut, zeigt die Tatsache, dass immer wieder das Übergewicht unserer Kinder mit der Feststellung beklagt wird, dass Einwandererkinder aus südlichen Ländern, insbesondere der Türkei, betroffen seien. Als Erklärung wird die soziale Deklassierung bemüht, in deren Folge falsche Ernährung stattfände: Mac, Burger, Coca Cola und Co.[18] Milch und Milchprodukte bleiben wie immer ausgeklammert.

Falsche Ernährung findet in der Tat statt, aber anders als angenommen. Menschen, die zu einem großen Teil mit der Verdauung von Gluten, Milchzucker und Milcheiweiß Probleme haben, leben in einer Gesellschaft, in der Gluten, Milchzucker und Milcheiweiß fast jedem bearbeiteten Nahrungsmittel zugefügt sind und in der gluten-, milchzucker- und milcheiweißhaltige Nahrungsmittel im Überfluss und billig zu haben sind. Nicht nur Adipositas dürfte in vielen Fällen die unvermeidliche Folge sein. Typischerweise werden die körperlichen Beschwerden von MigrantInnen psychologisiert, ohne einen einzigen Gedanken an Lebensmittelunverträglichkeiten zu verschwenden.[19]

Auch in den USA wird kaum Aufklärung betrieben. Aufgrund der Tatsache, dass die African Americans zu ungefähr achtzig Prozent Alaktasier sind und die asiatischen und südamerikanischen Einwanderer vom Problem mit der Milch gleichermaßen betroffen sind, ist die Symptomatik bekannter als in Deutschland. Deshalb gibt es dort in den Supermärkten schon länger laktosefreie Milch und Milchprodukte zu kaufen. Trotzdem wird auch hier Aufklärung eher behindert als gefördert. Gerade weil so viele Menschen betroffen sind, betreibt die Milchindustrie offensives Milch-Lobbying über den „Dairy Marketing Board" (DMB). Er finanziert sich, ähnlich wie die „Centrale Marketing-Gesellschaft der Deutschen Agrarwirtschaft" (CMA), über öffentlich-rechtliches Fondsgeld. Der DMB kann daher, finanziell bestens ausgestattet, riesige Werbekampagnen für Milchprodukte finanzieren. Sinnigerweise werden häufig schwarze SportlerInnen ausgewählt, um den Milchkonsum zu promoten. Zwischen Milchbefürwortern und so genannten Milchgegnern, Vegetariern und Veganern ist die Stimmung aufgeheizt. Das versteht man nur zu gut, da der Milchkonsum ständig abnimmt und damit die Profite. Wäre die schwarze Bevölkerung umfassend aufgeklärt – was aber nicht der Fall

---

18 Untersuchungen von Schulanfängern in Frankfurt, FR vom 30. März 2004.

19 Z.B. ein seitenlanger Bericht zu den angeblich meist psychosomatischen Problemen von Migranten im Gesundheitswesen, ohne eine einzige Erwähnung der meist alaktasischen Veranlagung der Betroffenen, FR vom 13. März 2007.

ist, denn die meisten haben nur eine nebulöse Vorstellung von Laktoseintoleranz und der krankmachenden, häufig adipösen Wirkung von Milchprodukten –, hätte das gravierende Umsatzrückgänge für die Milchindustrie zur Folge. Die riesigen Milchkampagnen in den USA sind nur vor dem Hintergrund der guten finanziellen Ausstattung der Milchlobby und ihrer ständigen Angst vor der Abkehr eines großen Teils ihrer bisherigen Kundschaft von der Milch zu verstehen.

Hand in Hand mit der Milchlobby und von ihr finanziert arbeiten Wissenschaftler, die die gesundheitliche Problematik von Laktoseintoleranz unter ständigem Milchkonsum verharmlosen. Seit Jahren werden dieselben Kurzzeitstudien über eine bis drei Wochen zitiert, die belegen sollen, dass auch Alaktasier geringe Mengen Milch vertragen.[20] In Amerika dienen sie als vermeintlicher Beweis, um die zweifelnde schwarze und hispanische Bevölkerung von der Unbedenklichkeit des Milchkonsums zu überzeugen. Tatsächlich gibt es bis heute keine einzige wissenschaftliche Langzeitstudie zu der Problematik. Das Langzeitexperiment erleben dagegen alle Betroffenen, die ihre eigene negative Erfahrung nicht mit den veröffentlichten Verlautbarungen in Einklang bringen können. Verwirrung und falsche Diagnosen sind die zwangsläufigen Folgen.

Die letzte Werbekampagne in den USA, die seit 2003 läuft, stellt einen vorläufigen Höhepunkt an Desinformation dar, der allerdings nicht unwidersprochen blieb. In der Milchwerbung wird tatsächlich eine höhere Gewichtsreduktion durch den täglichen Konsum von Milchprodukten versprochen als die sonst übliche Methode, einfach weniger Kalorien zu sich zu nehmen!

Dagegen leisten Einzelne und Organisationen der Zivilgesellschaft durch Klagen Widerstand. Zum Beispiel eine junge Frau, die sich entsprechend der Werbung verhalten hatte und zunahm, klagt wegen falscher und täuschender Werbeaussagen.

Eine zweite Klage wird von Alaktasiern geführt, die mehrere Milch- und Ernährungs-Multis verpflichten wollen, ihre Milchverpackungen mit Warnhinweisen vor den Folgen von Laktoseintoleranz zu versehen.

---

[20] Suarez, Savaiano u. a. in: American Journal Of Clinical Nutrition, 1997, 65, S. 1502-1506 und Hertzler, Savaiano in: American Journal Of Clinical Nutrition, 1996, 64, S. 232-236.

Die Verfahren sind noch nicht abgeschlossen. Sie werden von einer Nichtregierungsorganisation, die sich Ernährungsaufklärung zum Ziel gesetzt hat, unterstützt.[21]

Auch bei uns ist Milchwerbung von Desinformation geprägt. Ärgerlich ist dies insbesondere, wenn die Kampagnen von öffentlichen Geldgebern, beispielsweise der EU, mitfinanziert werden, wie das bei der CMA-Werbung „Milch ist meine Stärke" der Fall ist. In der Kampagne vom August 2006 wird unter anderem der Eindruck erweckt als könnten mittels Milch Stress abgebaut und Abwehrkräfte und Konzentration gestärkt werden.[22] Die Inhaltsstoffe Magnesium, Zink und Vitamin B12 sollen das schaffen. Hier wird versucht diese Inhaltsstoffe der Milch zuzuschreiben, ihr quasi ein neues Image zu verpassen, obwohl alle anderen Grundnahrungsmittel diese Mikronährstoffe auch und meistens sogar in höherer Menge enthalten (Kapitel 7 und 8).

Alaktasie und Krankheitskosten

Wegen des auch in Europa und Nordamerika bis vor etwa dreißig Jahren im Vergleich zu heute relativ geringen Milchkonsums und der vergleichsweise geringen kontinentübergreifenden Migration alaktasischer Menschen ist die Milchzuckerproblematik historisch kaum von Bedeutung gewesen. In der Medizin ist sie erst Anfang der 1960er Jahre bekannt geworden.[23] Das noch vor ein- bis zweihundert Jahren äußerst geringe Milchtrinken und -essen ließ die Unverdaulichkeit der Milch gar nicht erst großartig zum gesundheitlichen Thema werden. Wer keine Milch vertrug und das herausgefunden hatte, der konnte sie einfach weglassen. Die Menschen wurden noch nicht täglich mit angeblich gesunden und billigen Milchprodukten und entsprechenden Werbekampagnen bombardiert. Klinische Bedeutung hatte die Laktoseintoleranz im Gegensatz zu unserer Zeit damals kaum. Nur aus dieser historischen Sicht lässt sich erklären, warum die Symptomatik bis dato weder wissenschaftlich ausreichend erforscht noch korrekt dargestellt wird. Weder in der medi-

21 Die exzellenten, lesenswerten Begründungen der Beschwerden an Regierungsbehörden, die den Klagen vorausgingen, stehen im Internet. Sie betreffen den gesamten Bereich Milch-Adipositas-Kalzium-Vitamin-D:
http://www.pcrm.org/cgi-bin/lists/mail.cgi?flavor=archive&id=20050617140314&list=news
22 Z.B. Stern, Nr. 33 vom 10.Aug. 2006.
23 Auricchio u.a. in: The Lancet, 1963, 2, S. 324-326; Dahlquist u. a. in: Gastroenterology, 1963, 45, S. 488-491.

zinischen Ausbildung der Ärzte noch in der Gesundheitspolitik und Ernährungswissenschaft spielt sie demzufolge eine dem Betroffenheitsgrad der Bevölkerung angemessene Rolle. Denn heute entwickelt sich die Symptomatik dank täglichem Milchprodukteverzehr zum Massenphänomen. Wer keine Milch verträgt und dies herausfindet, was wegen der Fülle der täglich verzehrten Milchprodukte sehr kompliziert ist, kann sie zwar weglassen, wird aber über andere Lebensmittel mit dem schädlichen Milchzucker und den zugesetzten Milcheiweißen, die ebenfalls Milchzucker enthalten dürfen, geradezu überhäuft. Ein beschwerdefreies Leben ist praktisch unmöglich und damit der häufige Gang zu Arzt und Ärztin vorprogrammiert. Die verschiedenen Formen der Symptomatik durch zuviel Milcheiweiß (häufiger Allergieauslöser) und Milchzucker (u. a. Darmkrankheiten) verursachen Gesundheits- und soziale Kosten, die in die Milliarden gehen dürften, wenn man sich vergegenwärtigt, dass in Deutschland etwa 13 Millionen Menschen Alaktasier sind und die wenigsten das überhaupt wissen, geschweige denn wissen, wie sie damit umgehen sollen. Die Betroffenen treten in der Regel über Jahre eine Odyssee wegen allergischer Symptome, asthmatischer Beschwerden, Nierensteinen, Darm-, Haut-, Herz-, Kreislauf- oder Rheumaerkrankungen durch Arztpraxen und Kliniken an. Nur selten wird ihnen wirklich geholfen. Wenn sie Glück haben, verrät ihnen ein Arzt, eine Ärztin oder HeilpraktikerIn etwas über Milchabstinenz. Stellt sich sodann eine Besserung ein, haben Medizin und Pharmazie einen Dauerpatienten beziehungsweise eine Dauerpatientin verloren.

Die medizinische Literatur der letzten dreißig Jahre ist voller Hinweise darauf, dass ein großer Teil der Reizdarm-, Enteritis-, Allergie-, Asthma- und Adipositassymptomatik, bei Kleinkindern auch häufig Ohrentzündungen, zusätzlich zu den Erkrankungen Arteriosklerose, Diabetes, MS, Morbus Crohn und verschiedenen Tumorarten mit unserem exorbitanten Milch- und Milchproduktekonsum in Zusammenhang stehen.[24] Trotzdem wird so getan, als sei dieser Konsum in seiner heutigen Fülle und technologischen Form völlig harmlos, ja sogar gesund. Zum Milchkonsum wird noch immer aufgerufen. Für die Zeit vor hundert Jahren, als

---

[24] Vgl. z. B. die britische Studie aus 2006 „white lies" von Dr. Justin Butler:
http://www.vegetarian.org.uk/whitelies/report.pdf
Dr. Robert Kradjian's milkletter:
http://www.afpafitness.com/articles/milkdoc.htm
T. Collin Campbell: The China Study; GEO, 11/2000, S. 157; Kasper, Ernährungsmedizin und Diätetik, S. 123 ff., 168, 241 ff.

die meisten Menschen noch nicht wie im heutigen Umfang ausreichend ernährt waren, mag die Milch ein Fortschritt gewesen sein. Mittlerweile herrschen völlig veränderte Bedingungen, einerseits durch ausreichende andere Fett-, Eiweiß- und Kohlehydratquellen als denen aus der Milch und andererseits angesichts der besseren wissenschaftlichen Kenntnisse über Milchinhaltsstoffe und ihre Wirkung im Säugetierorganismus. Die Beibehaltung eines hohen Verzehrs von Milchprodukten innerhalb der westlichen Gesellschaften muss daher generell als Gesundheitsproblem betrachtet werden. Während allmählich manche Ärzte das hausgemachte Problem erkennen, scheint die Gesundheitspolitik, offensichtlich auch von wirtschaftlichen Interessen getrieben, nicht an einer breiten Aufklärung interessiert zu sein. So muss man den Eindruck gewinnen, dass aufgrund mangelnden Problembewusstseins und/oder ideologischer Prägung die Erforschung umwelt- und ernährungsbedingter Krankheitsursachen unbequem und unbeliebt ist, und in Fachkreisen gilt dies auch als offenes Geheimnis. Gesundheitsverantwortliche beklagen zwar wortgewaltig und immer wieder, dass die Behandlung ernährungsbedingter Krankheiten jährlich etwa 71 Milliarden Euro verschlinge, aber wirklich Abhilfe schaffende Konsequenzen werden aus dieser Erkenntnis praktisch nicht gezogen. Außer einigen Werbebroschüren über angeblich gesunde Ernährung, die aber in der Regel das Milchproblem auslassen, bringt diese Erkenntnis nichts weiter hervor.

Welche gesundheitlichen Gewinne für den Einzelnen, aber auch welche Einsparungen im Gesundheitswesen durch eine korrekte Diagnose der Alaktasie möglich wären, zeigt eindrucksvoll eine niederländische Studie aus dem Jahr 2001.[25] In einer Gruppe von Reizdarmpatienten wurden diejenigen, die gleichzeitig eine Laktoseintoleranz aufwiesen, bestimmt. Bei denjenigen, die eine laktosefreie Diät eingehalten hatten, wurde die Häufigkeit der Arztbesuche überprüft. Das eindeutige Ergebnis: Fünf Jahre vor der Diagnose hatte jeder Patient durchschnittlich 2,4 mal jährlich die Arztpraxis besucht, während es nach der Diagnose unter Einhaltung der Diät während sechs Jahren nur noch 0,6 mal war. Die Arztbesuche hatten sich dauerhaft um 75 % reduziert!

---

[25] European Journal of Gastroenterology and Hepatology, 2001, Aug., 13(8), S. 941-944.

Die Laktase-Lichtthese

Das auffällige europäische Nord-Süd-Gefälle bei der Herausbildung eines Genotypus, der Laktase als Erwachsener bildet, wird mit der Vitamin-D-Bildung durch das Sonnenlicht erklärt:

Menschen benötigen für die Kalziumaufnahme durch die Dünndarmwand ins Blut Vitamin D in Form von 1,25-Dihydroxycholecalciferol. Vitamin D, tatsächlich kein Vitamin, sondern ein Hormon, ist sozusagen der Kalziumtransporteur des Menschen. Es wird in einem komplizierten Prozess in verschiedenen Schritten aus Cholesterin zunächst durch den Einfluss von UV-Licht über die Oberhaut, weiter über die Leber und zuletzt in seiner aktiven Form in den Nieren gebildet. Ohne Sonnenlicht würde dieser Prozess nicht in Gang kommen. Menschen, die nur geringer UV-Strahlung ausgesetzt sind, produzieren auch weniger Vitamin D und verfügen nur über eine geringe Kalziumresorption. Kalziummangel des Organismus ist die langfristige Folge.

Kalzium ist einer der wichtigsten Mineralstoffe für den Menschen, er ist Baustein von Knochen und Zähnen und spielt für die Funktion von Muskeln und Zellen eine wichtige Rolle. Längerer Kalziummangel führt zu Knochenerweichung (Osteomalazie), bei Kindern Rachitis genannt, Knochenentkalkung (Osteoporose) und tetanischen Anfällen. Leicht nachzuvollziehen ist daher, dass Populationen, die unter Kalziummangel leiden, im Evolutionsprozess benachteiligt sind.

Vitamin D ist schon in geringen Mengen wirksam und zu viel davon kann sogar tödlich sein. Der menschliche Organismus verfügt daher über ein ausgeklügeltes Regelungssystem, um ein Zuviel des Vitamin D zu verhindern. Eine dieser Regelungsmechanismen ist die Pigmentierung der Haut. Menschen sind umso dunkelhäutiger, je mehr sie dem UV-Licht ausgesetzt sind, weil die dunkle Pigmentierung die Hautdurchlässigkeit für UV-Strahlen verringert. Folglich sind in den Regionen, in denen die Sonnenlichteinstrahlung niedrig ist, die Menschen weniger pigmentiert, also in den nördlichen Regionen dieser Erde. Die Haut muss im Norden heller sein, um mehr UV-Strahlen durchzulassen. Die Laktase-Lichtthese[26] geht nun davon aus, dass bei der Ausbreitung des homo sapiens, der zunächst dunkelhäutigen Menschen von Afrika aus in nördliche Gebiete mit niedriger Sonneneinstrahlung, die Haut ihre Pigmentierung verlor, um mehr UV-Licht absorbieren zu können und damit die Vitamin-D-Ver-

---

[26] Diese Theorie wird auf den amerikanischen Anthropologen Marvin Harris zurückgeführt.

sorgung zu gewährleisten. Trotz der hellen Hautfarbe unter den Bedingungen, wie sie z. B. im monatelangen Halbdunkel nördlich des Polarkreises herrschen, und wegen der Notwendigkeit, in kalten Regionen den Körper vollständig mit Kleidung zu bedecken, war allerdings die Vitamin-D- und damit die Kalziumversorgung nicht in ausreichendem Umfang gewährleistet. So habe sich ein zweites Kalzium-Transportsystem durch Genmutation herausgebildet, das zudem dominant vererbbar wurde und sich daher schnell ausbreitete: der Laktase-Laktose-Komplex. Durch die Fähigkeit, das Darmenzym Laktase noch im Erwachsenenalter zu bilden, sei die Milch als neue Kalziumquelle in der Ernährung erschlossen worden. Denn nur über das Enzym wurde es möglich, die Milch der domestizierten Säugetiere ohne größere gesundheitliche Probleme aufzunehmen. Erstmals konnte Säugetiermilch nicht nur in der Kindheit, sondern ein Leben lang als Nahrungsquelle dienen. Über die Laktasebildungsfähigkeit hätten erwachsene Menschen durch Milchgenuss auch bei geringer UV-Strahlung einen angemessenen und gesunden Kalziumhaushalt aufrecht erhalten können. Der nun im Dünndarm zum regelgerechten Abbau in Glukose und Galaktose vorhandene Milchzucker soll zusätzlich gleichzeitig im Darm die Kalziumresorption aus der Milch erhöht haben, weil Laktose generell die Kalziumresorption im Dünndarm fördere.

Inwieweit diese Theorie richtig ist, lässt sich nicht sagen. Sie führt allerdings zu den vielen Wissenslücken, Ungereimtheiten und Widersprüchen, die es über die Kalziumresorption gibt. Denn wie dieses zweite Kalziumtransportsystem über den Laktase-Laktose-Komplex genau funktioniert, ist bis heute nicht bekannt. Wie bei vielen anderen Aspekten, die die Darmresorption betreffen, weiß man bis jetzt nur, dass etwas geschieht, das Wie ist jedoch unerforscht. So ist häufig in missverständlich verkürzter Darstellung die Rede davon, dass Milchzucker die Kalziumresorption fördere, weshalb pauschal zum Milchgenuss aufgerufen wird. Unerwähnt bleibt meist, dass die Enzymaktivität der Laktase im Darm dabei eine entscheidende Rolle spielt und die Laktose allein nichts ausrichtet. Andererseits wird in allen seriösen Darstellungen gleichzeitig darauf hingewiesen, dass Völker oder Personen mit Laktasemangel durch den Milch- und Milchproduktekonsum nicht nur unter den schon dargestellten gesundheitlichen Problemen leiden, sondern dass sich ihre

Kalziumversorgung durch den Milchkonsum erheblich verschlechtert.[27]
Dies könnte z. B. ein Grund sein, warum Alaktasier unter Milchkonsum
eine höhere Osteoporosehäufigkeit aufweisen als Laktasebildner. Warum
die Kalziumresorption bei Nicht-Laktasebildnern durch Milchkonsum
verschlechtert wird, während sie sich bei Laktasebildnern zu verbessern
scheint, ist nicht erforscht. Dass dieses Phänomen mit der Enzymaktivität der Laktase in Zusammenhang steht, liegt auf der Hand. Die Ungereimtheiten und Widersprüche scheinen niemanden zu interessieren,
denn sonst wären sie längst aufgeklärt. Die Folgen haben die vielen nicht
aufgeklärten Alaktasier zu tragen, deren gesamter Kalziumstoffwechsel
über Jahre, manchmal Jahrzehnte, beeinträchtigt ist, solange sie eben
nichts von der Unverträglichkeit wissen und Milchprodukte verzehren.
Chronische Erkrankungen sind das – eigentlich vermeidbare – Ergebnis.
Der amerikanische Anthropologe Marvin Harris, der sich in den 1970er
und 80er Jahren mit der Ausbreitung der Laktosetoleranz beim Menschen befasst hat, geht davon aus, dass der Kalziumvorteil von Laktasiern gegenüber Alaktasiern bei etwa 79 % liegt.[28]
Ursachenforschung in Sachen Kalziumresorption scheint insgesamt
unerwünscht bzw. ein heikles Thema zu sein. Denn dann müsste ein weiteres, sehr auffälliges Phänomen erklärt werden: Warum beklagen die
Milchländer trotz des höchsten Milchkonsums weltweit noch immer eine
schlechte Kalziumversorgung ihrer Bevölkerung und warum weisen die
Länder mit den höchsten Osteoporoseraten (Schweden und Finnland)
auch den höchsten Milchkonsum auf? In den asiatischen und afrikanischen Ländern, in denen die Kalziumversorgung ohne Milch, meist aus
pflanzlicher Nahrung bestens gewährleistet ist, ist Osteoporose praktisch unbekannt.
Obwohl das Wissen über die Problematik der Kalziumversorgung durch
Milch und auch darüber, dass Milch die Kalziumresorption sogar oft verschlechtert, vorhanden ist, wird weiter in der Öffentlichkeit undifferenziert behauptet, der Mensch müsse nur viel Milch und Milchprodukte zu
sich nehmen, um über eine gute Kalziumversorgung zu verfügen. Dass
dies so nicht stimmen kann, ist offensichtlich.

---

[27] Z.B. Kasper, S. 145-151; 169-170 und 369; Winchenbach, Prüfung der Essentialität lebender Keime für die Förderung der intestinalen Laktosehydrolyse
durch die mikrobielle ß-Galactosidase fermentierter Milchprodukte am Model
des gnotobiotischen Göttinger Minischweins, Kapitel 2.1.

[28] Harris, Wohlgeschmack und Widerwillen, S. 150.

7 Milch, Kalzium und die Widersprüche

Widersprüche und Denkverbote

Kalzium ist eines der wichtigsten Mineralien im Körper des Menschen. 99 % davon befinden sich in den Knochen und den Zähnen. Es hat eine ganze Reihe physiologischer Aufgaben. Eine herausragende Rolle spielt es zusammen mit Magnesium in der Herzmuskelfunktion, es reguliert ferner die Reizleitung zwischen Nervenzellen und ist an der Blutgerinnung beteiligt. Da der Körper in seinen Stoffwechselprozessen Kalzium verbraucht, muss kontinuierlich neues über die Nahrung zugeführt werden. Geschieht dies nicht oder zu wenig, wird Kalzium stattdessen aus den Knochen mobilisiert, was diese auf Dauer schädigt. Eine andauernde Kalziumunterversorgung durch die Nahrung ist daher Ursache ernsthafter gesundheitlicher Beeinträchtigungen.

Noch immer scheint die Gleichung zu gelten: Viel Milch = viel Kalzium für den Körper. Von berufener Stelle, der Deutschen Gesellschaft für Ernährung (DGE) wird diese Aussage in ihren Ernährungsberichten bestätigt.[1] In einschlägigen Publikationen ist diese Gleichsetzung ebenfalls zu lesen. Manche gehen sogar so weit zu behaupten, dass es unrealistisch sei, ohne Milch und Milchprodukte eine ausreichende Nahrungskalziumaufnahme zu erreichen. Sogar Autoren mit differenzierteren Sichtweisen kolportieren die Kalzium-Milch-Gleichung wie eine unabänderliche Wahrheit, obwohl ihnen die weltweiten Widersprüche ins Auge springen müssten.[2]

Wahr ist daran nur eines: Milch enthält viel Kalzium, etwa 1200 mg pro Liter, das ist etwas mehr als die von der DGE empfohlene Tagesmenge von 900–1000 mg für einen Erwachsenen. Ist also alles in Ordnung, wenn man jeden Tag einen Liter Milch trinkt oder entsprechend viel Käse isst, das wären etwa 100 g Schnittkäse. Leider nein, die Addition ist allzu einfach, denn das Problem liegt in der Frage, wie viel dieses Kalziums dem menschlichen Körper überhaupt zugute kommt. Grundsätzlich ist bekannt, dass der Körper nur 30–40 % des Nahrungskalziums überhaupt verwertet. Daraus wird abgeleitet, dass wir viele kalziumreiche

---

1   Die Ernährungsberichte werden alle vier Jahre von der DGE im Auftrag der Bundesregierung erstellt. Sie werden nicht über das Internet verbreitet und können nur entgeltlich über die DGE oder über den Buchhandel bezogen werden.

2   Biesalski/Grimm, Taschenatlas der Ernährung, S. 208; Elmadfa/Leitzmann, Ernährung des Menschen, S. 182 ff.; Kasper, S. 370.

Nahrungsmittel zu uns nehmen müssen, und was passt da besser als Milchprodukte in großen Mengen? Was aber passiert eigentlich mit dem nicht verwerteten Kalzium (60–70 %) im Körper, wenn wir die vielen Milchprodukte gegessen haben? Diese Frage scheint von geringem Interesse zu sein. Das Problem der Verfügbarkeit und der Verwertung des Kalziums aus der Milch wird nur am Rande diskutiert. Diesbezüglich wird darauf hingewiesen, dass die Bioverfügbarkeit von Kalzium durch phosphat- und oxalsäurereiche Nahrungsmittel, so genannte Kalziumantagonisten, eingeschränkt wird. Das träfe bei Coca Cola und anderen phosphatreichen Softdrinks und bei Spinat und Rhabarber, die viel Oxalsäure enthalten, zu. Ansonsten gelte weiterhin, viel Milch = viel Kalzium. Nachdenklichere Zeitgenossen beschäftigen sich intensiver damit, was mit dem Nahrungskalzium geschieht, das nicht verwertet wird. Denn empfängt der Körper viel Kalzium, das er nicht verwerten kann, könnte das sogar schädlich sein.

Die herrschende Meinung entzieht sich schweigsam den Fragen, die sich stellen:

- Warum ist trotz des weltweit höchsten Konsums von Milch und Milchprodukten und der weltweit höchsten täglichen Kalziumaufnahme in den Milchländern die Kalziumversorgung ihrer Bevölkerung kontinentübergreifend unzureichend?

- Warum ist die Osteoporosehäufigkeit in Ländern mit hohem Milchkonsum weltweit am höchsten und tritt dort heutzutage wesentlich häufiger auf als noch vor hundert Jahren?

- Warum verzeichnen Länder, die traditionell keine Milchländer sind (Japan, China), wenn überhaupt, dann nur geringe Raten an westlichen so genannten Zivilisationserkrankungen (Arteriosklerose, Osteoporose)?[3]

Wie wir gesehen haben, liegt der tägliche Konsum von Milch und Milchprodukten in den Milchländern so hoch, dass wir unseren Kalziumbedarf daraus gut decken könnten. Eine Krankheit wie Osteoporose dürfte es demnach hier überhaupt nicht geben. Das Gegenteil ist jedoch der Fall. Kalziummangel ist eine unbestritten gängige Erscheinung in westlichen Gesellschaften. Folglich müsste der Frage nachgegangen werden, wie

---

[3] In allen einschlägigen Büchern zu Osteoporose wird auf den gravierenden Unterschied in der Häufigkeit ihres Auftretens zwischen Japan, China und den westlichen Ländern hingewiesen, sodass auf Zitate verzichtet wurde.

das bei dem hohen Milchprodukteverzehr sein kann. Aber diese Frage wird nicht gestellt, vielmehr werden die Widersprüche übergangen und es wird unverdrossen zu immer mehr Milchkonsum aufgerufen. Die Milchindustrie macht sich sogar die mangelnde Kalziumversorgung der Bevölkerung in Milchländern noch zunutze, um immer wieder darauf hinzuweisen, dass der Mensch wegen dieses Defizits nur noch mehr Milchprodukte zu sich nehmen müsse.

Tatsächlich wird der Teufel mit dem Beelzebub ausgetrieben, denn die Milchprodukte selbst sind es, die dem Körper zwar Kalzium liefern, aber es ihm auch gleichzeitig wieder entziehen.

Die Argumente der Nachdenklichen sind folgende:
Der Kalziumhaushalt des Menschen wird nicht nur von der täglichen Kalziumzufuhr bestimmt, sondern genau so von Kalziumverlusten durch Harnausscheidung und Fäzes. Die einseitige Fokussierung auf die Höhe der Kalziumaufnahme führt nicht weiter, sondern es müssen einerseits die Verfügbarkeit des Kalziums aus den Lebensmitteln, andererseits die Kalziumresorption sowie schließlich auch Kalziumverluste in eine Beurteilung miteinbezogen werden. Dann erst ergibt sich ein sehr differenziertes Bild, das seinerseits die Gleichung, viel Milch = viel Kalzium nicht bestätigt.

Was spricht gegen Kalzium aus Milchprodukten?

- Milch, besonders Milchprodukte wie Käse, enthalten hohe Mengen Eiweiß. Zu viel Eiweiß in der Nahrung führt zu beträchtlichen Kalziumverlusten durch den Urin. Obwohl dies von keinem Ernährungswissenschaftler ernsthaft bestritten wird, führt die Tatsache, dass Milch/-produkte zu den eiweißreichsten Nahrungsmitteln gehören, nicht zu Nachdenklichkeit in Sachen Milchkalzium. Die Eiweißversorgung der Bevölkerung ist mehr als ausreichend. Die meisten Wissenschaftler gehen sogar davon aus, dass in den Industrieländern die Eiweißaufnahme erheblich zu hoch ist.[4] Was läge da näher, als die mangelhafte Kalziumversorgung mit der zu hohen Eiweißaufnahme in Verbindung zu bringen? Solches Denken ist jedoch unpopulär, denn es enthielte den Hinweis, dass tierische Eiweißquellen (Milchprodukte, Fleisch, Eier) im Gegensatz zu pflanzlichen aufgrund ihres höheren Gehalts an schwefelhaltigen Aminosäuren und Natrium in

---

4 Vgl. z.B. Biesalski/Grimm, S. 126.

besonderem Maße zu Kalziumverlusten beitragen.[5] Neben der zu hohen allgemeinen Eiweißaufnahme sind auch einzelne schwefelhaltige Aminosäuren, die in Milch/-produkten in hohen Konzentrationen vorkommen, für Kalziumverluste verantwortlich. Dazu gehört das Methionin, das besonders in Käse, Quark, Joghurt und anderen Sauermilchprodukten enthalten ist.[6]

Der Mechanismus Eiweißüberschuss-Kalziumverlust (Hypercalciurie) funktioniert im Prinzip wie folgt:
Proteine/Aminosäuren sind Grundbausteine des Organismus, für jedes Leben notwendig. Der menschliche Körper kann jedoch Proteine bzw. Aminosäuren nicht über längere Zeit speichern, wie das bei Fett und Kohlenhydraten der Fall ist. Nicht verwertetes Eiweiß wird daher abgebaut und ausgeschieden. Dabei fungiert das Kalzium als Säureneutralisator. Denn beim Abbau von überschüssigem Eiweiß entstehen Abbauprodukte, wie z.B. Säuren, die zunächst das Säure-Basen-Gleichgewicht des Organismus beeinträchtigen. Es kommt zur vielbeklagten Übersäuerung des Organismus. Die entstandenen Säuren verbinden sich mit einem Neutralisator, meistens dem Kalzium, und werden zusammen mit ihm ausgeschieden. Ist nicht genug freies Kalzium vorhanden, mobilisiert es der Körper aus den Knochen. Auf diese Weise trägt ein dauernder Eiweißüberschuss zusammen mit einem nicht adäquaten Kalziumangebot aus der Nahrung zur Kalziumentleerung der Knochen bei.

- Nur etwa ein Drittel des Gesamtkalziums der Milch ist in gelöster Form vorhanden. Im Labkäse, also in fast allen Weich-, Schnitt- und Hartkäsen, liegt überhaupt kein freies Kalzium mehr vor, d.h. es ist fest an das Eiweiß gebunden. Trotzdem wird Käse, besonders Hartkäse, als hervorragende Kalziumquelle bezeichnet. Dieses Kalzium kann nur dann überhaupt in den Körperstoffwechsel übergehen, wenn es über den Proteinabbau seine Bindung verliert. Ob, wie und in welchem Grad dies geschieht, ist äußerst umstritten. Man findet Äußerungen, dass Kaseine gut verdaulich seien, während andere darauf hinweisen, dass das Gegenteil der Fall sei. Genau weiß man es

---

5 Veith, Ernährung neu entdecken, S. 20 ff., 67 ff. und 90 ff.; Massey in: Journal Of Nutrition, 2003, Mar., 133(3), S. 862S-865S.
6 Kasper, S. 371 und Klupsch, S. 605.

offenbar nicht. Dass die unterstellte gute Verdaulichkeit so gut nicht sein kann, lässt sich an der in Mode gekommenen Homogenisierung von Käsereimilch für Weichkäse erkennen, die als Bearbeitung zur besseren Verdaulichkeit des Käses geschildert wird. Wäre das notwendig, wenn Käse allgemein gut verdaulich wäre? Tatsache ist: Das beim Menschen in der Kindheit vorhandene spezielle Enzym zur Kaseinspaltung, die Chymase, ist im Erwachsenenalter nicht mehr vorhanden.[7] Dann aber erscheint es durchaus angebracht zu fragen, ob der Käse, den wir verspeisen, eher nur halbverdaut den Darm passiert und damit auch das an ihn gebundene Kalzium?

- Milch enthält sehr wenig Magnesium, nur 100 mg pro Liter. Die empfohlene tägliche Aufnahmemenge liegt bei ungefähr 350 mg, also etwa beim Dreifachen. Magnesium ist an den meisten enzymatischen Reaktionen im Stoffwechsel, am Kalziumtransport und an der Kalziumresorption beteiligt. Für die Muskelfunktionen ist ein Kalzium-Magnesium-Gleichgewicht, besonders für die des Herzmuskels und des Nervengewebes, notwendig.[8] Magnesium kommt überwiegend in Gemüse vor und kaum in anderen Lebensmitteln. Hier ist das Kalzium-Magnesium-Verhältnis meistens ausgewogen. Dagegen ist es bei der Milch unausgeglichen. Lebensmittel ohne Balance zwischen Kalzium und Magnesium werden daher für eine ausreichende Kalziumverwertung im Körper als hinderlich angesehen und unter diesem Gesichtspunkt negativ bewertet.

- Zur aktiven Kalziumresorption im Dünndarm ist das Vorhandensein von Vitamin D Voraussetzung, wie die Darstellung der Laktase-Lichtthese gezeigt hat. Durch zu wenig Vitamin D wird eine effektive Kalziumresorption im Dünndarm behindert. Viele Menschen in unseren Breiten leiden unter einem latenten Vitamin-D-Mangel. Besonders in den Wintermonaten sind viele Menschen zu wenig im Tageslicht. Sie erreichen ihren Arbeitsplatz im Dunkeln und im Dunkeln kehren sie nach Hause zurück. Das künstliche Licht von Büros und Fabrikhallen hat trotz großer Helligkeit nicht annähernd den Effekt, den echtes Tageslicht auf die Bildung von Vitamin D hat. Neue Forschungen haben wieder deutlich gemacht, wie wichtig eine ausreichende Vitamin-D-Versorgung ist.[9] Wahrscheinlich trägt der verbreitete Vitamin-D-

---

7 Veith, S. 66.
8 Biesalski/Grimm, S. 212; Burton und Foster, Human Nutrition, S. 162.
9 Holick in: Journal Of Cellular Biochemistry, 2003, 88(2), S. 296-307.

Mangel in weitaus größerem Maße zur schlechten Kalziumversorgung unserer Bevölkerung bei als die über die Nahrung aufgenommene Kalziummenge.

- Als Kalziumantagonisten oder Kalziumkiller wirken Phosphate, Oxalate, Phythin, Ballaststoffe, Alkohol und Kaffee. Werden neben Milch/-produkten, die im Mengenverhältnis eine ausgeglichene Kalzium-Phosphat-Bilanz (K-P-B) aufweisen, weitere Phosphate zugeführt, z. B. mit Fleisch, Wurstwaren, Getränken, Getreide oder Käse, dann ist dies ungünstig für die Gesamt-K-P-B, denn es führt zu Kalziumverlusten mit dem Urin. Oxalsäure (z. B. in Spinat, Mangold, Rhabarber, Roter Beete und schwarzem Tee) und Phythinsäure (in Kleie fast aller Getreidearten, aber nicht in Weißmehlen ohne Kleie) gehen unlösliche Verbindungen mit dem vorhandenen Kalzium ein, verhindern damit seine Resorption und führen zur Ausscheidung mit den Fäzes. In diesem Sinne behindert eine zu ballaststoffreiche Ernährung auch die Kalziumresorption und führt ebenfalls zur Ausscheidung des Kalziums. Zusammen mit dem Problem der Phythin- und Oxalsäure ist das vielleicht eine Erklärung dafür, dass die angeblich gesunde Körner-Ernährung doch so gesund nicht ist.[10]
  Wie wenig das Problem der Kalziumkiller noch immer beachtet wird, zeigen zahlreiche Veröffentlichungen, die nur den Kalziumgehalt von Lebensmitteln aufzählen. Ärgerlich sind besonders Publikationen aus dem medizinischen und pharmazeutischen Bereich, die z. B. Schmelzkäse als Kalziumlieferanten aufzählen, obwohl er eines der phosphat-reichsten Lebensmittel überhaupt ist.[11]

- Das Problem der Laktoseintoleranz wird in Bezug auf die Kalziumresorption unterschätzt. Laktasemangel hemmt bei den Betroffenen, solange sie Milchprodukte zu sich nehmen, die Kalziumresorption. Es entsteht ein chronischer Kalziummangel. Vermutlich ist das der Grund, warum die Osteoporoseraten bei Alaktasiern erheblich höher liegen als die der übrigen Bevölkerung. Noch immer gibt es keine befriedigenden umfassenden Untersuchungen zu diesem Phänomen, obwohl doch etwa 15 % der hiesigen Bevölkerung betroffen sind. Neuere Studien kommen wieder zu dem Ergebnis, dass bei Alaktasiern fast keine Kalziumaufnahme aus der Milch stattfindet.[12]

---

[10] Kasper, S. 54 ff. und S. 88–90.

[11] Zum Beispiel „Was Sie über Osteoporose wissen sollten!" Orion Pharma GmbH, Hamburg, 1999.

Kalzium – ein problematischer Schlankmacher

Weil der Körper bestrebt ist, die Blutkalziumkonzentration konstant zu halten, indem er fehlendes Nahrungskalzium aus den Knochen mobilisiert, ist ein latenter Kalziummangel durch reine Blutkalziumbestimmungen nicht festzustellen. Bei chronischen Darmentzündungen, anderen Malabsorptionserscheinungen und Nahrungsmittelallergien fällt dies häufig schwer ins Gewicht. Wird ein solcher verdeckter Kalziummangel nicht diagnostiziert, zeigen sich die Folgen erst auf lange Sicht und werden dann nur selten in Zusammenhang mit der Grunderkrankung gebracht.

Weil diese Erkrankungen oft mit Gewichtsverlust und Diarrhöen verbunden sind, ist das andererseits recht häufig auftretende Phänomen von Übergewicht zunächst unerklärbar. Viele Betroffene essen nämlich wenig und leiden trotzdem ständig unter Gewichtsproblemen. Auch bei geringer Nahrungszufuhr nehmen sie zu. Klassischerweise wird dies durch eine niedrigere Stoffwechselleistung erklärt. Die Ursache des geringen Stoffwechselumsatzes will man offiziell nicht kennen. Wie manche mittlerweile annehmen, könnte gerade die mangelhafte Kalziumresorption bei diesen Krankheitserscheinungen für das Übergewicht verantwortlich sein. Denn eine adäquate Kalziumzufuhr führt bei Mensch und Tier zu signifikanter Gewichtsreduzierung durch schnellere Fettverdauung und Abbau der Fettdepots. Kalziummangel dagegen senkt die Körpertemperatur und erhöht die Fetteinlagerung in das Gewebe. Dieser Mechanismus würde schlüssig erklären, warum viele übergewichtige Nahrungsmittelallergiker nach Diagnose und Karenz der entsprechenden Nahrungsmittel erstmalig abnehmen. Vermutlich hat sich hier die Kalziumresorption normalisiert.

Was im Krankheitsfall gelten mag, wenn die Kalziumresorption gestört ist, muss nicht unbedingt auf Gesunde zutreffen. Denn weil die Kalziumzufuhr in manchen Fällen einen Effekt auf das Körpergewicht hat, wird dies nun von bestimmten Wissenschaftlern ganz im Sinne der Milchlobby plakativ interpretiert.[13] Die simple Gleichung lautet jetzt:

---

12 Di Stefano u.a. in: Gastroenterology, 2002, June, 122(7), S. 1793-1799; Obermayer-Pietsch u.a. in: Journal Of Bone And Mineral Research, 2004, Jan., (19), S. 42-47; Obermayer-Pietsch u.a. in: Osteoporosis International, 2007, Apr., 18(4), S. 445-451. Ein die Probleme ansprechender Artikel auf Deutsch, Obermayer-Pietsch in: Journal für Mineralstoffwechsel 3/2004, S. 20 ff.

13 Zemel in: American Journal Of Clinical Nutrition, 2004, May, 79(5), S. 907S-912S.

Milch = viel Kalzium = Gewichtsverlust = Milch, der Schlankmacher für alle. Mit solchen undifferenzierten Aussagen wird erneut ein pauschaler Nutzen von Milchkonsum behauptet, den es so mit Sicherheit nicht gibt und der auch jeder Logik entbehrt: Milch, die natürliche Nahrung für junge Säugetiere, die wachsen und Gewicht zulegen sollen, enthält neben Kalzium viel Eiweiß inklusive Wachstumshormone, Kohlenhydrate und Fett. Das Zusammenspiel dieser Komponenten dürfte trotz des Kalziumgehalts eher der Gewichtszunahme förderlich sein als umgekehrt. Und auch fettlose Milchprodukte nähren über ihren erhöhten Protein- und Kohlenhydratanteil. Wahrscheinlich ist, dass das Kalzium aus der Milch ganz anders als das aus pflanzlichen Quellen auf die menschlichen Stoffwechselvorgänge wirkt. Slogans wie „Milch schmilzt Pfunde", „Milch macht schlank" und „Milchprodukte beugen Übergewicht vor" sollte lieber kein Glaube geschenkt werden, denn es könnte genau das Gegenteil zu erleben sein.

Die in Kapitel 6 erwähnten Gerichtsverfahren in den USA bieten einen guten Überblick über die wissenschaftlichen Studien zur Milch- und Adipositas-Problematik, auf die hier verwiesen wird.[14]

Gesundheit ohne Milchkalzium ist weltweit möglich

Milch als angeblich vortreffliche Kalziumquelle, besonders im Zusammenhang mit unseren sonstigen Ess- und Lebensgewohnheiten, muss mit großen Fragezeichen versehen werden. Sie ist sogar für Gesunde eine dürftige Kalziumquelle und für AlaktasierInnen ein gefährlicher Krankmacher, der zu dauernden Kalziumverlusten führt. Eine aktuelle Studie der Harvard Medical School ist zu der Feststellung gelangt, dass weder Milch noch eine hohe Nahrungskalziumaufnahme das Frakturrisiko bei Frauen nach der Menopause reduzierten. Ein Reduktionseffekt ging allein vom Vitamin D aus, das jedoch in Milch fast nicht vorhanden ist.[15]

Die Annahme, dass Milchgenuss mit einer guten Kalziumversorgung gleichzusetzen sei, ist jedoch noch immer so stark im Denken, auch in dem der Experten verankert, dass diese sogar für Alaktasier eine Kal-

---

[14] http://www.pcrm.org/cgi-
bin/lists/mail.cgi?flavor=archive&id=20050617140314&list=news

[15] Feskanich u.a. in: The American Journal Of Clinical Nutrition, 2003, Feb., 77(2), S. 504-511; und die neueste Studie der Woman's Health Initiative Investigators, Jackson in: New England Journal Of Medicine, 2006, Feb. 16, 354(7), S. 669-683.

ziumsubstitution oder Milchprodukte mit geringem Laktosegehalt empfehlen.[16] Das ist merkwürdig, denn viele Alaktasier leben ohne sie und ohne Mangel. Und schaut man über den Tellerrand der Milchländer hinaus, fällt auf, dass die gesamte restliche Welt ohne Milchprodukte und Kalziumsubstitution auskommt, sofern sie nicht westliche Ernährungsmuster übernommen haben. Immer wieder kann Reiseberichten aus fernöstlicher Provinz entnommen werden, dass die Reisenden weder Käse noch Milch oder Joghurt erhalten haben. Die Menschen in Nicht-Milchländern kommen mit phänomenal niedrigen täglichen Kalziumaufnahmen zurecht ohne zu erkranken. Ihre Kalziumversorgung findet ohne Kalziumverluste – beispielsweise durch hohe Eiweißüberschüsse – über den pflanzlichen Teil der Nahrung und Wasser statt. Die WHO-Empfehlungen zur Kalziumaufnahme liegen in Nicht-Milchländern bei nur 400–500 mg/Tag, in Milchländern bei 900–1500 mg/Tag. Das wirft die Frage auf, was denn nun richtig ist. Oder ist aus den Zahlen zu schließen, dass die Menschen in den Milchländern mehr Kalzium brauchen? Dann müsste sich allerdings die Frage anschließen, warum das so sein sollte.

Eine Ernährung mit moderatem Fleischkonsum ohne Milchprodukte scheint der Kalziumversorgung keinen Abbruch zu tun. Denn obwohl die meisten Menschen in den Nicht-Milchländern auch Fleisch essen, genügt, was sie daneben an pflanzlicher Nahrung zu sich nehmen, für ihren Kalziumbedarf. Und da das auch bei Alaktasiern in den Milchländern möglich ist, muss die Frage gestellt werden, was den Unterschied wirklich macht. "Die Milch macht's", aber anders als die Milchwerbung suggeriert, denn es geht auch ohne Milch und es geht sogar besser.

Und last but not least: Wie kann die Menschheit es bis in unsere heutige Zeit geschafft haben, wenn sie erst vor 7000 Jahren mit dem Milchkonsum begonnen hat? Bis dahin verfügte sie ausschließlich über pflanzliche Kalziumquellen und erst mit der Laktasebildungsfähigkeit sind einige Menschen zu Laktasiern geworden, die das Milchkalzium nutzen konnten. Milchkalzium war jedoch immer nur eine Kalziumquelle unter vielen. Selbst Laktasier haben bis vor noch nicht einmal hundert Jahren ihre Kalziumversorgung hauptsächlich durch pflanzliche Nahrung gedeckt, was die Mehrheit der Menschen auf dieser Erde immer noch so hält. Die Kalziumdebatte auf die Milch zu fokussieren und zu verkürzen, ist daher befremdlich. Angesichts des anhaltenden Kalziummangels in

---

[16] Kasper, S. 369 ff.; Biesalski/Grimm, S. 50.

den Milchländern kann an der gängigen Theorie und Praxis des hohen Milchkonsums einiges nicht stimmen.

Übersehen wird außerdem die generelle, mit dem Enzymmangel einhergehende besondere Kalziumproblematik bei Milchkonsum. Entwicklungsgeschichtlich ist eine Zeit von nur 7000 Jahren sehr kurz. Die Laktase-Dominanz, auch in den Milchländern, ist nicht durchgängig und individuell sehr unterschiedlich. Der erst sei etwa dreißig Jahren in bisher nicht gekanntem Umfang stattfindende industrielle Milchkonsum dürfte die Enzymaktivität nicht nur von Alaktasiern, sondern auch die der meisten Laktasier überfordern und stellt folglich eine dauernde Quelle gesundheitlicher Beeinträchtigung dar.

8 Milchinhaltsstoffe und ihre Problematik

Hauptbestandteile

Die zwei großen Fraktionen der Milch sind Wasser mit ungefähr 87 und die Trockenbestandteile mit ungefähr 13 %.
Die Trockensubstanz besteht durchschnittlich aus
4,8 % Milchzucker (Laktose),
4 % Fetten (Lipide),
3,5 % Eiweißen (Proteinen),
0,7 % Mineralstoffen und Enzymen, Hormonen, Fremdstoffen und Vitaminen, die teilweise auch im Wasseranteil gelöst sind. Enzyme und Hormone sind zwar quantitativ unerheblich, haben jedoch ein erhebliches Wirkungspotenzial, das bis heute unzureichend erforscht ist.

Milchzucker/Laktose

Laktose, früher wegen ihrer sandartigen Struktur Sandzucker genannt, ist das Kohlenhydrat der Milch. In der Natur kommt sie ausschließlich in der Muttermilch der verschiedenen Säugetiere vor. Sie ist ein so genannter Zweifachzucker (Disaccharid). Laktose wird durch das Enzym Laktase in ihre beiden Einfachzucker, Traubenzucker (Glukose) und Schleimzucker (Galaktose), gespalten. Diese dienen den Jungsäugern als Nahrung. Nach dem Abstillen lässt im jungen Säugetierorganismus die Produktion des Enzyms langsam nach. Es wird daher für den Darm nach und nach schwieriger Milch zu verdauen. Im Erwachsenenalter wird schließlich keine oder nur noch eine geringe Menge des Enzyms produziert.
Milchzucker ist für die beträchtliche Anzahl von Menschen mit Veranlagung zum Laktasemangel eine hoch problematische Substanz. Weil das Phänomen der Milchzuckerunverträglichkeit in unseren Breiten zu wenig bekannt ist und Milchkonsum als gesund gilt, leidet ein großer Teil der Alaktasier an den negativen Folgen, die durch Milchkonsum auftreten. Für viele Menschen ist es daher wichtig zu wissen, dass Milchprodukte heute erheblich höhere Mengen Milchzucker enthalten als früher und dass er auch anderen Nahrungsmitteln zugesetzt wird.
Laktose kommt in großen Mengen in Milchpulver und Molkenpulver vor, bis zu 70 % des Pulvers können es sein. Durch die heutige hohe Milch- und Käseproduktion fällt entsprechend viel milchzuckerhaltiges Milch- und Molkenpulver an, für die es keine adäquaten Verwendungs-

möglichkeiten gibt. Die Entsorgung als Abfall der Lebensmittelproduktion ist extrem teuer und wird deshalb vermieden.

Ein Teil des milchzuckerhaltigen Milch- und Molkenpulvers wird heute generell der Produktion von Quark, Joghurt, Käse, Eiskrem und sonstigen Produkten zugeführt. Damit erhöht sich die Trockenmasse dieser Produkte und es kann, von VerbraucherInnen unbemerkt, Wasser in den Produkten gebunden werden, das nicht hineingehört, denn Milchzucker bindet Wasser sehr gut. Derart industriell hergestellte Milchprodukte enthalten also erheblich mehr Milchzucker als die aus traditioneller Produktion. Das Ausweichen auf Bioprodukte ist nur bei Hartkäse angeraten, da in der Regel auch Bio-Milchprodukte mit Milchpulver verstärkt werden.

Laktose süßt nur schwach. Deshalb ist sie ein ideales Füllmittel in industriell gefertigten Produkten, deren Feststoffanteil damit preiswert erhöht werden kann. Klassische Einsatzbereiche sind die Pharmazie und Metzgerei. Laktose wird als Grundsubstanz von Pillen und Tabletten und – damit er schön rot bleibt und etwas schwerer wird – in Schinken eingeführt bzw. bei der Wurstherstellung verwendet. Man versucht Laktose außerdem in immer mehr Lebensmittel einzuschleusen, entweder direkt als Milchzucker, häufiger jedoch indirekt in Form von Milch- und Molkenpulverzugaben: in Brot, Brötchen und anderen Bäckereiwaren, in Tiefkühlkost, besonders Tiefkühlgemüse und in sämtlichen verarbeiteten Lebensmitteln, wie Soßen, Fischkonserven und Fertiggerichte. Ab und zu findet sich sogar Gefrierfleisch, in das Milchzucker gespritzt worden ist.

Laktose bindet Aromen, was bei der Herstellung von Gewürzmischungen und Pulverkaffee und auch in der Getränkeindustrie genutzt wird. Man lese und staune: Sogar der simple Pulverkaffee, wohlgemerkt ohne Milchzugabe, kann laktosehaltig sein.

McDonalds musste 2006 zugeben, dass ihre US Pommes Frites 'natürliche Aromen' aus Weizen- und Molkereiprodukten enthielten.

Milchzucker gilt nicht als Zusatzstoff, deshalb findet er so gefälligen Einsatz. Sofern er einem Nahrungsmittel zugefügt ist, muss er als Zutat bei fertig verpackten Nicht-Milchprodukten auf der Verpackung ausgewiesen werden. Milchzucker wird jedoch eher selten deklariert. Er versteckt sich hinter Angaben wie Trockenmilcherzeugnis, Molkenpulver, Milchpulver und Milcheiweiß, das auch bestimmte Anteile Milchzucker enthalten darf. Auch die neue EU-Richtlinie[1] zur Etikettierung von Allergenen, die Milchzucker ausdrücklich nennt, hat daran nichts geändert. Sämtliche Milchbestandteile – auch in kleinen Mengen – müssen nach dieser Richtlinie seit November 2005 in Nicht-Milchprodukten ausgewiesen werden. Tatsächlich sehen wir eine umfassendere Deklaration von Allergenen. Wie die Angaben aussehen, bleibt im Großen und Ganzen jedoch dem Hersteller überlassen.

Das größte Übel ist nicht angegangen worden, die zusätzliche Untermischung von Milchbestandteilen in andere Milcherzeugnisse ist weiterhin völlig kennzeichnungsfrei.

Galaktose, Linsentrübung und Unfruchtbarkeit

Galaktose, auch Schleimzucker genannt, ist ein Einfachzucker (Monosaccharid). Sie schmeckt kaum süß. In der Natur kommt sie hauptsächlich in anderen Zuckern gebunden vor, in Laktose, Raffinose, Stachyose, Verbascose und in Dickungs- und Geliermitteln, wie Agar-Agar, Johannisbrotkernmehl, Gummistoffe, Pectinstoffe, Carrageen und Algen. In allen verarbeiteten Fertignahrungsmitteln ist in der Regel einer dieser Stoffe als Zutat zu finden.

Die Hauptquelle von Galaktose ist jedoch der in jedem Milchprodukt vorkommende Milchzucker. Außer Milchprodukten enthalten nur noch einige Hülsenfrüchte nennenswerte Galaktosemengen. Aus Pflanzen kann sie vom Körper nur in geringem Umfang aufgenommen werden, so dass Milchprodukte die bei weitem umfangreichste Galaktosequelle darstellen. Der vergleichsweise hohe Galaktosegehalt von Milchprodukten wird aus der folgenden Tabelle deutlich.[2]

---

[1] EU ABl. L Nr. 308, S. 15 ff. vom 25. Nov. 2003.
[2] Vgl. Souci-Fachmann-Kraut, Lebensmitteltabelle für die Praxis.

Milchprodukte	Galaktosegehalt pro 100g
Trinkmilch	2750 mg = 2,75 g
Joghurt	2750 mg
Quark	2750 mg
Cheddar (Käse)	2000 mg
Parmesan (Käse)	300 mg
Leguminosen	
Kidneybohnen	153 mg
Linsen	116 mg
Sojabohnen	44 mg
Pflanzliche Nahrungsmittel	(nur solche mit über 100 mg Galaktosegehalt)
Tomaten	23 mg
Wassermelonen	15 mg
Datteln	11 mg
Obst, Gemüse	
sämtliche handelsüblichen Gemüse- und Obstsorten, wie Karotten, Kohlarten, Kartoffeln, Avocados, Zucchini, Äpfel, Orangen, Aprikosen u.a.	5–10 mg
Getreide, Nüsse, Samen	0 oder Spuren
Fleisch	0

Tabelle 4

Galaktose ist ein Stoff, den der menschliche Körper braucht. Denn sie spielt im Zell- und Gehirnstoffwechsel eine große Rolle. Die Gehirnentwicklung dürfte ein Grund sein, warum menschliche Muttermilch den höchsten Galaktosegehalt unter allen Säugetieren aufweist (Muttermilch ca. 3,7 g/100 g, Rohmilch Kuh ca. 2,5 g/100 g).

Weil Galaktose so wichtig ist, kann der Körper sie selbst herstellen, sie muss also nicht mit der Nahrung zugeführt werden. Dies mag begründen, dass wir früher nur wenige galaktosehaltige Lebensmittel zu uns nahmen. Erst über die moderne Milchernährung werden wir täglich mit hohen Galaktosemengen konfrontiert.

Wir nehmen sie jedoch zunächst nicht als reine Substanz zu uns, sondern in Form von Milchzucker. Dieser wiederum wird im Dünndarm durch das Enzym Laktase in seine beiden Bestandteile gespalten. Erst nach diesem Prozess ist Galaktose in ungebundener Form vorhanden. Obwohl ein Einfachzucker wie Glukose, der vom Körper sofort als Nahrungskohlenhydrat in Energie umgesetzt werden kann, ist Galaktose für den Körper nicht verwertbar. Sie muss erst in der Leber zu Glukose umgebaut werden. Dies geschieht wieder mittels verschiedener Enzyme, die Zusammenhänge sind aber nicht völlig bekannt und erforscht. Drei Enzyme spielen eine Rolle. Fehlen sie oder eines davon oder ist ihre Aktivität eingeschränkt, kommt es beim Verzehr von galaktosehaltigen Nahrungsmitteln zu leichten oder schweren gesundheitlichen Beeinträchtigungen. Denn freie Galaktose, die nicht oder nur eingeschränkt zu Glukose umgebaut wird, zirkuliert im Blut und dort ist sie Gift für den Körper.

Die Krankheiten, die auftreten, sind Folgende: Die leichteren betreffen die Ansammlung von Galaktitol in den Augenlinsen, was zur Ausprägung von Linsentrübungen (Katarakten) führt, z. B. dem Grauen Star. Die schwerwiegenderen komplexeren Krankheitsbilder werden der klassischen Galaktosämie zugeordnet.[3] Neben Linsentrübungen führen sie zu Störungen des Nervensystems, der Feinmotorik, zu geistiger Retardierung und Ovarialstörungen. Frauen, die an der klassischen Galaktosämie leiden, weisen Unregelmäßigkeiten an ihren Eierstöcken auf und sind meistens unfruchtbar, was darauf zurückgeführt wird, dass Galaktose die Keimzellen der Eierstöcke angreift. Mit dieser Eigenschaft der Galaktose bringt man das erhöhte Risiko für Ovarialkrebs unter hohem Milchzuckerkonsum in Verbindung. Von den schweren Erkrankungen

---

3 Einen guten Überblick über den neuesten Forschungsstand zu Galaktosämie geben das Merck Manual of Diagnosis and Therapy, Chapter 269, im Internet abrufbar, und die Internetseiten der Washington University zu Galactosemia. Die klassische Galaktosämie wird heute über das Neugeborenen-Screening zweifelsfrei erkannt.

durch Galaktose sind glücklicherweise nur wenige Menschen betroffen, von den Augenkrankheiten jedoch erheblich mehr, wobei aber in der Regel dem Zusammenhang von Milchkonsum (hoher Galaktosegehalt) und Erkrankung keine Aufmerksamkeit geschenkt wird.

Interessant ist folgendes Phänomen, das die besondere Toxizität von Galaktose auf die Keimdrüsen der Eierstöcke beleuchtet:

Es scheint so, dass hoher Milchkonsum Auswirkungen auf die Fruchtbarkeit von Frauen hat. Amerikanische und finnische ForscherInnen haben in einer breit angelegten Studie die Fruchtbarkeitsdaten aus 36 Ländern, den Milchkonsum pro Kopf und die Laktoseintoleranz der weiblichen Bevölkerung ausgewertet und einen deutlichen Zusammenhang zwischen Milchkonsum und weiblicher Unfruchtbarkeit festgestellt. Ähnliche Beobachtungen sind in anderen Studien gemacht worden. Je höher der Milchkonsum, desto höher die Unfruchtbarkeit, besonders in höherem Alter.[4] Es wird angenommen, dass die Galaktose in den Milchprodukten und im Milchzucker dafür verantwortlich ist. Ähnliche Beobachtungen sind in anderen Studien festgehalten worden. Einiges spricht sogar dafür, dass bei Alaktasiern mit dem Problem der Aufspaltung und Verwertung von Milchzucker ähnliche Schwierigkeiten auch bezüglich der Galaktose bestehen.[5] Auch auf die Keimdrüsen der männlichen Hoden scheint Galaktose negativ zu wirken, wie eine neue deutsche Studie zu Hodenkrebs zeigt.[6] All das macht den heutigen hohen Milchprodukteverzehr so problematisch.

Um zu begreifen, dass der stark vermehrte Galaktosekonsum durch Milch und Milchprodukte alles andere als unbedenklich ist, muss Folgendes bedacht werden: Der Mensch verfügt zwar über Enzyme, mit denen er Nahrungsgalaktose umwandelt und adäquat seinem Stoffwechsel verfügbar machen kann. Die Anflutung von Nahrungsgalaktose dürfte jedoch bis vor etwa 7000 Jahren, als Butter und Käse allmählich in unseren Speiseplan integriert wurden, relativ gering gewesen sein. Das auch,

---

[4] Cramer u. a. in: The American Journal Of Epidemiology, 1994, Feb., 139(3), S. 282-289.

[5] Zumindest für schwarze Amerikaner, die zum überwiegenden Teil Alaktasier sind, wurde eine signifikant niedrigere Enzymaktivität für den Abbau von Galaktose festgestellt als bei Weißen, die meist Laktasier sind. Tedesco u. a in: American Journal Of Human Genetics, 1975, 27(6), S.737-747.

[6] Stang u. a. in: Cancer Epidemiology, Biomarkers & Prevention, 2006, Nov., 15(11), S. 2189-2195

weil Galaktose aus Pflanzen nur schlecht verwertet wird. Menschen sind daher wahrscheinlich auch in Bezug auf den Galaktosestoffwechsel an einen hohen Milchverzehr nicht angepasst. So ist bekannt, dass das Enzym Galaktokinase, das im Galaktosestoffwechsel eine Rolle spielt, im Erwachsenenalter in seiner Aktivität erheblich eingeschränkt ist. Dem dürfte ein ähnlicher Mechanismus zugrunde liegen wie bei der Laktase. Beide Enzyme sind ursprünglich nur im Kleinkindalter physiologisch notwendig gewesen, um den Muttermilch-Milchzucker in Glukose und Galaktose umzuwandeln und anschließend Galaktose in Glukose. Als Erwachsene wurde keine Milch und damit auch kein Milchzucker mehr konsumiert. Die entsprechenden Enzyme wurden für den Stoffwechselprozess nicht mehr gebraucht. Ob die beiden anderen Enzyme, die im Galaktosestoffwechsel eine Rolle spielen, auf die heutige Galaktoseanflutung überhaupt ausgerichtet sind, ist eine offene Frage. Bezüglich des Stoffwechsels rund um die Galaktose ist noch vieles unbekannt und bedarf der Aufklärung.

Welch hoher Galaktosegehalt unsere moderne Milchernährung prägt, lässt sich leicht anhand der Tabellenangaben errechnen.
Beispiel: Ein Glas Milch (300 g) enthält ungefähr 8250 mg Galaktose, ein 250-g-Joghurtbecher ungefähr 6875 mg. Es müssten etwa 82 Kilo Möhren oder 36 Kilo Tomaten gegessen werden, um genauso viel Galaktose aufzunehmen wie mit einem Glas Milch. Und es müssten ungefähr 15 Kilo Sojabohnen verspeist werden, um mit dem Galaktosegehalt eines Joghurtbechers gleichzuziehen.[7]
Unsere prähistorischen Vorfahren sind über hunderttausende von Jahren nur mit geringen Galaktosemengen aus Pflanzennahrung in Berührung gekommen, wie aus archäologischer Ernährungsforschung geschlossen werden kann. Es ist daher wahrscheinlich, dass die heute üblicherweise zu verdauenden Mengen Milch-Galaktose evolutionsgeschichtlich betrachtet im wahrsten Sinne des Wortes unverdaulich sind.

---

[7] In der ersten Auflage dieses Buches ist das Rechenbeispiel zu niedrig angesetzt worden. Grund war ein Mengenfehler in der Tabelle zum Galaktosegehalt. Da Angaben zum Galaktosegehalt von Lebensmitteln nur schwer zu erhalten sind, wurde auf die Internetseiten der Washington-Universität zu Galaktosämie zurückgegriffen. Diese enthalten bis heute einen Mengenfehler, den wir leider in die 1. Auflage übernommen haben. Wir bitten das Versehen zu entschuldigen.

Es kann nur staunend zur Kenntnis genommen werden, wie wenig im medizinischen Bewusstsein verankert ist, dass Milchprodukte Galaktoseprodukte schlechthin sind. Denn zumindest im Bereich von Augenkrankheiten ist die Problematik von Galaktose unbestritten.

Mit jeder Milchschokolade, mit jedem Joghurt, mit jeder Eiskrem nehmen wir große Mengen Galaktose zu uns. Industrie-Eiskrem wird mittlerweile aus prozesstechnischen Gründen mit Galaktose angereichert. Und laktosefreie oder laktosereduzierte Milchprodukte enthalten ebenfalls große Mengen freier Galaktose. Denn das angeblich einzige wirtschaftliche Verfahren, das zur Laktosereduktion bekannt sei, besteht in der enzymatischen Spaltung des Milchzuckers in Glukose und Galaktose, die als solche in den laktosefreien Milchprodukten enthalten bleiben. Was der Körper nicht leistet, nämlich die Spaltung des Milchzuckers, erledigt die Fabrik. So weit, so gut. Wer hat dabei aber an die Galaktose gedacht?

Zur Klarstellung: Galaktose ist ein lebensnotwendiger Stoff, den der menschliche Körper selbst synthetisiert, ohne auf die Zuführung von Nahrungsgalaktose angewiesen zu sein. Treten in diesem Prozess Störungen auf, kann es angezeigt sein, einen Mangel an Eigen-Galaktose durch Zuführung von außen auszugleichen.

Cholesterin

Welches das rechte Maß der Cholesterinzufuhr für Menschen ist, darüber mag trefflich zu streiten sein. Festzuhalten bleibt hier, dass Milch und besonders Milchprodukte im Verhältnis zu anderen Lebensmitteln große Mengen Cholesterin enthalten. Ein Beispiel:

Ein Glas mit 300 g Vollmilch – 3,5 % Fettgehalt – enthält 36 mg Cholesterin.

Viele Wurstsorten, Salami- und Schinkenerzeugnisse enthalten dagegen nur Spuren von Cholesterin, sofern sie aus guten Rohmaterialien hergestellt sind. Robert Cohen, einer der Hauptkritiker des heutigen Milchkonsums, pflegt diesen Zusammenhang in Schinkenscheiben auszudrücken: Isst man an einem Tag beispielsweise 750 Kilokalorien in Form von Milchprodukten, nimmt man etwa 160 mg Cholesterin zu sich. Das entspricht der Cholesterinmenge von ungefähr 53 Schinkenscheiben.[8]

---

8   Cohen, Milk, The Deadly Poison, Kapitel 10.

Milch/Käse im Verhältnis zu Fleisch sieht diesbezüglich folgendermaßen aus: [9]

100 g	Cholesterin
Schichtkäse, 10% Fett	7 mg
Milch, 3,5% Fett	12 mg
Joghurt, 3,5% Fett	13 mg
Mozzarella	45 mg
Tilsiter, 45% Fett	60 mg
Parmesan	70 mg
Edamer, 40% Fett	70 mg
Camembert, 50% Fett	70 mg
Emmentaler, 45% Fett	90 mg
Gouda, 45%	115 mg
Butter	240 mg

Truthahn, Jungtier	kein
Hammelmuskelfleisch	70 mg
Kalbsmuskelfleisch	70 mg
Rindermuskelfleisch	70 mg
Schweinemuskelfleisch	70 mg
Truthahn, ausgewachsen	75 mg
Brathuhn	80 mg
Gans	85 mg

Tabelle 5

Die Tabelle enthält Durchschnittswerte. Teilstücke, z. B. Rinder-, Kalbs-, Hammelfilet oder geräucherter und gesalzener Schweineschinken, enthalten kein oder kaum Cholesterin.

---

[9] Souci-Fachmann-Kraut, Lebensmitteltabelle für die Praxis.

Milcheiweiß

Die Eiweiße der Milch bestehen aus zwei sehr unterschiedlichen Fraktionen, den Kaseinen und den Molkenproteinen. Kaseine machen etwa 80 und Molkenproteine etwa 20 % des Gesamteiweißes aus.

Sämtliche Milchproteine zusammengenommen sind neben Hühnereiweiß die häufigsten Verursacher von 'echten' Nahrungsmittelallergien.[10] Sie kommen besonders häufig im Kleinkindalter vor.

β-Kasein

Vom β-Kasein sind mehrere Varianten bekannt. Die beiden Hauptfraktionen sind βα1 und βα2. Die βα1-Variante wird mit einem signifikant erhöhten Risiko, an Diabetes Typ I zu erkranken, in Verbindung gebracht. Speziell europäische Rinderrassen produzieren mehr β-Kasein-α1 als z.B. afrikanische und indische Rassen. Die Forschungen hierzu stecken noch in den Kinderschuhen, siehe im weiteren Kasomorphine.[11]

β-Lactoglobulin

β-Lactoglobulin ist ein Kuhmilch-Molkenprotein, das in Humanmilch nicht enthalten ist. Entsprechend kommt unter den Milcheiweißallergien diejenige gegen das Molkeneiweiß β-Lactoglobulin am häufigsten vor.[12] Außerdem zeigen zahlreiche Studien, dass β-Lactoglobulin auch ein Risikofaktor bei der Entstehung von Diabetes Typ I ist.[13]

Serumalbumin

Ähnliches wie für β-Lactoglobulin gilt für das Serumalbumin, ebenfalls ein Molkenprotein, das, wie in Kapitel 5 beschrieben, bei der Entstehung von Diabetes Typ I eine Rolle spielen dürfte.

Minorproteine

Minorproteine, wie die Eisen bindenden Proteine Transferrin und Lactoferrin sowie die Immunglobuline, erfüllen in der Kuhmilch dieselben Auf-

---

[10] Vgl. Kasper, S. 174.

[11] Vgl. Seebaum: Wertigkeit von A1- und A2-Antikörpern gegen ß-Casein beim Typ I Diabetes mellitus: Eine prospektive Familienstudie, Dissertation.

[12] Zur Allergenität von Kuhmilcheiweißen siehe Illing, Allergische Erkrankungen im Kindesalter, S 43 ff. und Ferguson und Watret in: Schlimme, Milk Proteins, Nutritional, Clinical, Functional and Technological Aspects, S. 261 ff.

[13] Vgl. Dahlquist, Savilahti u. a. in: Diabetologia, 1992, 35, S. 980 ff.

gaben wie in der Humanmilch: Sie regeln die Infektabwehr, genauer gesagt, das Immunsystem des jungen Säugers.
Die Funktion der meisten anderen minoren Proteine sind nicht bekannt.

Einen Überblick über die einzelnen Milchproteine gibt die folgende Tabelle:

Protein	Anteil am Gesamtprotein[14]	Bemerkung[15]
Kaseine		sämtliche sind Allergene
α s1	30,6 %	starkes Milch-Allergen
α s2	8,0 %	
κ	0,1 %	
β	28,4 %	Diabetes?
γ1	2,4 %	
γ2	2,4 %	
γ3	2,4 %	
λ	Spuren	
Molkenproteine		
β-Lactoglobulin	9,8 %	stärkstes Milch-Allergen, Diabetes?
α-Lactalbumin	3,7 %	Allergen
Serumalbumin	1,2 %	Diabetes?
Immunglobuline (Ig)		
Ig G 1	3,3 %	Immunglobuline sind
Ig G 2	0,7 %	die hitzeempfind-
Ig A	0,7 %	lichsten Proteine und dienen dem
Ig M	0,3 %	Immunschutz
Enzyme	in Spuren	können trotz der
Minorproteine	in Spuren	geringen Mengen hochwirksam sein

Tabelle 6

---

14 Nach Kielwein, Leitfaden der Milchkunde und Milchhygiene, S. 23.
15 Eigene Zusammenstellung.

Kasomorphine – Exorphine – A1/A2-Milch

Unter Exorphinen werden Opiaten ähnliche Eiweißteilstücke verstanden, auch Opiatpeptide genannt, die der Körper selbst nicht bildet, sondern aus den mit der Nahrung aufgenommenen Proteinen abspaltet. Sie wirken wie Opiate, machen also glücklich und süchtig, beruhigen und lindern Schmerzen. Ansonsten weiß man nicht viel über ihre physiologische Bedeutung. Sie werden bei der Verdauung nicht in ihre Aminosäurebausteine zerlegt, sondern gelangen als solche in die Blutbahn und ins Gehirn, wo sie ihre Wirkung entfalten. In der Pflanzen- wie in der Tierwelt finden sich solche Exorphine. 'Glücklichmacher' gibt es besonders im Getreide (Gluten) und in der Milch.[16] Exorphine aus Milch entstehen bei Säugetieren meist aus den Kaseinen der Muttermilch während ihrer Verdauung im Darm. Man nennt sie daher auch Kasomorphine oder bioaktive Kaseine. Sie sind offensichtlich für den Nachwuchs der Säugetiere und des Menschen von großer Bedeutung, regeln den gesamten Stoffwechsel, das Lustempfinden und die Darmtätigkeit.[17]

Jede Muttermilch, also auch die Kuhmilch, enthält Kaseine, die bei der Verdauung zu Kasomorphinen abgebaut werden. Durch den Verzehr von Kuhmilch nehmen Menschen die für Kühe artspezifischen Exorphine zu sich. Von daher dürften prinzipiell Zweifel bestehen, ob eine solche Ernährung für den Menschen taugt, werden doch heute viele spezifische Symptome mit den bioaktiven Substanzen der Milch in Verbindung gebracht: beispielsweise das Aufmerksamkeits-Defizit-Syndrom (ADS) bei Kindern oder Depressionen bei Erwachsenen und Autismus (Kapitel 5). Und das häufig auftretende Obstipations-Phänomen durch Milch ist unter anderem wahrscheinlich eine Folge der den Darm beruhigenden Wirkung von Kasomorphinen.

Solche Phänomene und vermuteten Zusammenhänge sind nicht neu. Von der Antike bis in die Neuzeit galt Käse, der ja zum großen Teil aus Kaseinen besteht, als ungesund. Das Ziegenkäseverbot[18] für Epileptiker bei Hildegard von Bingen und anderen Zeitgenossen kam offensichtlich einem generellen Käseverbot gleich, zumal in dieser Zeit auch kaum Kuhmilchkäse hergestellt worden ist. Da sich die Proteinzusammensetzung von Ziegenmilch nicht wesentlich von der Kuhmilch unterscheidet,

---

[16] Jakubke und Jeschkeit, Aminosäuren, Peptide, Proteine, S. 328 ff.

[17] Schlimme, Milk Proteins, Nutritional, Clinical, Functional and Technological Aspects, S. 143.

[18] Zur Deutschen Volkskunde, Stichwort Käse.

dürften die beiden diesbezüglich vergleichbar sein. So kann ein offensichtlich altes, tradiertes Erfahrungswissen über den Zusammenhang von Kaseinen mit neurologischen Erkrankungen angenommen werden. Dieses Jahrhunderte alte Wissen wird mittlerweile auch von Teilen der modernen Wissenschaft geteilt.

In Neuseeland und Australien ist über die vermutlich gesundheitsschädliche Wirkung der Kasomorphine unter Wissenschaftlern ein heftiger – auch öffentlich ausgetragener – Streit entbrannt. Wer dort in Supermärkte geht, findet Werbung für *A2-Milch* vor, die angeblich keine Gesundheitsgefahren verursacht, während *A1-Milch* der Gesundheit abträglich sein soll.

Hintergrund ist, dass 1 Liter Milch etwa 10 g β-Kasein enthält, das wiederum während der Verdauung zu β-Kasomorphin 7 umgebaut werden kann. β-Kasomorphin 7 ist nach bisherigem Kenntnisstand das am stärksten opioid wirkende Kasein der Milch. Bei den europäischen und davon abstammenden amerikanischen, australischen und neuseeländischen Rinderrassen ist das βα1-Kasein, das zu β-Kasomorphin 7 umgewandelt wird, vorherrschend, während andere Rinderrassen, hauptsächlich indische und afrikanische, die βα2-Kasein-Variante hervorbringen, die sich bei der Verdauung nicht in Kasomorphine umwandeln kann. Die so genannte A1-Milch enthält daher latent mehr Morphine als A2-Milch und soll demnach mit Zivilisationserkrankungen wie Autismus, Schizophrenie, Diabetes Typ I und Herzerkrankungen in ursächlichem Zusammenhang stehen.[19]

Wegen ihrer Bedeutung für die Volksgesundheit hat die neuseeländische Regierung die A1-/A2-Milch-These wissenschaftlich überprüfen lassen. Im so genannten Swinburn-Report wurde das Ergebnis 2004 veröffentlicht. Er blieb neutral, sprach sich also weder für noch gegen die These aus, nannte sie jedoch „verblüffend und möglicherweise sehr bedeutend für die Volksgesundheit, wenn sie sich als richtig herausstellt. Sie sollte als seriös betrachtet werden, wobei weitere Forschung nötig ist."[20]

---

[19] Pediatrics, 2000, Oct., 106(4), S. 719-724,
   http://www.lincoln.ac.nz/story_images/837_a2milkdebate_s3292.pdf
[20] http://www.nzfsa.govt.nz/policy-law/projects/a1-a2-milk/a1-a2-report.pdf

Vitamine

Der Vitamingehalt der Milch ist sehr vom Futter und von der Haltung der Tiere abhängig. Die in größeren Mengen in Milch vorhandenen Vitamine sind Vitamin A, B 1, B 2, B 12, E und K; Vitamin C kommt nur in Spuren vor; Vitamin D schon immer nur bei Sommerfütterung. Der Vitamin-D-Gehalt von Milch hat durch die heutigen Haltungsbedingungen stark abgenommen, auch im Sommer. Nicht ohne Grund wird beispielsweise in den USA Trinkmilch mit Vitamin D angereichert.

Die Verfügbarkeit dieser Substanzen in der Milch ist von Erhitzungsgrad und -dauer abhängig. Bei pasteurisierter Milch ist der Vitaminverlust geringer als bei den beiden anderen Erhitzungsverfahren UHT und Sterilisation, jedoch auch vorhanden. Hauptsächlich von Verlusten betroffen sind der Vitamin-B-Komplex und Vitamin C, was pasteurisierte und anderweitig erhitzte Milchprodukte zu einer dürftigen Vitaminquelle macht.

Vitamin B12

Vitamin B12 aus Milch (300-500 ng/100 g) wird zu Unrecht immer stärker in der Milchpropaganda als positiver Inhaltsstoff beworben. B12 ist nur in tierischen Lebensmitteln enthalten und wird vom Körper über Jahre gespeichert, so dass einzig und allein Dauerveganer auf lange Sicht ein Problem damit haben könnten. Wer tierische Lebensmittel zu sich nimmt, also neben Milch auch Fleisch, Fisch und Eier, wird – sofern gesund – nie in den Zustand einer Unterversorgung mit B12 kommen. Denn Eier, Fleisch und Fisch enthalten im Verhältnis erheblich mehr B12 als Milch. Besonders hohe Gehalte befinden sich in Hammelfleisch (3 µg/100 g) und Thunfisch (4 µg/100 g) und außergewöhnlich hohe in Kaninchenfleisch (10 µg/100 g), Makrele (9 µg/100 g), Hering (11 µg/100 g) und Innereien (20-65 µg/100 g). Da mutet es schon seltsam an, dass ausgerechnet Milch als Vitamin B12-Quelle beworben wird.

Mineralstoffe und Säuren

Kalium

Milchwerbung ist allgemein auf den Kalziumgehalt ausgerichtet, obwohl das Kalium mit seinem noch höheren Vorkommen (1500 mg/kg) der Werbung eigentlich noch bessere Argumente böte. Haben Sie schon einmal von Milch in Zusammenhang mit einer guten Kaliumversorgung gehört? Wahrscheinlich nicht. Teilweise kommt Milch als Kaliumlieferant in der Ratgeberliteratur gar nicht vor. Warum das so ist, darüber kann nur spekuliert werden. Vielleicht ist der Grund ein gedeckter Kaliumbedarf durch hohen Milch- und Milchprodukteverzehr, besonders wenn wir noch zusätzlich andere kaliumreiche Lebensmittel, wie Obst, Gemüse und Kartoffeln, verspeisen. Oder leiden wir durch den hohen Milch-, Gemüse- und Obstverzehr vielleicht generell an einer Überversorgung mit Kalium? Zu viel Kalium ist auch nicht gut und kann beispielsweise Herzrhythmusstörungen verursachen.

Kalzium, Magnesium, Phosphor

Milch enthält zwar viel Kalzium (1200 mg/kg), allerdings ist erstens fraglich, wie viel davon verfügbar ist, denn etwa zweidrittel sind in den Kaseinmizellen gebunden, und zweitens, wie viel vom menschlichen Körper davon überhaupt verwertet werden kann.

Milch enthält wenig Magnesium. Die neuesten Veröffentlichungen gehen nur noch von 100 mg/kg aus.[21] Das Verhältnis von Kalzium und Magnesium in der Milch liegt daher nur bei zwölf zu eins.

Magnesium ist ein für die Kalziumresorption wichtiges Mineral. Damit Kalzium, das in der Milch hauptsächlich als Kalziumphosphat vorliegt, vom Körper aufgenommen werden kann, muss reichlich Magnesium vorhanden sein, das gemeinsam mit Vitamin B 6 (Pyridoxin) das Kalziumphosphat auflösen soll. Für den hohen Kalziumgehalt der Milch ist ihr Magnesiumgehalt aber viel zu niedrig um eine effektive Kalziumaufnahme zu garantieren.

Der hohe Phosphor-Anteil (900 mg/kg) führt dagegen zu einer ausgeglichenen Kalzium-Phosphat-Bilanz in der Milch selbst. Werden jedoch zusätzlich phosphatreiche Lebensmittel konsumiert, Soft-Drinks, Hartkäse, Schmelzkäse, Kochkäse, wird diese K-P-B gestört und das vorhandene Kalzium kann nicht mehr so gut resorbiert werden.

Zink

Zink (360-400 µg/100 g) wird neuerdings von der Werbung im Zusammenhang mit Milch eine besondere Bedeutung zugesprochen. Auch das ist irreführend. Um nur die Hälfte der täglichen Zufuhrmenge zu erreichen, müssten etwa 2½ Liter Milch konsumiert werden. Ein so hoher Konsum ist jedoch auch in einem Milchland wie dem unseren noch nicht

---

[21] Töpel, Chemie und Physik der Milch, S. 4.

üblich. Hinzu kommt, dass Zink und Kalzium antagonistisch wirken. Der hohe Kalziumgehalt der Milch hemmt die Zinkresorption.[22]

Eisen

Milch enthält nur geringe Mengen Eisen. Gerade für Frauen, die sehr viel Milchprodukte zu sich nehmen und häufig das eisenhaltige Fleisch damit ersetzen, ist das von Bedeutung. Denn Frauen leiden bekanntlich häufig an Eisenmangel, was im Ernährungsbericht 2004 erneut Bestätigung fand.

Jod

Im Rahmen der Jodprophylaxe wird seit den späten 1990er Jahren das Tierfutter jodiert, was für Milchkühe und Milchprodukte dramatische Auswirkungen hat, denn ihr Jodgehalt ist seit dieser Zeit um das Fünffache gestiegen. Da mittlerweile auch bei der Nahrungsmittelherstellung fast ausschließlich jodiertes Salz eingesetzt wird, dürften wir inzwischen eher zu viel als zu wenig Jod zu uns nehmen. Nachdem die Risiken der Überjodierung erkannt wurden, vor der Experten von Anfang an gewarnt hatten, hat die EU die zulässigen Höchstgehalte an Jod im Futter für Milchkühe im Jahre 2005 wieder um die Hälfte gesenkt, von 10 mg/kg auf 5 mg/kg Mischfutter. Diese neue Obergrenze liegt noch zehnfach über dem Bedarf der Tiere![23] Auch wenn diese Grenze in Deutschland angeblich nicht ausgeschöpft wird, ist leicht nachvollziehbar, dass durch permanente Überjodierung unsere Milchkühe schilddrüsenkrank werden. Für ihren Stoffwechsel jedenfalls bedeutet die dauernde unphysiologisch hohe Jodaufnahme Dauerstress. Die dadurch verursachten Tierkrankheiten werden durch das frühe Schlachten der Kühe jedoch öffentlich nicht auffällig.

Zum angeblichen Wohle der VerbraucherInnen liegt heute sicherheitshalber eine Dreifach-Jodierung vor: jodiertes Tierfutter mit hohem Jodgehalt im tierischen Erzeugnis, jodiertes Salz in der Nahrungsmittelverarbeitung und schließlich noch jodiertes Salz in der heimischen Küche. Da liegt es auf der Hand zu fragen, ob diese mittlerweile allgegenwärtige Jodüberdosis noch gesundheitlich unbedenklich ist.

Im eigenen Haushalt können VerbraucherInnen sich jedenfalls der dritten Jodierungsstufe entziehen und auf jodfreies Salz umsteigen.

---

[22] BfR, Verwendung von Mineralstoffen in Lebensmitteln, S. 253 ff.
[23] Flachowsky u.a. in: Ernährungs-Umschau 2006, 53 (1), S. 17-21.

Zitronensäure

Zitronensäure ist in Milch sehr reichlich vorhanden (2450 mg/kg), doppelt so viel wie Kalzium. Allerdings ist Milch nicht als Zitronensäurelieferant bekannt, sondern eher die Limonaden und Fertiggerichte, denen Zitronensäure (E 330) zusätzlich beigemengt wird.

Zitronensäure verursacht im Kleinkindalter häufig Unverträglichkeitsreaktionen, über deren Ursache man rätselt, weil Säuglinge in der Regel weder Fertiggerichte noch Limonaden erhalten. Wenn man aber weiß, dass Milch geradezu eine reiche Zitronensäurequelle ist, könnte man die Lösung kennen.

Eine Aufgabe der Zitronensäure ist der Aluminiumtransport ins Gehirn, weswegen sie in Bezug auf Erkrankungen, die mit Veränderungen des Gehirns einhergehen, als problematisch gilt.

Benzoesäure

Benzoesäure ist eine Substanz, die für Menschen gesundheitlich mindestens bedenklich ist. Die Säure selbst und ihre Salze finden als Konservierungsmittel in der Lebensmittelindustrie Verwendung und sind an den E-Nummern 210 bis 213 zu erkennen. Benzoesäure wirkt stark bakterien- und pilztötend. Für Tiere ist sie schon in kleinen Mengen tödlich und darf deshalb im Hunde- und Katzenfutter nicht als Konservierungsstoff eingesetzt werden. Weil ihr Einsatz in menschlicher Nahrung sehr verbreitet ist, besonders in verarbeiteten Lebensmitteln, verdächtigen Allergologen die Benzoesäure als Allergen.

Kaum bekannt ist, dass Benzoesäure auch natürlicherweise in Milch, besonders in Sauermilchprodukten, vor allem in Speisequark vorkommt. Obwohl dies seit gut 25 Jahren erkannt ist, schweigt die Fachliteratur dazu größtenteils – aus welchen Gründen auch immer. Die Tatsachen wären mit Sicherheit ungünstig für das Gesundheitsimage von Joghurt, Speisequark und Ähnlichem. Denn besonders Milcherzeugnisse mit Fruchtzubereitungen aus benzoehaltigen Früchten (Heidel-, Johannis-, Preiselbeeren, Pflaumen, Nüsse) erreichen sehr hohe Werte. So können 500 g Fruchtjoghurt durchaus 150 mg Benzoesäure enthalten. In 500 g Speisequark oder Joghurt ohne Früchten erreicht Benzoesäure Werte von 15 mg und mehr. In den 1970er Jahren wurde international eine Höchstmenge von 50 mg Benzoesäure pro 1000 g Fruchtjoghurt empfohlen, also 25 mg auf 500 g. Dieser Wert wird sehr oft schon allein durch den Milchanteil erreicht.

Vermutlich sind Unverträglichkeiten durch Benzoesäure nicht nur ihrem umfangreichen Einsatz in der Lebensmittelindustrie geschuldet, sondern zusätzlich unserem hohen Sauermilchkonsum.

Die Bildung von Benzoesäure in der Milch ist ein protektiver Mechanismus, der den Säugetiernachwuchs vor Schaden bewahren soll. Die Natur sorgt Eventualitäten vor: Saugt nämlich der Nachwuchs direkt am Euter des Muttertieres, enthält die Milch keine Benzoesäure. Sobald die Milch aber der Luft ausgesetzt ist (Oxydation), bildet sich aus der enthaltenen Hippursäure unter Mitwirkung von Milchsäurebakterien Benzoesäure, ein Stoff, von der Natur dazu bestimmt, die Milch für das Junge vor Bakterien und Pilzen zu schützen, falls mal etwas daneben geht. Der Prozess der Benzoesäurebildung in der Milch schreitet nach dem Melken mit großer Schnelligkeit voran. Schon in Rohmilch ist die Benzoesäure nachweisbar, während der Lagerung und besonders der Milchsäurefermentation steigt ihr Gehalt kontinuierlich an.[24]

Methionin

Methionin ist eine schwefelhaltige, essenzielle Aminosäure, die der Mensch nicht selbst bilden kann und die mit der Nahrung zugeführt werden muss. Sie kommt hauptsächlich in Milchprodukten und sonstigen tierischen Lebensmitteln vor. Unter zwei Gesichtspunkten ist sie von besonderem Interesse:

Erstens ist sie für Geschmacksveränderungen von Milch und Milchprodukten durch Lichteinwirkung verantwortlich. Wegen dieses von ihr verursachten Oxydationsgeschmacks müssen Milchprodukte lichtgeschützt verpackt werden. Sie würden sonst sehr unappetitlich schmecken. Man kann den so genannten Lichtgeschmack bis zu einem gewissen Grad durch Beimischungen von Früchten, Aromen und Zucker maskieren, was in Fermentationsprodukten, wie Joghurt, Quark und Käse, in denen der Methioningehalt relativ hoch liegt, auch gut zu realisieren ist.

Zweitens wird aus Methionin im menschlichen Körper Homozystein gebildet, das in unphysiologisch hohen Mengen – mittlerweile ziemlich unbestritten – die Entstehung von Arteriosklerose begünstigt.[25] Da der

---

[24] Klupsch, Saure Milcherzeugnisse Milchmischgetränke und Desserts, S. 234 ff.; Weber, Milch und Milchprodukte, S. 140.

[25] Es handelt sich um Untersuchungsergebnisse aus der amerikanischen Framingham Herzstudie, die seit 50 Jahren durchgeführt wird. Vgl. Ernährungsbericht 2000; Glueck u. a. in: The American Journal Of Cardiology, 1995, Jan.15, Nr. 75, S. 132 ff.

Sauermilch- und Käseverzehr in den letzten dreißig Jahren enorm gestiegen ist und damit der Methioningehalt der Nahrung, könnte dies für nahrungsbedingte Hyperhomozysteinämien von Bedeutung sein.
Auch bei anderen Erkrankungen scheint ein erhöhter Homozysteinspiegel im Blut eine Rolle zu spielen. In den USA sind 2002 Ergebnisse einer vor zehn Jahren begonnenen Alzheimer-Studie veröffentlicht worden.[26] Dabei stellte man bei den von Alzheimer betroffenen Testteilnehmern gegenüber den nicht erkrankten stark erhöhte Homozysteinwerte fest.
Da sich bei einem Methioninüberschuss im Körper Homozystein bildet, ist es durchaus relevant, ob wir viel oder wenig Methionin zu uns nehmen.[27]
Hier der Methioningehalt einiger Lebensmittel, jeweils pro 100 g:[28]

Molke	16 mg
Humanmilch	24 mg
Schlagsahne, 30% Fett	62 mg
Kuhmilch, 3,5%	84 mg
Kuhmilch, 1,5–1,8%	90 mg
Joghurt, 3,5%	100 mg
Joghurt, mager, 0,3%	110 mg
Hüttenkäse	150 mg

[26] Seshadri u.a. in: The New England Journal Of Medicine, 2002, Feb. 14, (346), S. 476-483.
[27] Homozystein wird von den B-Vitaminen 6 und 12 und Folsäure – früher B9 – abgebaut. Da man davon ausgehen kann, dass viele Menschen in industrialisierten Ländern eine zu geringe Folsäurezufuhr haben, kann es allein aus diesem Grund zu Störungen im Homozysteinstoffwechsel kommen. Seit 1998 werden in den USA zur Absenkung des Arteriosklerose-Risikos und um Fehlbildungen bei Neugeborenen zu vermeiden, Mehl und Cerealien mit Folsäure angereichert.
Eine informative Seite dazu von Dr. Seitz:
http://www.m-seitz.de/Homocystein/homocystein.htm
[28] Nach Souci-Fachmann-Kraut, Lebensmitteltabelle für die Praxis und USDA National Nutrient Database:
http://www.nal.usda.gov/fnic/foodcomp/srch/search.htm

Kondensmilch, 10 %	240 mg
Speisequark, 20 %	390 mg
Rahmfrischkäse	410 mg
Speisequark, mager	420 mg
Sauermilchkäse	590 mg
Brie, 30–50 % Fett i.Tr.	630 mg
Gouda-Käse, 45 %	740 mg
Emmentaler-Käse, 45 %	820 mg
Magermilchpulver	860 mg
Parmesan-Käse	960 mg
Gruyère-Käse	1546 mg

Schwein	555 mg
Hammel, mager	560 mg
Rind, mager	640 mg
Brathuhn	860 mg

Roggenmehl	140 mg
Weizenmehl	170 mg
Reis	170 mg
Mais	190 mg
Haferflocken	240 mg
Hirse	250 mg
Weizenkleie	250 mg
Weizenkeimlinge	560 mg

Kokosnuss	70 mg
Haselnüsse	140 mg

Walnüsse	220 mg
Mandeln	270 mg
Erdnüsse	310 mg

Kürbis	10 mg
Gemüse, insgesamt	ca. 10–50 mg
Obst	ca. 3–30 mg

Sojamilch	40 mg
Tofu hart	103 mg
Seidentofu	106 mg
fermentierte Tofuprodukte	97 mg

Tabelle 8

Methionin kommt hauptsächlich in tierischen Lebensmitteln vor, in pflanzlichen Lebensmitteln sehr viel weniger. Speziell fermentierte Milchprodukte, wie Joghurt, Käse und Quark, erhöhen den Methioningehalt unserer Nahrung stark. Der angegebene Methioningehalt bei Kuhmilch, Magermilchjoghurt und Speisemagerquark mag im Einzelnen gering erscheinen. Bezogen auf die Mengen, die davon verspeist werden, summiert sich der Gehalt jedoch auf beträchtliche Höhen, was insbesondere auffällt, wenn die durchschnittlich verzehrten Mengen an pflanzlichen Lebensmitteln gegenübergestellt werden.

Falls Sie sich folgende Produkte an einem Tag zuführen und glauben, sich hiermit etwas Gutes getan zu haben, dann nehmen Sie satte 1947 mg Methionin zu sich.

	Methioningehalt
1 Glas Milch, ca. 300 g	252 mg
1 Becher Joghurt, mager, 250 g	275 mg
250 g Speisequark, mager	1050 mg
50 g Gouda	370 mg
Summe	**1947 mg**

Tabelle 9

Wenn Sie jedoch auf Milchprodukte verzichten und das folgende Menü verspeisen, haben Sie sich lediglich 765 mg Methionin zugeführt.

1 Glas Orangensaft, ca. 300 g	60 mg
250 g Tofu	265 mg
300 g Gemüse	ca. 100 mg
200 g Reis	340 mg
Summe	**765mg**

Tabelle 10

CLA

CLA ist die Abkürzung von *conjugated linoleic acids*, zu Deutsch konjugierte Linolsäuren. Sie kommen u. a. im Milch- und Körperfett von Wiederkäuern vor. Ihnen wird seit Neuestem eine antikarzinogene Wirkung zugesprochen. Deshalb wird im Rahmen der Milchpromotion vermehrt auf diese und andere angeblich positive Wirkungen der CLA durch Verzehr von Milch/-produkten hingewiesen. Die Aussagen von Wissenschaftlern sind diesbezüglich viel zurückhaltender.[29] Die antikarzinogene Wirkung ist nur durch Tierstudien an Mäusen und Ratten und an Zellkultur-

---

[29] Vgl. Kasper, Ernährungsmedizin und Diätetik, S. 10 und Pfeuffer, Funktionelle Wirkung konjugierter Fettsäuren.

studien belegt. Andere Wirkungen, z. B. eine Körperfett reduzierende, waren bei Mäusen hoch, bei Schweinen erheblich niedriger. Aussagekräftige Untersuchungen an Menschen gibt es nicht.

Auffallend ist, dass die Untersuchungen direkt mit CLA und nicht mit Milchfett durchgeführt wurden. Letztlich ist aber anzunehmen, dass sowohl eine positive als auch negative Wirkung einzelner Substanzen auf ihrer Einbettung in den Gesamtzusammenhang des Lebensmittels beruht. Um dies sicher zu beurteilen, ist weitere Forschung auf jeden Fall nötig. Sollte sich die positive Wirkung der CLA bestätigen, so wäre der derzeitige Trend zu immer mehr fettreduzierten Milchprodukten und fettlosem Fleisch bedenklich.

Entgegen der Darstellung einiger Milchpromoter, die CLA hauptsächlich in tierischen Lebensmitteln ansiedeln, sollen diese auch in vielen anderen Lebensmitteln in hoher Konzentration vorkommen, z. B. in Nüssen, Sonnenblumenkernen, Disteln und Sojabohnen.

Bis zum Vorliegen genauerer Informationen und Forschungsergebnisse sollte die CLA-Debatte daher mehr dem Bereich Milchwerbung zugeordnet werden, als dem der unabhängigen Forschung. Unseriös erscheint die pauschale Milch-CLA-Werbung auch durch die starke Abhängigkeit vom Kuhfutter: Der CLA-Gehalt in der Milch ist bei Weidehaltung dreimal so hoch wie bei Silage- und Kraftfutterernährung. Milch aus Weidehaltung ist heute jedoch die Ausnahme.

Hormone

Die Funktion vieler Hormone, hormonähnlicher Verbindungen und bioaktiver Substanzen der Milch ist noch unerforscht. Von den bekannten Funktionen kennt man wiederum meistens ihre Wirkung auf die Menschen nicht. Diesbezüglich besteht erheblicher Forschungsbedarf.

Die Milch enthält Sexualhormone und solche, die den Hypothalamus, den gastrointestinalen Bereich (Magen, Darm), die Schilddrüse und die Nebenschilddrüsen beeinflussen, sowie schließlich verschiedene Wachstumshormone.[30] An dieser – keineswegs vollständigen – Aufzählung mag man schon erkennen, dass ein menschheitsgeschichtlich bis dato nie gekannter Milchkonsum als Bestandteil unserer heutigen Ernährung nicht unbedeutend sein kann.

---

[30] EU-BST-Tier-Report, hauptsächlich Kapitel 5, 9, 10. Cohen, Milk, The Deadly Poison, S. 238 ff.

Mittlerweile ahnt man etwas von der großen Wirkung, die Wachstumshormone entfalten könnten. Das noch immer spärliche Wissen ist weniger einer systematischen Milchforschung geschuldet, als vielmehr einer wirtschaftlichen Begebenheit: Die US-Firma Monsanto entwickelte in den 1980er Jahren ein gentechnisch hergestelltes Rinderwachstumshormon zur Erhöhung der Milchleistung von Kühen und wollte es dann in den 1990er Jahren in den Industrieländern vermarkten. Dieses *recombinante Bovine Somatotropin* (rBST) bedurfte der Zulassung vonseiten der zuständigen nationalen Behörden bzw. der EU. Im Rahmen dieser Zulassungsverfahren wurden in den USA, Kanada und der EU viele WissenschaftlerInnen mit Überprüfungen und Studienauswertungen betraut. Die Ergebnisse machten deutlich, dass rBST gravierend in den Stoffwechsel der Tiere eingreift und ihre Gesundheit beeinträchtigt. Trotzdem wurde es Anfang 1994 in den USA zugelassen. Kanada und die EU haben die Anwendung von rBST im Jahre 1999 endgültig verboten. Das EU-Verbot stützte sich auf einen Bericht des Wissenschaftlichen Ausschusses für Tiergesundheit und Tierschutz (SCAWAH), den BST-Tier-Report. Darin wird u. a. die Rolle von Wachstumshormonen, besonders des IGF I (= *insulin-like growth-factor* = Insulin-ähnlicher Wachstumsfaktor), des stärksten in der Natur vorkommenden Wachstumshormons, dargestellt. Die Bildung von IGF I wird durch Verabreichung von rBST an Milchkühe verstärkt und bewirkt daraufhin in der Milchdrüse die Erhöhung der Milchproduktion.

> rBST-Verabreichung $\Rightarrow$ erhöhtes IGF I $\Rightarrow$ höhere Milchproduktion

In natürlicher Milch ist IGF I bereits vorhanden. Wird zur Steigerung des Milchertrages zusätzlich rBST verabreicht, steigt der IGF-I-Spiegel und der anderer Wachstumshormone in der Milch weiter an. Das wäre nicht weiter tragisch, könnte man meinen, da es sich um ein Rinderwachstumshormon handelt. Das entspricht jedoch auch nur der halben Wahrheit. Denn IGF I ist ein Wachstumshormon, das artübergreifend identisch ist. Zur Unterscheidung: Während die artspezifischen Wachstumshormone der Säugetiere in ihrer Aminosäurestruktur differieren, sind die so genannten Wachstumsfaktoren artübergreifend identisch oder sehr ähnlich, so weit dies bisher erforscht ist. IGF I ist ein solches in seiner Aminosäurestruktur identisches beziehungsweise sehr ähnliches Wachstumshormon unter höheren Säugern. Gerade das vom Rind und vom menschlichen Körper produzierte IGF I ist identisch.

Somit wird die Sache kompliziert. Denn IGF I zirkuliert nicht frei im menschlichen Körper, sondern es ist in Zellen gebunden. Durch Milchkonsum erhöht sich der IGF-I-Spiegel im Blut und damit ist das Wachstumshormon im Stoffwechsel frei verfügbar. Welche Auswirkungen dies auf die menschliche Gesundheit hat, ist noch umstritten. Unbestritten ist, dass IGF I eine Schlüsselsubstanz beim Wachstum und bei der Ausbreitung von Tumoren ist. Das Wachstum fast aller Tumorarten, aber besonders das von Brust- und Prostatatumoren, wird damit in Verbindung gebracht.

Der angeführte Bericht schreibt dazu: "Wegen seiner anti-apoptotischen [den Zelltod verhindernden] Wirkungen kann IGF I das Zellwachstum bei Kühen bis zur Tumorreife beschleunigen."[31]

Das gleiche Wachstumshormon, das bei Kühen das Zellwachstum und das von Tumoren beschleunigt, wird diese Wirkung auch bei anderen Säugetieren entfalten, den Säuger Mensch inbegriffen. Dieses Wachstumshormon aber nehmen wir zu uns, wenn wir Milch konsumieren, unabhängig davon, ob die Milch von Kühen stammt, die mit rBST behandelt worden sind oder nicht. Die Milch behandelter Kühe enthält lediglich noch mehr IGF I als die von nicht behandelten.

Klonmilch

Die Milch von geklonten Milchtieren darf derzeit noch nirgends auf der Welt dem menschlichen Konsum zugeführt werden. Das wird sich ändern, wenn die amerikanische FDA der Klonmilch die Unbedenklichkeitsbescheinigung erteilt, was endgültig 2007 zu erwarten ist. Da das Klonen auch nach 25-jähriger Forschung noch immer eine ineffiziente Technologie ist, gibt es weltweit gesehen nicht sehr viele Klonkühe – etwa 3000 – und demzufolge nur wenig Klonmilch, die in Milchfabriken verarbeitet werden könnte. Ob Klonmilch anders ist als die übrige Milch und ein Gesundheitsrisiko darstellt, könnte daher als akademische Fragestellung betrachtet werden und als quantitativ zu vernachlässigen.

Geklont wird jedoch nicht um den Forscherehrgeiz zu befriedigen, sondern zur kommerziellen Nutzung. Ein Ziel des Klonens ist der alte Traum, die agrarindustrielle Nutzung so effizient wie möglich zu gestalten. Einerseits soll die konstante Vermehrung von Hochleistungskühen mit gleichen Eigenschaften mittels Zellkerntransfers (Genkopie) erreicht werden. Von denen sollen sich andererseits möglichst maßgesch-

---

31 EU-BST-Tier-Report, S. 28, eigene Übersetzung, [...] Anmerkung der Verf.

neiderte Produkte gewinnen lassen, z.B. Milch mit speziellen Kaseinen und Fettsäuren, wofür zusätzlich das Erbgut verändert werden muss. Um kommerziell in diese Technologie, die Klonen plus gentechnische Veränderungen des Erbguts bedeutet, einsteigen zu können, muss der Produktabsatz gesichert sein. Deshalb ist es wichtig, dass Klonmilch amtlich als gesundheitlich unbedenklich gilt. Erst dann wollen 'Private' in großem Stil in das Geschäft einsteigen. Der Boden dafür ist bestens bereitet worden. Trotz offensichtlicher Unterschiede in der chemischen Zusammensetzung der Milch, erklären Wissenschaftler Klonmilch ähnlich der konventionellen Milch und damit für gesundheitlich unbedenklich.[32] Der Zulassung von Klonmilch für den menschlichen Verzehr steht damit nichts mehr im Wege.

Tatsächlich weist Klonmilch signifikant mehr Eiweiß – etwa 10 % – und weniger Fett auf. Einige Fettsäuren und Mineralstoffe differierten deutlich. Der Gehalt an bovinem Serumalbumin (BSA) liegt sogar um 50 % höher als bei nicht geklonten Tieren, was gesundheitlich durchaus folgenreich sein könnte. BSA wird seit fast 20 Jahren mit der Entstehung von Diabetes Typ I in Verbindung gebracht (Kapitel 5).

Die eminent wichtige Frage, ob Wachstumsfaktoren wie die IGF's und andere Hormone, wie Östrogene, erhöht oder erniedrigt sind, ist in keiner veröffentlichten Studie beantwortet worden. Dabei spielen gerade in der Klontechnik Wachstumshormone eine große Rolle.

Die neueste Studie aus Neuseeland hält Klonmilch und konventionelle Milch wieder „im Wesentlichen für ähnlich". Im Einzelnen war schon die Farbe der Milch sichtbar unterschiedlich, die Zusammensetzung der Hauptkomponenten differierte und die Aminosäurenprofile wiesen charakteristische Unterschiede auf.[33] Bei derart zugegebenen, offensichtlichen Differenzen dürfte klar sein, dass die Diskussion um Gesundheitsrisiken durch Klonmilch reine Anschauungssache ist.

---

[32] Vgl. mehrere Artikel aus der Zeitschrift Cloning and Stem Cell: Walsh u. a. 2003, Sep., Vol. 5, Nr. 3, S. 213-19; Wells u.a. und Heyman u.a. 2004, Jun. Vol. 6, Nr. 2, S. 101-120; Cindy Tian u.a. in: Proceedings of the National Academy of Sciences, 2005, Mar., (102), S. 6940.
Die kritische Stellungnahme des Center for Food Safty zum FDA-Report:
http://www.centerforfoodsafty.org/pubs/NotReadyForPrimeTime_FinalReport.pdf
[33] Laible u. a. In: Theriogenology, 2007, Jan.1, 67(1), S. 166-177.

9 Die Milch, das Gentech-Wachstumshormon rBST und IGF I

Der Hintergrund

Im Jahr 1994 wurde in den USA das erste gentechnologisch hergestellte Wachstumshormon, das recombinante Bovine Somatotropin (rBST), zu deutsch Rindersomatotropin, zugelassen. Durch die Verabreichung dieses Tierarzneimittels an Kühe sollte die Milchproduktion um bis zu 20 % gesteigert werden.

Die Firma Monsanto, ein weltweit agierendes Agrar- und Biotechnologieunternehmen, hatte das gentechnisch hergestellte Wachstumshormon in den 1980er Jahren zur kommerziellen Nutzung entwickelt. Monsanto bzw. Lizenzunternehmen stellten Zulassungsanträge auf der ganzen Welt, auch in EU-Mitgliedsstaaten und für die EU selbst. Die Aussicht, durch ein gentechnisch hergestelltes Wachstumshormon die Milchleistung von Kühen weiter zu steigern, stieß bei den Betroffenen, den Farmern und Landwirten, dies- wie jenseits des Atlantiks auf wenig Gegenliebe. Sowohl in den USA als auch in Europa litt man eher unter einer Milchschwemme, die nur über staatliche Reglementierung und Subventionen zu bewältigen war. Neben den möglichen Gesundheitsgefahren hätte eine neuerliche Milchleistungssteigerung zu weiteren Betriebsaufgaben geführt. Zu dem Zeitpunkt, als rBST zur Verfügung stand, war weder eine Ernährungsnotlage noch eine sonstige ökonomische Notwendigkeit gegeben einen solchen Leistungsverstärker einzuführen. Die zu vermutenden, nie ausgesprochenen Motive waren eher, dass man mit immer weniger Kühen immer mehr Milch produzieren konnte, also Großagrarbetriebe förderte und ein gentechnisch hergestelltes Wachstumshormon einmal im großen Stil unter realen Bedingungen testen konnte bzw. es der Entwicklungsfirma ermöglichen wollte ihre Entwicklungskosten zu realisieren. Es kam Ende der 1980er/Anfang der 1990er Jahre zu öffentlichen und wissenschaftlichen Diskussionen über die Zulassung von rBST in den USA, in Kanada und der EU. In diesem Zusammenhang hagelte es auch Proteste, da insbesondere die europäische Öffentlichkeit Gentechnik und Hormonen in Lebensmitteln skeptisch gegenüberstand und noch immer -steht. Auch in den USA formierte sich Widerstand, der sich jedoch politisch nicht durchsetzte. Die Umweltbewegung bekam aber auch in den USA mehr und mehr Zulauf, was sich z. B. in der Präsidentschaftskandidatur von Ralph Nader als Symbolfigur der Umwelt- und Verbraucherschutzbewegung in den Wahlkämpfen 2000 und 2004 niederschlug. Anfang der 90er Jahre war die Umweltbewegung jedoch noch nicht stark genug. Im Februar 1994 wurde rBST für den Gebrauch auf den Farmen der USA zugelassen. Die Firma Monsanto und die amerikanischen Institutionen, die an dem Zulassungsverfahren beteiligt waren, erwarteten nun das gleiche für die EU und Kanada. Nichts dergleichen geschah jedoch, was Monsanto und die US-amerikanische „Food and Drug Administration" (FDA) sehr irritierte. Kanada wollte weitere wissenschaftliche Tests abwarten und die EU verkündete im Dezember 1994 ein fünfjähriges Moratorium, währenddem die Verabreichung von rBST nur zum Zwecke wissenschaftlicher Untersuchungen erlaubt war. Beide Länder entschieden sich im Jahre 1999 aufgrund der ungeklärten gesundheitlichen Auswirkungen für Mensch und Tier und die EU zusätzlich auch aufgrund ihres gesättigten Milchmarktes dafür, die Verabreichung von rBST an Kühe nicht zuzulassen bzw. zu verbieten. Die USA waren 1999 vom endgültigen Aus nicht mehr so enttäuscht wie 1994, als sie noch glaubten, dass ihre eigene Zulassung jenseits des Atlantiks und in Kanada Wirkung zeigen würde. Denn längst hatte man andere Mittel gefunden, um Druck auf die in Sachen Gentechnik störrischen Europäer auszuüben. Man nutzte die Klagemöglichkeiten innerhalb der neugegründeten Welthandelsorganisation (WTO), die weltweit den Freihandel garantieren soll. Mit dem im Kern immer gleichen Argument, dass angeblich unberechtigte gesundheitliche Bedenken der EU den freien Warenverkehr behinderten, also Handelshemmnisse darstellten, wurden Klagen angedroht und eingereicht. Auch um diesen Dauerstreit über Fragen des Inverkehrbringens gentechnisch veränderter Organismen (GVO) und daraus hergestellter Lebens- und Futtermittel sowie Fragen der Hormonbehandlung von Schlachttieren abzumildern, hat die EU im Jahre 2003 Konsequenzen gezogen und den Anbau von GVO und die Kennzeichnung von Lebensmitteln mit gentechnisch veränderten Bestandteilen gesetzlich neu geregelt. Damit ist seit 2004 dem Einsatz von Gentechnik in Nahrungsmitteln in der EU Tür und Tor geöffnet. Allein das VerbraucherInnen-Verhalten entscheidet jetzt letztlich darüber, ob GVO-Nahrungsmittel salonfähig werden oder nicht.

Es ist nur eine Frage der Zeit, bis auch die Hormonbehandlung von Schlacht- und Milchtieren wieder auf die Agenda in Brüssel gesetzt wird. Insofern dürfte die Auseinandersetzung um die Zulassung von rBST dies- und jenseits des Atlantiks noch erheblich an Interesse gewinnen.

Der Streit um die Rattenstudie

Die Geschichte der rBST-Zulassung kann in dem von Robert Cohen 1998 veröffentlichten Buch „Milk – The Deadly Poison" (Milch – Das tödliche Gift) und in einem Aufsatz von Marion Nestle, einer in den USA bekannten Ernährungswissenschftlerin, in „The Cambride World History of Food"[1] nachgelesen werden. Beide Arbeiten sind nicht ins Deutsche übersetzt.

Cohens Buch ist das Resümee seiner wissenschaftlichen und gerichtlichen Auseinandersetzung mit der FDA. Er war derjenige, der im Zusammenhang mit der Zulassung von rBST ein gerichtliches Verfahren in den USA angestrengt hatte. Im Laufe dieses Verfahrens wurde er von Umweltorganisationen unterstützt, blieb aber durch alle Instanzen erfolglos.

Cohen, der sich mit den öffentlich zugänglichen Informationen für die Zulassung des gentechnisch hergestellten Rindersomatotropins beschäftigt hatte, stellte anhand dieser Daten Widersprüche und Auslassungen fest. Die Studie, auf die sich die Zulassung von rBST durch die FDA stützte, war nur in Teilen in der Zeitschrift Science veröffentlicht worden. Und diese Angaben widersprachen anderen publizierten Daten und der offiziell vertretenen Meinung der FDA, dass rBST keine signifikanten Auswirkungen auf die Tiere und die Milch von mit rBST behandelten Kühen hätte. Weder von Monsanto noch von FDA-Wissenschaftlern, mit denen Cohen im Gespräch war, erhielt er Aufklärung. Schließlich reichte er im Oktober 1994, also nach der Zulassung der Substanz, einen Antrag auf Bekanntgabe der Rohdaten der Studie ein (Freedom of Information Act request).

Es ging um Experimente mit Ratten, denen rBST oral verabreicht, und solchen, denen es injiziert worden war. Monsanto und die FDA behaupteten, dass bei (oraler) Einnahme von rBST keine biologischen Effekte zu verzeichnen seien. Lediglich bei der Injektion des Wachstumshormons sei eine signifikante Veränderung von Organgewichten bei Ratten messbar gewesen. Da rBST von Menschen oral aufgenommen würde, seien keine gesundheitlichen Auswirkungen zu erwarten, rBST sei also für Menschen sicher.

Die veröffentlichten Daten der Rattenstudie sprachen – was diese Tierart angeht – eine andere Sprache. Weibliche Ratten, denen rBST injiziert worden war, hatten eine um 46 % vergrößerte Milz und männliche eine

---

1 Nestle in: Kiple u. a., The Cambridge World History Of Food, VII. 7.

um 39,6 %. Die orale rBST-Zufuhr führte bei weiblichen Ratten zu einer Milzvergrößerung um 7, bei männlichen um 8 %. Während des 90-Tage-Experiments hatte die Oralgruppe ungefähr das Gesamtkörpergewicht der unbehandelten Tiere beibehalten, jedoch gab es gravierende Abweichungen bei dem Gewicht von Herz, Leber und Nieren. Die männlichen Tiere hatten an den Organen jeweils 5 % Gewicht verloren. Für die weiblichen Tiere wurden keine Angaben veröffentlicht. Da Cohen wie viele kritische Wissenschaftler diese Ergebnisse im Gegensatz zur FDA für signifikant erachtete, erbat er von der FDA die Rohdaten der Rattenexperimente. Dies wurde ihm mit der Begründung verweigert, dass es sich bei dem Rattengewicht um geheime Geschäftsdaten handele. Später kam noch als Begründung hinzu, dass die Bekanntgabe der Information den Hersteller im Wettbewerb substanziell und finanziell schädigen würde.

Nachdem sich Cohen ein Jahr lang um die Herausgabe der Rohdaten bemüht hatte, entschloss er sich sie einzuklagen. Das sich über drei Instanzen hinziehende Verfahren förderte interessante Details zutage. Es legte in Bezug auf die rBST-Forschung das Beziehungsgeflecht zwischen Monsanto und der FDA offen. Dieselben Personen, die in der rBST-Forschung bei Monsanto gearbeitet hatten, wurden von der FDA eingestellt und waren am Zulassungsverfahren von rBST beteiligt. Ein besonders interessanter Punkt war der folgende: Die Rattenstudie war immer als ein 90-Tage-Experiment ausgegeben worden. Tatsächlich hatte die Studie 180 Tage gedauert. Der vermutliche Grund war der, dass sich Krebsgeschwulste bei sämtlichen Versuchstieren entwickelt hatten, jedoch erst nach der Halbzeit des Experimentes.

Ähnlich wurde auch bei der Frage nach den Auswirkungen von rBST hinsichtlich eines erhöhten Mastitisrisikos bei Milchkühen agiert. Monsanto ging von einer 30-Wochen-Studie in ihren Publikationen aus, die keine negativen Auswirkungen festgestellt hatte. In Wirklichkeit waren die Tiere auch noch nach 50 Wochen untersucht worden, was ein völlig anderes Bild ergeben hatte, nämlich, dass es zu einer erheblichen Erhöhung somatischer Zellen in der Milch gekommen war, was ein Mehr an Mastitiserkrankung bedeutet. Die Veröffentlichung der 50-Wochen-Untersuchungsergebnisse in wissenschaftlichen Publikationen ist jedenfalls erfolgreich behindert worden.[2]

Cohens Antrag wurde in der letzten Instanz im gesamten Umfang mit der Begründung abgewiesen, dass die Veröffentlichung der Rattenstu-

---

[2] Gregory Palast in: FR vom 30. Juni 1999.

dien-Rohdaten Wettbewerbern erlauben würde, Produkte zu entwickeln oder zu verbessern ohne Forschung zu betreiben und ohne Entwicklungskosten zu verausgaben, weil sie auf der Monsanto-Forschung aufbauen könnten.

Darauf konnte Cohen nur noch mit Sarkasmus antworten, der Richter habe schon Recht gehabt, "denn wer würde in Amerika noch Milch trinken, wenn eine Studie veröffentlicht würde, die offenlegte, dass die Milch Hormone enthalte, die bei jedem mit rBST behandelten Versuchstier Krebs hervorgerufen hat."[3] Und so wurde also das durch rBST veränderte Gewicht von Geweben und Organen der Ratten ein Handelsgeheimnis.

Farmer, Verbraucher, der Lebensmittelhandel und Teile der Politik reagierten auf die Zulassung von rBST zurückhaltend bzw. ablehnend. Zunächst weigerten sich 95 % der Farmer den Leistungsförderer zu verwenden. Verbraucher, Handel und Supermärkte wollten ihre Produkte als rBST-frei gekennzeichnet wissen. Einige milchproduzierende Bundesstaaten beabsichtigten Gesetze zu erlassen, die es erlauben sollten, ihre Produkte als rBST-frei zu deklarieren. Diese Bemühungen verliefen letztlich alle im Sande, weil Klagen gegen die Verweigerer angedroht wurden und die FDA auf einer Zusatzdeklaration bestand, die besagte, dass es keinen signifikanten Unterschied zwischen rBST-Milch und der Milch von unbehandelten Kühen gäbe.

Das Thema schwelt bis heute weiter. Bio-Hersteller, kleinere Molkereien und Verbraucherinitiativen versuchen immer wieder, ihre Milch als rBST-frei zu vermarkten.

Mittlerweile stammt cirka 35 % der Milch in den USA von rBST-Kühen. Ihre Milch wird mit anderer Milch vermischt und kommt grundsätzlich ungekennzeichnet in den Handel.

Die Situation in Europa und anderswo

Die USA haben mit rund 8900 kg pro Kuh, neben Israel, die weltweit höchste jährliche Durchschnittsmilchleistung, wobei 10.000-kg-Leistungen häufig sind. Auch innerhalb der EU gibt es Länder, in denen Milch-Großproduzenten auf eine Jahresleistung von 8000 bis 10.000 kg pro Kuh kommen, auch Deutschland gehört dazu. Innerhalb der EU führen Dänemark und Schweden mit 8100 kg. Dahinter liegt Finnland – 7700 kg, gefolgt von den Niederlanden – 7500 kg, Großbritannien – 6900 kg, Deutschland und Luxemburg – 6800 kg. Alle anderen EU-Staa-

---

3   Cohen, Kapitel 3 und 4, eigene Übersetzung.

ten haben eine niedrigere durchschnittliche Milchleistung pro Kuh: Werte um die 6000 kg sind gängig, das Schlusslicht bildet Polen mit 4300 kg und hat damit Griechenland – 5100 kg, das im Jahre 2000 den letzten Platz mit nur 3800 kg eingenommen hatte, verdrängt.[4]

Auffallend ist der relativ geringe Unterschied zwischen Schweden/Dänemark und den USA, der die Frage aufwirft, ob diese Milchleistung schwedischer Kühe allein mit Kraftfutter erzielt worden ist. Sie erstaunt umso mehr, als die Herdenstruktur in Schweden mit 41 Milchkühen je Halter vergleichsweise durchschnittlich ist. Dasselbe gilt für Finnland mit nur 18 Tieren je Halter, aber einer sehr hohen Milchleistung. In anderen Hochleistungs-Milchkuh-Ländern liegen die Zahlen erheblich höher: Dänemark kann mit 75, Niederlande mit 54 und Großbritannien mit 79 Tieren pro Halter aufwarten.[5] Mit besonders rationellen Haltungsbedingungen und entsprechendem Kraftfutter allein dürften die geringen Unterschiede nicht zu erklären sein. Der Verdacht, dass auch innerhalb der EU Arzneimittel zur Milchleistungssteigerung eingesetzt werden, liegt nahe. Und in der Tat war in Schweden die Folge des nationalen Einsatzverbotes von Antibiotika als Leistungsverstärker eine deutliche Zunahme derselben als Tierarzneimittel.

Monsanto jedenfalls wirbt mit der extrem einfachen Handhabung ihres rBST-Produktes Posilac – alle zwei Wochen eine Spritze –, gerade auch für den Einsatz in kleinen Herden.

Die rechtliche Konstruktion des EU-weiten rBST-Verbotes gibt Anlass, an seiner Nachdrücklichkeit zu zweifeln. Denn mit der Ratsentscheidung[6] wird den Mitgliedsstaaten zwar aufgegeben, das Inverkehrbringen und jede Verabreichung von Rindersomatotropin an Milchkühe zu verbieten. Das Verbot ist aber eben an die Mitgliedsstaaten gerichtet und enthält keine der üblichen Regelungen, das Ob und Wie seiner Umsetzung in den Mitgliedsstaaten zu überwachen. Das heißt, jeder Mitgliedsstaat setzt das erforderliche Verbot nach nationalen Regeln um und kontrolliert sich selbst. Man kann sich lebhaft vorstellen, wie gemischt das bei 27 Mitgliedsstaaten vor sich geht.

Wer erwartet hatte, dass in Deutschland eine gesetzliche Regelung geschaffen werden würde, die die Verabreichung von rBST ausdrücklich

---

4 Die Zahlen sind gerundet und stammen aus der Statistik L, für das Jahr 2006.

5 ZMP 2006; durchschnittliche Herdengröße in D: 36 Kühe je Halter.

6 EU ABl. L 331/71 vom 23. Dez. 1999, (1999/879/EG).

verbietet, wurde enttäuscht. Denn rBST, der Milchleistungsförderer, wird als Tierarzneimittel betrachtet. Wie im deutschen Arzneimittelrecht üblich, werden Substanzen nicht expressis verbis verboten. Arzneimittel bedürfen der Zulassung und nach den entsprechenden Gesetzen ist das Inverkehrbringen nicht zugelassener zulassungspflichtiger Arzneimittel verboten. Daher war es angeblich nicht nötig, auch nur irgendetwas zu veranlassen, denn rBST sei automatisch so lange verboten, wie es nicht erlaubt bzw. nicht zugelassen sei, so die offizielle behördliche Meinung. Ein ausdrückliches nationales Verbot aber hätte Signalwirkung haben können, was jedoch vermutlich von den heimlichen Befürwortern einer möglichst schrankenlosen Gentechnologie nicht gewollt war. Denn rBST ist kein normales Tierarzneimittel, sondern der erste gentechnisch hergestellte Leistungsverstärker, einer Masthilfe ähnlich, der breite Massenanwendung finden sollte. Immerhin hat die EU fast zehn Jahre lang mit sich gerungen. Die Anwendung von rBST war zu Forschungszwecken sogar erlaubt, was jedoch kaum genutzt worden sein soll. Und noch immer ist seine Produktion zur Ausfuhr in Drittstaaten zulässig. Merkwürdigerweise fand die rBST-Produktion für den amerikanischen Markt bis 2006 nicht in den USA, sondern innerhalb der EU, in Tirol, Österreich, statt. Dort wird es von einem Tochterunternehmen des Schweizer Pharmakonzerns Novartis hergestellt. Marion Nestle nennt dies das *policy paradox*, in dem rBST gefangen ist. In Europa wird es hergestellt, wo es nicht verkauft werden darf, von wo es aber in die USA ausgeführt wird, wo es schließlich eingesetzt wird.[7] Es ist nicht viel Fantasie nötig, um sich vorzustellen, warum rBST mitten in Europa hergestellt wird. Dass rBST Anfang der 90er Jahre auch bei uns angewendet worden sein muss, ist zu ahnen, wenn in Lehrbüchern nonchalant davon gesprochen wird, dass „nach Anwendung von Somatotropin Rückstände in der Milch nicht zu erwarten sind" und BST zu den potenziellen Einflüssen der Gentechnologie auf die Milchwirtschaft zähle.[8] Illegal werden Wachstumshormone – auch rBST gehört dazu – hauptsächlich in der Tiermast eingesetzt. Es wird darüber selbstverständlich nicht zitierfähig gesprochen;

---

7 Nestle in: Kiple u. a., The Cambride World History Of Food, S. 1657.
   Hersteller von rBST: Sandoz GmbH, in Kundl, Österreich. Erst seit März 2006 wird rBST auch in den USA, in Augusta, Georgia, hergestellt.

8 Klupsch, Saure Milcherzeugnisse Milchmischgetränke und Desserts, S. 474 und 507; die Bezeichnung BST anstelle von rBST darf nicht verwundern: In der Fachsprache wird das gentechnisch hergestellte rBST häufig nur als „BST" gekennzeichnet.

dank des Internets kann man jedoch Hinweise auf den Umfang der illegalen Anwendung von Wachstumshormonen finden.[9]
In vielen südamerikanischen Ländern, darunter Mexiko und Brasilien, in Israel, Jordanien, Ägypten, in der Türkei, in Südkorea, Südafrika und in manchen osteuropäischen Ländern, darunter Russland und der Ukraine, soll rBST mittlerweile zugelassen sein bzw. eingesetzt werden.

Das Problem mit rBST

Das bovine Somatotropin ist ein Rinderwachstumshormon, das natürlicherweise im Körper der Kuh vorkommt. Die Firma Monsanto hat es erstmals auf gentechnischem Wege mittels E.coli-Bakterien produziert. Ihr Produkt wird weltweit unter dem Handelsnamen POSILAC® vertrieben. rBST erhöht die Milchleistung von Kühen um zehn bis zwanzig Prozent.

Das natürliche BST besteht aus 191 Aminosäuren. Bei der gentechnisch hergestellten Variante war eine dieser Aminosäuren anders als bei der originalen, was man während des Zulassungsverfahrens bemerkt hatte. Durch diesen Transkriptionsfehler ist ein nichtidentisches Hormon geschaffen worden. Das allein hätte wohl schon gereicht die US-Zulassung abzulehnen, da zunächst die gesamte Forschung mit der neuen Substanz hätte wiederholt werden müssen. Dies ist jedoch unterblieben. Der Fehler wurde korrigiert, indem die betroffene Aminosäure ausgefiltert wurde. Aufgrund dieser offenbar in gentechnischen Verfahren häufig auftretenden Ungenauigkeiten werden heute rBST-Produkte angeboten, bei denen bis zu neun Aminosäuren von dem natürlichen Hormon abweichen.[10] Dass es problematisch sein dürfte, Substanzen, die es bis zu dem Zeitpunkt in der Natur noch nicht gegeben hat, dauerhaft und flächendeckend einzusetzen, versteht sich bei gewissenhafter Produktentwicklung eigentlich von selbst.

Die Kernaussagen der Wissenschaftler von Monsanto und der FDA waren, dass Milch von mit rBST behandelten Kühen identisch mit der von unbehandelten Kühen sei, dass es keine toxikologischen Auswirkungen gebe bzw. keinerlei Gesundheitsrisiken für Mensch und Tier entstünden. Die EU ließ während des zehnjährigen Zulassungsverfahrens den hier schon mehrfach angeführten BST-Tier-Report als Grundlage für ihre Entscheidung über rBST erstellen. Darin werden gravierende negative

---

[9] http://www.sciencenews.org/articles/20020105/bob13.asp
[10] EU-BST-Tier-Report, Kapitel 4 und 5.

Auswirkungen und eine mangelnde Forschungslage zu rBST beschrieben, die sich mit Cohens Befürchtungen und seinen Aussagen zu den negativen Folgen der rBST-Verabreichung an Kühe weitgehend decken. Aufgrund dieses Berichts wurde rBST innerhalb der EU nicht zugelassen.

Dem BST-Tier-Report kann Folgendes entnommen werden:
„Das von Monsanto hergestellte Produkt Posilac hat die doppelte Wirkkraft des natürlich vorkommenden Wachstumshormons und unterscheidet sich von diesem auf bestimmten Gebieten.

Mit rBST kann die Milchleistung von Kühen auf zweierlei Arten erhöht werden: Die tägliche Milchleistung der Kuh wird durch Injektion im zweiwöchigen Turnus während der Laktation gesteigert. Oder es wird nur am Ende der Laktation eingesetzt, um die Laktationsperiode erheblich zu verlängern (um bis zu 100 Tage)." Dieser Einsatz ist dann optimal, wenn die Kuh unfruchtbar geworden ist oder aus anderen Gründen nicht kalbt und ausgemustert werden soll (Turbohochleistungskühe). Die Kuh kann, bis sie endgültig im Schlachthaus verwertet wird, vorher noch über Wochen und Monate länger Milch geben. Unter rBST-Verabreichung wurden schon ökonomisch sinnvolle Laktationen von mehr als 2½ Jahren erreicht.

„Durch rBST steigt das Risiko klinischer und subklinischer Mastitis und die tatsächliche Anzahl der an klinischer Mastitis erkrankten Tiere. Die Behandlungsdauer mit Antibiotika bei Mastitis dauert länger als bei unbehandelten Tieren. Weil Mastitis nur durch Antibiotika bekämpft werden kann, handelt es sich nicht nur um ein Gesundheitsproblem für die Tiere, sondern es stellen sich zusätzlich Fragen des öffentlichen Gesundheitsschutzes (zunehmende Antibiotikaresistenz bei Menschen durch Nahrungsmittel wie Fleisch und Milchprodukte).

Das Problem der Mastitis und Antibiotikaresistenz spielte in Kanada in der öffentlichen Debatte um rBST eine entscheidende Rolle. Dort wurden erhöhte Risiken von Mastitis, Unfruchtbarkeit und Lahmheit (Hinken) konstatiert, was zur Ablehnung der rBST-Zulassung führte.

rBST beeinträchtigt die Fruchtbarkeit der Kühe. Mehrfachgeburten, Fruchtabgänge, zystische Eierstöcke und angewachsene Plazentas treten auf.

rBST erhöht die Morbidität und führt zu vorzeitigen Schlachtungen.

Ein schlechter Allgemeinzustand, der sich in Mastitis, Skelett- und Klauenproblemen, Fruchtbarkeitsstörungen, schlechter Stoffwechsellage und

Verhaltensstörungen äußert, kann durch hohe Milchleistung verursacht sein. Da rBST die Milchleistung erhöht, vermehren sich folglich diesbezügliche Probleme.
rBST hat erhebliche Auswirkungen auf die Zusammensetzung der Milchinhaltsstoffe."[11]

Im Bericht finden sich viele weitere Auswirkungen von rBST beschrieben. Von zentraler Bedeutung ist jedoch die erhebliche Vermehrung eines anderen Wachstumshormons im Blut und in der Milch der Tiere infolge der Verabreichung von rBST. Es handelt sich um den schon angesprochenen insulinähnlichen Wachstumsfaktor I (IGF I), ein Eiweißhormon.[12]

Der Wachstumsfaktor IGF I

Die insulinähnlichen Wachstumsfaktoren IGF I und IGF II sind unter Säugetieren in ihrer Aminosäurestruktur identisch oder sehr ähnlich. Während rBST sich strukturell vom menschlichen Wachstumshormon (hGH) unterscheidet, kann die Vermehrung der beiden IGF-Arten, die durch rBST angestoßen wird, Auswirkungen haben, denn Rind und Mensch sind diesbezüglich artübergreifend identisch. Wenn in Kuhmilch nun unter rBST-Verabreichung signifikant mehr IGF I produziert wird, (IGF II wird aufgrund noch unzureichender Forschungslage hier nicht weiter behandelt), dann sollte man das als einen gravierenden Vorgang zur Kenntnis nehmen. Denn mit Milchprodukten nehmen Menschen dieses IGF I auf und über die Verdauung könnte es in die Blutbahn gelangen, wo es dann als freies IGF I vorhanden wäre und vom menschlichen Körper nicht als artfremd erkannt würde.

IGF I wird normalerweise nicht von außen zugeführt, sondern vom Körper selbst produziert, und liegt dort in den Zellen oder in anderer gebundener Form vor. Nicht gebundenes, freies IGF I im Blut ist sehr gering. Sein Hoch liegt in der Wachstumsphase, mit zunehmendem Alter nimmt es ab.

Was über IGF I bekannt ist, lässt große Zweifel an der Harmlosigkeit erhöhter freier IGF-I-Werte im Blut aufkommen. Man weiß mittlerweile,

---

[11] Vgl. EU-BST-Tier-Report, hauptsächlich Kapitel 6 und 9, eigene Übersetzung und Zusammenfassung.

[12] IGF ist ein Wachstumshormon, das als insulinähnlich bezeichnet wird, weil es dem Insulin ähnliche Eigenschaften hat. Es fördert z. B. die Anlage von Glukosevorräten in den Fettzellen.

dass IGF I eine entscheidende Rolle beim Zellwachstum spielt, auch beim Wachstum von Tumorzellen. Diese das Zellwachstum fördernde Wirkung beruht auf einer Anregung der Zellteilung. Besonders aktiv ist IGF I in der Pubertät junger Mädchen, während der es u. a. die Zellteilung im Brustgewebe in Gang setzt, also dafür sorgt, dass die weiblichen Brüste ihre endgültige Form erhalten. Die Forschungen zu IGF I und dem gesamten IGF-Komplex[13] haben jedoch noch nicht zu einem vollständigen Verständnis der Zusammenhänge geführt. Vorerst kann als gesichert gelten, dass IGF I eine herausragende Rolle bei der Entwicklung von Brust- und Prostatatumoren zukommt.[14] Dafür spricht auch, dass bei bestimmten Brustkrebsarten mit der Tamoxifen-Therapie, einem Brustkrebsmedikament, neben dem Östrogen auch die IGF-I-Werte drastisch gesenkt werden.[15] Aber auch die Entstehung von Leukämie scheint durch Wachstumshormone, unter anderem durch IGF I, beeinflusst zu sein. Es gibt weltweit Erfahrungen, dass die Verabreichung von Wachstumshormonen an zwergwüchsige Menschen im Kindes- und Heranwachsendenalter die Leukämie-Erkrankungsrate deutlich erhöht.

Fragen und Argumente

Wie wirkt es auf die Gesundheit des Menschen, wenn in seinem Blutkreislauf über Milch/-produkte kontinuierlich mehr freies IGF I vorhanden ist als physiologisch notwendig? Diese Frage stellten sich einige unabhängige Wissenschaftler und Cohen, und sie führten darüber eine Debatte mit WissenschaftlerInnen der FDA und Monsanto.

Konkret wurde über die Signifikanz erhöhter IGF-I-Werte in der Milch debattiert, über die Inaktivierung von IGF I durch Pasteurisierung und darüber, wie das IGF I die Magenschranke, d. h. das saure Magenmilieu

---

13 IGF I, IGF II, die IGF-Rezeptoren und IGF-Bindungsproteine werden als IGF-Komplex bezeichnet.

14 Zur weiteren Vertiefung der Milch- und IGF-I-Problematik insgesamt siehe EU-BST-Human-Report und speziell zu Brust- und Prostatakrebs wird das Buch der britischen Geochemikerin Jane Plant empfohlen: Dein Leben in Deiner Hand; Plant schildert darin eindrücklich und verständlich das Problem, außerdem, wie sich ihr Tumor durch Weglassen von Milch/-produkten und Rindfleisch in ihrer Ernährung zurückgebildet hat.
Außerdem: „white lies" von Justine Butler.

15 Vgl. z. B. Arteaga in: Breast Cancer Research And Treatment, 1992, 22(1), S. 101-106 und Friedl u. a. in: European Journal Of Cancer, 1993, 29 A (10), S. 1368-1372.

überwindet ohne zerstört zu werden. Mehr als zehn Jahre nach der amerikanischen rBST-Zulassung, speziell nach dem Vorliegen des BST-Reportes, den die EU zu Fragen der menschlichen Gesundheit in Auftrag gab (BST-Human-Report), ist die Abklärung der Fragen erkennbar. Heute ist davon auszugehen, dass der IGF-I-Gehalt von Milch durch rBST-Verabreichung erheblich zunimmt, bei einzelnen Tieren zwischen 25 und 70 %. Außerdem erhöht sich die Bioaktivität von Fragmenten – abgespaltenen Teilstücken – des IGF-I-Eiweißes signifikant. Des Weiteren kann mittels Pasteurisierung IGF I in der Milch nicht unschädlich gemacht werden, erst höhere Temperaturen, ab 79 °C, die längere Zeit gehalten werden, ca. 15 Minuten, erreichen das.

Es bleibt die Frage, wie die Magenschranke überwunden wird. Hier wird noch heute argumentiert, Eiweiße könnten das saure Magenmilieu nicht unbeschadet passieren. Zu dieser Frage gibt es die klare Aussage des EU-Reportes, dass oral aufgenommenes IGF I bioaktiv die Rezeptoren in der Darmschleimhaut erreicht, also den Magen schadlos passiert, "...es war im Plasma präsent, was anzeigt, dass es einen besonderen Transportmechanismus durch die Mukosa gibt."[16] Seit 2004 sind mehrere Studien veröffentlicht worden, die einen signifikanten Anstieg der Blut-IGF-I-Spiegel nach Milchkonsum feststellen.[17] Damit dürfte kein Zweifel mehr daran bestehen, dass IGF I aus der Milch vom Menschen in bioaktiver Form aufgenommen wird. Noch eines bestätigen die EU-Wissenschaftler, und zwar, dass Kaseine die Bioverfügbarkeit von IGF I erheblich erhöhen, bei Ratten beispielsweise um 67 %. Was für diese Tiere gilt, könnte ähnlich auch für den Menschen gelten, wenn man sich vergegenwärtigt, welche Funktion die Milch in der Natur allgemein hat.

Säugetiermilch ist ausschließlich Nahrung für Jungsäuger, die alles, wirklich alles enthält, was ein junges Säugetier zum Leben braucht. Kein anderes Nahrungsmittel ist in dieser Lebensphase nötig. Im Klartext heißt das: In Milch sind die artspezifischen Kohlenhydrate, Fette, Eiweiße, Hormone und ähnliche Substanzen in einer Form und Zusammensetzung enthalten, die sicherstellt, dass sie bis in den Darm gelangen und von dort aus in den Stoffwechsel des Jungsäugers, um diesen zu ernähren. Hormone in der Milch müssen also in biologisch aktiver Form den Darm erreichen, sonst wären sie sinnlos und bräuchten gar nicht in der Milch

---

[16] EU-BST-Human-Report, Abschnitt 2.4.1.3, eigene Übersetzung.

[17] Eine Auswahl: Hoppe u.a. in: European Journal of Clinical Nutrition, 2004, Sep., 58(9), S. 1211-1216 und Morimoto u.a. in: Cancer Causes Control., 2005, Oct., 16(8), S. 917-927.

zu sein. Und mit Sinnlosigkeiten gibt die Natur sich bekanntlich nicht ab. Der in Milch enthaltene Hormoncocktail ist geradezu von Natur aus dazu vorgesehen seine Botenstoffe, die Wachstum und Entwicklung des Jungsäugers steuern und fördern sollen, unbeschadet in den Stoffwechsel einzuschleusen. Dieser Transport geschieht über Fette und Kaseine. Letztere gerinnen im Magen, wobei sich in sie oder an sie verschiedene Substanzen wie Hormone und Enzyme binden, um den Magen bis zum Darm zu passieren. Im basischen Darmmilieu angelangt, können diese schließlich nicht mehr zerstört werden.

Die Gerinnung des Milcheiweißes im Magen war bereits der mittelalterlichen Medizin geläufig und man fragt sich, warum sie in der heutigen Diskussion wieder ausgeblendet wird, denn sie sorgt u. a. dafür, dass IGF I und andere Hormone die Magenschranke passieren.

Der BST-Tier-Report zu IGF I:

„Physiologische Wirkungen von injiziertem BST bei Milchkühen:
Die Injektion von rBST steht in Zusammenhang mit einer Erhöhung des zirkulierenden IGF I, einer geringen Erhöhung der Thyroxinkonzentration und verschiedenen Einflüssen auf zirkulierendes Insulin...

Bei mit rBST behandelten Kühen steigt die Konzentration von IGF I im Blut, das natürlicherweise zu 95 % an spezielle Eiweiße gebunden wäre...

... Wegen seiner anti-apoptotischen Wirkung kann IGF I bei Kühen das Zellwachstum bis zur Tumorreife beschleunigen. Jedoch dauert das moderne Kuhleben im Stall nicht lange genug, um solche Effekte zum Tragen zu bringen." Damit wird die Praxis angesprochen, Kühe in immer jüngerem Alter zu schlachten, bevor die schädlichen Folgen der industriellen Haltungsbedingungen in Form von Krankheit und Siechtum sichtbar werden.

„Es gibt noch weitere mögliche Auswirkungen von IGF I, die jedoch nicht erforscht sind, z. B. diejenigen auf die Kälber im Uterus oder auf die Milch als Nahrung und Futter, die ebenfalls eine hohe Konzentration von IGF I aufweist...

...Es ist offensichtlich, dass Wachstumshormone und IGF I auf vielfache Weise Reaktionen des Immunsystems stimulieren..."[18]

Was hat das mit uns zu tun?

rBST und in seinem Gefolge IGF I werfen also durch ihre Existenz in der Milch erhebliche Fragen auf. Wir als Europäer denken gerne, dass uns

---

[18] EU-BST-Tier-Report, Kapitel 5 und Kapitel 10, eigene Übersetzung.

das alles nichts angeht, denn hier darf rBST offiziell nicht verabreicht werden. Auch wenn es ab und zu angewendet würde, könnten wir uns noch damit beruhigen das Problem wegen Geringfügigkeit zu ignorieren. Aber dieses Ausweichen hat wenig Sinn, denn

• die Auseinandersetzung um rBST hat ein grundsätzliches Problem deutlich gemacht. Auch normale Milch, die nicht von rBST-Kühen stammt, enthält Wachstumshormone und IGF I. Wahrscheinlich ist, dass die Milch unserer heutigen Hochleistungskühe allein aufgrund der hochgeschraubten Milchleistung erheblich größere Mengen davon enthält als die Milch vor hundert Jahren. Und mit Sicherheit ist der Bestand an Wachstumshormonen in der Milch durch die Dauerträchtigkeit unserer Milchkühe erhöht.

Außerdem sollte bedacht werden, dass IGF I nur in Fleisch und Milch enthalten ist, nicht in pflanzlichen Nahrungsmitteln. Solange wir keine Milchkonsumenten waren, sind wir mit IGF I nur über rohes Fleisch in Berührung gekommen. Kochen und Braten bei hohen Temperaturen hat in der Regel den größten Teil des IGF I im Fleisch unschädlich gemacht. D. h., den Blick auf die Geschichte gerichtet, waren die exogenen IGF-I-Dosen in unserer Ernährung minimal. Grundlegend geändert hat sich das mit der Entwicklung der Milchwirtschaft: Eines der stärksten Wachstumshormone, das es in der Natur gibt, IGF I, hielt in großem Umfang Einzug in unsere Ernährung. Als potenzielles gesundheitliches Problem wurde dies bisher nicht thematisiert. Mit Fortschreiten der IGF-Forschung kommt diesem Aspekt jedoch immer größere Bedeutung zu.

Zumindest die Wissenschaftler des BST-Human-Reportes sprechen ihn an, wenn sie formulieren: "Die möglichen das Gewebe nährenden biologischen Wirkungen einer ständigen IGF-I-Exposition via Milch während einer ganzen Lebensspanne müssen erforscht werden. Wenn man eine die Zellteilung fördernde Wirkung von IGF I annimmt, muss die Frage beantwortet werden, bis zu welchem Grad von außen zugeführtes IGF I, das zusätzlich zu dem physiologisch vorhandenen IGF I im Gastrointestinalbereich präsent ist, in der Lage ist, als Konsequenz einer langfristigen Exposition ungünstige Wirkungen zu entfalten. Diese Frage muss angesichts verschiedener Zellkulturstudien gestellt werden, die zeigten, dass IGF I in verschiedenen Zelllinien von Dickdarmtumoren zellteilend wirkt."[19]

---

[19] EU-BST-Human-Report, Abschnitt 2.4.1.2, eigene Übersetzung.

Heute sind etwa sechzig verschiedene Hormone in der Milch bekannt. Hormone sind unter anderem Botenstoffe, die Informationen innerhalb des Körpers transportieren. Sie wirken auf einer nanomolekularen Basis. Das bedeutet, dass winzige Spuren, Milliardstel von einem Gramm, große biologische Wirksamkeit entfalten. Die Menge, die der weibliche Körper während eines ganzen Lebens beispielsweise an Östrogen braucht, entspricht einem halben Esslöffel, das sind etwa acht Gramm. IGF I wirkt schon bei einem Nanogramm pro Milliliter (ein milliardstel Gramm pro Milliliter). Unsere Milch enthält heute etwa dreißig Nanogramm pro Milliliter IGF I. Käse, ein Milcheiweißprodukt aus geronnener, nur pasteurisierter Milch, das wir in immer größeren Mengen verzehren, enthält die Hormone der Milch in sehr konzentrierter Form.

- Auch bei uns ist man wild entschlossen alles zu tun, um die Milchleistung ohne rBST zu erhöhen und auf denselben Stand wie in den USA zu bringen. Denn deren Möglichkeiten mit rBST werden von Teilen der hiesigen Milchwirtschaft nicht etwa als gesundheitlich bedenklich abgelehnt, sondern man schaut mittlerweile eher neidvoll über den großen Teich. Was nicht ist, kann ja noch werden, so dachte man bei uns offenbar in den letzten Jahren und experimentierte mit Licht. Tageslichtergänzungsbeleuchtung heißt das neue Zauberwort. Lichtmanagement in den Ställen ist gemeint, womit die Milchleistung unserer Kühe ganz legal um 10 bis 12 % gesteigert werden kann. Man verlängert durch künstliche Beleuchtung den Kuhtag auf 18 Stunden und setzt folgenden Mechanismus in Gang: Das Licht unterdrückt die Bildung von Melatonin, das bei Dunkelheit gebildet wird. Zirkuliert nun weniger Melatonin im Körper, wird die Leber zur vermehrten Bildung von IGF I angeregt, was wiederum in der Milchdrüse eine erhöhte Milchbildung bewirkt. Diesem Hintergrund entspringt der neueste Ratschlag zur Milchleistungssteigerung mittels Licht, von kompetenter Seite an unsere Milcherzeuger gerichtet.[20] Bemerkenswert ist nicht nur das Verfahren selbst, das bei uns jederzeit legal angewendet werden kann, sondern die Tatsache, dass IGF I mittlerweile ganz selbstverständlich als Milchleistungsförderer angesehen wird, und das nur zwei Jahre nach dem EU-weiten rBST-Verbot!

---

[20] Milchpraxis, 1/2002, S. 10 ff.

Die Erhöhung der Milchproduktion durch Lichtmanagement lässt sich vereinfacht wie folgt darstellen:

> längere Lichteinwirkung $\Rightarrow$ weniger Melatonin $\Rightarrow$ mehr IGF I $\Rightarrow$ höhere Milchproduktion

Ob die Kuh mit rBST ihre Milchleistung steigert oder mit Licht, ist für VerbraucherInnen vermutlich unerheblich. In beiden Fällen steigt der IGF-I-Spiegel im Blut der Kuh an und schließlich nach dem Milchgenuss auch unserer.

Anti-Aging, Doping und Milch

Im Dezember 2001 erschien im Magazin Focus ein längerer Artikel über Hormontherapien der Anti-Aging-Bewegung.[21] Das menschliche Wachstumshormon hGH – dem BST der Kühe vergleichbar – wird zum Zwecke der Fitness und Jungerhaltung täglich in einer Dosis von 0,5 mg gespritzt und soll die körpereigene Produktion von IGF I ankurbeln. Für viel Geld – monatliche Therapiekosten von 1500 DM, heute etwa 750 Euro – soll IGF I in alten Körpern seine biologische Wirkung entfalten. Prototyp war der US-Schauspieler Nick Nolte, damals sechzigjährig.

Mittlerweile soll Kolostralmilch, die höchste Mengen IGF I, IGF II und andere Hormone enthält und die deshalb nicht verkehrsfähig ist, in Sport- und Bodybuilderkreisen als muskelbildende Substanz legal oder illegal – genau weiß das niemand – eingesetzt werden. Bovines Kolostrum mit seinen artübergreifend identischen IGF-Typen wird gerade als Dopingmittel entdeckt. Milchtechnologen können IGF I und IGF II über Ultrafiltration sogar aus dem Kolostrum und der späteren Milch isolieren. Direkt verabreicht erspart es den Anwendern den Umweg über das menschliche Wachstumshormon hGH.

Wer also das Geld für die angeblich ewige Jugend nicht aufbringen kann oder will, sollte sich nicht allzu sehr grämen, sondern gelassen abwarten, ob und welche Krankheiten Nick Nolte und Co, Leistungssportler, besonders Radprofis und Bodybuilder zukünftig ereilen. Für diejenigen, die an die Anti-Aging- und Leistungshormone glauben, sei der Hinweis gegeben, dass über Milch/-produkte, die IGF I gratis mitliefern, sehr viel angenehmer und preiswerter der IGF-I-Faktor gesteigert werden kann.

----

21 FOCUS, 50/2001, S. 149 ff.

Weiter so im Multimillionen-Dollar-Geschäft?

Im Dezember 2003 verkündete Monsanto nach fast zehnjähriger kommerzieller Anwendung die Einschränkung der Posilac-Produktion. Grund war eine FDA-Inspektion im Herstellungsbetrieb in Österreich, die Qualitätsprobleme offenlegte, so die New York Times vom 27. Januar 2004. Dies ließ die Kritiker aufatmen und an ein Ende der Posilac-Produktion glauben. Weit gefehlt, seit Frühjahr 2006 wird wieder produziert und nicht nur in Österreich, sondern auch in den USA, damit zukünftig eine kontinuierliche Produktion gewährleistet werde.

Ein anderes Problem wurde auch gelöst, das eines Patentrechtsstreits mit der Universität von Kalifornien. Drei Forscher hatten dort in den 1980er Jahren erstmalig die DNA von BST isoliert. Monsanto profitierte von diesen Forschungen, ohne eine Gegenleistung erbracht zu haben. 2006 einigte man sich auf eine Einmalzahlung von 100 Millionen Dollar und weitere Zahlungen von 15 Cent pro Posilac-Dosis, mindestens jedoch 5 Millionen Dollar jährlich an die Universität.

Das zeigt, wie außerordentlich gut die Geschäfte laufen und warum Gentechnikfirmen Produkte entwickeln, die im Prinzip keiner braucht. rBST ist ein Paradebeispiel dafür: Die 'natürliche' Milchproduktion war völlig ausreichend, in der Vergangenheit wie auch heute. Gesamtwirtschaftlich betrachtet war und ist rBST überflüssig. Nur auf der Basis des Profitinteresses einzelner, mehr als andere produzieren zu können, wird das zweifelhafte Gentechprodukt gekauft und angewendet. In die Kette derjenigen, die an der Milchproduktion verdienen, reihen sich jetzt neben Veterinären, Besamern, Klauenpflegern u. a. zusätzlich die Gentechfirma, eine Universität und Forscher ein. Sie schneiden sich einen Teil vom Kuchen ab, der ohne sie schon kaum für alle gereicht hatte. Da bleibt nur zu hoffen, dass die EU und Kanada weiter einen klaren Kopf behalten und überflüssige Gentechnik erst gar nicht zulassen.

Eine positive Seite hatte die ganze Angelegenheit jedoch auch. Die rBST-Produktion mit ihren Zulassungsverfahren hat zu einem ersten systematischen Wissen über die stärksten Wachstumshormone des Säugetierorganismus, inklusive der des Menschen, geführt. Die insulinähnlichen Wachstumsfaktoren und ihre Verbindung zur Kuhmilch sind bekannt geworden und bleiben von nun an im Blick der Wissenschaft und der VerbraucherInnen.

10 Pasteurisierung, Paratuberkulose, Kaltpasteurisierung, Kühlung und was sie bewirken

Pasteurisierung

Unter Pasteurisierung wird die Wärmebehandlung einer Flüssigkeit verstanden, die den überwiegenden Teil ihrer Keime abtötet ohne die Flüssigkeit zu sterilisieren. Der französische Chemiker und Biologe Louis Pasteur (1822 bis 1895), der in Lille und später in Paris lebte und arbeitete, entdeckte, wie Mikroorganismen den Gärungsprozess im Bier bewirken. Seine Beobachtungen wandte er nun auch auf andere Lebensmittel an und bewies, dass Hitze Mikroorganismen zerstört, wodurch der Gärprozess aufgehalten werden kann. Er empfahl Milch zu erhitzen, um schädliche Bakterien abzutöten.

Die Pasteurisierung war in der EU und Deutschland wie fast überall auf der Welt vor Abgabe von Molkereimilch an Verbraucher jahrzehntelang vorgeschrieben. Die Neuregelung des EU-Lebensmittel-Hygiene-Rechts zum 1.1.2006 hat EU-weit die gesetzlich normierte Pasteurisierungspflicht aufgehoben. Damit ist die Pasteurisierung als Regelbehandlung von Milch jedoch nicht abgeschafft worden. Vielmehr wird den Milchprodukteproduzenten nur eine größere Freiheit in der Wahl ihrer Verfahren eingeräumt, das Ziel, hygienisch einwandfreie und gesunde Nahrungsmittel zu produzieren, bleibt selbstverständlich gesetzlich normiert. Zukünftig können jedoch auch alternative Verfahren zum Einsatz kommen, sofern sie die gesetzlichen Hygiene- und Gesundheitsanforderungen erfüllen. Da die hygienischen Vorgaben des EU-Rechts heute in den meisten Fällen verfahrenstechnisch nur durch Pasteurisierung zu erreichen sind, besteht realiter die Pasteurisierungspflicht fort.

Pasteurisiert wird sowohl aus technologischen als auch hygienischen, also gesundheitlichen Gründen. Ziel aus technologischer Sicht ist die Abtötung von säuernden und sonstigen ungeliebten Bakterien. Milch wird dadurch als Flüssigkeit länger haltbar. Aus hygienischer Sicht wird der überwiegende Teil krankheitserregender Keime abgetötet, sodass die Milch unter bakteriellen Gesichtspunkten als gesundheitlich unbedenklich gilt.

Die Pasteurisierung macht die Milch jedoch nicht völlig keimfrei. Manch unerwünschte Keime bleiben erhalten, z.B. Buttersäurebakterien, die bei der Käseherstellung unerwünschte Gärungen auslösen.

Die drei Standardpasteurisierungsmethoden sind:
Dauererhitzung, Erwärmung auf 62–65 °C für 30–32 Minuten;
Kurzzeiterhitzung, Erwärmung auf 72–75 °C für 15–30 Sekunden;

Hocherhitzung, Erwärmung auf mindestens 85 °C für mindestens 4 Sekunden und bis zu 127 °C unter bestimmten Temperatur- und Zeitbedingungen.

Pasteurisierung, die sanfte Art der Konservierung

Über die Pasteurisierung sagten 1911 Molkereifachleute:
„Pasteurisieren der Milch täuscht sehr häufig über eine an sich sehr minderwertige und wenig haltbare Milch hinweg!"[1]
Heute kommen fast ausschließlich pasteurisierte Milch und Milcherzeugnisse in den Handel. Die ursprüngliche Milch wird als Rohmilch bezeichnet, die als solche nur unter strengsten Auflagen gewonnen und an VerbraucherInnen abgegeben werden darf. Sie hat deshalb einen geringen Marktanteil. Rohmilch gilt als Krankheitsrisiko, ein Image, das von Milchindustrie und -wirtschaft gepflegt wird und durch die starke staatliche Reglementierung eine scheinbare Bestätigung erhält.

Das war nicht immer so, denn bis vor etwa fünfzig Jahren, als der allgemeine Pasteurisierungszwang schließlich durchgesetzt werden konnte, wurde rohe Milch noch in großem Umfang verbraucht. Denn nur sie galt als frisch. Zu dieser Zeit waren die großen Tierseuchen längst besiegt, die Anfang des Jahrhunderts zur Einführung der Pasteurisierungsvorschriften geführt hatten. Man hätte sie eigentlich wieder abschaffen müssen, wäre der Aspekt der Milchhygiene dafür entscheidend gewesen. Doch nach dem Zweiten Weltkrieg kam ein immer dringlicher werdender Aspekt hinzu, die Notwendigkeit nämlich, Milchprodukte generell länger haltbar zu machen. Konservierung der Milch, wenigstens für ein paar Tage, war das Ziel.

Ein Experte beschreibt die Pasteurisierung wie folgt: „Pasteurisieren ist das thermische Abtöten von Mikroorganismen bei Temperaturen von unter 100 °C, wodurch die hygienische Qualität von Lebensmitteln verbessert und eine gewisse Konservierung angestrebt ist."[2] Der letzte Halbsatz kennzeichnet das heute vorrangige Ziel: Konservierung durch Pasteurisierung. Ohne sie ist industrielle Milchwirtschaft nicht mehr möglich. Denn nur durch die Zerstörung der natürlichen Milchsäurebakterienflora durch Erhitzung wird eine so weit reichende Haltbarkeit erreicht, dass Milchprodukte noch nach Tagen der Lagerung und Verarbeitung transportiert und anschließend wiederum lange gelagert werden können.

---

1 Milchgenossenschaft Trier: „Zur Ausstellung in Saarbrücken 1911".
2 Spreer, Technologie der Milchverarbeitung, S. 141.

Dass wir im Prinzip auch gut ohne pasteurisierte Milch leben können, dürfte mittlerweile deutlich geworden sein. Notwendige Voraussetzungen dafür sind allerdings biologisch-kontrollierte, kleinbäuerliche Produktionen und Distributionen, denn nur diese sind in der Lage zeitlich frische und unpasteurisierte Milchprodukte anzubieten. Als Massenproduktion erscheint dies heutzutage undenkbar. Denn auch nach dem neuen EU-Lebensmittelhygienerecht, bleibt die Abgabe von Rohmilch an VerbraucherInnen eine stark reglementierte Ausnahme. So müssen wir die Nachteile der Haltbarmachung durch Pasteurisation oder zukünftig durch andere Verfahren in Kauf nehmen, die im Gegensatz zu ihrem Image als schonende und kaum beeinträchtigende Bearbeitungsmethoden gravierender sind als gemeinhin bekannt ist.

Veränderung von Milchinhaltsstoffen

Milchexperten konstatieren dazu kurz und knapp:
„Bei der Wärmebehandlung der Milch ist eine nachteilige Beeinflussung ihrer Inhaltsstoffe Proteine, Fette, Kohlenhydrate, Vitamine und Enzyme in Abhängigkeit von der Höhe und Dauer der Temperatureinwirkung unvermeidbar."[3]
„Infolge der Pasteurisierung finden vielfältige Reaktionen in der Milch statt."[4]

Eiweiße

Schon die kurze Wärmebehandlung im Rahmen der Kurzzeiterhitzung verändert die Eiweiße der Milch entscheidend. Besonders Molkenproteine sind betroffen, denn ab ungefähr 65 °C denaturieren etwa 10 bis 20 % von ihnen, wobei die Immunglobuline und das Serumalbumin fast vollständig ausgefällt werden. Das heißt, diese Molkenproteine sind in der normalen, frischen Konsumtrinkmilch, die wir im Supermarkt kaufen, nur in denaturiertem Zustand vorhanden. Wird die Wärmebehandlung auf über 90 °C erhöht, fallen 80 % aller Molkenproteine aus. Das macht man sich heute generell bei der Joghurt- und Quarkherstellung zunutze, indem die Milch auf 95-98 °C erhitzt wird. Die dann in ihrer Gesamtheit denaturierten Molkenproteine binden erheblich mehr Wasser als im Urzustand,[5] ein Segen für die Produzenten, die nun unbemerkt Wasser verkaufen können.

---

3 Kielwein, Leitfaden der Milchkunde und Milchhygiene, S. 178.
4 Schwedt, Taschenatlas der Lebensmittelchemie, S. 172.
5 Klupsch, Saure Milcherzeugnisse Milchmischgetränke und Desserts, S. 334 ff.

Kaseine sind demgegenüber erheblich hitzestabiler. Sie fallen erst aus, wenn sehr lange eine hohe Temperatur gehalten wird. Nur deshalb kann Milch überhaupt gekocht oder H-Milch aus ihr hergestellt werden. Würden nämlich die Kaseine als Haupteiweißfraktion bei Kochtemperatur schnell ausgefällt, dann hätte man keine Flüssigkeit mehr, sondern Geronnenes.

Aber selbst die Kaseine verbleiben bei niedrigeren Temperaturen nicht mehr in ihrem Urzustand. Denn sie liegen nicht frei, sondern gebunden in Mizellenstruktur vor, die ebenfalls ab einer Temperatur von 65 °C zu destabilisieren beginnt. Das hat z. B. Auswirkungen auf den Kalziumgehalt der flüssigen Fraktion der Milch, der dadurch vermindert wird.

Neben verschiedenen anderen Eiweiß- und Aminosäureveränderungen, auf die hier nicht eingegangen werden kann, sind die beiden schwefelhaltigen Aminosäuren Methionin und Cystein erwähnenswert. Sie verändern sich bei Temperaturen von über 75 °C und oxidieren unter Sauerstoffeinwirkung zu Disulfiden. Auf diesen Prozess ist der Kochgeschmack wärmebehandelter Milch zurückzuführen.

Ob und wie das menschliche Immunsystem auf natürliche und denaturierte Milchproteine reagiert, ist ein noch längst nicht erforschtes Terrain. Hinweise gibt es darauf, dass pasteurisierte Milch eher Allergien auslöst als Rohmilch oder H-Milch, weil bestimmte Eiweiße gerade durch milde Hitze, also besonders durch die Pasteurisierung, aggressiver werden.

Kohlenhydrate

Wird die Milch längere Zeit über 80 °C erhitzt, entstehen komplexe Kasein-Laktose-Verbindungen, durch die braune Farbstoffe (Melanoide) gebildet werden. Dieses Phänomen ist als Maillard-Reaktion bekannt. Sie wird nur allzu gerne in der Lebensmittelindustrie genutzt. Um beispielsweise auf Grillhähnchen oder auf Mikrowellengerichten sowie Pommes Frites eine 'schöne braune Kruste' entstehen zu lassen, wird sie mit einem Laktose-Kasein-Substrat eingesprüht. 'Appetitlich' angeregt denkt man, es handele sich um echte Bräune und Knusprigkeit, die zumindest bei einer Mikrowellenerhitzung gar nicht entstehen kann. Und haben Sie sich nicht schon immer gefragt, warum das teure Grillhähnchen aus dem eigenen Backofen nie so schön gleichmäßig bräunt wie das billige vom Hähnchengrill? Jetzt wissen Sie es.

Fett und Enzyme

Die Fettkügelchen in der Milch sind von Eiweißverbindungen umhüllt, die sich durch Wärmebehandlung entscheidend verändern. Dabei entweichen Enzyme, die normalerweise an die Fettkügelchen gebunden blieben, ins Milchplasma, was ihre biologische Aktivität erhöht.

Zur Ausschaltung des fettspaltenden Enzyms der Milch, der Lipase, ist die Wärmebehandlung von besonderer Bedeutung. Normale Pasteurisierungstemperatur (74 °C) inaktiviert die Lipase überwiegend und bei einer Temperatur von 85 °C ist sie völlig ausgeschaltet. Ohne Pasteurisierung würde das Enzym nicht inaktiviert werden und griffe die zerstörte und destabilisierte Fettkügelchenmembran an, deren Zustand heutzutage durch die intensive mechanische Behandlung der Milch die Regel ist. Dadurch käme es zu unerwünschten Fettspaltungen mit sehr negativen Folgen für den Geschmack der Milchprodukte. Dasselbe gilt auch für die Homogenisierung, die die Fettkügelchen der Milch verkleinert und für das Enzym angreifbar macht. Nur die relativ einfache Ausschaltung der Lipase durch Pasteurisierung lässt es überhaupt zu die Milch zu homogenisieren, ein Segen für die industrielle Verarbeitung von Milch.

Um bei der Butterherstellung, bei der die Fettkügelchen zerstört werden, durch die Lipase keinen unerwünschten Fettabbau eintreten zu lassen, erhitzt man den Rahm auf 85 °C. Dies ist sogar gesetzlich vorgeschrieben und ein Grund, warum wir heute über qualitativ bessere Butter als früher verfügen, als dieser Zusammenhang nicht bekannt war.

Auch die Xanthinoxidase,[6] ein Enzym das in der Fettkügelchenmembran sitzt und von der noch die Rede sein wird, ist bei einer Temperatur von 85 °C inaktiviert. Im heute stark bearbeiteten und erhitzten Joghurt und Quark ist sie nicht mehr enthalten, in pasteurisierter Frischmilch dagegen ist sie noch aktiv.

Vitamine

Auch Vitamine sind abhängig von Erhitzungsgrad und -dauer. Bei der Pasteurisierung ist der Vitaminverlust geringer als bei den anderen Erhitzungsverfahren UHT und Sterilisation. Was Verluste durch Pasteurisierung und Erhitzung angeht, so sind hauptsächlich der Vitamin-B-Komplex und Vitamin C betroffen. Deshalb werden H-Milchprodukten häufig Vitamine zugesetzt.

---

6 Auch häufig als Xanthinoxidase zu finden, die englische Schreibweise.

Überlebende Krankheitserreger

Trotz Pasteurisierung wird die Milch nicht keimfrei und es können auch pathogene Keime erhalten bleiben. Bisher war davon auszugehen, dass dem keine große gesundheitliche Bedeutung zukommt. Man dachte alle Krankheitserreger im Griff zu haben. Bei genauerer Betrachtung entpuppt sich mancher Keim aber vielleicht doch als Krankmacher:

Paratuberkulose – Morbus Crohn

Seit ein paar Jahren kann nicht mehr ignoriert werden, dass der Paratuberkulose-Erreger, der die Johne'sche Krankheit bei Rindern auslöst, das so genannte Mycobacterium avium Subspecies paratuberculosis, kurz MAP genannt, sehr hitzeresistent und langlebig ist. Der Erreger kann sich sogar als hitzegeschädigter Keim regenerieren. Ein erkranktes Tier gibt das Bakterium auch über die Kuhmilch weiter. Obwohl die Bakterien durch die Pasteurisierung der Milch abgetötet werden sollten, überleben – so viel weiß man mittlerweile sicher – einige.[7] Dadurch könnten auch Menschen infiziert werden.

Die Paratuberkulose des Rindes äußert sich als Dünndarmentzündung, die mit schweren Durchfällen einhergeht und immer zum Tode führt. Die Krankheit bricht meist nach der zweiten oder dritten Laktation aus, dem Zeitpunkt, zu dem viele Kühe geschlachtet werden. Das Desaster wird durch diesen glücklichen Umstand nicht mehr offenbar. Inwieweit Rinder- und Milchkuhbestände durchseucht sind, weiß man demzufolge nur vage. Bekannt ist aber, dass die Paratuberkulose weltweit verbreitet und im Fortschreiten begriffen ist. In Ländern, in denen Daten erhoben werden, wird von folgender Infektionsrate der Milchkuhbestände ausgegangen: in den USA 10 %, Dänemark und die Niederlande 30 bis 55 %, in Deutschland nach Schätzungen wenigstens 10 bis 30 %. Mittlerweile sind besonders Ostdeutschland und die ehemaligen Ostblockstaaten betroffen, obwohl sie bis zum Fall der Mauer als paratuberkulosefrei galten. Auch Australien und Neuseeland sind betroffen. Innerhalb der australischen Bundesstaaten dürfen Tiere aus befallenen Beständen nicht gehandelt werden. Jedoch werden sie ohne Skrupel in Drittländer ausgeführt wie das Beispiel Saudi-Arabien zeigt, wohin 2002 australische Rinder aus Beständen, die nicht frei von Paratuberkulose waren, ausgeführt wurden. Denn dort gab

---

[7] Grant u. a. in: Applied And Enviromental Microbiology, 2002, Feb., 68(2), S. 602-607.

es noch kein Einfuhrverbot für solche Rinder. So erreichte die Seuche auch noch diesen Winkel der Erde.

In herzerfrischender Offenheit war 2001 auf der Homepage der Universität München zu lesen: „Paratuberkulose kommt dort vor, wo danach gesucht wird. Fehlen von Hinweisen auf Paratuberkulose bedeutet in der Regel Fehlen von entsprechenden Untersuchungen."[8]

Die Paratuberkulose in Milchkuhherden ist deshalb ein großes Problem, weil der Erreger im Anfangsstadium nur schwer nachzuweisen ist. Meist infizieren sich die Kälber schon vor der Geburt bei ihren Müttern, die Erkrankung wird jedoch erst nach drei bis vier Jahren sichtbar. Während dieser Zeit hat die Kuh MAP schon ständig über den Kot und die Milch abgegeben. Aufgrund seiner ungewöhnlichen Hitzeresistenz ist der Erreger auch in pasteurisierter Milch gefunden worden. Weil sein Nachweis schwierig und langwierig ist – Dauer: etwa drei Monate – werden vermutlich keine regelmäßigen Untersuchungen in Rinder- und Milchkuhherden durchgeführt. Das aber wäre notwendig, um den Grad der Durchseuchung zu kennen.

Das Mycobacterium paratuberculosis ist bei Menschen gefunden worden, die an Morbus Crohn erkrankt sind, nicht jedoch bei gesunden Kontrollpersonen.[9] Morbus Crohn ist die der Johne'schen Krankheit beim Rind vergleichbare menschliche Erkrankung mit dem Unterschied, dass die mit Darmentzündungen verbundenen Durchfälle beim Menschen nicht zum Tode führen. Auch Morbus Crohn ist eine Erkrankung mit Reizdarmsymptomatik, die in den letzten Jahren immer häufiger auftritt. Obwohl es deutliche Hinweise darauf gibt, dass Morbus Crohn zumindest durch das MAP mitverursacht wird, wird dies und das Problem als solches nicht oder nur widerwillig zur Kenntnis genommen. So war in einer österreichischen Parlamentsanfrage zu lesen: „Es bestehen zwar schwerwiegende Hinweise auf einen Zusammenhang zwischen Paratuberkulose bei den Rindern und dem Morbus Crohn beim Menschen, ein schlüssiger Beweis fehlt jedoch noch."[10]

Würde nämlich die bisherige Datenlage als Beweis für einen Zusammenhang zwischen der Johne'schen Erkrankung beim Rind und dem Morbus Crohn beim Menschen anerkannt, dann handelte es sich um eine so ge-

---

8   http://www.vetmed.uni-muenchen.de/med2/skripten/b5-21.html

9   Naser u. a. in: The Lancet, 2004, Sept.18, 364(9439), S. 1039-1044.

10 http://www.parlinkom.gv.at/pls/portal/docs/page/PG/DE/XX/AB/AB_06082/F
    NAMEORIG_000000.HTML#

nannte Zoonose, eine von Tieren auf Menschen übertragbare Infektions-krankheit. Und dann wäre umgehendes Handeln angesagt. Im März 2005 wurde das Thema von der Boulevardpresse aufgegriffen, allerdings ohne großen Widerhall.[11] Wir durften zur Kenntnis nehmen, dass MAP im Blut und in der Muttermilch von Morbus-Crohn-PatientInnen vorkommt. Die Lebensmittelskandal gebeutelten Deutschen reagierten jedoch nicht. Vermutlich weil einfache Schuldzuweisungen nicht zu treffen waren und das zuständige Verbraucherschutzministerium schon einiges in Sachen Aufklärung der Problematik auf den Weg gebracht hatte. Dennoch bleibt es bei der amtlichen Linie, dass trotz vieler eigentlich zwingender Beweise ein Zusammenhang zwischen Paratuberkulose und Morbus Crohn nicht nachgewiesen sei.

In einigen Bundesländern gibt es freiwillige Programme zur Bekämpfung der Seuche. Auf Bundesebene sind seit 2005 Leitlinien zur Vorbeugung und Bekämpfung von Paratuberkulose bekanntgegeben worden.[12]

Da die Durchseuchung der Milchkuhbestände mit Paratuberkulose ein offenes Geheimnis ist, die gesicherte Datenlage jedoch ungenügend, und man in der Milch noch viele andere gesundheitsschädliche Keime vermutet, wird von Experten generell vor dem Konsum von Rohmilch/-produkten gewarnt. Angesichts der geschilderten Sachlage ist das sicherlich angemessen. Allerdings stört dabei, dass es keine wirkliche Aufklärung gibt und stattdessen Rohmilch generell als Gesundheitsrisiko erscheint. Letztendlich trägt die skandalöse, jahrelange weltweite Hinnahme und Ausbreitung einer schweren Tiererkrankung und ihrer ungeklärten Übertragbarkeit auf Menschen dazu bei, dass natürliche Milch als Lebensmittel immer weniger akzeptabel wird.

Alternative Verfahren – Kaltpasteurisierung

Da die Pasteurisierung mit den beschriebenen negativen Auswirkungen behaftet ist, sind alternative Verfahren entwickelt worden, die keine oder eine niedrigere Erhitzung als bei der Pasteurisierung ermöglichen. Sie werden daher auch als Kaltpasteurisierung bezeichnet. In der Praxis finden sie jedoch noch kaum Anwendung. Das EU-Recht ist schon auf diese Zukunftstechniken eingestellt, indem, wie dargestellt, seit Neuestem kein Pasteurisierungszwang mehr für Milchprodukte besteht. Wer also Milch

---

[11] BILD am Sonntag vom 6. März 2005.

[12] Die Paratuberkulose-Leitlinien sind auf den Internetseiten des Verbraucher-schutzministeriums zu finden: http://www.bmelv.de

hydrostatischer Hochdruckbehandlung, gepulster Hochenergiefeldtechnik, Ultraschall, gepulstem hochfrequentem Licht, UV- und radioaktiver Strahlung aussetzen möchte, könnte das im Prinzip nach EU-Lebensmittelhygienerrecht tun, sofern andere Bestimmungen dem nicht entgegenstehen und solange das so behandelte Milchprodukt gesundheitlich unbedenklich ist, also theoretisch mehr Freiheit für die Hersteller. In der Praxis sind alle diese Verfahren ebenfalls mit erheblichen Beeinträchtigungen von Milchinhaltsstoffen und mit zusätzlichen Kosten verbunden, so dass ein Verlassen der eingespielten Pfade der Pasteurisierung derzeit wenig attraktiv ist. Die Pasteurisierung, zusammen mit Hochdruckbehandlungen, die die Haltbarkeit von Milch weiter verlängern, werden auch zukünftig die Konservierungsmittel für die Massenproduktion bleiben.

Eine weitere Form der Kaltpasteurisierung wird zur Verlängerung der Haltbarkeit von Rohmilch eingesetzt. Es handelt sich dabei um die bewusste Ausnutzung chemischer Verbindungen, die sich in geringen Mengen in natürlicher Milch befinden und antibakteriell wirken. Durch Zugabe dieser Chemikalien (Wasserstoffperoxid und Thiocyanat) lässt sich die Haltbarkeit von Rohmilch ohne Erhitzung um bis zu sechs Tage verlängern![13]

Kühlung

Möchten Sie wissen, was unsere Vorfahren vor 110 Jahren von der Milchkühlung hielten?

„Einige Händler lehnten den Kauf gekühlter Molkereimilch 1897 ab, mit dem Bemerken, dass nicht allein eine Verspätung der Lieferung die Folge davon sein würde, sondern durch die Behandlung im Kühlapparat das Aroma der Frische von der Milch verloren gehe."[14]

Nicht nur die Wärmebehandlung, auch die Kühlung hat gravierende Auswirkungen auf einzelne Milchbestandteile. Besonders die im Produktionsprozess notwendigen mehrmaligen und erheblichen Temperaturschwankungen – schnelle Kühlung und schnelle Erwärmung mit ganz unterschiedlicher Temperaturhöhe – stressen die Milch und führen zu irreversiblen Veränderungen. Dabei sind es vor allem die Kaseinmizellen und die Fettkügelchen, die sich verändern: Bei Kühlung lösen sie sich zwar nicht

---

[13] Töpel, S. 367.
[14] Zitiert nach Uwe Spiekermann, Zur Geschichte des Milchkleinhandels in Deutschland im 19. Jahrhundert, Anmerkung 41, in: Die Milch.

auf, geben jedoch einzelne Bestandteile an das Milchplasma ab. Außerdem erhöht sich die Enzymaktivität der Milch durch Kühlung erheblich.

Die Fettschädigungen durch Kühlung fangen schon bei der Erzeugung an, denn bereits Fütterung und Haltung haben Einfluss auf Struktur und Stabilität der Fettkügelchenmembran. Stallhaltung und -fütterung führen zu kleinen Fettkügelchen mit anfälligerer Hüllenstabilität, während Weidefütterung zu großen Fettkügelchen mit höherer Hüllenstabilität führt. Durch die langen Intervalle bei der Milchabholung muss die Milch beim Erzeuger in Tanks gelagert und gekühlt werden. Die Zuführung des jeweils folgenden frischen und warmen Gemelks erhöht kurzfristig die Temperatur im Tank. Diese relativ geringen Temperaturschwankungen führen zu irreversibler Pfropfbildung und rascherer Fettspaltung. Später, in der Molkerei, müssen diese Veränderungen durch spezielle Bearbeitung oder Zusätze wieder rückgängig gemacht werden.

11   Homogenisierung, XO-Faktor, Allergien und Darmschäden

Verkleinerung der Fettkügelchen

Die Homogenisierung verkleinert die Fettkügelchen der Milch erheblich und bringt sie auf möglichst einheitliche – homogene – Durchmesser. In Homogenisierungsmaschinen, so genannten Homogenisatoren, wird die Milch unter hohem Druck durch Spalten gepresst, die je nach Größe der gewünschten Fettkügelchen enger oder breiter sind. Die Folge der Größenvereinheitlichung ist, dass das Milchfett nicht mehr nach oben steigt und sich also dort auch nicht mehr absetzt. Die natürliche Aufrahmung des Milchfets entfällt, womit längere Zeit der Eindruck von Frische erweckt wird.

Was bei der Homogenisierung geschieht, verdeutlicht die folgende schematisierte Abbildung:

Rohmilch   homogenisierte Milch

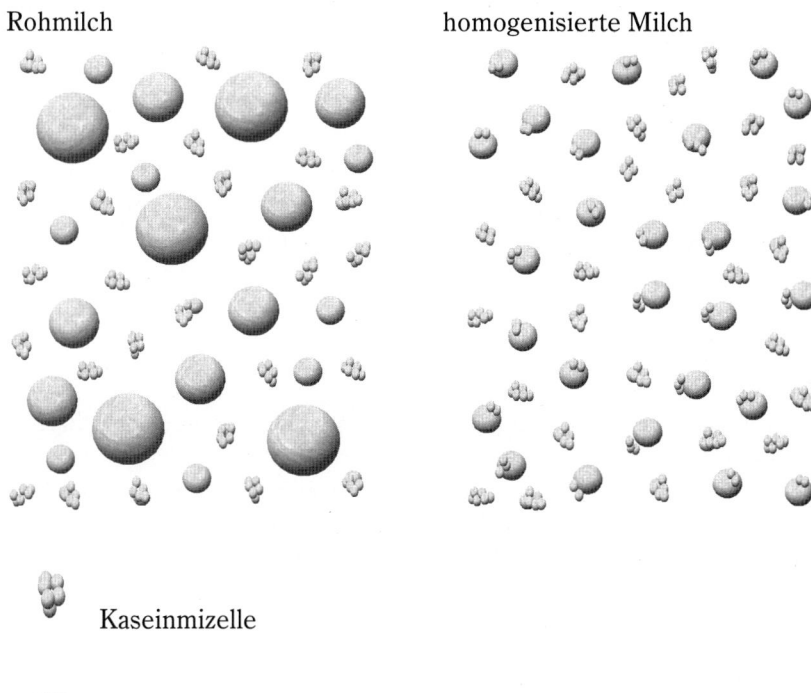

Kaseinmizelle

Fettkügelchen

Auch Laien erkennen auf den ersten Blick den gravierenden Unterschied. In Zahlen ausgedrückt haben die Fettkügelchen der natürlichen Milch Durchmesser von etwa 1,5 bis 10 µm. Nach dem Homogenisieren sind sie erheblich kleiner. Wie viel kleiner, ist nach Belieben einzustellen, denn jedes Endprodukt erfordert eine andere Größe. Gängige Durchmessergrößen liegen nach der Homogenisierung bei 0,2 bis 1,5 µm, es geht aber auch noch kleiner. Durch das Homogenisieren erhöht sich die Anzahl der Fettkügelchen durchschnittlich um das Tausendfache. Sie sind dann relativ gleichmäßig in der Flüssigkeit verteilt und binden daher auch mehr Wasser, was zu mehr wässriger Masse in homogenisierten Milchprodukten führt, die die Kunden zusätzlich bezahlen. Homogenisierung hat noch andere Vorteile: Die Weißkraft der Milch verbessert sich, besonders bei Kondensmilch und Kaffeesahne, die heutzutage häufig zweifach homogenisiert werden, um eine besonders enge Fetttropfenverteilung zu erreichen; bei der Käsebereitung, insbesondere bei Weichkäse, schwitzt weniger Fett aus; bei Joghurt und Milchdesserts verringert sich die Molkenabsonderung, was die Ausbeute erhöht und den Milchprodukten einen cremigen, sämigen Geschmack verleiht. Vollmundig nennt man diesen und gerade auch die fettarmen Milchprodukte werden dadurch nun geschmacklich akzeptabel. Geschmack aber ist subjektiv und gewöhnungsabhängig. Schon bei der Einführung der Pasteurisierung verweigerten viele Kunden, die den Geschmack der Rohmilch gewöhnt waren, den Verzehr von 'schlecht' schmeckender pasteurisierter Milch. Bei der Homogenisierung war es nicht anders. Weil wir heute den Geschmack von Rohmilch und ihren Produkten leider kaum mehr kennen, können wir keine Vergleiche anstellen und akzeptieren, was uns vorgesetzt wird.

Das Homogenisierungsverfahren wurde erstmals im Rahmen der Pariser Weltausstellung im Jahre 1900 bekannt, als Milch präsentiert wurde, deren Fett nicht aufrahmte. Aber erst im Laufe von Jahrzehnten setzte sich die Homogenisierung zu einer gängigen Milchbehandlungsmethode durch. Heute ist sie aus der Milch- und Milcherzeugnisproduktion nicht mehr wegzudenken. Praktisch alle fermentierten Milchprodukte, Desserts und Speiseeis werden homogenisiert, ohne dass dies deklariert werden müsste. Das Verfahren muss lediglich bei Trinkmilch angegeben werden. Meistens werden Hochdruckhomogenisatoren eingesetzt, die besonders effizient sind. Der Trend geht sogar dahin, für immer mehr Käse, entgegen der Tradition, homogenisierte Milch zu verwenden.

Hart- und Schnittkäse werden i. d. R. noch aus nicht homogenisierter Milch hergestellt, während die Milch für Weichkäse, Blauschimmelkäse und Feta mittlerweile homogenisiert wird. Auch die Homogenisierung von Käsereimilch ist nicht deklarationspflichtig, sodass die VerbraucherInnen im Unklaren darüber bleiben, welche Art von Käse sie kaufen. Die Homogenisierung ist kein Verfahren, das wegen eines gesundheitlichen Nutzens angewandt würde, wie es z. B. bei der Pasteurisierung unter anderem der Fall ist; homogenisiert wird aus rein kosmetischen Gründen und zum Zwecke optimaler Lagerung bzw. Verarbeitung in einer modernen Molkerei. Sie ist die umstrittenste Milchbehandlungsmethode überhaupt.

Gesundheitliche Aspekte

Die Homogenisierung von Milch hat für die Konsumenten gesundheitliche Folgen. Dass dem so ist, wird nur widerwillig in der öffentlichen Diskussion eingeräumt: Allergien auf Milcheiweiße, durch Homogenisierung zum Beispiel, könne es vielleicht geben, aber grundsätzlich seien Milchprodukte wegen ihres hohen Kalziumgehalts sehr gesund, so der Grundtenor der meisten Veröffentlichungen.[1] Andere gesundheitlich bedenkliche Auswirkungen der Homogenisierung von Milchprodukten werden rundweg abgestritten, inmitten einer Diskussion von offensichtlichen Widersprüchen.

Bessere Verdaulichkeit

Als größter Vorteil der Homogenisierung für die Konsumenten wird die bessere Verdaulichkeit von Milch und Milchprodukten für den menschlichen Organismus betrachtet. Oft ist in diesem Zusammenhang auch von Bekömmlichkeit die Rede. Diese Aussagen sind immer wieder zu lesen, indes haben sie etwas Erstaunliches, provozieren sie doch geradezu die Frage, ob nicht homogenisierte Milch dann wohl schlecht verdaulich bzw. nicht bekömmlich sei?

Und in der Tat, so ist es. Richtig wahrhaben will das aber kaum jemand, weshalb die Frage der Verdaulichkeit von Milch und die biologische Verfügbarkeit ihrer Inhaltsstoffe bei der Ernährung geflissentlich übergangen wird. Die schlechte Verdaulichkeit von Rohmilch wird nicht diskutiert, vermutlich deshalb, weil kaum jemand mehr Rohmilch zu sich nimmt; manche kennen sie noch, aber geschrieben findet sich selten etwas über sie. Man behauptet indessen, die Homogenisierung fördere

---

[1] Beispielhaft: Schrot und Korn, 02/2002.

eine bessere Verdaulichkeit,[2] ohne dafür eine Begründung mitzuliefern. Oder die Erkenntnis wird in Sätzen wie diesen versteckt: „Kuhmilch ist jedoch eiweißreicher (enthält mehr schwer verdauliches Kasein)..."[3] Selten ist ein Satz zu lesen wie: "Gelangt Rohmilch in den Magen, so bilden die Caseine zunächst Caseinstränge und später ein festes, zusammenhängendes Koagulum... Die Milch ist schwer verdaulich."[4] Wer hätte das gedacht, dass das Wissen der antiken und mittelalterlichen Medizin in der Moderne noch nicht gänzlich verschwunden ist! Offensichtlich fürchtet man, dass jeder Fleck auf dem weißen Gesundheitsimage von Milch, und sei es auch nur auf dem von Rohmilch, dem zwar hohen, aber dennoch stagnierenden Milchkonsum weiter schadet. Die Gefahr, eine neue Debatte über die Vor- und Nachteile der Homogenisierung zu provozieren, wäre offensichtlich zu groß.

Bessere Verdaulichkeit kann ein Nachteil sein

Wenn der menschliche Körper homogenisierte Milch, deren Ruf so hell ist wie ihre Farbe, besser verdaut, was kann daran schon schlecht sein? Diese ungläubige Frage spiegelt eine weit verbreitete Ansicht.

Und die Antwort ist: Genau diese gute Verdaulichkeit ist schlecht! Denn durch sie werden viele Milchinhaltsstoffe für den Stoffwechsel zugänglich, die beim früheren Rohmilchgenuss nicht verfügbar waren. Ein großer Teil der Milchinhaltsstoffe wurde früher nämlich einfach nicht verdaut, sondern ausgeschieden, was durchaus positiv war. Zum Beispiel das Fett: Mit Rohmilch geht ein großer Teil der großen Fettkügelchen samt den an ihnen haftenden Substanzen unverdaut durch den Dünndarm, weil die Lipasen des menschlichen Verdauungstraktes sie nicht zu spalten vermögen. So, weitgehend unverdaut, gelangen sie in den Dickdarm, wo sie bakteriell zu freien Fettsäuren und Hydroxyfettsäuren abgebaut werden. Darin liegt die laxierende Wirkung[5] und somit der Hauptgrund, warum der Milch von alters her eine Durchfall verursachende Wirkung zugesprochen wurde und sie unverarbeitet als ein nicht sonderlich bekömmliches Lebensmittel galt. Die Homogenisierung indessen macht dem menschlichen Verdauungsapparat das schlecht verdauliche Milchfett leicht und vollständig zugänglich. Während nämlich unbeschädigte Fettkügelchenmembrane ihren Inhalt vor dem Angriff der Ver-

---

2 Vgl. Kielwein, Leitfaden der Milchkunde und Milchhygiene, S. 178.
3 Brockhaus, Stichwort Milch.
4 Schlieper, Grundfragen der Ernährung, S. 126.
5 Classen/Diehl/Kochsiek, Innere Medizin, S. 587.

dauungslipasen schützen, bieten die kleinen homogenisierten Fettkügelchen keinen Schutz mehr davor, sodass der Verdauung nun das Milchfett als Ganzes zur Verfügung steht. Nicht umsonst gelten heute Milchprodukte als versteckte Dickmacher. Früher, als Rohmilchprodukte die Regel waren, führte allein schon das schwer verdauliche Fett zu Übelkeit und selbst bei Laktasiern zu Durchfällen. Wegen dieser unmittelbaren und spürbaren Folgen verzichteten viele Menschen auf die Milch. Die Homogenisierung setzte dieses äußerst einfache und effektive Warnsignal außer Kraft. Die Folge ist, dass heute verhältnismäßig mehr Menschen – zunächst und scheinbar ohne Probleme – Milchprodukte zu sich nehmen können. Die gesundheitlichen Folgen machen sich anders bemerkbar und können nicht mehr ohne Weiteres schon beim Milchgenuss erkannt und mit ihm in Verbindung gebracht werden.

Fett- und Eiweißveränderungen, verkapselte Enzyme

Nicht nur die Veränderung des Fettes ist problematisch, sondern auch die der Milcheiweiße. Ein Blick auf die Abbildung auf Seite 221 macht das deutlich: Die ursprünglichen Fettkügelchen der Milch sind zerstört und es haben sich neue, sehr viel kleinere gebildet, in die Eiweiße eingelagert sind.

Zusammengefasst finden bei der Homogenisierung folgende Veränderungen statt:

- Beim Zerfall der Fettkügelchen treten Teile der an sie angelagerten Substanzen in das Milchplasma über, beispielsweise Enzyme und erhöhen deren biologische Aktivität.

- Das ursprüngliche Hüllenmaterial reicht nicht aus, um die wesentlich größere Anzahl der neuen und zerkleinerten Fettkügelchen zu ummanteln. In die nicht abgedeckten Freiräume der neuen Hüllenmembrane lagern sich Kasein-Mizellen und Molkenproteine ein. Es entsteht ein vorher nicht vorhanden gewesener Fett-Eiweiß-Komplex.

- In diesen Komplex werden verschiedene Substanzen, z. B. Enzyme aus der Fettkügelchenmembran eingeschlossen, sodass es zu einer Verkapselung kommt, was die Magenpassage für diese Enzyme erleichtert.

- Ebenfalls deformiert werden die Kasein-Mizellen, was eine weichere Konsistenz des Käsekuchens im Käsungsprozess bei der Kaseingerinnung und vermutlich eine bessere Verdaulichkeit von Käse zur

Folge hat. Für bestimmte Sorten in der Käseherstellung, insbesondere für Weichkäse, gilt das als positiv.

- Die Substanz Euglobulin, die normalerweise die Aufrahmung des Kuhmilchfetts fördert, tritt aus den Fettkügelchen ins Milchplasma über, wodurch die Aufrahmungsneigung des Fettes zusätzlich reduziert wird – ein sehr erwünschter Effekt.

- Das homogenisierte Fett reagiert gegenüber der milcheigenen Lipase äußerst empfindlich und wird von dieser angegriffen. Dies gilt es vorsorglich zu verhindern, indem der Homogenisierung immer die Pasteurisierung vorangeht, denn diese deaktiviert ihrerseits die Lipase, die nun nicht mehr biologisch aktiv ist.

Umstritten ist nun, ob überhaupt, und wenn ja, welche gesundheitlichen Folgen durch diese Veränderungen eintreten.

Wie wird Nahrung vom Körper aufgenommen?

Allgemeines

Mehr oder weniger selbstverständlich und als naturgegeben betrachten wir die Tatsache, dass die Nahrung, die wir uns einverleiben, verdaut wird. Nur wenige machen sich Gedanken darüber und entsprechend wenig weiß man oft. Forschung zum Thema ist insofern schwierig, als der menschliche Dünndarm, das Hauptverdauungsorgan, mittels Technik noch immer kaum zugänglich ist. Wie die Verdauungsorgane im Prinzip funktionieren, welche Aufgaben ihnen zukommen, ist zwar weitgehend bekannt, wie sich aber einzelne Nahrungsmittel und Substanzen in diesem System verhalten, verändern – oder auch nicht verändern –, welche und wie viel der Körper von ihnen aufnimmt, ist häufig unklar und individuell zudem äußerst unterschiedlich. Folglich wird darüber heftig gestritten.

Die nachfolgende schematische Darstellung veranschaulicht die Hauptfunktionen der Verdauungsorgane.

Mund		Mechanische Zerkleinerung und Schleimstoffzufuhr Aktivierung der Magensäfte		
Magen		1. weitgehende Abtötung aller mit der Nahrung aufgenommenen Mikroorganismen durch den im Magen niedrigen pH-Wert (1,0–1,5 = sauer) 2. Denaturierung von Eiweißen – beides sind Schutzfunktionen, die sog. **Magenschranke,** die den Organismus vor schädlichen Substanzen bewahrt		
Dünndarm, etwa 5 m lang	Blut	⇐	enzymatischer Umbau – von Kohlenhydraten in Monosaccharide – von Fetten im Zusammenspiel mit Gallensäure in Fettsäuren und Glycerine – von Eiweißen in Aminosäuren **Resorption** der Monosaccharide, Fettsäuren, Glycerine und Aminosäuren durch die Dünndarmwände ins Blut und in die Lymphbahnen	⇒ (Resorption)	Blut
	Lymphe	⇐			
	Blut	⇐ (Resorption)		⇒	Blut
				⇒	Lymphe
Dickdarm etwa 1,5 m lang		1. Wasser und Mineralstoffresorption 2. weitgehend bakterielle Zersetzung von allem, was im Dünndarm nicht enzymatisch aufgeschlossen werden konnte (Ballaststoffe, Stärke) 3. Ausscheidung der unverdaulichen Reste		

Tabelle 11

Widersprüchliche Meinungen

Wer glaubt, dass der Magen vollständig seine Schutzfunktion erfüllt, immer sämtliche Bakterien abtötet und die Eiweiße so denaturiert und ihrer biologischen Funktionsfähigkeit beraubt, dass sie leicht in den Dünndarmwänden zu Peptiden und schließlich in ihre Aminosäurebausteine zerlegt werden können, der wird keine Probleme mit der Milch im Zusammenhang mit ihrer Verdauung erkennen können. Denn alles, was an einzelnen Milchinhaltsstoffen gesundheitlich bedenklich sein könnte, wird nach dieser Auffassung im Magen abgetötet oder neutralisiert. Anschließend finde eine regelgerechte Einbeziehung der Stoffe in den Dünndarmstoffwechsel statt, Probleme gebe es nicht, nichts Schädliches dringe in den Blutkreislauf und die Lymphbahnen.

Wer dieser Meinung ist, hält auch nichts von der These, dass beispielsweise Hormone und Enzyme in der Nahrung irgendeinen negativen Einfluss auf den menschlichen Stoffwechsel haben könnten. Denn über die Schutzfunktion des Magens werden alle Eiweiße denaturiert und so ihrer biologischen Aktivität beraubt. Milch ist aus dieser Sicht – wenn man so will – ein gesundes Nahrungsmittel.

Selbstverständlich gilt tatsächlich, dass der Magen den überwiegenden Teil aller Mikroorganismen, die in der Nahrung enthalten sind, unschädlich macht und Eiweiße denaturiert. Andernfalls wären wir permanent krank. Würde die Magenschranke aber perfekt funktionieren, hätten wir noch nie Magen-Darm-Infekte oder -Verstimmungen gehabt, so viel ist auch sicher. Manchmal funktioniert das System also nicht, eigentlich eine banale Erkenntnis.

Umso mehr erstaunen manche Widersprüchlichkeiten: So werden einerseits Hormone und Enzyme in der Milch als unschädlich bezeichnet, weil sie schon im Magen denaturiert würden; gleichzeitig werden andererseits aber bestimmte Milchprodukte gerade deswegen als besonders gesundheitsfördernd verkauft, weil lebende Bakterien, z. B. in Joghurtprodukten, bis in den Dickdarm geschleust werden könnten und dort auch quicklebendig ankommen sollen. Wer mit diesem Phänomen wirbt, wie es unter anderem für so genannte probiotische Joghurts üblich ist, muss also der Meinung sein, dass die Magenschranke von den Milchsäurebakterien des Joghurts überwunden werden kann. Ist es also nicht nur im Krankheitsfall, sondern auch unter normalen gesundheitlichen Umständen möglich, dass Bakterien im Magen nicht abgetötet werden? Ja und nein, hin und her, es wird gestritten und niemand weiß es wirklich.[6] Die problematischen Eiweiße (Enzyme und Hormone) in der Milch sollen dementsprechend in biologisch aktiver Form noch nicht einmal den Dünndarm erreichen, während die vermeintlich so gesunden, unproblematischen Milchsäurebakterien sogar den Dickdarm lebend erreichen und dort wahre Gesundheitswunder vollbringen sollen. Wer's glaubt... Trotz dieser theoretischen Möglichkeit, ist es jedoch nahezu unwahrscheinlich, dass die Denaturierung von Eiweißen und die Inaktivierung von Mikroorganismen immer vollständig erfolgen. Auch die Wissenschaft zweifelt nicht ernsthaft daran, dass der Dünndarm von kleineren Nahrungspartikeln, Makromolekülen und ganzen Eiweißkomplexen erreicht wird und dass diese unter anderem auch als solche resorbiert werden, d. h. schließlich im Blut auftauchen, und zwar nicht in ihre Bausteine zerlegt.[7]

Eine etwas komplexere und kompliziertere Sicht der Dinge fragt deshalb, wie Hormone, Enzyme und möglicherweise auch Bakterien biologisch aktiv in den Darm transportiert werden. Dabei spielt die Bearbeitung der Milch in der Molkerei eine große Rolle.

Dieser Sichtweise liegt folgende Vorstellung zugrunde:

Durch die Bearbeitungstechniken Homogenisierung, Erhitzung und Kühlung haben Fett- und Eiweißveränderungen stattgefunden. Die Fettkügelchen der Milch beispielsweise haben viele Enzyme verloren, die sich jetzt frei im Milchplasma bewegen. Während ihrer Gerinnung im Magen schließen die Milcheiweiße die in ihrer Umgebung vorhandenen Enzyme und Hormone in sich ein, sie werden verkapselt. Die Milch mit ihrem recht hohen pH-Wert von 6,7 verschiebt gleichzeitig das saure Magenmilieu in Richtung eines mehr basischen Milieus, wodurch die Pepsine (Magenenzyme) in ihrer Aktivität beeinträchtigt werden. Sie spalten große Eiweiße in Polyeptide; ihr Wirkoptimum liegt bei niedrigen pH-Werten (pH 1,2– 3,5). Ab pH 6 sind Pepsine sogar inaktiv. Milch mit ihrem hohen pH-Wert wirkt im Magen als Enzymhemmer. Folglich denaturieren nicht viele Eiweiße, besonders nicht die verkapselten, die so un-

---

6   Ernährungsbericht 2000, Kapitel 9,
    http://www.dge.de/modules.php?name=News&file=article&sid=272
7   Vgl. den Aufsatz von Sass und Seifert, „Über Insorptions- und Persorptionsvorgänge im Magen-Darm-Trakt" in: Jorde und Schata, Nahrungsmittelallergie.

beschädigt den Dünndarm erreichen, wo ohnehin ein basisches Milieu herrscht, das sie zunächst nur schwer angreifbar macht.

Die Vorstellung, dass auch mittels Eiweißgerinnung im Magen Verkapselungseffekte eintreten, wird von der Beobachtung gestützt, dass Kaseine Klebereigenschaften aufweisen. Interessanterweise werden Kaseine zur Mikroverkapselung eingesetzt, mittels derer pharmazeutische Substanzen vor dem sauren Magenmilieu geschützt werden, damit sie unbeschadet den Dünndarm erreichen.

Ein weiterer Teil der Enzyme und Hormone, die durch die Homogenisierung an die neuen Fett-Eiweiß-Komplexe der kleinen Fettkügelchen gebunden sind, erreichen, da im Magen fast keine Fettverdauung stattfindet, mit diesem Fett-Eiweiß-Komplex ziemlich unbeschadet den Dünndarm – auch ein Verkapselungseffekt.

Bei Sauermilch- und Käseprodukten hat die Denaturierung der Kaseine und Molkenproteine sowie die Verkapselung von Enzymen und Hormonen schon stattgefunden, bevor der menschliche Verdauungstrakt überhaupt damit in Berührung kommt. Diese Produkte bieten im Magen noch weniger Angriffsfläche für Säuren und Pepsine und erreichen ebenfalls weitgehend unbeschadet den Dünndarm.

Neben den Verkapselungseffekten spielen noch andere Faktoren bei der Einschleusung von Enzymen und Hormonen in den Dünndarm eine Rolle. So werden beispielsweise die in der Milch vorkommenden problematischen Wachstumsfaktoren IGF I und IGF II als säurestabile Peptide ausgewiesen, was bedeutet, dass sie sogar ohne Verkapselung unbeschadet das saure Magenmilieu passieren können.

Der XO-Faktor

Die XO-Faktor-These, die sich mit der Xanthinoxidase (XO) beschäftigt, einem Enzym, das in Kuhmilch in weitaus höherer Konzentration vorkommt als in jeder anderen Säugetiermilch, basiert im Wesentlichen auf der These von der Einschleusung dieses Enzyms in den Darmtrakt mittels Verkapselung. Sie geht davon aus, dass diese Enzyme ohne ihre Freilegung durch die Homogenisierung noch immer zum großen Teil in den natürlichen Fettkügelchen versteckt wären, was ihre biologische Verfügbarkeit erheblich reduzieren würde.

Die Geschichte der XO-Faktor-These oder eine mögliche Ursache von Arteriosklerose

Das Enzym Xanthinoxidase existiert natürlicherweise auch im menschlichen Körper, allerdings zirkuliert es nicht frei im Blut, sondern ist in bestimmten Organen lokalisiert. XO wird in der Leber gebildet, kommt in größeren Mengen in der Schleimhaut des Dünndarms vor, ferner in Nervenzellen und sie spielt im Purinstoffwechsel eine wichtige Rolle. Eine zu hohe Aktivität der XO führt zu Gicht.

Die Annahme ist nun die: Freie im Blut zirkulierende XO oxidiert die Plasmalogene, Fettstoffe, die ähnlich wie Mörtel eine Mauer, die Zellmembranen zusammenhalten. Ganz besonders sind die Herzmuskelzellen und Arterienwandzellen von Plasmalogenen umgeben, um sie elastisch zu halten. Freie XO im Blutkreislauf reagiert mit den Plasmalogenen im Körper, oxidiert und wird als oxidiertes Fettaldehyd ausgefällt. So verschwinden die Plasmalogene, was besonders an Arterien und am Herz zu Schäden führt.[8] Um die Gefäßwände zu schützen, lagern sich in der Folge andere Fette daran an, hauptsächlich Cholesterin. Die Ablagerung des Cholesterins kann insofern als natürlicher Reparaturmechanismus des Körpers gesehen werden, als eine Art Pflaster für die fehlenden Plasmalogene.

Zusammenhänge dieser Art werden seit den frühen 1970er Jahren diskutiert. Die beiden amerikanischen Forscher Kurt Oster[9] und Donald Ross, Kardiologe und Bio-Chemiker, haben 1973 ihre ersten Forschungen zum XO-Faktor veröffentlicht. Im Jahre 1983 erschien ihr Buch „Der XO-Faktor". Darin werden Osters langjährige Forschungen und Experimente beschrieben, für die er auf den deutschen Biochemiker Robert Feulgen[10] zurückgreifen konnte, der in den 1930er Jahren das Plasmalogen entdeckt hatte. Kurt Oster studierte an der Universität Köln, wo er auf Feulgen und sein Forscherteam traf. So wurde er auf das Plasmalogen aufmerksam. In den USA, wo er später mit Donald Ross zusammenarbeitete, beobachtete er, dass das Herzgewebe von an Herzinfarkt gestorbe-

---

8 Heute ist bekannt, dass Plasmalogene auch gehäuft im Myelin und Gehirn vorkommen. Ähnliche Effekte könnte es also auch dort geben.

9 Kurt Oster stammte aus Deutschland, wurde als Jude jedoch von den Nazis verfolgt, musste das Land in den 1930er Jahren verlassen und ging in die USA.

10 Robert Feulgen, 1884–1955, war ein bekannter Chemiker. Nach ihm ist die „Feulgen's reaction" benannt, die in Verfahren zur photometrischen Sichtbarmachung von DNS, Zellkernen, Bakterien, Viren etc. eine Rolle spielt.

nen Patienten kein Plasmalogen enthielt. Oster vermutete, dass dies auf einer Enzymreaktion beruht. Nach langen Forschungen fand er ein in Frage kommendes Verursacherenzym, die Xanthinoxidase. Da die XO im menschlichen Blut kaum vorkommt, suchte er nach einer äußeren Quelle des Enzyms, das er reichlich in Kuhmilch fand. Nun fahndete er im Blut von Herzpatienten nach Milchantikörpern und musste feststellen, dass dort erheblich mehr Antikörper gegen Milch zu finden waren als im Blut von Patienten ohne Herzkrankheiten. Da bekannt war, dass die XO in der Fettkügelchenmembran der Milch sitzt und diese durch die Homogenisierung zerstört wird, beschäftigte er sich mit Statistiken zu homogenisierter Milch. Und tatsächlich konnte anhand von WHO-Mortalitätsraten eine deutliche Korrelation zwischen einerseits Arteriosklerose und Herzerkrankungen und andererseits Milchländern (insbesondere Konsum homogenisierter Milch) und Ländern ohne nennenswerten Milch- bez. ohne Konsum homogenisierter Milch festgestellt werden.

Die Erklärung dafür war, dass nach der Homogenisierung die nun kleineren Fett-Eiweiß-Komplex-Kügelchen mit ihren teilweise schädlichen Enzymen den Magen unbeschadet passierten und im Darm verdaut wurden, also durch die Dünndarmschleimhaut ins Blut wanderten.

Die Forscher entwickelten Methoden die bovine von der menschlichen XO zu unterscheiden. Danach konnten Doppelblindstudien an Herzinfarktpatienten durchgeführt werden. Bei Patienten, die homogenisierte Milch, also bovine XO erhielten, stellte man nach ein paar Wochen Antikörper gegen die bovine XO fest. Nun glaubten Oster und Ross, dass die bovine XO das kardiovaskuläre System erreicht, also eine Verdauung von XO stattgefunden haben musste. Die folgenden Untersuchungen zeigten, dass Menschen mit klinischen arteriosklerotischen Symptomen mehr Antikörper gegen die bovine XO im Blut hatten als andere. Dasselbe galt für Menschen, die größere Mengen an homogenisierter Milch und Milchprodukten zu sich genommen hatten. Diese Untersuchungen wurden von anderen Wissenschaftlern in weiteren Studien bestätigt.

Oster und Ross konstatieren als Wirkung der Milch-Homogenisierung auf die menschliche Gesundheit eine erhebliche Erhöhung der biologischen Verfügbarkeit von XO sowie von Rinderhormonen, Rinderenzymen, Rindereiweißen etc.

Was die biologische Verfügbarkeit von XO in bearbeiteter Milch angeht, bestätigt Kielwein die beiden Forscher indirekt so:

„Xanthinoxidase (Schardinger Enzym) kommt in der Kuhmilch in höheren Konzentrationen als in der Milch anderer Säuger vor. Gebunden ist das Enzym vorwiegend an die Fettkügelchenmembran. Diese Bindung wird bei der Kühlung der Milch sowie bei deren Erhitzung auf 70 °C für 5 Minuten ebenso aufgehoben wie bei der Homogenisierung oder unter Einwirkung von Proteinasen und Lipasen. Außer Xanthin kann das Enzym auch andere Substrate oxidieren."[11]

Forschungsergebnisse, die keiner will

Ungewollt rüttelten Oster und Ross mit ihren Forschungen an den Grundfesten industrieller Milchwirtschaft. Denn wenn ihre These zutrifft, dann ist homogenisierte Milch ein fürchterlicher Krankmacher und die Milchindustrie in ihrer heutigen technologischen Form in der Verantwortung. Daher gab es energischen Widerstand nicht nur seitens der Milchindustrie, sondern auch der staatlichen Behörden, die sich von der XO-These ebenfalls düpiert sahen. Es wurden wissenschaftliche Stellungnahmen erarbeitet, die zu dem Schluss kamen, dass Oster und Ross Unrecht hätten. Erwartungen vonseiten verunsicherter VerbraucherInnen, dass wissenschaftliche Forschungen betrieben worden wären, um die Erkenntnisse von Oster und Ross zu widerlegen, wurden enttäuscht, denn es gab und gibt keine. Wo immer man sucht, es fehlen Studien über den möglichen Zusammenhang von homogenisiertem Milchgenuss und Herzerkrankungen und auch Studien über den Zusammenhang mit anderen Krankheiten sind selten. Offenbar glaubte man, es würde genügen, Oster und Ross rein argumentativ zu widerlegen: Im Kern wurde behauptet, ein Nachweis boviner XO im menschlichen Organismus sei nicht möglich, da die humane nicht von der bovinen XO unterscheidbar sei. Im Klartext bedeutet das nichts anderes, als dass jede Forschung zwecklos ist. Weiter wurde argumentiert, dass die XO als säureempfindliches Enzym durch das saure Magenmilieu inaktiviert würde und wegen ihres hohen Molekulargewichts die Dünndarmwände nicht passieren könne. Insofern sei es sogar völlig ausgeschlossen, dass die XO in biologisch

---

[11] Kielwein, Leitfaden der Milchkunde und Milchhygiene, S. 30 f; Hervorhebung im Original.
Kamelmilch soll als einzige Säugetiermilch keine XO enthalten. Vielleicht ein Grund, warum bei Nomaden in Arabien und Ostafrika, bei denen Kamelmilch konsumiert wird, keine arteriosklerotischen Veränderungen festgestellt werden konnten, siehe dazu Jonsson, Die Basisallergie, Siebter Teil.
Seit 2006 wird Kamelmilch international als Gesundheits- und Lifstyleprodukt promotet.

aktiver Form den menschlichen Blut- oder Lymphkreislauf erreiche.[12] Ähnliche Argumente sind in anderem Zusammenhang in den 1990er Jahren aufgetaucht, als es um die Wachstumshormone in der Milch ging, die aus teilweise denselben Gründen den menschlichen Blut- und Lymphkreislauf angeblich auch nicht erreichen sollten, eine Behauptung, die mittlerweile widerlegt ist.

Die Gegenargumentation stand den langjährigen umfangreichen Studien von Oster und Ross unversöhnlich gegenüber. Trotz bösartiger Anfeindungen haben Oster und Ross ihre Thesen nie widerrufen und bis zum Ende ihrer beruflichen Laufbahn sehr erfolgreich als Herzspezialisten gewirkt. Sie sind die einzigen Wissenschaftler, die über lange Zeiträume die Zusammenhänge zwischen dem Genuss homogenisierter Milch und Herzerkrankungen klinisch-pathologisch erforscht haben. Neben dem von ihnen beschriebenen Verkapselungseffekt durch Homogenisierung ist mittlerweile durch weitere Forschungen belegt, dass der Dünndarm kleinere Nahrungspartikel resorbiert und Makromoleküle und Eiweißkomplexe aufnehmen kann, siehe oben.

Aus heutiger Sicht gibt es durchaus Veranlassung, die damalige Gegenargumentation einmal gründlich zu überdenken und mit Forschungen zu beginnen. Das damalige Prozedere erscheint auch im Nachhinein noch sehr befremdlich. Denn angesichts der Tragweite, die die XO-These für die Gesundheit der Bevölkerung in Milchländern hätte, wenn sie bestätigt würde, stimmt es nachdenklich, dass bis heute eine systematische wissenschaftliche Überprüfung der XO-These nicht stattgefunden hat.

Werden Allergien und Darmschäden ernst genommen?

Hier und da ist Forschung mit homogenisierter Milch an Mäusen und Ratten betrieben worden. So gibt es gelegentliche Veröffentlichungen zu den verheerenden Auswirkungen auf den Darm dieser Tiere und zu allergischen Reaktionen. Die letzten Studien stammen aus Dänemark und sind 17 Jahre alt. In australischen Versuchen wurden sie vor acht Jahren nochmals bestätigt.

---

[12] Vgl. hierzu für Deutschland: Prof. Dr. Edmund Renner in: Deutsche Medizinische Wochenschrift Nr. 2 vom 12. Jan. 1979, S. 45; derselbe Autor: Milch und Milchprodukte in der Ernährung des Menschen; in dem Buch gibt er den Hinweis auf Kaninchenversuche, die heute nicht mehr als aussagekräftig angesehen werden, weil es später andere Tierversuche gegeben hat, die die Schädigung von Gefäßen durch die XO belegten.

Durch die Fütterung homogenisierter Milch vergrößerte sich der Umfang des oberen Darms, das Immunsystem der Tiere reagierte deutlich und die Mastzellen des Darms degranulierten (platzten). Mit nicht homogenisierter Milch behandelte Tiere zeigten keine derartigen Reaktionen.[13] Bei der Degranulation von Mastzellen wird viel Histamin frei, ein Prozess, der sonst vorwiegend durch allergische Reaktionen in Gang kommt. Die Folgen sind z. B. Haut-, Asthma- und Kreislaufreaktionen bis hin zum anaphylaktischen Schock.

Solche Forschungsergebnisse dürfen eigentlich nicht ohne Konsequenzen bleiben, sie hätten eine neue Diskussion über die Auswirkungen der Milch-Homogenisierung auf das Darmgeschehen, über Nahrungsmittelintoleranzen und die Allergieanfälligkeit auslösen müssen. Nichts dergleichen ist jedoch geschehen und wird nach dem Grund gefragt, ist die erstaunliche Antwort, dass Tierversuche mit so weit entfernten Arten, wie es Mäuse und Ratten seien, auf den Menschen nicht übertragbar sind. Zu erinnern ist an dieser Stelle, dass es in der XO-Debatte eine – wenn auch später widerlegte – Studie gegeben hat, bei der Kaninchen mit XO-Infusionen angeblich keine Arterienplaques entwickelt hatten, und dies hatte zunächst Beweiskraft gegen die XO-These. Man gewinnt den Eindruck, dass Forschungsergebnisse ganz nach Wunsch interpretiert werden. Und die Frage, warum die Tierversuche überhaupt durchgeführt wurden, wenn sie keine Aussagekraft haben, steht ebenfalls im Raum. Möchte man weiter wissen, warum denn nicht Menschen untersucht werden, wird argumentiert, da gäbe es neben der ethischen auch noch die Schwierigkeit, dass wohl keine Menschen mehr in unseren Ländern lebten, die nicht mit homogenisierter Milch in Berührung gekommen sind. Das ist wohl wahr, aber um deren Gesundheit willen könnte Wissenschaftlern, wenn sie denn wollten, eigentlich etwas einfallen.

Die Situation ist grotesk: Einerseits sind alarmierende Forschungsergebnisse aus Tierversuchen verfügbar, andererseits werden diese als nicht übertragbar auf Menschen erklärt, mit denen wiederum aus ethischen Gründen und mangels Kontrollgruppen keine Untersuchungen durchgeführt werden könnten. Wir landen bei dem Ergebnis: Forschung ist unmöglich, alles bleibt, wie es war.

Aber – vielleicht ist Forschung ja tatsächlich nicht notwendig. Denn da wir seit ungefähr vierzig Jahren homogenisierte Milchprodukte zu uns nehmen, hat nach Meinung mancher WissenschaftlerInnen ein weltwei-

---

13 Poulson u. a. in: Allergy, July 1990, 45(5) S. 321-326.

ter, flächendeckender Großversuch längst stattgefunden. Und auch das Ergebnis liegt bereits vor: drastisch gestiegene Allergieraten, Darmerkrankungen und Arteriosklerose als sichtbarste Zeichen neben anderen Erkrankungen.

In einer Zeitschrift, die sich mit medizinischen Hypothesen beschäftigt, wird 30 Jahre nach Oster's ersten Publikationen angeregt, seine Thesen zu überprüfen. Es gebe neue Hinweise, dass sie richtig sein könnten und seine Behandlungsmethoden bei Arteriosklerose wirksam seien. Dieser Artikel erschien im Jahre 2007![14]

---

[14] McCarty in: Medical Hypotheses, 2007, Jan. 12, online Vorabveröffentlichung.

12 Milch – frisch, laktosefrei, Milchpulver und Salmonellen

Milch

Das unveränderte Gemelk einer Kuh und von anderen milchgebenden Nutztieren wird heute als Rohmilch bezeichnet, ein Begriff, den es ursprünglich für Milch nicht gab. Im Milchgesetz von 1930, das bis 1989 galt, kam er nicht vor, ebenso wenig in anderen Gesetzen, die sich mit Milch befassten. Er tauchte mit dem EU-Recht auf und manifestierte sich gegen Ende der 80er Jahre: Das unveränderte Gemelk einer Milchkuh bzw. von Nutztieren hieß von nun an Rohmilch. Der sehr treffende Ausdruck benennt den unbehandelten Zustand von Milch. Rohmilch ist die 'gute alte', unveränderte Milch, auch nicht wärmebehandelt, sondern nur einer mechanischen Säuberung unterzogen. Heute können wir sie fast nirgends mehr kaufen. Nur wer die Milch auf einem Bauernhof mit Zulassung zur Direktabgabe von Milch erwirbt, kann noch in den Genuss von Rohmilch kommen. Sie heißt dann offene Milch oder Milch-ab-Hof. Rohmilch ist heute jedoch nicht mehr nur das unveränderte Gemelk einer Kuh, sondern darf auch dann noch als solche bezeichnet werden, wenn sie nach der Kühlung wieder auf 40 °C erwärmt wurde.[1] Wird Rohmilch im Handel verkauft, was zwar nicht verboten ist, aber kaum mehr geschieht, dann muss sie verkaufsfertig abgepackt sein und heißt nun Vorzugsmilch. Wer hat schon einmal Vorzugsmilch in einem Supermarktregal, im Reformhaus oder im Bioladen gesehen? Wahrscheinlich kaum jemand, denn selbst im Bioladen wird sie nur selten angeboten.

Fast die gesamte landwirtschaftlich produzierte Rohmilchmenge wird heute an die Molkereien geliefert und dort derart be- oder verarbeitet, dass die Fachsprache von molkereimäßig hergestellter Milch spricht. Sie wird auch als Konsummilch oder Trinkmilch bezeichnet. Auf den Milchtüten, die wir in Supermärkten und kleineren Läden kaufen, stehen allerdings andere Bezeichnungen auf den Labels, mit Variationen beispielsweise: „frische Vollmilch mit natürlichem Fettgehalt, 3,8 %, pasteurisiert, homogenisiert" oder „frische Milch, teilentrahmt, 1,5 % Fettgehalt, pasteurisiert, homogenisiert" oder „frische Milch, 3,5 % Fettgehalt, pasteurisiert, homogenisiert". Die Betonung liegt einhellig auf „frisch". Auf-

---

[1] Verordnung (EG) Nr. 853/2004, Anhang I, 4.1. des Europäischen Parlaments und des Rats mit spezifischen Hygienevorschriften für Lebensmittel tierischen Ursprungs, ABl. L 139/55 vom 30. April. 2004; die mögliche Wiedererwärmung bis auf 40 °C spielt bei der Herstellung von Rohmilchkäse eine Rolle, vgl. Kapitel 16.

grund gesetzlicher Vorschriften ist jedoch außer Roh- und Vorzugsmilch jede Milch, die in den Handel kommt, pasteurisiert. Frisch kann sie also nicht sein, es sei denn, unter Frische wird etwas anderes verstanden, als man allgemein denkt. Die Homogenisierung der Milch ist im Gegensatz zur Pasteurisierung nicht vorgeschrieben und doch mittlerweile die Regel. Milch, die nicht homogenisiert ist, war bis vor kurzem praktisch nicht erhältlich. Sie ist in geringen Mengen nach der BSE- und MKS-Krise wieder in den Handel gekommen. Aber man darf trotzdem nicht erwarten, allzu viele nicht homogenisierte Produkte vorzufinden. Bei H-Milch wird von vornherein keine Frische erwartet, sondern ein beträchtlich bearbeitetes Produkt, aber was wird bei frischer Milch assoziiert? Trotz der Bezeichnungen pasteurisiert und homogenisiert mit immer gleichem Fettgehalt glauben wir nur allzu gerne an die (uns) 'weiß-gemachte' Frische in Großbuchstaben.

Natürliche Milch?

Beim Kauf von so genannter frischer Milch im Supermarkt haben VerbraucherInnen die irrige Vorstellung von wenig bearbeiteter Milch. Jeder weiß zwar, sie stammt aus einer Molkerei, was dort aber mit ihr im Einzelnen geschehen ist, entzieht sich allgemeiner Kenntnis. Nur zu gerne wird darauf vertraut, dass sie schonend behandelt worden ist, ganz zu unserem Wohle eben. Die Älteren unter uns und Menschen aus dem Osten wissen noch, dass Milch früher dick geworden ist, wenn sie länger stand. Dick wird sie vom Stehenlassen heute nicht mehr unbedingt, dafür schmeckt sie in jedem Fall bitter. Ursache dafür ist die veränderte Keimflora, was einen Milchwissenschaftler zu folgendem Kommentar veranlasste: „Und nur ganz Unentwegte versuchen immer wieder die Selbstherstellung von Dickmilch, welche jedoch wegen Fehlens einer originären Milchsäurebakterienflora und bei Überhandnehmen von sporenbildenden und anderen unerwünschten Keimen oft ungenießbar ist."[2] Wenn das passiert, ärgert man sich, aber eigentlich will man es lieber gar nicht so genau wissen. Anstatt Milch wie früher auf der Fensterbank dick werden zu lassen, kaufen wir heute Dickmilch und Joghurt in Plastikbechern und Gläsern, denn auch die Denkgewohnheiten haben sich geändert: Die Lebensmittel sind heute anders... vielleicht sogar besser... zumindest hygienischer... das hat seinen Preis. Trotz aller Verände-

---

2 Klupsch, Saure Milcherzeugnisse Milchmischgetränke und Desserts, S. 94.

rungen stellen wir uns vor, dass die Milch, wie wir sie heute kaufen, weiterhin ein relativ natürliches Produkt sei.

Wer sich umhört, was nach allgemeiner Vorstellung in einer Frischmilchtüte enthalten sei, hört Ähnliches wie dieses: Die Milch wird beim Bauern abgeholt, in die Molkerei gebracht, dort pasteurisiert, damit die Keime abgetötet werden, homogenisiert, was für irgendetwas gut sei, das wisse man aber nicht, anschließend werde sie verpackt und ausgeliefert. Wie es mit dem Fettgehalt stehe? Achselzucken, man denke aber, dass mal mehr und mal weniger Rahm abgeschöpft werde und man so zu den unterschiedlichen Fettgehaltsstufen komme.

Offensichtlich gibt es gar kein Wissen über das völlig durchrationalisierte Produktionsverfahren, im Zuge dessen die Milch zunächst in einzelne Bestandteile zerlegt und dann je nach Verwendungszweck wieder zusammengesetzt wird, ganz nach heutigem Standard in der Milchbearbeitung. Die meisten VerbraucherInnen haben eindeutig die Vorstellung, dass die Milch in ihrer ursprünglichen Beschaffenheit erhalten bleibe und so in den Handel gelange. Man könnte das als die Vorstellung von der natürlichen Milch bezeichnen; zumindest in den Köpfen gibt es sie noch.

Im Gegensatz zu dieser im Verhältnis zur Realität geradezu romantischen Vorstellung ist die Milch für Erzeuger, Molkereien und sonstige milchverarbeitende Betriebe ein simpler Rohstoff, eine Masse, die nach Belieben getrennt, verändert und neu kombiniert wird. Moderne Milchfabriken bezeichnen sich schon selbst als Milchraffinerien. Am Ende, wenn die VerbraucherInnen sie kaufen, erstrahlt sie wiederum im Glanz weißer, heller, mit allerlei Gesundheitszutaten angereicherter und wohlschmeckender Produkte. Und diesen haftet noch immer das Image natürlicher Milch an, so als hätte es die zwischenzeitliche Veränderung des Rohstoffs nie gegeben. Tatsächlich aber wird auch die 'frische' Milch der Milchtüte produziert und nicht nur abgefüllt.

Die Zwischenzeit – vom Gemelk zur Milchtüte

Kühlen, Thermisieren, Lagern und Zentrifugieren

Rohe Milch hat beim Melken eine Temperatur von 38 bis 40 °C. Da die Rohmilch nicht mehr täglich, sondern nur alle zwei bis drei Tage[3] beim Bauern abgeholt wird, muss sie schon auf dem Hof nach dem groben Rei-

---

[3] Es sind mittlerweile noch längere Abholintervalle gang und gäbe, was erst seit 1. Jan. 2006 erlaubt ist. In der Zeit davor widersprachen sie eindeutig den gesetzlichen Vorschriften, wurden aber praktiziert.

nigen in Tanks auf mindestens 6 °C abgekühlt gelagert werden, sonst würde die unbedingt zu verhindernde Milchsäuerung in großem Stil einsetzen. Die erste Temperaturbehandlung der Milch erfolgt also in der Regel schon auf dem Bauernhof.

Weil die Rohmilch in der Molkerei nicht sofort verarbeitet werden kann, gilt es sie weitere Tage haltbar zu machen: Man erhitzt sie zunächst sekundenlang auf 57 bis 68 °C, auch Thermisierung genannt,[4] ohne sie jedoch zu pasteurisieren. Anschließend wird sie wieder abgekühlt, auf Temperaturen bis 4 °C – Tiefkühlung genannt, je nachdem, wie lange sie lagern soll. Damit hat eine zweite und dritte Temperaturbehandlung stattgefunden. Nun heißt die Milch nicht mehr Rohmilch, sondern innerhalb der Molkerei Werkmilch.

Nach dem Thermisieren wird sie in Großraum- oder Silotanks gelagert, im Fachjargon heißt das vorgestapelt. In diesen Tanks muss sie ab und zu gerührt werden, damit sich oben nicht zu viel Fett absetzt. Denn nur bei einer einigermaßen gleichmäßig durchmischten Milch ist eine gleichbleibende Lagertemperatur von unter 6 °C gewährleistet. Erst bei dieser Temperatur wird die weitere mikrobielle Veränderung der Rohmilch verlangsamt. Allerdings bevorzugen gerade eiweiß- und fettzersetzende Bakterien diese niedrige Temperatur, was – wie schon geschildert – bleibende Veränderungen der Keimflora zur Folge hat.

Die eigentliche Verarbeitung nach dem Vorstapeln beginnt mit einer weiteren Reinigung.[5] Dabei sollen Schmutzteilchen, somatische Zellen (Körperzellen der Kühe, die immer mit im Gemelk enthalten sind), Mikroorganismen sowie Eiweißagglomerate, die durch die Stoffwechseltätigkeit der Mikroorganismen bis dahin trotz aller getroffenen Maßnahmen schon entstanden sind, entfernt werden. Dies geschieht mittels Separatoren (Zentrifugen), die die Schmutzteilchen herausschleudern. In den Molkereien werden heute fast ausschließlich Entrahmungsseparatoren eingesetzt, die gleichzeitig Rahm und Restmilch trennen. So wird in einem Arbeitsgang eine dreifache Trennung, von Schmutz, Rahm und ent-

---

4 Als Thermisierung wird eine Erhitzung ab einer Temperatur von 57 bis zu 68 °C bezeichnet, die nur für sehr kurze Zeit gehalten werden darf, um keinen Pasteurisierungseffekt zu erzeugen.

5 Die dargestellten Produktionsabläufe in diesem sowie in den folgenden Kapiteln sind der Literatur entnommen und als exemplarisch zu betrachten. Es versteht sich, dass die Handhabung in der Praxis in Einzelheiten auch abweichen kann.

rahmter Milch, erreicht. Für diesen Bearbeitungsschritt muss die Milch aus dem Vorstapeltank zunächst wieder erwärmt werden, und zwar auf 50 bis 60 °C. Der herausgeschleuderte Schmutz, auch Zentrifugenschlamm genannt, kann, sofern er sterilisiert wird, als Tiernahrung weiterverarbeitet werden oder er wird verbrannt bzw. Tierkörperverwertungsanstalten zugeführt.

Trennung, Neukombination und extreme Belastungen

Die Trennung von Rahm und Flüssigkeit (wässriger Lösung) wird als Entrahmen bezeichnet. Dabei versucht man der Milch möglichst alles Fett zu entziehen. Die Flüssigkeit wird jetzt als Magermilch oder Milchplasma[6] bezeichnet. Bei einem über 0,04-prozentigen Restfettgehalt liegen bereits Entrahmungsfehler vor. Ziel des Entrahmens ist es zwei möglichst reine Komponenten zu erhalten, den Rahm einerseits und die entrahmte, fettfreie Milch, das Milchplasma, andererseits. Getrennt lassen sich beide viel besser verarbeiten und werden dann zur Herstellung des Endproduktes nach Bedarf wieder zusammengefügt. Dies geschieht mittels der so genannten Fettstandardisierung: Entweder vermengt man vorher berechnete Rahm- und Milchplasmamengen, oder es werden – mittels moderner Anlagen – nach dem Entrahmen kontinuierlich Rahm und Milchplasma wieder gemischt. Die so rekombinierten Milchfraktionen Fett und Plasma mit genau eingestelltem Fettgehalt und auf Separatorentemperatur von ca. 60 °C, werden anschließend pasteurisiert, also weiter auf ca. 75 °C erhitzt, dann homogenisiert und wieder abgekühlt. Damit hat bereits eine vierte und fünfte Temperaturbehandlung stattgefunden, insgesamt drei Kühlungen und zwei Erhitzungen mit jeweils großen Temperaturunterschieden. Sofern es vorkommt, dass die Homogenisierung separat nach einer Kühlung durchgeführt wird, was durchaus nicht ungewöhnlich ist, muss die Flüssigkeit dazu wieder auf eine op-

---

6 In den Molkereien wird von Magermilch gesprochen, was der Tatsache, dass die Milch in zwei einzelne Fraktionen, die Fett- und die Plasmafraktion, getrennt wird, nicht Rechnung trägt. Den Ausdruck Magermilch für eine Flüssigkeit, die praktisch kein Fett mehr enthalten darf, ist irreführend. Denn das Wort vermittelt den Eindruck, als handle es sich um Milch, deren Fettgehalt lediglich reduziert sei. In der Literatur wird zur Bezeichnung dieser fettlosen Milch auch der Ausdruck Milchplasma verwandt. Zur Klarstellung, dass es sich nicht mehr um die ursprüngliche Milch handelt, sollte dieser Begriff Verwendung finden.

timale Temperatur eingestellt werden (60 bis 70°). So hat damit eventuell noch eine weitere thermische Behandlung stattgefunden.

Für die Herstellung von Konsummilch werden 25 bis 30 technische Grundbelastungen zusammengezählt, einige davon, wie Temperaturbehandlungen, zusätzlich mehrfach.[7]

Der Vollständigkeit halber sei noch erwähnt, dass nach Pasteurisierung, Homogenisierung und erneuter Kühlung die Milch meist in Tanks zwischengelagert wird, bis der Verpackungsprozess beginnt. Nach dem Verpacken wird die Milch wieder gelagert, um vorwiegend in Plastiktüten oder Kartons zum Versand und zur Verteilung an die Händler bereitzustehen.

Die nun entstandene Milch heißt in der Molkerei- und Gesetzessprache bearbeitete Milch, Konsummilch oder Trinkmilch. Auf den Verkaufspackungen im Supermarkt finden wir jedoch keinen dieser Begriffe. Dick aufgetragen steht dort „frische Milch" oder „Frischmilch". Erhitzen wir diese Milch zu Hause, dann haben wir de facto zwei- bis dreifach erhitzte Molkereimilch, nichts anderes als ein schon mehrfach erhitztes Essen, das wir jetzt zum dritten oder vierten Mal warmmachen. Wäre den KonsumentInnen dieser Sachverhalt bewusst, würden sie das Lebensmittel vermutlich entsorgen.

Ohne Trennung und Homogenisierung keine molkereitechnische Verarbeitung

Man fragt sich, warum das Trennen von Rahm und Milchplasma und das anschließende wieder Zusammenfügen praktiziert wird, anstatt die Trinkmilch ungetrennt bzw. unentrahmt zu belassen. Der Grund ist schon angesprochen: Nur die beiden separierten Milchfraktionen lassen sich maschinell gut verarbeiten; außerdem liegt der eingestellte Fettgehalt der Konsummilch von 0,3 bis maximal 3,8 % niedriger als der natürliche Fettgehalt von derzeit durchschnittlich 4,2 %. Man erhält so zusätzlichen Rahm, der anderweitig verarbeitet werden kann. Für die 'Frischmilch' entsteht ein weiterer Vorteil, indem sich das Fett nach Zusammenführung von Rahm und Milchplasma gleichmäßiger in der Flüs-

---

[7] Klupsch, S. 312.
Für die Herstellung von pasteurisierter Konsumtrinkmilch ist vor der Pasteurisierung nur eine separate Erhitzung erlaubt, die Thermisierung. Zusätzliche Erhitzungen unterhalb der Thermisierungstemperatur, also bis 56 °C, bleiben unberücksichtigt, wie auch eventuelle Erhitzungen nach der Pasteurisierung.

sigkeit verteilt, ein erwünschter Effekt, der durch anschließende Homogenisierung vollendet wird. Diese wiederum muss die Fett- und Eiweißschäden, die in Folge der ganzen Prozeduren aufgetreten sind, beheben. Außerdem soll durch Homogenisierung die weitere Aufrahmung, an der das Alter der Milch abgelesen werden könnte und ohne die das aufrahmende Fett mit Stoffen aus den Verpackungsmaterialien möglicherweise ungesunde Verbindungen eingehen könnte, unbedingt verhindert werden. Verbrämt wird diese rein optisch und verfahrenstechnisch bedingte Homogenisierungsmotivation mit angeblichen Bedürfnissen von VerbraucherInnen, die nämlich keine aufrahmenden Milchprodukte wollen. Diese Behauptung ist schlicht Unsinn, was letztendlich bestätigt wird, wenn z. B. ein Experte über die Teilhomogenisierung schreibt:[8] „Eine gewisse Besonderheit stellt das *Teilhomogenisieren der Konsummilch* dar. Hierbei wird die Milch nach Einleiten des homogenisierten Rahms sehr *schonend erhitzt* (71...72 °C) und nach dem Kühlen in Flaschen abgefüllt. Nach einigen Stunden zeigt sich an den Wandungen des Flaschenhalses eine *lockere Ansammlung* von Fett, die als „Rahmkragen" bezeichnet wird. [...] Die Bildung eines Rahmkragens kann u. a. auch verkaufswirksam sein, da viele Verbraucher die Milchqualität nach der sich zeigenden Fettschicht beurteilen."
Der viel gelobte Rahmkragen der teuren Milch, den man sich aus verpackungstechnischen Gründen sowieso nur in der Glasflasche leisten kann, ist also auch nur ein Verkaufstrick, gezielt, geplant und wieder nicht echt. Da kann einem der Rahm im Kragen stecken bleiben.

Haltbare alte Milch wird frische Milch

Rechnen wir einmal nach, wie alt unsere frische Konsummilch ist, wenn wir sie im Supermarkt kaufen: Sie hat zwei bis drei Tage beim Bauern gelagert. Wenn sie in der Molkerei ankommt, soll sie innerhalb von 36 Stunden verarbeitet werden. Gehen wir davon aus, dass sie innerhalb von 1½ Tagen verarbeitet ist, dann sind wir bei 3 bis 4½ Tagen. Bis sie abgepackt, zum Versand vorbereitet, auf den LKW geladen, in die Zentrallager der Supermarktketten transportiert ist und am Ziel-Supermarkt angekommen und abgeladen ist und im Regal steht, ist mindestens ein weiterer Tag vergangen. Die Milch, die wir dann kaufen, ist wohlwollend gerechnet 4½ bis 5½ Tage alt, meistens älter. Und gekühlt ist sie dann

---

8 Spreer, Technologie der Milchverarbeitung, S. 124; Hervorhebungen im Original.

noch mindestens eine Woche haltbar. Im Schnitt ist die Milch, die als ungetrennte, traditionelle Milch innerhalb von nur ein bis zwei Tagen unbehandelt zur Sauermilch werden könnte, durch die molkereitechnische Bearbeitung etwa 14 Tage lang als Flüssigkeit gekühlt haltbar.

Noch Anfang der 1930er Jahre wurde für pasteurisiert gehandelte Milch eine Zeit von 22 Stunden festgelegt, innerhalb derer sie nach dem Melken pasteurisiert werden musste.[9] Es durfte also noch nicht einmal ein ganzer Tag verstreichen. Heute ist die Milch in ihrem Keimgehalt so verändert, dass sie etwa 4½ Tage alt sein kann, bis sie pasteurisiert wird. Was uns als Fortschritt verkauft wird, ist im Endeffekt keiner, denn die Keimzahlreduzierung hat die natürliche Keimflora verändert. Das milcheigene Schutzsystem, die Milchsäurefermentation, wird behindert und an deren Stelle treten letztlich andere Keime – Fäulniskeime. Wer fragt schon nach den gesundheitlichen Auswirkungen dieser Manipulationen bei Dauerkonsum von Milch?

Würde diese Milch ehrlich als Molkereimilch, Konsummilch, Trinkmilch oder bearbeitete Milch gekennzeichnet, würde ihr Absatz schlagartig sinken. Daher wird eine in ihre Einzelteile zerlegte, mindestens zweifach erhitzte und dreifach gekühlte, wieder zusammengefügte, fett- und eiweißveränderte, mehrere Tage alte Milch lieber als frische Milch bezeichnet, solange sich an der Gesetzeslage nichts ändert. Denn eine gesetzliche Regelung, welche Milch als frisch bezeichnet werden darf und welche nicht, gibt es bis heute nicht, auch nicht unter EU-Recht. Man unterscheidet hier nur noch *Rohmilch* und *bearbeitete Milcherzeugnisse*. Auch die so genannte frische Milch oder Frischmilch fällt unter die Kategorie bearbeitetes Milcherzeugnis. Nur, wer weiß das schon?

Offiziell herrscht die Auffassung vor, dass es letztlich der Entscheidung der Gerichte obliege, was unter frisch zu verstehen sei: ein Zeit- und/oder Qualitätsbegriff. Sicher ist, dass die Bezeichnung Frischmilch oder frische Milch für Molkereimilch unter historischen Aspekten irreführend ist. Denn noch vor fünfzig Jahren konnten die meisten Menschen ganz selbstverständlich Milch kaufen, die maximal ein oder zwei Tage alt war. Unsere fortschrittliche Gesellschaft kauft jedoch das weiße Gut erst etwa sechs Tage nach dem Melken und bewahrt es dann noch eine weitere Woche auf.

---

[9] § 1 der Ersten Verordnung zur Ausführung des Milchgesetzes, RGBl. I, 1931, S. 150.

Wer weiß denn aber, dass die Bezeichnung „frische Milch" nichts weiter als eine Werbeaussage ist? Offensichtlich ist VerbraucherInnen viel zuzumuten. So kreierte die Milchindustrie mit einem Kurzzeit-Hocherhitzungsverfahren Milch, die etwa drei Wochen haltbar ist ohne jedoch H-Milch zu sein. Seit 2002 ist sie im Handel. Solche Milch wird euphemistisch als „maxi-frisch" und „längerfrische Vollmilch" bezeichnet oder mit Aussagen versehen „hält länger frisch" oder „für extra langen Frischegenuss". Sie ist in Deutschland als hocherhitzt und homogenisiert gekennzeichnet, frisch kann sie also nicht sein. Den eklatanten Widerspruch zwischen Anspruch und Wirklichkeit verrät die Fachsprache, in der diese Milch ESL-Milch heisst. ESL steht für *Extended Shelf Life* also etwa *längeres Regalleben*!

Laktosefreie Milch

Die Molkereiwirtschaft will ihre Kundschaft bei der Stange halten. So wurden in Deutschland 2001 erstmals auch Alaktasier bedient, und zwar mit einer so genannten laktosefreien Milch. Die Milch ist geschmacklich gewöhnungsbedürftig, sehr süß und etwas schleimend. Der Milchzucker wird nämlich aus der Milch nicht entfernt, sondern nur enzymatisch in seine Bestandteile Glukose und Galaktose zerlegt. Deshalb ist die gelegentlich anzutreffende Behauptung, laktosefreie Milch in der Ernährung könne helfen Zucker einzusparen barer Unsinn. Außerdem ist ein Restgehalt an Laktose immer noch vorhanden. Wirklich laktosefreie Milch, bei der die Laktose aus der Milch entfernt wird, produziert allein der finnische Hersteller –Valio Ltd. und seine Lizenznehmer in anderen Staaten. In Deutschland wird das finnische Verfahren aus Kostengründen nicht angewandt.

H-Milch

Von H-Milch ist schon verschiedentlich die Rede gewesen. Sie ist eine Kreation der 1960er Jahre mit einem stetig wachsenden Verbrauchsvolumen. Ihr Aufstieg in den 1970er Jahren ging mit dem Aufstieg der Supermärkte einher, die lagerfähige Milch bevorzugten. Die ultrahocherhitzte Milch (UHT-Milch) ist jedoch ebenso wenig wie ihre Frischmilchschwester vor Verderbnis geschützt, da sie bioaktive Enzyme abgetöteter Bakterien enthält, die Fett und Eiweiß zersetzen. Gegenüber der frischen Milch hat sie den Vorteil, dass die natürlich in der Milch vorkommenden Enzyme, wie die Xanthinoxidase, nach der Ultrahocherhitzung nicht mehr aktiv sind. Trotz der noch immer bestehenden geschmacklichen Problematik – der leichte Kochgeschmack lässt sich nicht beseitigen – ist sie zum Verkaufsschlager geworden, vermutlich nur aus einem Grund, nämlich weil sie trotz großem Bearbeitungsaufwand die preiswerteste Milch von allen ist.

Milchpulver und Salmonellen

Vollmilch-, Magermilch-, Buttermilch- und Molkenpulver sind gut lagerfähig, lange haltbar, enthalten hohe Anteile an Milchzucker, bis zu 70 % und mehr, und erfreuen sich in der Lebensmittelindustrie steigender Beliebtheit.

Ihr Einsatz ist jedoch aufgrund moderner Trocknungstechnik mit einer erhöhten Salmonellengefahr verbunden.

Die Pulverherstellung erfolgt heute überwiegend im so genannten Sprüh- oder Zerstäubungstrocknungsverfahren. Die mit dieser Technik erzeugten Pulver sind besser auf die heutigen Bedürfnisse der Lebensmittelindustrie zugeschnitten als Pulver, die im traditionellen Walzentrocknungsverfahren hergestellt werden. Das traditionelle hatte jedoch gegenüber dem neuen Verfahren den entscheidenden Vorteil, dass das Milchpulver relativ steril war und im Trocknungsverfahren selbst nicht mit Salmonellen kontaminiert werden konnte. Demgegenüber wird bei der Sprühtrocknung mit Heiß- und Kaltluft gearbeitet. Über die Kaltluft können Krankheitserreger wie Salmonellen in den Produktionsprozess eingetragen werden und das geschieht nur allzu häufig. Denn auf den Dächern der Milchwerke lagert Milchpulverstaub, der über Tiere mit Salmonellen kontaminiert wird. Offensichtlich kann bei Sprühtrocknung die Kaltluft nicht von der Umgebungsluft getrennt werden. Ein Fachmann beschreibt das Problem so: „Seit der Einführung der Zerstäubungs-(Sprüh)-trocknung bei der Herstellung von Milchpulver ist das Vorkommen von Salmonellen in Fertigprodukten nicht ungewöhnlich."[10] Das darf man sich – ganz nach Art der Tiere auf den Dächern – ruhig einmal auf der Zunge zergehen lassen: Salmonellen in Fertigprodukten sind also nichts Ungewöhnliches. Selbstverständlich sind nicht nur Fertigprodukte für Erwachsene gemeint, deren Abwehrsystem mit Salmonellen bekanntlich besser fertig wird als das von Kleinkindern und alten Menschen, in deren Nahrung gerade sehr viel Milch- und Molkenpulver eingesetzt wird. Ganz offensichtlich herrscht die Auffassung vor, dass

---

[10] Kielwein, Leitfaden der Milchkunde und Milchhygiene, S. 108 und 184.

VerbraucherInnen mit der Salmonellengefahr leben müssen. Und weiter: „Eine Gefährdung über salmonellenhaltiges Milchpulver, das in der Regel nur sehr wenige Salmonellen enthält, findet nur statt, wenn aus dem Milchpulver hergestellte restituierte Milch längere Zeit warm gehalten wird, so dass die Salmonellen bis in den Keimzahlbereich 10^6 und höher aufwachsen können."[11]

Schuld an einer Salmonelleninfektion sind gegebenenfalls also VerbraucherInnen selbst, wenn sich „sehr wenige Salmonellen" zu Hause im angemachten Milchpulverbrei vermehren – die Milch hätte eben nicht so lange warm gehalten werden dürfen. So einfach ist die Sache, nur steht es nicht klar auf den Packungen. Nennt man es unsachgemäße Handhabung durch Verbraucher, fühlen sich die Hersteller frei von Verantwortung. Da wundert es kaum, wenn Kinderarztpraxen vielfach mit Säuglingen konfrontiert sind, die mit Darminfektionen und Salmonellen zu kämpfen haben.

[11] Ebenda.

13 Butter, Margarine, Sahne und Eiskrem

Geschichtliches zur Butter

Die Geschichte der Milch ist, was den wenigsten Menschen bewusst ist, vor allem eine Geschichte der Butter. Milch hat man an erster Stelle ihres Fettes wegen gewonnen; sogar der Käse war anfangs nur das Nebenprodukt der Butterherstellung. Umgangssprachlich drückt sich die Wertschätzung gerade des Milchfettes noch aus, wenn vom „Absahnen", vom „Rahmabschöpfen" die Rede und „alles in Butter" ist.

Der Gebrauch von Butter war früher in Europa und Nordafrika durchaus verschieden. Griechen nutzten *boutyron* – ursprünglich Kuhquark – wie die Römer *butyrum* überwiegend als Salbe in der Medizin und Kosmetik, wohlgemerkt kaum als Nahrungsmittel, denn als solches hielt man sie sogar für schädlich. Die Nomadenvölker des Nordostens hingegen nahmen Butter als Lebensmittel zu sich, ein Brauch, den Griechen und Römer barbarisch fanden. Bei ihnen stand Butter allein schon aus diesem Grund als Nahrungsmittel in schlechtem Ruf. In Ägypten und Palästina wiederum war Butter ein begehrtes, fettspendendes Lebensmittel. In Deutschland kannte man Butter bis ins Mittelalter hinein auch eher als Salbe denn als Nahrungsfett. Sogar Hildegard von Bingen soll Butter nur als Salbe genutzt haben.[1] Erst im Spätmittelalter begann in Deutschland die Herstellung von Butter aus Kuhmilch für die Ernährung. Die germanisch-nordischen Worte für Butter waren *schmeer* Skandinavien), *chuosmero* (Germanien), was sich sprachlich in der geschmierten Stulle, im Schmarren und Schmirgeln wiederfindet. In Südwestdeutschland hieß die Butter vom Altgermanischen her *Anken*, was aus der Verbalwurzel „ong" (salben) und „ongen" (Salbe, Fett, Butter) kommt.

Bis die Milchzentrifuge erfunden wurde und die Butterproduktion revolutionierte, wurde Butter immer auf die gleiche Art und Weise hergestellt: Milch wurde in flache (Holz-)Gefäße gefüllt und stehen gelassen, bis sich der Rahm absetzte und man ihn abschöpfte. Im Deutschen hatten die runden Holzgefäße unterschiedliche Namen: Bütten, Satten oder Baljen. Weil man häufig die Milch mehrerer Tage sammeln musste, um ausreichend Rahm zum Buttern zu haben, war dieser meistens leicht angesäuert. Deshalb prägte die Butter ein saurer Geschmack.

---

1 Bächtold-Stäubli, Zur Deutschen Volkskunde, Handwörterbuch Stichwort Butter.

Schlägt oder stößt man den abgeschöpften Rahm im Butterfass, Kirn oder Karn genannt, dann wird er dick und sondert eine wässrige Flüssigkeit ab, die Buttermilch. Das Dicke schwimmt als Butterkörner – Fettagglomerate – in der Buttermilch herum. Sie werden gewaschen, um die Buttermilchreste an ihrer Oberfläche zu entfernen, und anschließend zusammengeknetet, wobei auch noch restliche Buttermilch austritt. Hirtennomaden hingen ein mit Milchrahm gefülltes Tierfell an einen Stock, der am Sattel festgemacht war. Durch die Bewegung der Tiere wurde es hin und her geschleudert, wodurch sich das Fett zusammenballte. Diese Methode sparte menschliche Arbeitskraft, denn das Rahmschlagen war eine körperlich sehr anstrengende Arbeit. Es musste – einmal begonnen – weitgehend ununterbrochen etwa eine Stunde lang geschlagen werden, bis sich die Butterkörner bildeten. Das Buttern war traditionell Frauensache.

Um die Butter für längere Zeit zu konservieren, ließ man sie in manchen Gegenden aus, d. h. sie wurde erhitzt und anschließend erkaltete sie als Butterschmalz bzw. -fett. Das schmeckte vielleicht weniger gut als die Butter, ließ sich jedoch lange aufbewahren. Eine andere Methode der Butterkonservierung war das Salzen. Im Norden Europas wurde das Salzen als Methode vorherrschend, als man über ausreichend Salz verfügte, im Süden und Osten Europas blieb das Ausschmelzen gängig. Die älteste Methode der Konservierung ist jedoch ein ganz simples Verfahren, das noch heute in heißen Ländern Anwendung findet. Man überließ den Rahm einer natürlichen Säuerung, machte Butter und ließ sie ranzig werden. Ranzige Butter ist über Jahre haltbar; wird sie beim Kochen verwendet, geht der ranzige Geschmack fast völlig verloren.
Auch in Ländern mit warmem Klima kannte man Butter bzw. Butterfett, denn es gab und gibt Konservierungsmethoden, die selbst ein so sensibles Produkt wie Butter auch ohne Kühlschrank jahrelang haltbar machen. In Äthiopien werden neben der Konservierung durch Ranzigkeit eine karottenähnliche Wurzel oder die Samen bestimmter Früchte benutzt, die man mit dem Rahm zusammen erhitzt. Die Pflanzenteile werden anschließend entfernt und die Butter ist jahrelang haltbar. Eine andere Konservierungsmethode ist von alters her in Palästina üblich. Die geschlagenen Butterkörner werden nach dem Waschen durch Untermischen von Weizenkörnern von den letzten Anhaftungen der Buttermilch- und bakterieller Säureteilchen befreit. Die Weizenkörner ziehen diese Teilchen an und quellen dadurch auf. Anschließend entfernt man

sie aus den Butterkörnern, die dann noch einmal gewaschen und zusammengeknetet werden und ewig halten, wie die Jordanier sagen. Die aufgequollenen Weizenkörner werden als wohlschmeckende saure Snacks gehandelt.[2] In Europa waren ähnliche Methoden offenbar nur als tradierte Küchenregel und nicht im großen Stil bekannt.[3] Bis die Kühltechnik gegen Ende des 19. Jahrhunderts erheblich verbessert werden konnte, war die Butter hier von sehr unterschiedlicher und häufig minderer Qualität, enthielt erheblich weniger Milchfett als heute und verdarb schnell.

Butter heute

Herstellung

Rahm ist der Ausgangsstoff für die Butterherstellung. Er wird mit den üblichen Methoden der Separierung von Milchplasma und Rahm gewonnen. Sein Fettgehalt muss um die 40 % liegen, um später den optimalen Fettgehalt der Butter von 82 bis 90 % zu erreichen. Wasser darf maximal zu 16 % enthalten sein.

Der Butterungsrahm wird nicht homogenisiert und muss recht hoch, auf wenigstens 85 °C, erhitzt werden. Die Temperaturen in heutigen Verfahren liegen sogar zwischen 90 und 110 °C. Das Erhitzen ist deshalb notwendig, weil Krankheitserreger abgetötet und schädliche Enzyme, wie fett- und eiweißspaltende Lipasen und Oxydasen, vernichtet werden sollen. Sicher ist, dass bei einer Pasteurisierungstemperatur von über 85 °C die meisten Milchenzyme inaktiviert werden, speziell Xanthinoxidasen und Lipasen. Da der Butterungseffekt auf der Zerstörung der Fettkügelchen und ihrer Membran beruht, werden bei diesem Vorgang die dort sitzenden Enzyme frei. Das war schon immer so und birgt den Grund, warum nicht erhitzte Butter in unseren Breiten früher häufig schlecht wurde: Denn wenn der Rahm nicht erhitzt worden war, konnten die fettzersetzenden Milchenzyme in der Butter ihre volle Aktivität entfalten.

---

[2] Die äthiopische und die jordanische Methode sind mir von Elias Gonji und Odeh Ali, Frankfurt a. M., dargestellt worden. Die äthiopische Methode findet Erwähnung in dem Buch eines Forschungsreisenden aus dem 18. Jahrhundert, des Schotten James Bruce, dessen spannende Beschreibung der Erforschung Äthiopiens „Zu den Quellen des Blauen Nils" von Herbert Gussenbauer 1987 in deutscher Sprache herausgegeben worden ist.

[3] Ein vergleichbares Rezept, das in Deutschland Anwendung fand: Ranzige Butter wird geschmolzen und einige Krümel Vollkornbrot hinzugefügt; so erhält man nach dem Erkalten wieder wohlschmeckende Butter.

Man unterscheidet hauptsächlich Süß- und Sauerrahmbutter. Letztere ist die beliebteste und gebräuchlichste Butter in Deutschland. Sie wird unter Zugabe von Milchsäurebakterienkulturen hergestellt. Der Rahm reift ungefähr zwanzig Stunden lang, wie üblich unter Vergärung des Milchzuckers, der etwa drei Prozent des Butterungsrahms ausmacht.

Süßrahmbutter wird ebenfalls über Stunden einer Reifung zur Auskristallisation des Butterfetts überlassen, allerdings ohne Zugabe von Bakterienkulturen.

Heute wird nicht nur Süßrahmbutter, sondern auch Sauerrahmbutter in kontinuierlichen Verfahren hergestellt. Das bedeutet, dass in einen so genannten Butterfertiger an einem Ende der Rahm eintritt und in der Maschine so bearbeitet wird, dass am anderen Ende die Butter in einem ununterbrochenen Strang entlassen wird. In der Zwischenzeit erfolgt ein maschineller Prozess, der früher handwerklich geschah: Schlagen, Agglomeration der Fettkügelchen, Absondern der Buttermilch, Waschen der Butterkörner, Salzen und Kneten der Masse.

Mildgesäuerte Butter

Mittlerweile wird für den Massenkonsum keine echte Sauerrahmbutter mehr hergestellt. Auf den Packungen steht „mildgesäuerte Butter" und man fragt sich vielleicht noch, was das bedeuten soll. Dann wird wahrscheinlich die Angabe als etwas Positives angesehen, denn mild gesäuert hört sich auf jeden Fall nicht schlecht an. Was ein Positiv-Image erzeugt, ist – wie könnte es anders sein – wiederum ein vereinfachtes Verfahren, das Zeit und Geld spart. Die langwierige und komplizierte Milchsäurerahmreifung fällt weg, indem zunächst ausschließlich Süßrahmbutter hergestellt wird.

Während der süße Rahm geknetet wird, mischt man gegen Ende des Vorgangs eine Säuerungskultur ein, durch die dann zwar der geschmackliche Eindruck einer Sauerrahmbutter entsteht, die jedoch tatsächlich keine Sauerrahmbutter ist. Die Kunden, in der Regel bar jeder Kenntnis über Herstellung, Produkteigenschaften und Geschmack, haben sich längst an die preiswerte mildgesäuerte Butter gewöhnt.

Dieses Verfahren hat den zusätzlichen Vorteil, dass die gewonnene Buttermilch ungesäuert bleibt und damit vielseitiger verwendbar als die Sauerrahmbuttermilch und zusätzlich entscheidend kostengünstiger ist. Denn Sauerrahmbuttermilch verdirbt sehr schnell und würde kaum einen Supermarkt in genießbarem Zustand erreichen.

Harte Butter

Butterfett kann verschiedene Eigenschaften in seiner Konsistenz aufweisen. Es ist bei Trocken- und Rauhfütterung, der so genannten Winterfütterung, hart. Das liegt an einem hohen Anteil gesättigter kurz- und mittelkettiger und einem geringeren Anteil ungesättigter Fettsäuren. Bei Sommerfütterung mit viel Grünfutter wird das Butterfett weicher. Der Anteil ungesättigter langkettiger Fettsäuren ist höher, die Butter wird streichfähiger. Da heute die meisten Milchkühe ganzjährig im Stall stehen und ein Futtermanagement genießen, das auf hohe Milchleistungen ausgerichtet ist, besteht das Butterfett nun überwiegend aus gesättigten Fettsäuren. Auch unter gesundheitlichen Aspekten fand hier eine Qualitätsminderung statt. Denn Fette mit ungesättigten Fettsäuren werden als günstiger für eine gesunde Ernährung angesehen.

Um das heute normalerweise harte Butterfett wieder streichfähig zu machen, wird es durch etliche Tricks wieder weich gemacht. Dazu gehört die Fraktionierung des Milchfetts, in feste und flüssige Teile. Mit Zusatz der flüssigen Fraktion zum Rahm kann aus harter Butter streichfähige werden. Die festeren Fett-Fraktionen finden ihren Weg direkt – ohne zu Butter verarbeitet zu werden – in die Backwaren- und Eiskremfertigung. Butter, Milch- oder Butterfett mit natürlicher Fettsäurenzusammensetzung ist längst ade gesagt worden.

Linol- und Linolensäuren

Butter enthält im Gegensatz zu Margarine und vielen flüssigen pflanzlichen Fetten relativ viel Linolensäuren. Im Verhältnis zu Linolsäuren (Omega-6) nehmen wir meist zu wenig Linolensäuren (Omega-3) zu uns. Hier hat die Butter eine entsprechende Bedeutung.

Der Körper wandelt die Linolsäure in Arachidonsäure um. Bekommt er zuviel davon, reagiert er mit Blutgefäßverengung und Blutverklumpung. Linolensäuren wirken dagegen antagonistisch, speziell unter Anwesenheit von Eicosapentaensäure, einer Omega-3-Fettsäure, werden Stoffe gebildet, welche das Blut flüssig halten, Entzündungen hemmen und das als ungünstig geltende LDL-Cholesterin senken sollen.[4]

---

4 Siehe dazu: Tatò, University of Texas, Vortrag anlässlich der 49. Jahrestagung der Deutschen Gesellschaft für Fettwissenschaft in Karlsruhe, Sept. 1993; Rauch-Petz, Allergenfrei essen, S. 110.

Zum Vergleich in mg pro 100 g Fett:[5]

	Omega-6-Fettsäuren	Omega-3-Fettsäuren
Sonnenblumenöl	60.200	500
Weizenkeimöl	55.800	8.900
Maiskeimöl	50.000	900
Olivenöl	8.000	950
Standardmargarine	17.600	1.900
Butter	1.800	1.200
Leinöl	13.400	55.300

Tabelle 12

Bei Butter ist das Verhältnis Linolsäuren zu Linolensäuren in Bezug auf die menschliche Ernährung mit 1800 mg zu 1200 mg relativ harmonisch, was ihr einen Vorteil gegenüber Margarine verschafft. Nur bei Leinöl liegt der Wert der Linolensäuren erheblich höher als der von Linolsäuren. Ebenfalls günstig unter diesem Aspekt sind Lebertran, Hochseefischöle und Olivenöl, Letzteres deswegen, weil es im Verhältnis zu anderen Ölen wenig Omega-6 enthält.

Die von Greenpeace Deutschland 2006 mitfinanzierte Studie[6] zur Zusammensetzung der Fettsäuren in handelsüblicher Milch erbrachte erstaunliche Ergebnisse: Öko-Milch hatte in der Regel zweimal so viele Omega-3-Fettsäuren als Milch aus konventioneller Haltung zu bieten. Die niederländische Firma Campina, die sich als Global Player versteht – Hauptmarken: Landliebe, Mona, Campina – schnitt bei der Untersuchung schlecht ab. Um den Imageschaden zu begrenzen, kündigte Campina daraufhin an für eine bessere Fettsäurezusammensetzung in ihren Produkten zu sorgen. Wann, wie und wo das verwirklicht wird und wer das kontrolliert, bleibt abzuwarten.

---

5 Angaben nach Souci-Fachmann-Kraut, S. 96-97.
6 Ehrlich, Untersuchung von Molkereimilchprodukten aus Deutschland auf gesundheitlich bedeutsame Fettsäuren (Omega 3, Omega 6, CLA) unter Berücksichtigung des eingesetzten Maisfutters.

Margarine

Traditionell wird Margarine unter Verwendung von Magermilch bzw. Magermilchpulver hergestellt. Es gibt nur wenige milchfreie Margarinen. Fast alle Sorten Margarine enthalten daher kleinere Mengen Laktose. Die Angaben sind wie immer schwankend: zwischen 0,5 und 1 g pro 100 g des Lebensmittels. Man soll es kaum für möglich halten, auch 'reine' Pflanzenmargarine darf einen Milchzusatz enthalten.

Rahm, Sahneprodukte

Bei Rahm und Sahneprodukten handelt es sich um mit Milchfett angereicherte Produkte, die ungesäuert (Schlagsahne), gesäuert (saure Sahne) und schaumig geschlagen (fertige Sahne) und/oder mit Aromen (Vanille, Erdbeere, Schokolade etc.) angeboten werden.

Die Begriffe Sahne und Rahm werden synonym gebraucht.

Die Sahneflüssigkeit muss für alle Produkte pasteurisiert werden. Sie wird in der Regel für Schlagsahne und Kaffeesahne homogenisiert, weil das Homogenisieren Fettagglomerate beseitigt, das Aufrahmen verhindert und die Schaumstabilität beim Sahneschlagen verbessert. Um den Fettgehalt von Schlagsahne, der bei mindestens 30 % liegen muss, zu verringern, was zulässig ist, und um dabei ihre Aufschäumbarkeit zu erhalten, wird wie üblich getrickst. Dazu wird der Rahmmilch die ganze Palette der aus der Milch filtrierten Fraktionen zugesetzt, je nach Bedarf: Kaseinate, Molkenproteine, Milcheiweiß-Copräcipitate oder Nicht-Milchprodukte wie Stärke, Gelatine, Agar-Agar, Carrageen und Kombinationsstoffe wie Kaseinat-Gelatine, Milcheiweißfettpulver mit Carrageen etc. Der fertigen Sahne in Sprühdosen sind Aerosole, häufig Lachgas und Stabilisatoren beigegeben.

Alle Sahneprodukte enthalten pro 100 g zwischen 3 und 4,5 g Laktose.

Speiseeis

Speiseeis gehört zu den Dessert- und Cremeprodukten, die überwiegend aus Kakao- und Fruchtzubereitungen hergestellt werden, bei Cremeerzeugnissen werden zusätzlich Luft und Gase, Rahm, Milch und Milchpulver eingebracht. Hinzu kommen in hohen Mengen geschmacksgebende Inhaltsstoffe und Zusätze: Zucker, Süßungsmittel, Emulgatoren (Lecithin), Aromen, Farbstoffe, Ballaststoffe, Eipulver, Säuren (Zitronensäure) und Bindemittel, meist Gelatine.

Die Gelatine dient, gerade bei Speiseeis, der längeren Haltbarkeit. Fabrikeis wird mittlerweile so ausgeklügelt mittels mehrfacher Homogenisierungen, Erhitzungen, Kühlungen und fraktionierten Fetten hergestellt, dass es bei den Kunden auch ohne Kühlung lange hält, ein luftiges, cremiges, formschönes Gemisch bleibt und mehrfaches An- und Abtauen übersteht.

Zurzeit wird das üblicherweise verwendete Milchpulver durch das preiswertere Molkenpulver ersetzt. Wegen seines hohen Milchzuckeranteils konnte dieses bisher nur in geringen Mengen eingesetzt werden, denn das fertige Eis neigte damit zu unerwünschten Kristallisationen. Heute reduziert man den Milchzuckergehalt des Molkenpulvers durch enzymatische Zerlegung in seine Bestandteile Glukose und Galaktose. So sind neuerdings Molkenkonzentrate zur Eiskremherstellung auf dem Markt, die neben Milchzucker auch noch Galaktose und Glukose enthalten.[7] Durch die schleimenden Eigenschaften der Galaktose, die deshalb zu Recht auch Schleimzucker heißt, wird dem Kristallisationseffekt entgegengewirkt und es gibt noch cremigere Eismassen, wahre Kunstwerke also. Unter gesundheitlichen Aspekten dürfte die weitere Galaktoseanreicherung neben allen sonstigen Manipulationen als zusätzlich problematisch anzusehen sein.

---

[7] Vgl. Deutsche Milchwirtschaft, 2/2002, S. 63.

14 Sauermilchprodukte und Alaktasie

Sauermilch und ihr Image

Die Hartnäckigkeit, mit der das Gesundheits- und Fitnessimage von Sauermilchprodukten gepflegt wird, ist erstaunlich. Die Werbung der Milchindustrie kommt der im Allgemeinen recht großen Bereitschaft sich vom Weißimage der Milchprodukte täuschen zu lassen sehr entgegen. Zusätzlich haben wir oft unbesorgte KonsumentInnen und die Dritten im Bunde sind ÄrztInnen und ErnährungsberaterInnen, die meist das wiederholen, was in Lehrbüchern steht. Alle Beteiligten scheinen davon auszugehen, dass Sauermilchprodukte heute ganz ähnlich wie vor hundert Jahren hergestellt werden, nämlich aus natürlicher Milch mit zugesetzten Milchsäurebakterien, die langsam und behutsam reifen und die Milch in das gewünschte vergorene Sauermilcherzeugnis verwandeln, in die zarte, cremige Masse, die wir kennen und lieben. Irgendwie schwebt über der ganzen Vorstellung der alte, runzelige bulgarische Joghurtmann als Inbegriff lebenslanger Gesundheit und hohen Alters und der türkisch-russische Kefirpilz, Gesundheit aus Anatolien und dem Kaukasus, direkt hier bei uns auf den Tisch, schnell, einfach, wohlschmeckend, billig und gesund. Der Traum dieser idealen Nahrung scheint tief in unser Bewusstsein untergerührt.

Wir ahnen natürlich, dass es anders ist, aber nach all den Lebensmittelskandalen der letzten Jahre wäre es doch schön, wenn wenigstens das weiße Produkt eine weiße Weste hätte. Schließlich müssen wir ja irgendetwas essen!

Sauermilchprodukte[1] werden heute jedoch industriell hergestellt. Daher ist ihr Inhalt anders als früher und ergo auch ihre Wirkung. Besonders dramatisch sind die Auswirkungen der industriellen Produktion, wenn die Konzentrierung von Milchinhaltsstoffen, wie schon an anderer Stelle beschrieben, zumindest für einen Teil der Menschen ungesund ist. Bei Milch und Milcherzeugnissen sind die grundsätzlich kritischen Bestandteile Eiweiß, Laktose (Milchzucker) und Galaktose. Bei Sauermilcherzeugnissen kommen weitere kritische Substanzen dazu: Histamin, Benzoesäure und reichlich Methionin. Es ist also von Bedeutung, wie Sauermilchprodukte heute hergestellt werden und was darin ist.

---

[1] Sauermilch ist ein Sammelbegriff. Darunter werden alle Arten von Joghurt, Kefir, Dickmilch, Setzmilch und Trinksauermilch verstanden.

Fermentation der Milch

Allen Sauermilchprodukten ist der Gehalt an Milchsäure im Endprodukt gemeinsam. Joghurt enthält davon etwa 9,5 g pro Liter. Die Milchsäure ist das Endprodukt der bakteriellen Vergärung des Milchzuckers, also des Kohlenhydrats der Milch. Man nennt diesen Vorgang auch Fermentation. Die sich ständig in der Milchmasse vermehrende Milchsäure verändert den pH-Wert der Milch ins Saure, was wiederum bewirkt, dass Kaseine und Molkeneiweiße ausgefällt (denaturiert) werden, ein Prozess, der auch Säuregerinnung heißt. Die Milch wird dadurch dicklich. Fermentierte Milch erkennt man an ihrer Dickflüssigkeit.

Der Milchzucker wird von Enzymen (Laktase), die von den Milchsäurebakterien gebildet werden, in Glukose und Galaktose aufgespalten. Die entstandene Glukose wird sofort weiter zu Milchsäure abgebaut, während die Galaktose unverwertet bleibt oder nur teilweise abgebaut wird. Genau weiß es selbst die Wissenschaft nicht.

Durch die sich bildende Milchsäure sinkt der pH-Wert der fermentierenden Milch stetig ab, bis ein saures Milieu erreicht ist. Dann kommt die Fermentation zum Stillstand und die Milchsäurebakterien stellen ihre Tätigkeit ein. Der vorhandene Milchzucker wird daher nie vollständig umgewandelt. Im Enderzeugnis sind immer geringe Reste – etwa 2 % – von ihm enthalten und auch die nicht vergorene Galaktose. Dies gilt für alle nach traditionellen Verfahren produzierte Sauermilchprodukte, sofern nicht durch eine zusätzliche Hefefermentation auch die Galaktose vergoren wird, wie das zum Beispiel bei traditionell hergestelltem Kefir der Fall ist. Im Gegensatz dazu enthalten sämtliche industriell hergestellten Sauermilchprodukte in großem Umfang Milchzucker und zudem freie Galaktose.

Wie steht es nun im Besonderen mit den hierzulande gängigen Sauermilchprodukten Joghurt und Kefir?

Joghurt

Joghurt, dessen Name vom türkischen Wort *yogurt* (Dickmilch) kommt, ist eine spezielle Sauermilchart. In unseren Breiten wird zwischen Dickmilch und Joghurt unterschieden. Beide Milcherzeugnisse entstehen durch bakterielle Fermentation. Die Dickmilchbakterien sind jedoch andere als die der Joghurtmilch, die den östlichen Regionen Europas entstammen. Der russische Biologe und Nobelpreisträger Ilja Metschnikoff[2] (1845–1916), ein Mitarbeiter Louis Pasteurs, hat als Erster eine Bakterienspezies von Joghurt isoliert, die er Lactobacillus bulgaricus nannte. Heute verwendet man zur Fermentation außerdem die Streptokokken thermophilus und Lactobacillus salivarius und einige andere Bakterienspezies mehr sowie die als besonders gesund umworbenen Lactobacillenspezies acidophilus und bifidus für Joghurt mild. Joghurt wurde erstmals in den 30er Jahren des 20. Jahrhunderts industriell hergestellt und erst seit den 1970er Jahren ist seine industrielle Massenproduktion angelaufen. Mittlerweile werden sehr unterschiedliche Joghurtprodukte angeboten. Die klassischen industriell hergestellten Arten sind der stichfeste Joghurt und der sämige Rührjoghurt. Heutzutage gibt es eine dritte Sorte, der Trinkjoghurt.

Die Vorbereitung

Bevor die eigentliche Joghurtherstellung beginnen kann, findet die übliche Vorbehandlung der Milch statt. Die Milch wird gelagert, gereinigt, zentrifugiert, je nach gewünschtem Fertigprodukt auf einen bestimmten Fettgehalt eingestellt und so wärmebehandelt, dass die natürliche Bakterienflora völlig zerstört wird und nur die später zugesetzten spezifischen Milchsäurebakterien die Milch fermentieren. Die Milch wird ferner so behandelt, dass sie besonders gut auf die zugesetzten Bakterienkulturen anspricht, d. h., sie muss frei von solchen Hemmstoffen sein, die die zum Impfen der Milch verwendeten Bakterien am Wachstum hindern würden.[3] Sodann wird die fettfreie Trockensubstanz der Milch standardisiert, was nichts anderes heißt, als dass ihr Kohlenhydratanteil, also der des Milchzuckers, und ihr Proteinanteil, also der des Eiweißes, erhöht werden. Die gängigen Verfahren sind entweder der Zusatz von Milch- und Molkenpulver oder Milcheiweiß oder das Eindampfen, bei dem der Milch durch Verdampfen Wasser entzogen wird. In beiden Fällen erhöht sich die Trockenmasse der Milch erheblich. So kann mehr Molkenflüssigkeit gebunden werden, die sich sonst von der festen Masse absetzen würde; gleichzeitig erhöht sich die Joghurt-Ausbeute.

Es schließt sich die Hochdruckhomogenisierung des Milchgemischs an, damit sich kein Fett absetzt, die Konsistenz des Fertigproduktes weicher

---

[2] Der Name ist auch in der Schreibweise Metschikow zu finden. Er erhielt im Jahre 1908 mit Paul Ehrlich den Nobelpreis für Physiologie und Medizin.

[3] Joghurtkulturen reagieren beispielsweise auf Antibiotika, was zur Züchtung anderer Bakterienkulturen geführt hat, die weniger stark darauf reagieren.

und cremiger wird und mehr Wasser gebunden wird, was zusätzliche Produktmasse einbringt.

Die Herstellung

Jetzt erst beginnt die eigentliche Joghurtherstellung. Das wie beschrieben präparierte Milchgemisch wird mit den produktspezifischen Milchsäurebakterien geimpft, damit die Fermentation beginnen kann. Am Ende des Prozesses ist das entstanden, was als Joghurtgel bezeichnet wird. Die Fermentation dauert je nach Bakterienstarterkultur nur zwei bis vier Stunden, ein unglaubliches Schnellverfahren gegenüber der traditionellen Joghurtherstellung. Noch kürzere Fermentationszeiten sind durchaus keine Seltenheit.

Bei der Herstellung von stichfestem Joghurt vollzieht sich die Fermentation in der Verkaufsverpackung, in die das Joghurtgel eingefüllt wird. Sonstige Zusätze müssen jedoch schon vor Beginn der Fermentation beigegeben worden sein. Da diese sich negativ auf den Fermentationsprozess auswirken können, eignet sich diese Methode schlecht für die beliebten gemischten Fruchtjoghurtkreationen. Wenn hier Früchte zugesetzt werden, sind sie unverrührt im Produkt. Sie befinden sich also entweder am Boden oder oben. Die einzelnen Verkaufsverpackungen ruhen zur Fermentation in so genannten Inkubationskammern. Das sind luftbeheizbare und -kühlbare Klimakammern, die nur mit einem sehr hohen Energieaufwand betrieben werden können. Der manuelle Aufwand dieser Methode ist ebenfalls hoch, da die Inkubationskammern nicht maschinell bestückt werden können. Das Ergebnis ist eine relativ teure Produktion des stichfesten, meist weißen Joghurts mit wenigen Zusätzen.

Aus diesem Grunde wird lieber Rühr- und Trinkjoghurt hergestellt. Denn hier kann der Joghurt in großen Fermentationstanks bebrütet werden. Der Experte im Original: „Diese Verfahrensweise findet am häufigsten Anwendung, da sie eine energie- und arbeitswirtschaftlich günstige Variante darstellt."[4] Das sind deutliche Worte: Das 500-g-Glas Markenjoghurt, unser Rührjoghurt, ist also zugegebenermaßen eine Billigvariante. Aber auch der stichfeste Joghurt ist heute in aller Regel kein klassischer mehr, auch hier gibt es technische Verbesserungen im Herstellungsprozess, die trotz Tankfermentation Stichfestigkeit ermöglichen.

Beim Rührjoghurt werden nach Beendigung der etwa zweistündigen 40 bis 45°C warmen Bebrütung Zusätze beigemischt, und zwar Joghurt-

---

4 Spreer, Technologie der Milchverarbeitung, S. 421.

aromen, Früchte[5], Fruchtsirup, Zucker, sonstige Aromen und Farbstoffe. Anschließend wird der Joghurt so schnell wie möglich gekühlt, damit er nur wenig nachsäuert. Durch Nachsäuerung, die nichts anderes als der fortschreitende Fermentationsprozess ist, würde mehr Wasser bzw. Molke abgesondert und der Geschmack würde saurer. Beides ist unerwünscht und wird mit 'schneller' Kühlung (ca. zwei Stunden) verhindert. Während dieser Vorkühlung soll der Joghurt sein eigentliches Aroma entfalten, um anschließend in Kühlräumen auf 6 bis 5 °C weiter abgekühlt, abgepackt und gelagert zu werden.

Während dieser Kurzzeitsäuerung kann sich das typische Joghurtaroma nicht bilden, denn ein gutes Aroma will Weile haben und kann auf den Faktor Zeit nicht verzichten. Darum wäre eine Säuerung von vielen Stunden oder sogar Tagen angebracht.[6] Alle klassischen Joghurts werden daher lange bebrütet und säuern lange nach. Leider kennen wir solche Joghurts heute nicht mehr. Auf die Ausbildung des natürlichen Joghurtaromas kann nämlich aufgrund unserer Gewöhnung an den 'mild'-Geschmack und an die typischen Frucht- und sonstigen Zutaten getrost verzichtet werden. Das natürliche würde sowieso nicht gegen das neue 'mild' Aroma ankommen. Daher wird das Augenmerk ganz darauf gerichtet Masse in kürzester Zeit zu produzieren.

Wasserbindung mit allen Tricks

Während der industriellen Produktion ist die Joghurtmilch großen Temperaturschwankungen ausgesetzt, was bei natürlicher, handwerklicher oder hausgemachter Produktion nicht der Fall war. Vielmehr noch: Um eine im heutigen Sinne gute Joghurtkonsistenz zu erhalten, ist eine völlige Denaturierung der Molkenproteine notwendig. Nur durch normale Pasteurisierung, der die Werkmilch bereits ausgesetzt war, wird dies nicht erreicht. Zur Joghurtherstellung wird daher eine weitere Wärmebehandlung, meist nach der Homogenisierung, mit höherer Temperatur (95–98 °C) und längerer Heißhaltung (etwa fünf Minuten) durchgeführt. Die Joghurtmilch wird praktisch gekocht, damit anschließend die meisten Molkenproteine ausgefallen sind. In der Folge erhält man ein festes, gut wasserbindendes Joghurtgel. Mitunter wird es so beschrieben: Das Eiweiß platzt bei so hohen Temperaturen auf und nimmt die gesamte

---

5 Heutzutage sind die Früchte häufig nicht mehr echt, sondern künstliche Kreationen, siehe Pollmer/Hoike/Grimm, Vorsicht Geschmack, S. 75 ff.

6 Vgl. Klupsch, Saure Milcherzeugnisse Milchmischgetränke und Desserts, S. 66.

Molke, die sonst abfließen würde, auf. So haben auch Produzenten von 'natürlichem, weißem' Joghurt den Vorteil, keinen Molkenabfall entsorgen zu müssen, sondern ihn im Joghurt gebunden mitverkaufen zu können; ein äußerst rationelles und gewinnbringendes Verfahren, das als wesentliches Element der Milchtechnologie gepriesen wird.[7] Die Gesundheit von VerbraucherInnen, die an ein noch relativ natürliches Produkt glauben, ist dabei offensichtlich nicht bedacht worden.

Um noch mehr Wasser zu binden, werden dem Rührjoghurt Dickungsmittel, dem Trinkjoghurt Stabilisatoren zugeführt. Auch weißer, stichfester Joghurt ist nicht mehr frei von solchen Zusätzen, es sei denn, er wurde bereits durch Aufplatzen des Eiweißes, wie beschrieben, fragwürdig behandelt. Als festigende Zusätze werden tierische Gelatine (geringe Kosten) oder modifizierte Stärke verwendet, möglicherweise auch kombiniert. Je mehr Trockensubstanz der Joghurt jedoch hat, desto weniger Dickungsmittel und Stabilisatoren werden benötigt. Da die Trockenmasseerhöhung durch Verdampfung oder durch Milchpulver- und Milcheiweißzusatz erreicht wird, liegt der Laktose- und Proteinanteil umso höher, je mehr Trockensubstanz zugesetzt wird. So treibt man den Teufel mit dem Beelzebub aus. Weniger Dickungsmittel und Stabilisatoren bedeuten mehr Milchzucker und denaturierte Milcheiweiße und umgekehrt.

Wie weit das Panschen von Milchbestandteilen im Joghurt fortgeschritten ist, lässt sich erkennen, wenn ein Hersteller kennzeichnet, was sein Produkt so alles enthält. Da erscheinen 2006 in „cremig gerührtem Bighurt" als Zutaten: „Joghurt mild aus entrahmter Milch, Milcheiweißerzeugnis, Molkenerzeugnis, Milchzucker". Fast traut man seinen Augen nicht über soviel Deklarationsfreudigkeit.[8] Werden nämlich nur Milchbestandteile untereinander vermischt, wie in diesem Fall, muss das eigentlich nicht gekennzeichnet werden. Deshalb erfahren VerbraucherInnen in der Regel nichts von den verschiedenen Bearbeitungsschritten und Milchzutaten, denn noch nicht einmal mehr Pasteurisierung und Homogenisierung der Joghurtmilch sind für das Endprodukt auf dem Joghurtbecher kennzeichnungspflichtig. Demzufolge steht davon auch nichts mehr auf den Bechern, zum Schaden der VerbraucherInnen, die entweder völlig verunsichert sind oder – noch schlimmer – glauben, ein natürliches Joghurtprodukt vor sich zu haben: nicht pasteurisiert, nicht homo-

---

[7] Römpp, Lebensmittelchemie, Stichwort: Casein-Molkenproteinkomplex.
[8] Im Oktober 2006 Onken Bighurt von Dr. Oetker.

genisiert und auch sonst 'unbehandelt', natürlicher Joghurt eben. Damit ist die Welt dank legaler Nicht-Deklaration schön in Ordnung.

Joghurt mild

Achten Sie einmal auf die Deklaration von Joghurtprodukten im Supermarkt. An erster Stelle steht in der Regel „Joghurt mild" und nun fragen Sie sich, was das bedeutet. Mild hört sich irgendwie positiv an, ähnlich wie bei der mildgesäuerten Butter. Mit einem mild- oder wohltätigen Hersteller haben wir es jedenfalls nicht zu tun. Hinter dem Begriff mild verbirgt sich meist eine legale Täuschung, denn es handelt sich nicht um traditionelle Produkte, sondern um abgewandelte, wie sie durch den industriellen Herstellungsprozess vorgegeben werden. VerbraucherInnen wissen das in aller Regel jedoch nicht. Bei der Butter soll beispielsweise der Eindruck einer Sauermilchbutter erweckt werden und beim Joghurt sind Massenproduktion und besonders lange Haltbarkeit das Ziel der Milde. Joghurt mild hält sich einfach länger und das kommt so: Im echten Joghurt, den wir alle kaum mehr kennen, verläuft die Säuerung sehr intensiv und nachhaltig. Bei längerer Lagerung entwickelt der Joghurt einen Bittergeschmack. Solche Eigenschaften werden heute als verkaufshemmend angesehen und daher als nicht mehr zeitgemäß. Was also konnte dagegen unternommen werden? Man ging die Sache mithilfe anderer als der traditionellen Joghurt-Milchsäurebakterien an, mit Bakterien, die ein anderes Säure- und Geschmacksverhalten zeigen. Sie garantieren eine Haltbarkeit von wenigstens vier Wochen und entwickeln in dieser Zeit im Joghurt keinen Bittergeschmack. Zusätzlich zu den der Milchindustrie sehr entgegenkommenden Eigenschaften haben diese Bakterien noch eine andere, außergewöhnliche Eigenschaft: Sie produzieren überwiegend rechtsdrehende L(+)-Milchsäure. Und da traf es sich wiederum gut, dass der menschliche Körper in seinem Stoffwechsel hauptsächlich L(+)-Milchsäure bildet. Wir haben also Bakterien vor uns, mit denen Träume wahr werden konnten. Man musste für diese rechtsdrehende Milchsäure nur mit dem Prädikat „gesund für die Darmflora" werben und konnte gleichzeitig den Geschmack der Verbraucher auf ein haltbares Joghurterzeugnis lenken. Dank langjähriger Werbung kennen wir alle diese wundervollen Bakterien, es sind dies die Bifidus- und Acidophilusbakterien. Sogar eigene Joghurtmarken entstanden daraus. Bioghurt® und Biogarde® sind weltweit geschützte Warenzeichen.
Und ein Experte meint zu diesen Bakterien: „Der vor allem in älterem Joghurt unangenehme Bittergeschmack fehlt bei Bioghurt®-Biogarde®-

Produkten völlig. Selbst bei durch ungekühlte Aufbewahrung nachgesäuerten Produkten stellt sich der bittere Geschmack nicht ein. [...] Vor allem durch die geringe Nachsäuerung und das Ausbleiben des Fehlers ‚bitter' ist ältere Ware von frischer kaum zu unterscheiden."[9]

Na, wer sagt's denn!

Den Deutschen kann ja viel zugemutet werden. Während in unseren Nachbarländern nur der mit den traditionellen Keimen hergestellte Joghurt als solcher bezeichnet werden darf, ist es bei uns erlaubt die Billigvariante mild als Joghurt auszugeben. Die darf in anderen Ländern nämlich nur als fermentiertes Milcherzeugnis bezeichnet werden, was ihrem Verkaufserfolg sehr abträglich ist. Wenn Sie also im Ausland einen sauren, ins Bittere gehenden Joghurt zu schmecken bekommen, den die Einheimischen voller Begeisterung essen, den Sie aber eigentlich ungenießbar finden – weil Ihr Geschmack auf mild getrimmt ist, dann wissen Sie nun, es war der Echte.

Kefir

Kefir ist eines der ältesten Sauermilchprodukte des östlichen Europas, stammt ursprünglich aus dem Kaukasus und wird seit dem 19. Jahrhundert in Russland wissenschaftlich erforscht. Kefir soll die Gesundheitsnahrung schlechthin sein. Der echte Kefirpilz war vor 100 Jahren ein begehrtes Handelsobjekt.

Ein Aspekt seiner guten Bekömmlichkeit ist die kombinierte Milchsäure- und Hefefermentation, die bewirkt, dass Kefir zwar etwas Alkohol enthält aber überhaupt keinen Milchzucker mehr, was der überwiegend alaktasischen Bevölkerung Osteuropas sicher sehr entgegenkommt. Die beschriebenen Eigenschaften hat jedoch nur der traditionelle Kefir.

Das heutige Produktionsverfahren wird so beschrieben:

„Kefir ist ein durch kombinierte milchsaure und alkoholische Gärung hergestelltes fermentiertes Milcherzeugnis. Die ursprüngliche Kultur waren die Kefirknollen, [...] Stellt man Kefir unter Verwendung solcher Kefirknöllchen her, dann tritt eine sehr starke Produktion von CO_2 ein, so daß das Produkt wegen der starken Bombageentwicklung weder in Kartonpackungen, noch in fest verschlossene Kunststoffbecher abgefüllt werden kann. Um die CO_2-Produktion zu unterdrücken, ging man dazu über, »Kefir mild« herzustellen, wobei von Kefirkörnern abgetrennte Kulturen verwendet werden. In diesen Kulturen dominieren die Milchsäure-

---

9   Klupsch, S. 90.

streptokokken, daneben finden sich auch Laktobazillen. Hefen sind entweder nicht oder nur in Spuren vorhanden oder es sind Hefen zugesetzt, die Lactose nicht vergären können."[10]

Das bedeutet also, dass im handelsüblichen Kefir ebenfalls Milchzucker enthalten ist. Denn die Hefevergärung wird verhindert, weil das sich entwickelnde Kohlendioxid die Verpackungen platzen lassen würde. Also: Der handelsübliche Kefir ist gar kein Kefir, jedenfalls kein traditioneller. Denn der war ein Produkt, das durch gleichzeitige Milchsäurefermentation und Hefevergärung keinen Milchzucker mehr enthielt und wegen seiner Explosionsneigung nur frisch vermarktet werden konnte. Deshalb muss den Bedingungen der modernen Molkerei gemäß ein Produkt hergestellt werden, das keine echte Hefevergärung und damit keine Gasentwicklung mehr zulässt. Aber dann enthält unser Kefir wieder Milchzucker. Dieses Produkt nennt man dann Kefir mild. Wenn Sie sich im Supermarkt umschauen, werden Sie anderen Kefir gar nicht mehr finden.

Interessanterweise bietet die zusätzliche Hefevergärung einen weiteren gesundheitlichen Vorteil: Traditioneller Kefir enthält durch die kombinierte Milchsäure- und Hefevergärung nämlich weder Milchzucker noch Galaktose. Denn die Kefirpilzhefen beziehen nicht nur die restliche Laktose in ihren Stoffwechsel ein, sondern auch die vorhandene Galaktose. Dieser äußerst positive Effekt wird bei industriell hergestelltem Kefir durch die gestoppte Hefevergärung ebenfalls aufgehoben.

Traditionelle Sauermilchprodukte weltweit

Die traditionell hergestellten Sauermilchprodukte genießen weltweit den guten Ruf bekömmlicher Milchprodukte. Von diesem Positiv-Image profitieren die im modernen Industriebetrieb hergestellten Sauermilchprodukte trotz aller Unterschiede in der Herstellung bzw. Qualität noch immer. Und es sind genau diese Unterschiede, die die einen bekömmlich machen und die anderen nicht. Eine besondere Rolle spielt dabei offensichtlich das Vorkommen bzw. Nichtvorkommen von Milchzucker und Galaktose. Vergleicht man die traditionellen Herstellungsmethoden, soweit sie bekannt sind, und die modernen Verfahren, fällt in der Zusammenschau auf, dass es sich bei den Traditionellen fast ausschließlich um fermentierte Milcherzeugnisse handelt, die durch eine kombinierte Milchsäure- und Hefevergärung entstehen, wodurch sie keinen Milchzu-

---

10 Kielwein, Leitfaden der Milchkunde und Milchhygiene, S. 182.

cker mehr enthalten. Oder es handelt sich um Sauermilchprodukte, wie den geseihten Joghurt in Griechenland und der Türkei bzw. Ymer in Dänemark, die durch überwiegende Entfernung der Molke hergestellt werden, dem Teil der Milch also, der den meisten Milchzucker enthält. Inwiefern weltweit traditionell hergestellte Sauermilchprodukte noch Galaktose enthalten, kann nicht eingeschätzt werden. Bis dieser Bereich eingehend erforscht sein wird, kann darüber nur spekuliert werden. Wie am Beispiel Kefir zu sehen ist, spricht jedoch einiges dafür, dass die gerühmte Bekömmlichkeit vieler traditioneller Sauermilchprodukte auf eine kombinierte Milchsäure- und Hefevergärung zurückzuführen ist, die nicht nur den Milchzucker, sondern auch noch – zugunsten der angestrebten Bekömmlichkeit – die Galaktose zum Verschwinden bringt.

Zu den traditionell mit kombinierter Milchsäure- und Hefevergärung hergestellten Sauermilchprodukten zählen z. B.:

Kefir	Ziegen-, Schafs-, Kuhmilch	Kaukasus, Balkan
Kumys	Stutenmilch	Russland
Milchkwas	Molke mit Hefen	GUS-Staaten
Villi	Kuhmilch	Finnland
Lebben	Kuh-, Schafs-, Ziegenmilch u. a.	Arabien, Nordafrika
Doogh	hauptsächlich Kuhmilch	Iran

Tabelle 13

Viele andere traditionelle Sauermilchprodukte werden tagelang fermentiert und werden so auf natürliche Weise von Hefen befallen, was zu einer zusätzlichen Hefevergärung führt, ein offenbar erwünschter Effekt.

Alaktasier und Sauermilch

Die Theorie

Um sich das Unerklärliche zu erklären, wurde die These aufgestellt – genau weiß man es nämlich nicht –, dass lebende Sauermilchbakterien unbeschadet die Magenschranke passieren und im Duodenum (Zwölffingerdarm) den Milchzucker weiter vergären. So gelange – laut Theorie – nur noch sehr wenig Milchzucker in den folgenden Dünndarm und schließlich in den Dickdarm. Daher hätten auch Alaktasier damit keine Verdauungsprobleme mehr. Nur so sei zu erklären, dass sich in Ländern des

mittleren Ostens Sauermilchprodukte großer Beliebtheit erfreuen, obwohl die Bevölkerung mehrheitlich alaktasisch ist.[11]
Ob das tatsächlich so zutrifft, sei dahingestellt. Die entscheidende und gleichzeitig falsche Grundannahme dieser These ist jedoch, dass zum einen weltweit Sauermilch/Joghurt gleich Sauermilch/Joghurt ist und zum anderen die traditionellen Produkte mit den heutigen identisch sind. Die vorangegangenen Ausführungen strafen solche Annahmen Lügen. Östlicher handwerklich hergestellter Kefir enthält keine Laktose mehr und der dortige Joghurt im Verhältnis zu unseren hiesigen und heutigen Produkten nur wenig. Da mag es vielleicht so sein, dass eine geringe Darmfermentation den Milchzucker bereits gespalten hat, bevor er das Colon (den Dickdarm) erreicht und Schaden anrichten kann. Aber auch wenn ein Laktoseabbau gar nicht stattfinden sollte, was durchaus möglich ist, spricht dies nicht gegen eine Verträglichkeit von natürlichem Joghurt in seinen traditionellen Herkunftsgebieten. Denn sowohl historisch als auch heute ist der Sprachgebrauch in Bezug auf Joghurt äußerst ungenau. Häufig wird der Begriff Joghurt für jegliche Art Sauermilchprodukt verwendet. Neben dem Kefirpilz gibt es in den nahen, mittleren und ferneren östlichen Ländern noch andere Pilze und Pflanzenblätter, die der Milch beigefügt werden, um Sauermilch zu erzeugen. Jenseits unseres westlichen Horizontes ist uns vieles unbekannt. Wahrscheinlich existieren in den Ursprungsländern verschiedene Arten milchzuckerfreier Sauermilchprodukte, die heute als Joghurt bezeichnet werden. Bei handwerklicher Herstellung und Selbstversorgung ist eine klare Zuordnung einzelner Sauermilchprodukte wie bei uns gar nicht möglich. Ein schönes Beispiel sei dazu beschrieben:
Ein laktoseintoleranter, deutscher Ingenieur arbeitete im Jahre 2003 ein paar Monate lang in der türkischen Provinz. Zum Frühstück wurde türkischer weißer Joghurt aus Plastikbechern, der offensichtlich industriell hergestellt war, und unverpackter Joghurt angeboten, der besonders schmackhaft war, und das nicht nur, weil er mit einer dicken Rahmschicht bedeckt in einer breiten, flachen Schüssel gereicht wurde, aus der man sich selber bedienen konnte. Das Produkt sah eher nach Dickmilch aus. Das Hotel bestand darauf, dass es sich um Joghurt handelte, nicht um Dickmilch. Und man ahnt es schon, der lose Joghurt verursachte im Gegensatz zum industriell hergestellten keine Beschwerden. Ver-

---

[11] Kasper, Ernährungsmedizin und Diätetik, S. 170 und Kasper, 7. Aufl., 1991, S. 303 mit einer etwas ausführlicheren Darstellung als in der 8. und 9. Aufl.

mutlich ist Becherjoghurt auch in der Türkei mit derart viel Trockensubstanz versetzt, dass der vermehrte Milchzucker nicht mehr abgebaut wird. Vielleicht ist der entscheidende Unterschied aber auch lediglich die Pasteurisierung (siehe folgenden Abschnitt), die in der Molkerei stattgefunden hat; die Verträglichkeit des einen und die Unverträglichkeit des anderen Joghurt ist nicht ohne weiteres und vor allem nicht ohne Spekulation zu erklären. Allerdings verdichtet sich das Erfahrungswissen, dass nicht behandelte Sauermilchprodukte ohne Molkereibearbeitung für Alaktasier insgesamt besser verträglich sind. Die folgenden Ausführungen verdeutlichen das nochmals.

Erklärungsversuche

Eine sehr überzeugende Erklärungsvariante, die gleichzeitig ein Beispiel für die Komplexität der Verdauungsvorgänge darstellt, bietet Andrea Winchenbach an.[12] In ihrer Arbeit stellte sie mehrere Untersuchungsergebnisse von Wissenschaftlern vor, die unterschiedliche Joghurterzeugnisse bei laktoseintoleranten Personen getestet haben und zu ähnlichen Ergebnissen gelangt sind.

Danach ist Joghurt aus nicht pasteurisierter Milch (nativer Joghurt) deutlich verträglicher als der aus pasteurisierter Milch. Warum dies so ist, wurde zwar noch nicht erforscht, jedoch erklärt diese Beobachtung zumindest schlüssig, warum traditionell hergestellte Sauermilchprodukte Alaktasiern besser bekommen, während die in der Molkerei hergestellten, unabhängig von etwaigen Zusätzen, unverträglicher sind. Denn Molkerei-Joghurt wird weltweit aus pasteurisierter Milch hergestellt und bei uns sogar mittels weiterer, hoher Erhitzung. Die Erkenntnis, dass schon allein die Pasteurisierung den oder einen Unterschied bewirkt, ist einfach und doch revolutionär. Interessierten müsste sie seit den 1980er Jahren bekannt sein. Aber sie müsste eben nur, denn entsprechende Konsequenzen sind daraus nicht gezogen worden.

Eine weitere interessante Beobachtung wird beschrieben. Die Laktaseaktivität verschiedener Joghurtbakterienstämme wurde unter dem Einfluss von Galle untersucht. Dabei stellte man fest, dass Galle die Laktaseaktivität der meisten Bakterien signifikant erhöhte. Allerdings wurden bei den verschiedenen Laktobazillen sehr unterschiedliche Reaktionen

---

[12] Winchenbach, Prüfung der Essentialität lebender Keime für die Förderung der intestinalen Laktosehydrolyse durch die mikrobielle ß-Galactosidase fermentierter Milchprodukte am Model des gnotobiotischen Göttinger Minischweins, Kapitel 2. 4.

auf Galle festgestellt. So verhielten sich die meisten Acidophilusbakterienstämme besonders resistent gegenüber Galle. Dies deckt sich mit der Beobachtung, dass Acidophilusjoghurt nicht besser als andere Milchprodukte vertragen wird. Dennoch wird heute beispielsweise Joghurt mild fast ausschließlich unter Verwendung von Acidophilusbakterien hergestellt und entgegen aller Forschungsergebnisse weiter mit den 'bekömmlichen Gesellen' geworben.

Aus all diesen Erkenntnissen darf man wohl den Schluss ziehen, dass es die ungünstige Mixtur aus Milchbearbeitung (Pasteurisierung), Bakterienauswahl sowie hohem Laktosegehalt und niedriger Enzymaktivität ist, die in der Molkerei hergestellte Sauermilchprodukte für Alaktasier unverträglich macht.

Wer als AlaktasierIn auf Joghurt partout nicht verzichten möchte, greife zu nicht pasteurisiertem, nicht homogenisiertem, nicht mit Milchpulver versetztem Bio-Joghurt, sofern ein solches Produkt im Handel überhaupt zu finden ist. Denn auch der Biohandel bietet Joghurt aus Rohmilch, also aus unpasteurisierter Milch, in der Regel nicht an. Es handelt sich heutzutage um Wunschvorstellungen ohne Realitätsbezug, weshalb entsprechende Ratschläge in Informationsschriften eher Verwirrung stiften, als dass sie Rat geben, denn sie entbehren der praktischen Umsetzbarkeit.

Milchzucker im Joghurt

Während für natürlichen, traditionell hergestellten Joghurt pro 100 g ein Laktosegehalt von 0,5 bis maximal 2 g angegeben wird, gibt die Deutsche Gesellschaft für Ernährung (DGE) in ihrem Merkblatt zur Laktoseintoleranz für 100 g Joghurt 3,5 bis 5,5 g an. Und wer in den Supermarkt geht, kann beim weißen Joghurt ohne sonstige Zusätze genau ablesen, wie viel Milchzucker enthalten ist, und zwar in der Rubrik Kohlenhydrate, denn der Milchzucker ist das Kohlenhydrat der Milch. Die Angaben lassen keine Zweifel über die Milchzuckerzusätze aufkommen.

Ein Beispiel: Das 500-g-Glas weißen Joghurts eines Markenherstellers enthält 8,3 g Kohlenhydrate pro 100 g, also etwa 41,5 g Milchzucker in einem Glas.[13] Das bedeutet, die Milchzuckerzusätze in heutigen Produktionsprozessen müssen enorm sein und werden wegen der sensationell kurzen Fermentationszeit zu einem hohen Grad nicht vergoren.

Zum Vergleich:

---

13 Angabe im März 2001; Rezepturen ändern sich häufig. Im Jahre 2006 finden sich Angaben zwischen 4 und 6,3 % Kohlenhydraten in Joghurt ohne Zusätze.

50 g Laktose ist die Menge, mit der unter ärztlicher Aufsicht beim Erwachsenen die Provokationstests zur Feststellung einer Laktoseintoleranz durchgeführt werden. Wer also einen weißen 500-g-Joghurt zu sich nimmt, hat außerhalb jeder ärztlichen Kontrolle vier Fünftel der Menge eines Laktoseprovokationstests verspeist. Ob das gesundheitsförderlich ist, auch für Laktasier, erscheint höchst zweifelhaft.

Warum sich die Gärung auch noch einverleiben?

Falls es überhaupt eine Duodenumfermentierung – andere sprechen generell von Darmfermentierung – geben sollte, kann sie nicht sehr umfangreich sein. Denn der überwiegende Teil der Sauermilchbakterien wird durch die Magenschranke (pH-Wert 1,2 im Magen) abgetötet, weil sie das saure Milieu nicht vertragen. Die Industrie hat sich bemüht spezielle Milchsäurebakterien zu züchten, die die Magenschranke überwinden und überleben. Damit preist sie ihre für das Darmmilieu förderlichen Joghurtkreationen als probiotisch an. Allerdings gibt es bisher keine eindeutigen Beweise, dass, und wenn ja, in welchem Umfang, die Magenschranke von lebenden Bakterien überwunden wird und welche Art Fermentierung schließlich im Darm dadurch angeregt wird.[14] Die Fermentation kann genauso gut von den bereits natürlich im Darm vorhandenen Bakterien ausgehen. Wie auch immer es sich verhält, eines ist sicher: Der extrem hohe Laktosegehalt in unseren heutigen Sauermilchprodukten könnte auch von den fleißigsten Bakterien nicht mehr verarbeitet werden. Auch deshalb ist die Gesundheitsförderlichkeit so genannter probiotischer Joghurts eher zweifelhaft. Da insgesamt nur sehr wenig über die sich im Dickdarm abspielenden Prozesse bekannt ist, erstaunt es umso mehr, dass der Werbung nicht Einhalt geboten wird. Wer weiß und garantiert denn, dass es gesund ist, wenn Fermentationsprozesse im Darm und sogar in den oberen Darmabschnitten, wo eigentlich keine Gärungen stattfinden sollten, besonders gefördert werden? Es könnte genau das Gegenteil der Fall sein und vieles spricht dafür. Gesunde Menschen mit normaler Darmflora benötigen keine zusätzliche Unterstützung von außen. Darmkranke verzichten mit Sicherheit gerne auf Gärprozesse in ihrem Gedärm. Welcher gesundheitliche Nutzen ist also für wen zu erkennen? Es machen sich wohl eher die noch Gesunden durch übermäßigen Konsum lebende Bakterien enthaltender, fermentierter Le-

---

14 Ernährungsbericht 2000, Kapitel 9, Ernährungsbericht 2004, Kapitel 6,
   http://www.dge.de/modules.php?name=News&file=article&sid=272 und
   http://www.dge.de/modules.php?name=St&file=w_ebericht

bensmittel, welche zusätzlich den Organismus übersäuern können, ihre Darmflora kaputt. Und die schon Darmkranken werden dadurch sicherlich nicht gesünder.

Dasselbe gilt für so genannte prebiotische Lebensmittel, in denen unverdauliche Bestandteile, wie Oligofruktose und Inulin, verarbeitet sind. Unverdaulichkeit bedeutet, dass diese Substanzen im Dünndarm nicht enzymatisch aufgespalten werden können und also unverdaut den Dickdarm erreichen, wo sie fermentieren und dabei angeblich Bifidobakterien zum Wachstum anregen, eine von 400 bis 500 verschiedenen Bakterienspezies, die den Darm besiedeln. Diese unverdaulichen Substanzen werden also Sauermilchprodukten extra beigegeben, um durch Gärung im Dickdarm das Wachstum dieser spezifischen Bakterien zu fördern, die nur die Darmflora von Säuglingen beherrschen und bei Erwachsenen eine untergeordnete Rolle spielen. Ob die Zucht von Bifidobakterien gerade für die individuelle Gesundheitssituation günstig ist, darf nun aber auch bezweifelt werden. Nachprüfen ist an diesen verwinkelten Orten schwierig.

Der Ernährungsbericht 2000 kommt zu dem Schluss, dass die menschliche Darmflora nach derzeitigem Wissensstand nicht durch pro- und prebiotische Lebensmittel beeinflusst wird und diese bei Personen mit geschwächtem Immunsystem sogar unerwünschte Effekte auslösen können. Auch der folgende Ernährungsbericht 2004 geht von einer widersprüchlichen Studienlage aus. Warum, so fragt man sich, darf dann für pro- und prebiotische Sauermilcherzeugnisse gerade mit Aussagen zur positiven Beeinflussung des Darmmilieus durch diese Stoffe geworben werden?[15]

Dreistigkeit siegt

Seit wenigen Jahren erleben wir eine neue Werbewelle für probiotische Sauermilcherzeugnisse, die vor dem aufgezeigten Hintergrund an Unverfrorenheit ihresgleichen sucht. Da bewirbt der Nahrungsmittelkonzern Danone sein Produkt Actimel mit der Aussage, dass bei regelmäßigem Verzehr die Abwehrkäfte aktiviert würden. Wer als Verbraucher die Verpackung genau anschaut, müsste allerdings von starken Zweifeln an dieser Werbeaussage erfasst werden. Denn was nach Laienauffassung als Joghurterzeugnis gilt, ist als Milchmischerzeugnis ausgewiesen, also mit Sicherheit stark bearbeitet. Fällt der Blick auf das Zutatenverzeichnis, dürfte jede Gutgläubigkeit dahin schwinden. Actimel Multifrucht enthält

---

15 Vgl. DER SPIEGEL 32/2003, S., 70.

z. B. Joghurt, entrahmte Milch, Zuckersirup, Fruchtsaft aus Konzentrat (Ananas, Pfirsich, Orange, Erdbeere), Traubenzucker, modifizierte Stärke, Verdickungsmittel Pektin, Aroma, Kultur L-Casei Defensis. Bei einer solchen Deklaration, die sich von anderen stark bearbeiteten und zuckerhaltigen Nahrungsmitteln kaum unterscheidet, muss sich der Verdacht aufdrängen, dass zwischen Anspruch und Wirklichkeit eine große Lücke klafft. Vielleicht macht's jedoch der Preis, der VerbraucherInnen an das Versprechen des Herstellers glauben lässt. Actimel ist auf 100 g nämlich etwa doppelt so teuer (40 Cent) wie ein normaler Danone-Frucht-Joghurt (19 Cent).

Eins drauf, setzt die japanische Firma Honsha mit ihrem Produkt Yakult, einem probiotischen Milchdrink. Der kommt im noch kleineren Gebinde als Actimel daher, so dass sich der Eindruck, es handle sich um ein pharmazeutisches Erzeugnis, geradezu aufdrängt. Und beworben wird der Drink mit Milchsäurebakterien, die einen wichtigen Einfluss auf die Darmflora hätten und damit auf das allgemeine Wohlbefinden. Als Motto wird ausgegeben „gesund genießen." Die Zutaten sollen Wasser, Magermilch, Glukosesirup, Zucker, Aroma und Lactobacillus casei Shirota sein. Ganz stimmt das nicht, denn der Drink wird tatsächlich aus Wasser und Magermilchpulver zusammengerührt, also Resteverwertung zu Apothekenpreisen, denn Yakult schlägt alle Rekorde. Der Milchpulver-Drink ist mit etwa 76 Cent auf 100 g fast doppelt so teuer wie Actimel[16], wobei die Rohmaterialien eine zu vernachlässigende Größe darstellen.

Kerngesund bei diesem Geschäft werden also mit Sicherheit nur die Hersteller.

Milchsäure

Die Diskussion über die angeblich gute rechtsdrehende L(+)-Milchsäure und die schlechte linksdrehende D(–)-Milchsäure ist längst überholt. Denn die Empfehlung der WHO, wegen einer Übersäuerungsgefahr für das Blut nur wenig D(–)-Milchsäure aufzunehmen, ist in den 1990er Jahren aufgrund neuerer Untersuchungen zurückgenommen worden.[17] L(+)-Milchsäure ist diejenige, die auch im menschlichen und tierischen Körper gebildet wird. D(–)-Milchsäure ist die stammesspezifische Milchsäure der Lactobacillen, die langsamer verdaut wird als die vom Menschen selbst gebildete. Ist es generell gut, sich etwas zuzuführen, das der Orga-

---

16 Alle Produktangaben in diesem Abschnitt stammen vom Oktober 2006.

17 Kasper, S.504, Neue Chemie in Lebensmitteln, S. 261.

nismus selbst in ausreichendem Maß produziert? Einigen könnte man sich darauf, dass es zumindest unnötig ist. Denn jede Milchsäurebildung im Darm, egal ob L(+) oder D(−), führt zu einer Säuerung des Milieus. Und weil wir aufgrund unserer heutigen Ernährung eher zuviel Säure im Organismus haben, wird Darmübersäuerung mit folgender Blutübersäuerung mittlerweile als ein allgemeines Gesundheitsproblem betrachtet. Warum sollte man dieses Problem durch Joghurt/Sauermilchprodukte fördern?

Sauermilch und Histamin, Methionin und Benzoesäure

Bei jeder Fermentation, die eine mikrobielle Gärung darstellt, entsteht Histamin.[18] Da die Darmflora von Alaktasiern, die dauernd Milchprodukte verzehren, in der Regel gestört und mit Histamin überlastet ist, reagieren sie besonders sensibel auf alle Fermentationsprodukte. Daher müssen AlaktasierInnen schon aus diesem Grund vom Joghurt und anderen Sauermilchprodukten lassen.

Die Problematik von Methionin und Benzoesäure ist in Kapitel 8 eingehend dargestellt worden. Speziell fermentierte Milchprodukte wie Joghurt und Quark erhöhen den Methionin- und Benzoesäuregehalt unserer Nahrung stark.

---

[18] Allergo, 1996, Nr. 6, S. 346-351, Medizin Verlag GmbH.

15 Quark, Milcheiweiße und neue Bearbeitungsverfahren

Quark

Die Deutschen stehen im Ruf, Weltmeister im Quarkessen zu sein, und das schon sehr lange. Wir verspeisen tatsächlich erheblich mehr Quark als unsere ausländischen Nachbarn. Quark ist für uns ein natürliches, gesundes und preiswertes Milchprodukt, beliebt und geschätzt von Arm und Reich und allen Altersstufen. Dreiviertel des verzehrten 'Weiß' ist Magerquark. Das trifft sich auch anderweitig gut, denn so lässt sich aus dem immensen Magermilchüberschuss, der bei der Produktion von Milcherzeugnissen anfällt, noch gutes Geld verdienen.

Quark gehört zur Rubrik Frischkäse, der auch als nicht gereifter oder ungereifter Käse bezeichnet wird. Er wird heute durch eine Kombination von Milchsäure- und Labenzymfällung hergestellt. Quark ist die Urform des Käses und ursprünglich nichts anderes als konzentrierte Dickmilch. Der durch Selbstsäuerung und manchmal mit Gerinnungsbeschleunigern entstandenen Dickmilch/Sauermilch wurde die wässrige Lösung, die Molke, entzogen. Dafür presste man die dicke Milch in Tüchern aus oder ließ sie zum Abtropfen in Säcken hängen oder lagerte sie in Behältnissen, die im unteren Teil ein verstopfbares Loch hatten, durch das die Molke abgelassen werden konnte. Der Brei, der im Gefäß verblieb, war fest und wohlschmeckend. Erheblich mehr Milch als heute wurde gebraucht, um ein Kilogramm Brei/Quark herzustellen.[1] Noch bis weit in das 20. Jahrhundert wurde Quark auf diese Weise in Eigenregie zu Hause hergestellt. Bis sich der Quarkseparator in den 1960er und 70er Jahren durchsetzte, hing sogar in den Molkereien der Quark noch in Säcken. Im Prinzip könnte er auch heute noch durch die Press- oder Abtropfmethode hergestellt werden, was aber sehr arbeitsaufwändig wäre und deshalb zur Massenproduktion unseres alltäglichen Supermarktmagerquarks ungeeignet ist.

Quark und Eiweißstandardisierung

Quark wird heute aus Milchplasma/Magermilch und Molke mittels Quarkseparatoren und Ultrafiltration mit anschließender Fettstandardisierung durch Zufügen von Rahm hergestellt. Das hat für die Produzenten unschlagbare Vorteile, weil eine wesentlich höhere Trockenmasse-

---

[1] Wegen der heute völlig anderen Produktionsmethoden ist ein Vergleich früher – heute schwer zu ziehen. Für die vormoderne Zeit werden Zahlen von 10 bis 15 kg Milch pro kg Quark angegeben.

ausbeute, eine cremige, gut verkäufliche Masse, lange Haltbarkeit und gleichbleibender Geschmack erzielt werden. Während beim traditionellen Quark der größte Teil der Molkenproteine und des Milchzuckers beim Abtropfen mit der Molke entfernt wurde, ist beim heutigen Verfahren das genaue Gegenteil der Fall. Dem Quark werden Molkenproteine und Milchzucker wieder zugeführt, was nur die Ausbeute im Verhältnis zur eingesetzten Magermilchmenge erhöht. Einen Quark mit höherem Trockenmasseanteil erhält man so nicht. Heutiger Quark ist eigentlich gar kein Quark, jedenfalls nicht im traditionellen Sinne, sondern er ist ein quarkähnliches Produkt mit künstlich erhöhten Molkeneiweiß- und Milchzuckeranteilen.

Und wie entsteht dieses Produkt? Die zur Quarkproduktion gelangende, schon pasteurisierte Magermilch wird ein zweites Mal erhitzt, so wie bei der Joghurtherstellung. Denn bei der Quarkherstellung ist man ebenfalls an einer völligen Denaturierung der Molkenproteine und deren Verbindung mit den Kaseinen interessiert, um späteren Molke-/Wasseraustritt zu verhindern. Ein Experte sagt dazu: „Das Erhitzen der Magermilch wird im kontinuierlichen Durchfluss bei 95 °C für 5 min. durchgeführt und wird damit zur Voraussetzung für die stichfeste, gut Wasser-bindende Konsistenz des Quarks."[2] Anschließend wird die Magermilch auf die Säuerungstemperatur eingestellt, je nach Verfahren zwischen 20 und 30 °C, und die Dicklegung durch Zusatz von Milchsäurebakterien und Labenzym beginnt. Nach vier bis fünf Stunden ist die Milch dick und kann weiter behandelt werden. Durch den Quarkseparator (Zentrifuge) wird der Bruch, so heißt der Quark jetzt, von der restlichen Molke getrennt, selbstverständlich wieder bei einer neu eingestellten Temperatur, diesmal zwischen 40 und 44 °C, und gerührt.

In der abgetrennten Molke befinden sich noch etwa 6 % Trockensubstanz, die nicht ausgenutzt ist. Durch Ultrafiltration (UF), eine besonders feine Membranfiltration, die überwiegend zur Eiweißstandardisierung eingesetzt wird, kann diese Molkentrockensubstanz vom Wasser separiert und konzentriert werden. Das Konzentrat wird entsalzt, meistens auch homogenisiert und dem Quark aus dem Separator beigemischt. So wird die Quarkmasse insgesamt erhöht und um die Molkenproteine und den Milchzucker des Konzentrats bereichert. Meistens wird ein vorgegebener Grad der Eiweißkonzentration angestrebt (Eiweißstandardisierung). Heute müssen im Magerquark 18 % Trocken-

---

2 Klupsch, Saure Milcherzeugnisse Milchmischgetränke und Desserts, S. 152.

masse sein, davon 12 % Eiweiße. Früher war der Trockenmassegehalt erheblich höher, 20 bis 35 %, und bestand überwiegend aus Kaseinen. Heute besteht er aus Kaseinen, Molkeneiweiß und Milchzucker, der 'Rest' (82 %) ist einfach Wasser. In einer 500-g-Packung Magerquark sind folglich gerade einmal 90 g Trockenmasse, die restlichen 410 g sind Wasser, in dem Fall teures Wasser, denn im traditionellen Quark war es erheblich weniger.

Die Ertragserhöhung gegenüber dem reinen Separatorenquark ist beträchtlich und in der Quarkherstellung revolutionär. Die Ausbeute mit modernen Verfahren ohne UF, die ebenfalls schon Milchzucker und Molkenproteine zusätzlich in den Quark einbrachten, liegt je nach Milchqualität bei fünf bis sechs Kilogramm Milchplasma/Magermilch pro Kilogramm Speisemagerquark. Mit dem UF-Verfahren sind es gerade mal etwas mehr als drei Kilogramm. Die UF-Technologie ist eine relativ neue Technik aus den 80er Jahren. Man kann davon ausgehen, dass die UF mittlerweile für die gesamte Palette der im Supermarkt erhältlichen Speisequarkerzeugnisse zum Einsatz kommt. Sie wird allerdings nicht nur zur Produktion von Speisequark eingesetzt, sondern nach Möglichkeit auch zur Eiweißstandardisierung und Ausbeuteerhöhung bei anderen Milchprodukten, z. B. bei Käse.

Der Experte beurteilt das Ultrafiltrationsverfahren in der Quarkherstellung wie folgt: „Die UF-Technologie hat breite Anwendung erfahren und der wirtschaftliche Mehrerlös ist bestimmt ein wesentlicher Grund dafür. Allerdings ist zu bemerken, dass der vollständige Rückbehalt der Molkenproteine dem UF-Quark andere Eigenschaften verleiht. Entscheidend ist aber schließlich, dass die Konsumenten den UF-Quark akzeptiert haben."[3]

Als hätten Konsumenten jemals bewusst einen UF-Quark akzeptiert! Er schmeckt einfach gut in seiner cremigeren Konsistenz, die dem UF-Quark eigen ist und Fettreichtum vortäuscht. Zusätzlich war er billig und ist es bis heute. Die Akzeptanz fußt also auf Geschmack, Unwissenheit und preiswerter Vermarktung und nicht auf einer bewussten Entscheidung für ein bestimmtes oder sogar gesundheitlich zweifelhaftes Herstellungsverfahren. Die VerbraucherInnen wissen i. d. R. nicht, dass und wie der Quark verändert wurde, und auch nicht, welche Inhaltsstoffe zugefügt wurden; sie werden auch nicht aufgeklärt. Denn im Gegensatz zu der nur für Konsummilch, also Trinkmilch, geltenden Kennzeichnungs-

3 Klupsch, S. 153.

pflicht einer Eiweißstandardisierung, die vermutlich deshalb nicht praktiziert wird, muss das UF-Verfahren bei der Herstellung von Quark und anderen Milcherzeugnissen nicht deklariert werden. Dies ist angesichts der zunehmenden Allergiehäufigkeit durch Milchproteine und der großen Zahl von Alaktasiern eigentlich unverständlich. Denn gerade Speisequark gehört neben Joghurt zu den beliebtesten Milchprodukten und gilt sogar als besonders gesund. Tatsächlich jedoch ist er für viele Menschen heute ein Krankmacher.

Haltbarkeit durch Konservierung

Nach Herstellung und Kühlung wird der 'moderne' Quark haltbar gemacht, weil er besonders anfällig für eine Rekontamination durch Hefen und Schimmelpilze ist. Es sollen bei normaler Umgebungstemperatur (15 bis 20 °C) Haltbarkeitszeiten bis zu zwanzig Tagen erreicht werden bzw. eine Verlängerung der Haltbarkeit auf vier bis sechs Wochen bei einer Lagertemperatur von unter 10 °C. Das ist der Grund, warum vielen Beobachtungen zufolge Speisequark kaum mehr verdirbt.

Zur Haltbarmachung kennt man verschiedene Methoden. Wie immer gibt es eine aufwendige und schonende, die kaum zur Anwendung kommt, dann eine chemische und schließlich eine thermische Konservierung.

Bei der chemischen Konservierung wird Folgendes eingesetzt: Sorbinsäure und ihre Salze, z. B. Kaliumsorbat, Benzoesäure und das Derivat Natriumbenzoat, Parahydroxybenzoesäure-Ester (PHB-Ester) sowie Ameisensäure und ihre Salze, z. B. Natrium- und Kaliumformiat.[4]

Bei thermischer Konservierung wird der Quark 30 bis 60 Sekunden lang auf 55 bis 75 °C erhitzt und anschließend entweder heiß oder aseptisch kalt verpackt. Bei dieser Methode werden in der Regel auch Stabilisatoren, z. B. Gelatine, eingesetzt, die die Konsistenz der Masse verbessern, eine weitere Absonderung von Molke und feste Eiweißzusammenballungen verhindern sollen.

Nach dem Abpacken und Kühlen ist dieser Quark versandfertig für den Supermarkt.

Rohstoffreservoir durch modernste Technik

So wie der Fettgehalt von Milch schon seit Einführung der Pasteurisierung eingestellt wurde, weil seine natürlichen Schwankungen die techni-

---

4 nach Spreer, Technologie der Milchverarbeitung, S. 370.

schen Prozesse in den Molkereien störten, so ist mit der Membranfiltrationstechnik die Möglichkeit geschaffen worden, den schwankenden Eiweißgehalt der Milch auf einen einheitlichen Wert zu bringen. Bei diesem Zweck ist es aber nicht geblieben. Mit den neuen Verfahren lassen sich in hochmodernen Betrieben, die sich selbst als Milchraffinerien bezeichnen, sämtliche Milchinhaltsstoffe voneinander separieren und konzentrieren, was für die Verwertung von Molke und anderen Milchüberschüssen, die ansonsten als Abfall entsorgt werden müssten, von besonderem Interesse ist. Sämtliche Eiweiße können nun noch genutzt werden, besonders die Molkenproteine und die in Molke reichlich enthaltene Laktose.

Das Prinzip der Membranfiltration beruht darauf, dass durch unterschiedlich feinporige Membranen mittels Druck bestimmte Stoffe hindurchtreten, während andere, für die Poren der Membran zu große Stoffe, weitergeleitet werden. So erhält man auf der einen Seite ein Konzentrat der nicht durch die Membran gedrungenen Stoffe und auf der anderen Seite ein Filtrat der hindurchgetretenen. Die häufigste Anwendung ist die schon erwähnte Ultrafiltration, mit der hauptsächlich Eiweiße getrennt werden.

Neben der Membranfiltration gibt es weitere Verfahren, mit denen Salze und Laktose separiert werden. Ausgeklügelte Technik macht die Milch zum Rohstoffreservoir. Die in ihr enthaltenen Stoffe können einzeln gewonnen, ausgetauscht, abgetrennt, entfernt, konzentriert und nach Belieben zusammengefügt werden.

Was bei der Milch schon lange geht, soll beim Wein nicht sein? Verwundern muss die lautstarke Empörung von Politikern und Weinherstellern, wenn es um die Einfuhr US-amerikanischer Weine geht, die richtigerweise vielfach als Kunstweine bezeichnet werden. Das EU-USA-Weinhandelsabkommen von 2005 lässt die Einfuhr von Industrieweinen ohne Deklaration zu, womit den europäischen Weinherstellern, die Wein traditionell produzieren, eklatante Nachteile drohen. Denn die beklagten amerikanischen Verfahren lassen die Fraktionierung des Weins zu, d. h. er wird wie das bei der Milchproduktion längst üblich ist, zentrifugiert, in seine Einzelbestandteile zerlegt, die dann wieder so zusammengesetzt werden, dass fortlaufend geschmacklich gleiche Weine hergestellt werden können. Außerdem dürfen die verschiedensten Zusätze untergemischt werden. Diese Art der Produktion gilt selbstverständlich bei Weinliebhabern und den meisten Herstellern als indiskutabel. Gegenüber den US-Industrieweinen werden die europäischen traditionellen Weinherstellungsverfahren aber auf Dauer keine Chance haben. Helfen könnte dagegen nur eine Deklarierungspflicht für Industrieproduktion. Die aber ist aus gutem Grund nicht gewollt, denn wenn die Herstellungsverfahren beim Wein deklariert werden müssten, wäre nicht mehr einzusehen, warum Milch und andere Produkte davon verschont bleiben.

Dieselben, die sich im Dezember 2005 öffentlich über die US-Weine erregten, nehmen seit Jahren Milchprodukte zu sich, die mit denselben oder ähnlichen Verfahren zu Quark, Joghurt, Käse, Butter und Eiskrem verarbeitet werden. Ob das allein aus Unkenntnis geschieht, darf bezweifelt werden.

Milcheiweiße und ihre Verwendung

Traditionell hergestelltes, denaturiertes Milcheiweiß (durch Säuren oder Gerinnungsenzyme und/oder Hitze ausgefällt) wurde schon immer gewonnen und auch außerhalb der Milchwirtschaft eingesetzt. So ist von den Römern bekannt, dass sie Quark bzw. Milcheiweiß in ihren Mörtel mischten, der dadurch steinhart wurde, härter als unser Beton. Heute mischen wir ebenfalls Kaseine in den Mörtel, insbesondere in den Fliesenkleber. Anfang des 20. Jahrhunderts wurde Schmuck aus Galalith (Milchstein) hergestellt, ein Kunststoff aus Milcheiweiß. In der chemischen Industrie verwendet man Kaseine für Kleber, in der Farbmittel-, Leder-, Seifen- und Papierindustrie als Kunststoff in Kunsthorn im Zusammenhang mit Formaldehyd. Kaseine werden auch in der Waschmittel-, Kosmetik- und Pharmaindustrie eingesetzt. Und der letzte Schrei aus New York in 2006 sind T-Shirts aus Kaseinen.

Kaseinat ist wasserlösliches Kasein, das mit Natronlauge aufgeschlossen wurde und als Natriumkaseinat gehandelt wird. Verwendung findet es bei der Lebensmittelherstellung, ebenso wie Copräcipitat, das aus Kasein und Molkeneiweiß besteht.

Hauptanwendungsgebiete im Lebensmittelbereich für Kasein und Co sind Fertiggerichte, wie beispielsweise Tiefkühlpizza, auf die eigentlich überbackener Käse gehört, der jetzt durch billigeres Kasein ersetzt wird; als Schaumbildner und Aufschlaghilfe finden sie sich auch in Sahne, Pudding und Cremes, als Emulgatoren und Stabilisatoren in Suppen, Soßen und Dressings, Fleischprodukten, Pasten und Pasteten, in halbfetter Butter und Margarine, in Joghurt und Eiskrem. Lebensmittel, die eine braune Kruste bekommen sollen, sprüht man damit ein. In der Pharmakologie dienen sie der Mikroverkapselung von Substanzen und auf Obst- und Gemüseplantagen als Spritzmittel zur Konservierung und zum Schutz vor Schädlingen, eine schon altbekannte Anwendungsmöglichkeit, die zur Zeit wiederentdeckt wird.[5]

Milcheiweiß und was man darunter verstehen kann

Nicht immer wurde zwischen Kaseinen und Molkenproteinen unterschieden, denn früher nannte man sämtliche Eiweiße der Milch Kaseine. Die Begriffe Milcheiweiß und Kasein wurden also synonym benutzt. In den 1930er Jahren entdeckte man, dass die Kaseine und die Molkenproteine zwei sehr ungleiche Milcheiweißfraktionen sind. Ihre verschiedenen, jeweils charakteristischen Eigenschaften wurden erst mit der Zeit deutlicher erkannt. Auch heute gibt es hinsichtlich ihrer Funktion noch erheblichen Aufklärungsbedarf. Auf diesem Hintergrund beruht ein unscharfer Wortgebrauch, der sich gehalten hat, denn unter dem Begriff Kasein werden häufig noch immer beide Proteinfraktionen verstanden. Auf Lebensmittelverpackungen wird zwischen den beiden nicht differenziert. Als Zutat steht dann dort nur Milcheiweiß. Es kann sich um Kaseine, Kaseinate oder Molkeneiweiße, modifizierte Molkeneiweiße (Kapitel 17) etc. oder um Kombinationen von allen handeln. Komplett dürfte die Verwirrung werden, wenn unter Milcheiweiß zusätzlich noch Milchzucker und Salze (Kalzium) zu verstehen sind. So dürfen in Deutschland Milcheiweißerzeugnisse bis zu 15 % Milchzucker enthalten,[6] in anderen Ländern kann erheblich mehr enthalten sein. Und Kalziumsalze dürfen auch dabei sein.

Deklaration von Milcheiweiß und Milchzucker

Die Deklaration von Milchbestandteilen hat sich dank Brüssel stark vereinfacht. Weil Milch entweder durch seine Eiweiße oder durch die Laktose gesundheitliche Beschwerden bei einem Teil der Bevölkerung hervorrufen kann, fällt Milch seit November 2005 unter ein spezielles Reglement für allergene Substanzen. Milch ist in der so genannten *Hitliste* für Allergene enthalten. Diese Tatsache allein ist schon peinlich, handelt es

---

5 Sutermeister und Brühl, Das Kasein, S. 229.

6 Anlage 1 zur Milcherzeugnisverordnung BRD.

sich doch bei Milch um ein angeblich für alle Menschen – unterschieds-
los – gesundes Grundnahrungsmittel. Deshalb ist die Angelegenheit
auch nicht an die große Glocke gehangen worden. Man geht davon aus,
dass Betroffene die neue Regelung kennen und fleißig die Deklarationen
lesen, während der andere Teil der Bevölkerung diese weitgehend ignoriert.

Nach der neuen Regelung sind Milchbestandteile – auch geringste Mengen –, die in Nicht-Milchprodukten enthalten sind und die in Fertigpa-
ckungen verkauft werden, zu deklarieren, entweder im Zutatenverzeichnis oder an anderer Stelle. Den Herstellern bleibt es überlassen, wie sie
die Milchbestandteile kennzeichnen. Es ist alles zu finden, z. B. Milcheiweiß, Molkeneiweiß, Kasein, modifizierte Milcheiweiße etc., Laktose
oder Milchzucker und global: Milchbestandteile.[7]

Ausgenommen ist wiederum die lose Ware beim Bäcker und Metzger,
die jedoch bei Nachfrage Auskunft geben bzw. Produktlisten führen müssen.

Deklarationsfrei bleibt wie gehabt die Untermischung von Milchbestandteilen in Milchprodukten, also deren Trockenmasseerhöhung mittels Untermischen von Milcheiweißen, Laktose etc.

---

[7] Vgl. Etikettierungsrichtlinie Nr. 2000/13 (EG), ABl. L Nr. 109/29 und so genannte Allergenrichtlinie Nr. 2003/89 (EG) ABl. L, Nr. 308/15 vom 25. Nov.
2003; Lebensmittel-Kennzeichnungsverordnung vom 15. Dez. 1999, BGBl. I,
S. 2464.

16 Käse und Unverträglichkeiten

„Käse, den ich loben kann, habe ich keinen, außer dem, der oxygalaktinos genannt wird, weil er aus saurer Milch gemacht wird. Denn sie alle
sind schwer verdaulich, rufen Sodbrennen hervor und füllen den Bauch
mit Blähungen."
Galen von Pergamon*

Allgemeines zu Käse

Käse ist zunächst nichts anderes als konzentrierter Quark. Seine Urform
haben wir im Sauermilchkäse, der durch immer weiteres Ablassen der
Molke aus der selbstsäuernden Milch gewonnen wird. *Caseus* nannten
die Römer ihre harte, geronnene Milch. Sie stellten vorzügliche harte
Labkäse her, die in Deutschland weitgehend unbekannt waren. Und so
nannte man harten Quark, der ein wenig an den italienischen *casei* erin-
nerte, Käß, Kas, Kaese, Kasi oder ähnlich.

Die Konsistenz von Käse kann vielfältig sein, von quarkartig über weich
bis hart oder sogar so hart, dass er nur noch gerieben werden kann. Entsprechend hoch oder niedrig ist sein Wassergehalt.

Die Technik der Käseherstellung besteht im Prinzip darin, die in der
Milch enthaltene Flüssigkeit zu entfernen und die Trockenbestandteile
zurückzuhalten. Das hört sich einfach an. Eine qualitativ hochwertige Käseherstellung (Labkäse) mit langer Haltbarkeit und geschmacklichen Differenzierungen erfordert aber einiges an Know-how und Erfahrung in einem sehr komplizierten und langwierigen Herstellungsprozess, der
überaus anfällig für jegliche Einflüsse aus der Umgebung ist. Deshalb
musste Käse, wollte man ein gutes Produkt erhalten, schon immer unter
äußerst hygienischen Bedingungen hergestellt werden.

Bei Käse unterscheidet man je nach der Art der Eiweißgerinnung zwischen Sauermilch- und Labkäse.

Sauermilchkäse

Sauermilchkäse ist der ursprüngliche Käse, der sich quasi durch Milchsäurebakterien von selbst bildet, wenn man die Milch nur stehen lässt
und die Molke immer wieder ablässt. Da er keine Spezialkenntnisse
erforderte, wurde er vorwiegend in Gesellschaften mit Subsistenzproduktion hergestellt. In Deutschland ist noch bis zum Beginn des 19. Jahrhunderts überwiegend Sauermilchkäse produziert worden. Labkäse wurde hingegen hauptsächlich zu gewerblichen Zwecken hergestellt, und

zwar im Allgäu (Emmentaler Käse) und von den Holländern in Norddeutschland. Heute spielen die Sauermilchkäse, z. B. Koch-, Hand-, Stangenkäse und Harzer Käse, gegenüber der breiten Palette der Labkäse nur noch eine untergeordnete Rolle.

Die zielgerichtete Herstellung von Käse aus Sauermilchquark ist langwierig. Denn zunächst muss die Milch sauer werden, bevor sie zu Quark und dann zu Käse verarbeitet wird. So war die Sauermilchkäseherstellung ursprünglich die typische Resteverwertung der Butterung. Um nämlich genügend Butterungsrahm zu erzeugen, musste die Milch mehrerer Tage gesammelt werden. Unter dem Rahm säuerte die Milch so vor sich hin. Als Sauermilch war sie nach mehreren Tagen auch kaum mehr genießbar und konnte nur in noch konzentrierterer Form, eben als Sauermilchkäse, wieder genossen werden. Der so entstandene Käse schmeckte intensiv und roch auch so, gewöhnungsbedürftig, aber ein paar Liebhaber fand er immer.

Labkäse

Labkäse ist menschheits- und käsegeschichtlich jüngeren Datums. Zur Herstellung braucht man Lab, ein gerinnungsbeschleunigendes Enzym, das nur aus den Mägen junger Säugetiere gewonnen werden kann. Sicher ist, dass die Griechen Lab schon zu Homers Zeiten kannten. Vielleicht hat man es aber auch schon in anderen Gegenden gekannt, denn die Nutzung von gesäuberten Tiermägen zum Transport von Flüssigkeiten war schon lange gang und gäbe, und da konnte schnell die Entdeckung gemacht werden, dass Milch im Magen eines jungen Tieres schneller als sonst gerinnt, innerhalb von nur dreiviertel bis zwei Stunden. Dagegen dauerte es sonst Tage, bis nach einer natürlichen Sauermilchfermentation ein Käse entstanden war. Man verwendete neben dem tierischen Lab auch pflanzliche Gerinnungsbeschleuniger, wie den Saft der Feigenbaumrinde, Disteln, Saflorsamen, Artischockensaft, Gänseblümchensaft, Honigessig- und Honigweingemische. Heute wird bei handwerklicher Herstellung noch vereinzelt auf pflanzliches Lab zurückgegriffen.

Echtes Lab aus den Mägen junger Säugetiere, hauptsächlich Wiederkäuer, ist spätestens seit den 1980er Jahren Mangelware, weil die Käseproduktion in den Milchländern erheblich zugenommen hat. Auch das Strecken von Lab durch das eiweißspaltende Enzym Pepsin aus Mägen meist ausgewachsener Säugetiere reichte nicht aus, ebenso wenig die Erzeugung aus Hähnchenmägen. So wurden Labaustauschstoffe entwickelt, die von Schimmelpilzen, Hefen und Bakterien gebildet werden. Käse, die mit künstlichem Lab hergestellt sind, sollen sich geschmacklich von solchen aus natürlichem Lab unterscheiden. Wer von uns kann sich aber an einen Anno-dazumal-Geschmack erinnern? Wahrscheinlich haben wir uns alle längst an den Geschmack des neuen Labs gewöhnt.

Lab nennt man heute speziell das Enzym aus den Mägen von Kälbern, das dort in einer Zusammensetzung von überwiegend Chymosin und einem geringeren Teil Pepsin anzutreffen ist. Mittlerweile gibt es gentechnisch hergestelltes Chymosin. Es wird in Bakterienkulturen hergestellt, denen die entsprechenden Rindergene eingepflanzt wurden. Seit 1997 darf es in Deutschland ohne Deklaration verwendet werden, da es mit dem natürlichen Chymosin identisch ist. In dieser Hinsicht soll es keine geschmacklichen Unterschiede mehr zum echten Labkäse geben. Gentechnisch gewonnenes Chymosin wurde schon Anfang der 1990er Jahre in den USA und Großbritannien zugelassen. Dort werden mittlerweile 70 % der Labkäse damit hergestellt. Für Deutschland können angeblich diesbezüglich keine Zahlen ermittelt werden. Anscheinend wird nichts offengelegt, wozu es keine gesetzliche Verpflichtung gibt. Auch nach den 2003 geänderten EU-Vorschriften zur Kennzeichnung von gentechnisch veränderten Lebensmitteln und ihrer Etikettierung muss Käse, der mit gentechnisch erzeugtem Chymosin hergestellt worden ist, nicht gekennzeichnet werden.

Lab-Käseherstellung

Milch wird durch Milchsäurebakterien angesäuert und in einer Käsewanne kommt Labenzym dazu. Die Kaseine flocken innerhalb von kurzer Zeit aus. Es bildet sich eine weiße, grobe Masse, Bruch genannt, mit einer wässrigen Lösung, der Molke. Dieser Bruch wird äußerst sorgfältig gerührt, geschnitten und gepresst und sondert währenddessen immer mehr Molke ab. Je härter der Käse werden soll, desto stärker muss er entwässert werden. Der Bruch ist schließlich eine weiße, geschmack- und geruchlose, körnige Masse. Die verschiedenen Käsesorten entstehen hauptsächlich durch die weitere Behandlung des Bruchs, je nachdem, was ihm an Würze und Salzen zugegeben wird, wie der Reifungsprozess verläuft und in welche Formen er gepresst wird. Aber besonders das Aroma der verwendeten Milch, das je nach Fütterung sehr unterschiedlich ist, hat einen großen Einfluss auf den Käsegeschmack.

Die Käsereifung ist ein biochemischer Prozess, der durch mikrobiologische und enzymatische Abläufe bestimmt wird. Zunächst wirken die

Milchsäurebakterien, mit denen die Milch angesäuert wurde. Sie ernähren sich während des Reifungsprozesses von dem vorhandenen Milchzucker und wandeln ihn in Milchsäure um. Diese wiederum lässt das Säureniveau der Bruchmasse ansteigen und macht sie relativ keimfrei. In dem selbst geschaffenen sauren Milieu stellen die Milchsäurebakterien, ähnlich wie bei der Joghurtherstellung, ab einem bestimmten pH-Wert ihre Tätigkeit ein. Sie hinterlassen Enzyme, die die Eiweiße in ihre Aminosäurebestandteile aufspalten, womit Käsegeschmack und -aroma beeinflusst werden. Auch das Fett wird teilweise aufgespalten und trägt zur Aromatisierung bei.

Um weitere geschmackliche Differenzierungen zu erreichen, werden dem noch nicht gereiften Bruch viele Zutaten beigemischt. Der Fantasie sind keine Grenzen gesetzt: Dem Bruch können außer Gewürzen auch Pilze, Hefen oder sonstige Mikroorganismen zugesetzt werden, beispielsweise bakterielle Lochbildner für die Hartkäsesorten Schweizerkäse, Leerdammer und Emmentaler. Als Lochbildner werden hauptsächlich Propionsäurebakterien eingesetzt, die die vorhandene Milchsäure und das Kalziumlaktat zu Propionsäure, Azetat und Kohlendioxid umwandeln. Die Kunst des Käsens besteht darin, die Umgebungsbedingungen für die eingesetzten Bakterien so zu gestalten, dass die Löcher Monate später relativ gleichmäßig im gereiften Käse verteilt sind. Wer käst, weiß, wie schwer das ist.

Von den unerwünschten Bakterien war schon die Rede. Es handelt sich um die bei der Pasteurisierung nicht abgetöteten Clostridien, meistens Buttersäurebakterien. Sie verursachen bei Hart- und Schnittkäse durch die von ihnen gebildeten Gase Spätblähungen (im Käse), die unregelmäßige Löcher, Hohlräume und Geschmacksfehler hervorrufen, was die Käsequalität erheblich mindert. Diese Störung wird entweder durch Bactofugieren (besondere Art des Zentrifugierens) oder durch Nitratzusatz (bis zu 50 mg pro kg Käse) beseitigt.

Die meisten Käse werden im Salzbad oder trocken gesalzen. Mit dem Salzen wird der Geschmack beeinflusst, die Bakterienentwicklung gehemmt und die Haut- und Rindenbildung gefördert. Soll eine besondere Rinde erzeugt werden, so fügt man dafür bestimmte Bakterien oder Pilze zu, beispielsweise weiße Schimmelpilze für die Flora des Camembert oder Rotschmierebakterien für verschiedene Weichkäse.

Die Käserei ist noch heute in vielen Ländern eine handwerkliche Kunst und auch in den Milchländern bestehen kleinere Märkte für Ökokäse und

Handgemachtes. Es gibt weltweit unzählige Käsesorten; Zahlen zu nennen, wäre unseriös, denn schließlich hat jeder Herstellungsbetrieb seine eigene Rezeptur. Die professionelle Käseherstellung entstammt wie das Bierbrauen den großen Haushaltungen vergangener Jahrhunderte. Jeder verfügte über seine eigenen geheimen Rezepte. Ganz besonders in den Klöstern wurden neben der Schriftkunst auch die Künste des Bierbrauens und Käsens gepflegt. Letzteres betrieb man jedoch eher des Handels und Geldverdienens wegen und nicht so sehr für den Eigenbedarf. Käse hielten ja im Mittelalter viele, besonders die Klostergemeinschaften, für ungesund. Auch heute noch ist die Käserei eine besondere Kunst, weswegen die großen Molkereien es meist nur bis zum Frischkäse bringen. Die Hart-, Schnitt- und Weichkäseproduktion bleibt den Spezialisten in den Käsereien vorbehalten. Allerdings beschränkt sich die Massenproduktion heute auf etwa ein Dutzend Käsesorten, die mehr oder weniger maschinell hergestellt werden.

Maschinelle Käseherstellung

Obwohl die maschinelle Produktion eigentlich zur Herstellung harter Labkäse (Hart- und Schnittkäse) nicht taugt, entstehen diese heute weitgehend auf einer automatisierten „Fließband-Wanderung" durch Käsefabriken, in denen nur noch wenig Personal nötig ist. Viertausend Kilogramm Milch können moderne Käsefertiger stündlich verarbeiten, rund um die Uhr.

Am Anfang stehen spezielle Vorsäuerungen und Thermisierungen, um für eine höhere Käseausbeute eine bessere Eiweißquellung zu erreichen. Wie üblich wird der Fettgehalt standardisiert, indem Vollmilch oder Rahm mit Milchplasma gemischt wird. Mittlerweile wird sogar die Käsereimilch häufig homogenisiert.

> Obwohl die Homogenisierung für die Käseherstellung nicht erforderlich ist, wird sie angewandt, hauptsächlich bei den Weichkäsen, wie Camembert, Brie, Kuhmilchfeta und Käsen mit niedrigem Fettgehalt. Das hat gute Gründe, denn durch Homogenisierung erreicht man eine gleichmäßigere Fettverteilung im Käsebruch, der Fettverlust in die Molke wird geringer und führt so zu einer höheren Käseausbeute, das Fettausschwitzen der Käse wird gehemmt und bei Edelpilzkäse der Fettabbau gefördert. Die Homogenisierung von Käsereimilch muss auf den Verpackungen nicht kenntlich gemacht werden, die

VerbraucherInnen erfahren daher nicht, ob sie Käse aus nicht homogenisierter oder aus homogenisierter Milch essen.

Für den voll- und halbautomatischen Verfahrensablauf wird die Trockenmasse durch Eiweißstandardisierung im Ultrafiltrationsverfahren und/oder durch Beigabe von Milchpulver, Kaseinpulver, Milch- oder Molkenproteinkonzentrat erhöht. Oder ein Teil der aus der Molke des Vortages herausfiltrierten Molkenproteine wird der Käsereimilch des folgenden Tages zugeführt. So werden gleichbleibende Eiweißausgangswerte für die Käsereimilch erreicht, damit für den Massenkonsum immer möglichst gleich schmeckende und identisch aussehende Käse produziert werden. Zusätzlich erhöht sich die Käseausbeute, ein ganz wesentlicher Aspekt.[1] Wer's nicht glauben mag, was der Käsereimilch alles untergerührt wird, den dürfte ein Blick in die Käseverordnung überzeugen. Da heißt es in § 1 Absatz 2: „Käsereimilch ist die zur Herstellung von Käse bestimmte Milch, auch unter Mitverwendung von Buttermilcherzeugnissen, Sahneerzeugnissen, Süßmolke, Sauermolke und Molkensahne (Molkenrahm)."

Selbstverständlich werden bei der industriellen Käseherstellung der Milch nicht nur Starterkulturen, Dicklegungsenzyme und aromatisierende Stoffe beigegeben. Die gesamte Käsebereitung ist für die jeweilige Sorte auf optimale pH-Werte, optimale Temperaturführung, mechanische Bearbeitung des Gels und des Bruchs, Entwässerungsvorgänge und gezieltes Salzen ausgerichtet; je nach Käseart erfolgen diese Schritte in unterschiedlichen Reifungsabschnitten. Die Parameter der Milch müssen möglichst gleichbleibend sein, denn Fehler in den optimierten Prozessen wären teuer. So werden neben den schon erwähnten Nitraten zur Vermeidung von Spätblähungen Kalziumchlorid, Kalziumphosphat und Citrate zugegeben. Sie stabilisieren das Salzgleichgewicht der Milch, das durch die Vorbehandlung meistens gestört ist und dadurch die Gerinnungsfähigkeit der Milch beeinträchtigt. Die Zusatzstoffe haben obendrein die nützlichen Eigenschaften Fermentations- und Bruchbearbeitungszeiten zu verkürzen und die Struktur des Käsebruchs zu verbessern. Man kann also in kürzerer Zeit noch mehr Käse herstellen. Auch der Einsatz von Farbstoffen gehört zum Standard, speziell bei Hart- und Schnittkäse, um sie gelb zu färben. Sehr beliebt ist dafür beta-Caro-

---

[1] Kammerlehner, Lab Käse Technologie, S. 48 ff.

tin (E 160 a).[2] Bixin (E 160 b) ist ebenfalls ein natürlicher, ungefährlicher Farbstoff, nur färbt er orange. Lithorubin (E 180) färbt rot und seine Verwendung ist nur in der Käserinde erlaubt, denn es gilt als gesundheitlich sehr bedenklich. Biologisch hergestellter Hart- und Schnittkäse wird nicht gefärbt und ist deshalb häufig noch weiß.

Seit den 1970er Jahren erfordert ein Käseertrag von einem Kilogramm Hart- (Emmentaler) oder Schnittkäse (Gouda) durchschnittlich etwa zehn bis elf Liter Milch. Für Weichkäse benötigt man weniger Milch und je fettärmer ein Käse ist, desto mehr billige Magermilch kann eingesetzt werden. Sauermilchkäse kann sogar komplett daraus hergestellt werden.

Moderne Käsereifung und die Zeit

Die Hauptreifezeit variiert je nach Käseart. Die durchschnittliche klassische Reifung beträgt für Weichkäse dreißig Tage, für Schnittkäse drei bis vier Monate, für Hartkäse vier bis sechs Monate, alte und Liebhaberkäse reifen entschieden länger, bis zu mehreren Jahren.

Zu Pantaleones Zeiten im 15. Jahrhundert waren zwei bis vier Jahre gängig, bis zu sechs Jahren nicht ungewöhnlich und besondere Käse konnten auch zehn Jahre lang gereift sein.

Die Käsereifung bedarf jeweils einer ganz bestimmten Temperatur und Luftfeuchtigkeit in den Lagerräumen. Damit sich keine Schimmelpilze auf der Rinde bilden, müssen Hartkäse beispielsweise wöchentlich in Salzwasser gewaschen werden. In der heutigen Praxis ist dies jedoch meist viel zu arbeits- und kostenaufwendig. Deshalb wird Käse entweder in sauerstoffundurchlässige Plastikfolien eingeschweißt (Folienreifung) und/oder die Rinde mit pilzwirksamen Antibiotika behandelt. Wer in die Supermärkte geht, kann auf den großen Hartkäsen nachlesen, was verwendet wurde: Meistens handelt es sich um das Antibiotikum Natamycin (E 235) und das auch als Salpeter bekannte Natriumnitrat (E 251). Beide sind im Dauergebrauch der menschlichen Gesundheit alles andere als zuträglich. Bei der Folienreifung verringern sich auch gleich noch die Lagerkosten, die für die sonst üblichen Reifungsräume anfallen würden. Die rechteckigen Käse werden in Reifungskisten gestapelt, was den Platzverbrauch in Regalen erheblich reduziert.

Sind die so gereiften und behandelten Käse dann diejenigen, die wir aus den Supermärkten kennen? Nein, denn Emmentaler, ein klassischer

---

2 Aufzählung der in Deutschland gebräuchlichen Zusatzstoffe bei Spreer, S. 314.

Hartkäse, der nach traditionellem Verfahren aus Rohmilch hergestellt wird, darf heute auch ganz legal aus pasteurisierter Milch hergestellt werden. Außerdem müsste solcher Käse wenigstens vier Monate lang gereift sein. Das Mindestalter nach unserer Käseverordnung beträgt jedoch nur noch zwei Monate und nach neuester europäischer Rechtsprechung darf ein Käse nach nur sechswöchiger Reifung in Folie – ohne Rinde – als Emmentaler verkauft werden.[3] Das also gibt es im Supermarkt aus Billigproduktion mehr oder weniger teuer zu kaufen.

Und was für den Emmentaler gilt, ist auch für andere Käsesorten üblich. Anlage 1 der Käseverordnung gibt über die Mindeststandards Auskunft: Darin werden dem Allgäuer Emmentaler, dem Bergkäse und Cheddar immerhin noch drei Monate Reifezeit zugestanden, dem Emmentaler zwei Monate, den Schnittkäsen Gouda, Edamer und Tilsiter gerade noch fünf Wochen und für fast alle Weich- und Sauermilchkäse ist gar keine Mindestreifezeit mehr vorgesehen. Ob sich in dieser kurzen Zeit natürliche Aromen bilden können, ist mehr als zweifelhaft. Stattdessen werden – ganz zeitgemäß – Reifungsbeschleuniger sowie Aromaverstärker in Form von Aminosäuren eingesetzt, denn sonst würden diese Käse niemandem schmecken.

Und wer meint, dass ausländische, teure Käse aus einem Bergland noch traditionell hergestellt würden, der irrt in der Regel ebenfalls, denn auch dort haben die Effizienzoptimierungsverfahren Einzug gehalten. Zwischen Milchanlieferung und Reiferäumen haben Maschinen und Roboter alles im Griff.[4] Verkauft wird Schweizer Käse allerdings noch immer mit dem alten Traditionsimage, jedenfalls solange die VerbraucherInnen mitmachen.

Ein aktuell abschreckendes Beispiel für verkürzte Reifezeiten ist Parmesan-Käse. Sogar internationale Organisationen müssen sich damit beschäftigen. Italienischer Parmesan reift mindestens zwölf Monate, meistens länger. Die USA und Argentinien handeln international mit Parmesan, der nur sechs Monate gereift ist. Verständlicherweise pochen die EU und Italien darauf, dass der kürzer gereifte Käse sich nicht mit dem Label Parmesan schmücken darf.[5] Die Entscheidung der internationalen Gremien steht noch aus.

---

3   Deutsche Milchwirtschaft, 2/2002.
4   Ebenda, 12/2003.
5   Die Parmesan-Story: http://www.milchlos.de/milos_0601.htm

Beunruhigt von solchen Informationen, kaufen viele Menschen die noch teureren Käse, die als Rohmilchkäse ausgewiesen sind und die im Zweifelsfall tatsächlich länger gereift sind. Aber ansonsten dürfte auch dieses Käsegeschäft nicht unbedingt halten, was es verspricht. Rohmilchkäse wird nicht nur aus Rohmilch, d. h. unerhitzter Milch hergestellt, wie es KonsumentInnen erwarten könnten. Denn die Gesetzeslage erlaubt auch für Rohmilch nach der Abkühlung eine erneute Erwärmung auf 40 °C. Ab 57 °C beginnt rechtlich der Temperaturbereich der Thermisierung; wer unterhalb davon bleibt, dem kann ein Unterschied zur Erhitzung auf nur 40 °C schwerlich nachgewiesen werden. Milch, die über 40 °C erwärmt wurde, ist keine Rohmilch mehr. Aber so lange es keiner merkt...

Schmelzkäse

Schmelzkäse wird seit Beginn des 20. Jahrhunderts hergestellt. Er erfreut sich seither steigender Beliebtheit, weil er geschmacklich konstant gehalten werden kann und damit dem Trend zum Einheitsgeschmack, insbesondere bei jugendlichen VerbraucherInnen, entgegenkommt. Er eignet sich zum Überbacken, kann praktisch und klein portioniert werden und hält sich lange. Auch die Industrie freut sich: Schmelzkäse steigert in großem Stil die Milchausbeute. Denn die für seine Herstellung erforderliche Rohware bestand anfangs überwiegend aus Labkäse, der Fehler hatte und nicht verkauft werden konnte, aber für den menschlichen Verzehr noch taugte. Aufgrund des großen Produktionsvolumens werden zusätzlich zur verwendeten, nicht verkauften Ware heute billige Hartkäse gezielt für die Käseschmelzen produziert. Die Kunst der Schmelzkäsebereitung besteht darin, die richtigen Partien zusammenzustellen.

Schmelzkäse führt die Zutatenhitliste an, was man sich bei einem stark bearbeiteten Produkt inzwischen schon leicht denken kann. Neben Schmelzsalzen (Citrate, Phosphate, Laktate), Säuren (Wein-, Zitronensäure) werden Butter, Butterschmalz, Sahne, Laktose, Molkenpaste, -creme, -pulver, -eiweiß, Stabilisatoren, Farbstoffe und sichtbare Bestandteile, wie beispielsweise Gewürze, beigegeben.[6]

Die Rohware wird eingeschmolzen. In einem technologisch optimierten Prozess wird unter Druck und Vakuum sowie unter Beifügung der genannten Zusätze bei hohen Schmelztemperaturen (bis 110 °C) die Masse entweder zu streichfähigem oder schnittfestem oder Scheibenkäse verar-

---

6 Die Aufzählung der Zusätze bei: Spreer, S. 390.

beitet. So kaufen wir ihn dann als preiswerten Käse im Supermarkt, weil unsere Kinder ganz wild darauf sind. Vätern und Müttern kann nur geraten werden die ersten Geschmackstests ihrer Kinder so lange wie möglich hinauszuzögern, auch wenn oder gerade weil die Werbung für Schmelzkäse gerade das Gegenteil versucht. Denn bei häufigem Verzehr der aufgezeigten Zutaten muss man sich schon fast wundern, wenn Allergien ausbleiben.

Was für unsere Kinder recht ist, ist für Indien billig. Für dieses Land, das von einer österreichischen Käserei erobert werden will, ist nichts zu schade. Produziert wird nach vermeintlich indischen Bedürfnissen ein Schmelzkäse mit dem schönen Namen *Happy Cow,* der bis zu zwei Jahren ungekühlt haltbar ist.[7]

Fett in Tr. 50 %

Die Angabe auf den Verkaufspackungen „Fett in Tr. x %" bedeutet: Der Fettgehalt in der Trockenmasse ist x Prozent. Aber auch damit lässt sich noch nicht unbedingt viel anfangen.

Neben der Trockenmasse enthält Käse einen hohen Prozentsatz an Wasser, bei Weichkäse ist es mehr, bei hartem weniger.

Mit zunehmendem Alter verliert Käse Feuchtigkeit und Fett, d.h. der Gesamtfettgehalt des Käses schwankt ständig. Deswegen wird der Fettgehalt immer auf die Trockenmasse bezogen angegeben. Hat ein Käse also 40 % Trockensubstanz und steht auf seinem Etikett später die Angabe: Fett in Tr. 50 %, so heißt das, sein Fettgehalt beträgt 20 % (denn 50 % von 40 % sind 20 %) auf den kompletten Käse.

So haben beispielsweise Emmentaler, Gouda und Edamer alle drei die Angabe Fett in Tr. 50 %, während ihre Trockenmasse jeweils 70, 60 und 50 % beträgt; ihr Gesamtfettgehalt ist entsprechend 35, 30 und 25 %. Wenn die Höhe der Trockenmasse oder der Feuchtigkeitsgehalt eines Käses bekannt ist, lässt sich mit der Fett-in-Tr.-x-%-Angabe auf dem Label der Gesamtfettgehalt leicht errechnen.

---

7 Deutsche Milchwirtschaft, 3/2002.

Käse, Alaktasie und Unverträglichkeiten

„Caseus latine. Die Meister sprechen, das Keß unverdaulich sey den Menschen und sunderlich denen ihr Leber und Milz verhärtet ist. Keß macht den Menschen calculosum [verkalkt], wer viel davon ißt. Und darum spricht der Meister Costantinus, das Keß ganz unnütz seye, aber welcher der Milch nahe ist [frisch], der ist gut zimlich [mäßig] gessen [...] Keß der viel gesalzen ist macht die Menschen vyl zufälliger [anfälliger] Krankheit, denn er bringt den Stein und macht bößlich harnen. Er macht den Magen unlüstig. Er bringt bös Flüß des Haupteß [Kopfweh] und darum ist Keß vyl gessen zu myden [meiden]."[8]

Laktose – Eiweiße – Milchsäure – Galaktose – Histamin und Tyramin im Käse

Traditionell hergestellter Käse besteht in der Regel zu ungefähr 95 % aus Eiweißen, Fetten und Wasser in unterschiedlicher Zusammensetzung. Eine sehr grobe Faustregel ist: je ein Drittel Eiweiß, Fett und Wasser. Der Rest sind überwiegend Mineralstoffe und der geringste Anteil sind Säuren und Kohlenhydrate (Laktose). Alaktasier – so noch immer die herrschende Meinung in Lehrbüchern, bei Ärzten und Ernährungsberatern – sollten daher Käse vertragen. Die Praxis aber konfrontiert uns mit dem Gegenteil. Alaktasier reagieren auf Käse meistens sogar sehr stark. Allein die Tatsache, dass in der heutigen Käseherstellung die Trockenmasse durch Eiweißstandardisierung und/oder Milchpulverzugaben (überwiegend Laktose) erhöht wird, zeigt den Irrtum auf. So viel Milchzucker, wie zusätzlich eingesetzt wird, können die Milchsäurebakterien in dem abgekürzten Reifungsprozess gar nicht verarbeiten. Im Übrigen verbleibt auch bei traditioneller Herstellung immer Milchzucker im Käse, denn wie bei der Sauermilch kommt die Milchsäurefermentation durch das selbst geschaffene Säuremilieu zum Stillstand. Laktose kann im Käsungsprozess immer nur so weit abgebaut werden, wie während der Reifung auch Säure abgebaut wird. Richtig ist daher, dass die Käsereifung, respektive der Milchzuckerabbau, ein ständiger Prozess ist, der

---

8 Dieses Zitat entstammt dem „Hortus Sanitatis" (Garten der Gesundheit), einer der ersten Schriften über medizinische Eigenschaften von Speisen und Gewächsen von Balthasar Beck. Es ist eines der ersten Bücher, das in Mainz im Jahre 1491 gedruckt wurde. [...] Anmerkung der Verf.

andauert, bis der Käse verzehrt wird. Deshalb gilt die Regel: je älter der Käse, um so weniger Laktose. Aber auch alte Käse (z. B. Parmesan) enthalten noch Laktose.[9] Das ist insofern von Belang, als viele Alaktasier eben auch auf geringste Mengen davon reagieren. Aber – wie auch immer der Milchzucker in den Käse kommt und wie viel dort verbleibt – es ist davon auszugehen, dass handelsübliche Käse heute höhere und relevantere Mengen Laktose enthalten, als das früher der Fall gewesen ist. Besonders Feta- und Weichkäse werden schon seit langem unter Erhöhung des Molkenprotein- und Milchzuckeranteils hergestellt. Und was soll man von einem Emmentaler Käse erwarten, der statt sechs Monate nur sechs Wochen Zeit zum Reifen hatte? Am besten ist es, man erwartet einen erheblich höheren Laktosegehalt, als in Lehrbüchern angegeben ist.

Generell gilt, dass es in der Käseherstellung heute üblich ist, die Trockenmasse zur Standardisierung der Ware und zur Verbesserung der Ausbeute durch Zusätze von Molkenproteinen, Kaseinen und Milchzucker zu erhöhen und die Reifungszeiten so kurz wie möglich zu halten. Dass diese neueren Verfahren die Bekömmlichkeit von Käse grundsätzlich beeinflussen, und zwar im Falle von Alaktasie und Kuhmilcheiweißallergie negativ, ist eigentlich nur folgerichtig.

Einige weitere, gerade für Alaktasier ungünstige Inhaltsstoffe von Käse seien hier aufgezählt:

- Handelsübliche Käse enthalten immer auch Galaktose, die aber bei diätetischen Inhaltsstoffangaben meist außer Acht gelassen wird.
- Alle Labkäse enthalten relativ viel Milchsäure, durchschnittlich 500 bis 800 mg in 100 g Käse. Bei Sauermilchkäse ist es erheblich weniger, etwa 70 bis 300 mg in 100 g. Viele Alaktasier reagieren stark auf Milchsäure in Nahrungsmitteln, weil ihr Körper durch die ständige Gärung im Darm dauernd zu viel davon produziert.
- Besonders die härteren Käsesorten enthalten viel Methionin, eine Aminosäure, die in zu großen Mengen ungesund sein kann.
- Prozesse des Eiweißabbaus enden generell in Fäulnis und nicht anders ist es beim Eiweiß des Käses. Insbesondere Käsekennern schmeckt Käse erst gut, wenn die Schwelle zur Fäulnis erreicht ist. Es ist aber zu bedenken, dass Käse biogene Amine, hauptsächlich Histamin und Tyramin in größeren Mengen und Cadaverin, Putrescin u. a. in kleineren Mengen, enthalten kann; je älter der Käse, desto hö-

---

[9] Vgl. Souci-Fachmann-Kraut, S. 53.

her werden diese Anteile. Biogene Amine entstehen als Endstufe des Eiweißabbaus, etwas deutlicher gesagt: Mit ihrer Bildung hat der Fäulnisprozess eingesetzt. Wesentlich ist ihre Beteiligung am Auftreten allergischer und anaphylaktischer Reaktionen.

Biogene Amine und das mittelalterliche Käseordal

Die meisten Menschen verfügen über Enzyme, die die biogenen Amine im Darm abbauen, sodass kleinere Mengen davon schadlos vertragen werden. Je nachdem, wie weit der Eiweißabbau fortgeschritten ist, können aber auch größere Mengen biogener Amine im Käse sein. Wird der gesunde Körper mit der Anflutung dieser Substanzen nicht mehr fertig, kommt es zu allergischen Direktimmunreaktionen, die Migräne, Magen-, Darm- und Kreislaufbeschwerden verursachen und zu anaphylaktischen Schocks führen können, die in sehr seltenen Fällen sogar tödlich enden.[10] Insbesondere Menschen, deren Darm bereits angegriffen ist oder die einen Mangel an Abbauenzymen aufweisen, können schon auf kleinste Mengen biogener Amine mit derart schweren Beschwerden reagieren, denn Histamin ist gerade im geschädigten Dünndarm reichlich vorhanden. Viele Alaktasier, die Milchprodukte zu sich nehmen, entwickeln eine chronische Histaminose[11] und gehören zu dem Personenkreis, der direkt-allergisch auf biogene Amine reagiert. Wenn AlaktasierInnen auf Käse reagieren, ist häufig dessen natürlicher, hoher Gehalt an biogenen Aminen, besonders Tyramin und Histamin, die Ursache. Leider wird auf den Zusammenhang zwischen gastrointestinalen und allergischen Reaktionen kaum ein Augenmerk gelegt. Dabei müsste der so genannte *cheese-effect* (Käseeffekt) allseits geläufig sein, ist er doch als Namensgeber für Unveträglichkeitsreaktionen auf bestimmte Medikamente (MAO[12]-Hemmer) bekannt, die den Abbau biogener Amine verzögern.

Ein besonders makabres Beispiel für den echten *cheese effect* ist das so genannte Käseordal aus dem Mittelalter.[13] Ordale waren Gottesurteile, die einen Delinquenten entlarven sollten. Über Sinn und Unsinn solcher

---

10 Vgl. Reinhart Jarisch (Hrsg), Histamin-Intoleranz und Dorothea Beutling (Hrsg), Biogene Amine in der Ernährung, Kapitel 4.

11 Histaminose: Im Körper befindet sich dauernd oder vorübergehend zu viel Histamin, was verschiedene Ursachen haben kann. Eine knappe aber treffende Beschreibung der Problematik liefert Kielwein, S. 135 ff.

12 MAO = Monoaminooxidase; ein Enzym das beim Abbau biogener Amine beteiligt ist.

Ordale wurde auch schon im Mittelalter gestritten. Trotzdem wurden sie durchgeführt und dienten sogar zu Beweiszwecken in Prozessen, z. B. auch in Hexenprozessen. Im Volksbrauch hielten sie sich lange und wurden immer wieder zur Streitschlichtung eingesetzt. Das Käseordal diente speziell dem Erkennen von Dieben. Alle Verdächtigen mussten ein Stück Käse essen. Diejenigen, die sich weigerten, oder diejenigen, die aßen und anschließend an Bauchkrämpfen, Durchfall und/oder Erbrechen bzw. Atemnot und Schwindel litten, waren als Übeltäter entlarvt. Die Beschreibung solcher Szenen liefert ein deutliches Bild gastrointestinaler und allergischer Reaktionen auf Käsegenuss. Man wusste schon damals, dass manche Menschen körperlich auf Käse reagieren und verwendete dies ungerechterweise, wie wir spätestens heute wissen, gegen sie.

Für manche, die nur auf den Industriekäse allergisch reagieren, dürfte das Corpus Hippocraticum ein Hoffnungsschimmer sein:

„Käse nämlich, da ich ihn nun einmal als Beispiel gebraucht habe, schädigt nicht alle Menschen in gleicher Weise, sondern es gibt manche, die, auch wenn sie viel von ihm gegessen haben, davon keinen Schaden haben, vielmehr verleiht er den Menschen, denen er zuträglich ist, erstaunliche Kraft; andere vertragen ihn schlecht. Die Konstitutionen dieser Menschen unterscheiden sich also in dem, was in ihrem Körper dem Käse Feindliches vorhanden ist und von ihm gereizt und in Bewegung gesetzt wird. Die, in deren Körper dieser Saft in größerer Menge und Stärke vorhanden ist, leiden natürlich mehr. Wenn aber der Käse der menschlichen Natur schlechthin schädlich wäre, würde er alle schädigen. Wenn jemand das weiß, so wird er nicht leiden."

Aus dem Buch „Die alte Heilkunst" des Corpus Hippokratikum.[14]

Während damals Käse als nicht für alle Menschen schädlich erkannt wurde, müssen wir heute neu lernen, dass Käse nicht für jeden Menschen gesund ist.

---

13 Bächtold-Sträubli, Handwörterbuch Zur Deutschen Volkskunde, Stichwort Käse; das Ordal ist bekannter als Brot- und Käseordal, wurde jedoch im Volksbrauch häufig nur als Käseordal eingesetzt.

14 Grassi, Hippokratische Schriften, Randziffer 624.

17 Molke und Laktose – ungeliebter Abfall

„Keßbrühe [Molke] ist den Siechen fast nütz, wenn sie laxiert [abführt] und weichet die Gäng des Stuhlgangß und kräftiget. Diese Brüe soll gemacht werden von den besten Schafskeßen die man haben mag."
Aus dem „Hortus Sanitatis"

Ungeliebter Abfall

Molke, eine gelblich grüne Flüssigkeit, verdankt ihren früheren Namen Käsewasser der Tatsache, dass sie bei der Herstellung von Käse und Quark anfällt. Sie besteht ungefähr zu 94 % aus Wasser, der Rest ist Milchzucker (4,5 %), Molkeneiweiß (1 %), etwas Restfett und -kasein. Molke schmeckt schon in frischem Zustand etwa so wie sie aussieht; sie verdirbt innerhalb kurzer Zeit und ist schon nach ein paar Stunden eine für Mensch und Tier ungenießbare Brühe. Weil sie nicht haltbar ist, war sie in der Vergangenheit als Nahrungsmittel ohne Belang und wurde, wenn überhaupt, nur an Tiere verfüttert.[1] Der schnelle Verderb der Molke bewirkte jedenfalls, dass sie entweder gar nicht oder nur sehr frisch genossen wurde.

Traditionell gilt Molke als Abfall.

Dieser Abfall fällt weltweit in riesigen Mengen an, jedenfalls in allen Milchländern. Die Menge wird statistisch nur unzureichend erfasst. Sie kann auf weit über 150 Millionen Tonnen jährlich geschätzt werden. In den amtlichen Statistiken wird lediglich das aus flüssiger Molke hergestellte Molkenpulver, das nur der 'Instant'-Teil der einstigen Menge ist, dargestellt. Eine Vorstellung von dem gigantischen Problem gewinnt, wer sich die Zahlen des produzierten Molkenpulvers betrachtet: Im Jahr 2005 sind es weltweit 2,3 Millionen Tonnen gewesen. Diese Menge entsteht infolge der hohen Käseproduktion in den Milchländern, die in den letzten Jahren dramatisch zugenommen hat. Europa steht mit weit mehr als der Hälfte vom weltweit anfallenden Molkenabfall an der Spitze, gefolgt von den USA, Australien und Kanada.

Das eigentliche Problem mit der Molke ist, dass sie nicht einfach ins Abwasser eingeleitet werden kann, denn sie vergiftet das Wasser, die Fische und Mikroorganismen. Es müsste daher das Ableiten von Molke

---

[1] Behm, Molke, S. 17; „Molke, Molken" war früher eher ein Sammelbegriff für die Restmilch. Darunter verstand man die entrahmte Milch, also Magermilch, Buttermilch und den Rest, die Sauermilch, die man meistens aß, nicht trank. Das, was wir heute unter Molke verstehen, wurde früher als Käsewasser bezeichnet. [...] Anmerkung der Verf.

nach den wasserabgabenrechtlichen Bestimmungen teuer bezahlt werden. Aber drohende Kosten machen erfinderisch. Die Industrie sucht seit Jahrzehnten preiswerte und gleichzeitig lukrative Entsorgungswege, neuerdings mit immer größerem Erfolg. Kreativität bewies man auch schon in früheren Zeiten, indem alkoholische Getränke (Wein, Bier, Wodka) aus Molke hergestellt wurden, desgleichen Glukosesirup und Biomasse. Lediglich bei Glukosesirup konnte dauerhafter kommerzieller Erfolg verbucht werden.

Seit einigen Jahren wird sehr intensiv daran gearbeitet weitere Verwertungsmöglichkeiten zu erfinden und erforschen. Die neu etablierten internationalen Molkekonferenzen, auf denen Wissenschaftler aus aller Welt Wege zur Entsorgung von Molke besprechen, legen dafür lebhaft Zeugnis ab. [2] Jetzt sollen auch Bioethanol und Biogas aus Molke hergestellt werden.

Molke wird heute so be- und verarbeitet und in ihre Bestandteile zerlegt, dass möglichst wenig oder kein Abfall mehr anfällt. Mittlerweile geht ein Teil der Molkentrockenmasse durch Ultrafiltration der Molkenproteine in den Herstellungsprozess von Käse und Quark ein. Aus dem Rest macht man Molkenpulver, isoliert und konzentriert daraus die Eiweiße und den Milchzucker, um diese beiden wiederum in Milchprodukten oder anderweitig in der Nahrungsmittelindustrie einzusetzen. So lassen sich nicht nur beträchtliche Kosten für die Entsorgung einsparen, sondern das Aschenputtel von einst kann als funktionelles Lebensmittel oder technologische Nahrungsbeigabe sogar noch zusätzlich gutes Geld einbringen. Hierzulande werden über 50 % aller Molkeninhaltsstoffe, die früher Abfall waren, wieder der menschlichen Ernährung zugeführt, Tendenz steigend. In den USA sind es schon 70 %, was in Europa erst für 2010 angepeilt ist. Vor noch nicht einmal 40 Jahren (1970) wurde nur 5 % der angefallen EU-Molke in Lebensmitteln verarbeitet!

Industrielle und wissenschaftliche Aufbereitung

Erst seit Molke ultrahocherhitzt und zu Pulver verarbeitet wird, ist ihre wirtschaftliche Verwertung überhaupt möglich. Und seit die einzelnen Fraktionen der Molke (Molkenproteine, Kasein- und Fettreste, Laktose, Kalzium) separiert werden, ist sie zum Stoff für das 'Designen' (Konfektionieren) von Lebens- und Nahrungsergänzungsmitteln geworden. Mittlerweile werden sogar die Molkenproteine selbst verändert, damit sie

---

2 Deutsche Milchwirtschaft, 7/2002, S, 289 ff.

solche neuen Eigenschaften aufweisen, die ihre Einsatzmöglichkeiten in Lebensmitteln immer vielfältiger machen. Nehmen wir beispielsweise „partikuliertes Molkenprotein", das zunächst nur in fettreduzierten Produkten eingesetzt wurde, weil es dort, wo Fett fehlt, ein volles, sahniges und fettähnliches Mundgefühl vermittelt, erobert jetzt auch die 'normalen' Milchprodukte. Die Untermischung von partikuliertem Molkenprotein in Schnitt-, Weich- und Schmelzkäse, in Frischkäse, Joghurt, Buttermilch, Eiskrem und Dessertprodukte führt zu derart großen Rohstoffeinsparungen und macht die Produkte zudem cremiger und damit erfolgreicher, dass sich diese Technologie zu einer Standardanwendung entwickelt.[3] Und schmeckt es den Menschen, ist die Nahrungsmittelindustrie begeistert.

Einzig für den Milchzucker gibt es über den derzeitigen Einsatz in der Industrie hinaus noch keine andere Verwendung. Während fünf Jahren, von 2000 bis 2005, hat sich die amerikanische Laktoseproduktion fast verdoppelt und die europäische ist um ¼ gestiegen.[4] Laktose fällt seit langem in solchen Mengen an, die weder Pharmaindustrie noch Nahrungsmittelkonzerne verarbeiten können. Deshalb wird schon seit Jahren nach kostengünstigen Entsorgungsmöglichkeiten gesucht, was schlecht allein den Käseherstellern überlassen werden konnte. Molken- und Laktoseentsorgung haben mittlerweile allerhöchste politische Priorität. Wie sonst soll ein Forschungsprojekt der Europäischen Union (EU) aus dem Jahr 1999 verstanden werden, das sich die 'Wertsteigerung' von Laktose zum Ziel gesetzt hatte? EU-weit waren mehrere Institute unter Federführung der Uni Wien beteiligt. Mit bemerkenswerter Offenheit legte die Projektbeschreibung das Problem dar: "Die Beseitigung von Laktose in Molke und Molkenprodukten ist für die Molkereien eines der größten ungelösten ökonomischen Probleme und ein Umweltproblem. Denn für die weltweit anfallende Molke gibt es keine profitablen Vermarktungsmöglichkeiten, da Laktose aus verschiedenen Gründen nur einen sehr geringen Marktwert hat. Das bedeutendste Vermarktungshindernis ist die Laktoseintoleranz der Verbraucher innerhalb und außerhalb der EU."[5]

---

3 Ebenda, 24/2003 und 19/2006; Partikuliertes Molkenprotein besteht hauptsächlich aus β-Laktoglobulin und α-Laktalbumin, die als Allergieauslöser bestens bekannt sind.

4 Nach ZMP, 2006, S. 225.

5 EC FAIR2-CT96-1048, EC-Projekt, Ausschreibung in Englisch, eigene Übersetzung; es handelt sich um ein Projekt, das im Rahmen des internationalen Forschungsnetzwerks „Flair Flow Europe" (FFE) durchgeführt worden ist

Auf EU-Ebene ist also durchaus bekannt, dass es weltweit Menschen gibt, die Milchzucker nicht verdauen können und dadurch die Vermarktungschancen von Molke/Laktose gering sind. Als gesundheitliches Problem wird dies offensichtlich nicht wahrgenommen, denn sonst würden sich staatliche Institute nicht Gedanken über die kostengünstige Beseitigung des Milchzuckers qua menschlichen Gedärms machen. So pries die ehemalige Bundesanstalt für Getreide-, Kartoffel- und Fettforschung (BAGKF) Münster/Detmold in einem Artikel auf ihrer Homepage im Jahre 2000 die Milchzuckerverarbeitung in Backwaren an. Dem Bäckereihandwerk legte man den preiswerten Milchzucker ans Herz, damit er zukünftig vermehrt im Hefegebäck verarbeitet werde, weil es gut für die Teigausbeute und den Geldbeutel des Bäckers sei und angenehmerweise auch nicht als Zusatzstoff deklariert werden muss.[6]

Daran wird deutlich, dass Molke/Laktose offensichtlich als ein rein ökonomisch-umwelttechnisches Problem gesehen wird, das durch Einfügen von Milchzucker in die Grundnahrungsmittel (Backwaren und Brot) vor allem preiswert beseitigt werden kann. Dass aber, wenn erst das Problem ins Brot und anschließend das Brot in den Menschen gelangt, der Abbau von Molke/Laktose durch menschliche Gedärme auch ein kollektives, gesundheitliches Problem wird, dem scheint man wider besseres Wissen nicht ins Auge blicken zu wollen.

Bei den Absatznöten der Industrie passt es ins Bild, auch im Kleinen Absatzwege zu suchen, z. B. den der geschilderten Etablierung des Milchzuckers im Bäckerhandwerk. In der Backwarenindustrie ist sein Einsatz längst Standard. Backwarenketten müssen mittlerweile bekennen, dass im Zweifel kein einziges ihrer Produkte milchzuckerfrei ist. Mit Widerstand ist nicht zu rechnen, denn die Menschen wissen in aller Regel nichts vom Milchzucker in Brot, Brötchen und anderen Backwaren. Bis so etwas allgemein bekannt ist, vergehen Jahre. Wer wird schon seine Darmbeschwerden in Zusammenhang mit dem leckeren Brot bringen, in dem nur Mehl, Salz und Wasser vermutet wird? Und wenn es dann schließlich alle wissen, ist die neue Herstellungsart längst akzeptiert und

---

und mittlerweile abgeschlossen ist: http://flair-flow.com und
http://www.biomatnet.org/secure/Fair/F353.htm

6 Artikel von Günter Brack von der BAGKF mit dem Titel: 'Milchzucker für Backwaren – ein Beitrag zum Abbau von Agrarüberschüssen':
http://www.verbraucherministerium.de/forschungsreport/rep1-99/milchzu.htm
Die BAGKF heißt seit 1. Jan. 2004 Bundesanstalt für Ernährung und Lebensmittel, Standort Detmold/Münster.

düpiert sind diejenigen, die den zweifelhaften Nahrungsbestandteil nicht vertragen. Sie müssen sich dann auch in Sachen Bäckerei 'sonderernähren', in Spezialgeschäfte gehen oder sich das Brot selbst backen.

Ein weiterer Molken-Milchzucker-Beseitigungsweg wird seit ein paar Jahren beschritten. Dabei sind besonders gesundheitsbewusste VerbraucherInnen als EntsorgerInnen am Werk, die in Reformhäusern einkaufen oder sich aus den 'Gesunde-Nahrung-Ecken' der Supermärkte bedienen. Hier finden sich Produkte, die eine Idee aus der Geschichte aufgreifen und die angeblich gesunden römischen Molketrinkkuren wieder auffrischen.

Die Römer – Vorbild in der Abfallverwertung?

Wer viel Käse herstellt, produziert viel Molke. Das muss auch für die Römer mit ihrer umfangreichen Käsewirtschaft gegolten haben. In den Werbebroschüren der Reformhäuser kann man über die angebliche römische Kunst, Molke als Heilmittel zu verwenden, nachlesen. Aber ist jede Tradition denn auch gut? Wahrscheinlich kann von Kunst hier nicht die Rede sein, sondern vielmehr von Notwendigkeit.

Bei den Ausgrabungen in Pompeji und Umgebung wurden in allen städtischen Haushalten und den umliegenden großen Gütern Käseküchen, so genannte *casale*, samt Gärräumen gefunden. Daher muss es nicht verwundern, wenn es Molke-Heilstätten wie den Milchberg in der Nähe von Neapel/Pompeji gegeben hat. Denn so konnte die angefallene Molke zentral entsorgt und gleichzeitig einem 'heilenden' Zweck zugeführt werden. Wenn sich die römischen Patrizier ihren Fressgelagen hingaben, wie exemplarisch im Gastmahl des Trimalchion dargestellt ist,[7] überkam sie gewiss das dringende Bedürfnis sich zu entlasten und den überfrachteten Darm zu reinigen. Galen von Pergamon, Arzt in Rom, bei dem die römische Oberschicht Rat und Heilung suchte, verordnete wie auch seine Vorgänger Molke zur Darmreinigung. So wird in den Heilstätten der selbst produzierte Käseabfall, die Molke, aus den benachbarten *casalis* getrunken worden sein. Und als Folge davon wurde in großem Stil purgiert, um es vornehm auszudrücken. Denn die Römer kannten die abtreibende Wirkung der Molke im eigenen Körper und ihre schnelle Verderblichkeit und Giftigkeit nur zu gut. Wenn Molke trotzdem von Heilstätten meisterlich zur Darmreinigung eingesetzt wurde, hatte dies durchaus den Aspekt, sich gleichzeitig elegant eines Umweltproblems zu entledi-

---

7 Petronius Arbiter, röm. Schriftsteller, Cena Trimalchionis aus Satyricon.

gen. Denn Käsewasser in Bächen und Flüssen hätte den Fischbestand der Gewässer schwer geschädigt. Und so landete man bei dem geradezu genialen Einfall der kurhaften Abfallbeseitigung. Heute werden – so einschlägige Kreise der Reformhäuser und deren Lieferanten, Fachliteraten und viele Kurbetriebe – die Römer in den höchsten Tönen als Erfinder der Molketrinkkuren gefeiert. Zweifel an der Methode fallen unter den Tisch.

Gesundheitskost, Fitness, Molkenabfall und Solidarität

Nun sehen wir die Wiederholung des römischen Treibens. Ironie der Geschichte, die Reformhäuser, eigentlich einer gesunden Ernährung verpflichtet, machen sich zum Vorreiter der Abfallbeseitigung qua menschlichen Gedärms. Jedes Reformhaus hat heute seinen Molkekurstand. Dort wird Molkenpulver, 1000 g für 13 bis 16 Euro, angeboten, Abfall, der eigentlich 50 Cents kostet, denn die Industrie ist froh, wenn sie ihn los wird. Und die Propaganda, mit der Molketrinkkuren, 500 g für 8 bis 9 Euro, verkauft werden, liest sich z. B. so:

„Molke – das Serum der Milch – schätzten hippokratische Ärzte dabei als ein von Kühen oder Ziegen gespendetes „Heilwasser", mit dem sich reinigen, ausleiten, entschlacken, aktivieren und regenerieren ließ. Die Erfahrungen mit Molke und Trinkkuren waren so gut, dass regelrechte Molkeheilstätten errichtet wurden. Eine davon befand sich auf dem „Milchberg" zwischen Neapel und Sorrent. Erstaunlich ist, wie konsequent dort die Kur mit Molke durchgeführt wurde. Das beinhaltete auch die Weidepflege und das Futter der Tiere, die die Milch zur Gewinnung der Molke lieferten..."[8]

Diese Werbeaussage ist nur fast wörtlich übernommen und entstammt einem Buch mit dem Titel: Die Molketrinkkur. Dort heißt es im Original jedoch:

"Molke oder das Serum der Milch schätzten hippokratische Ärzte als ein von Ziegen oder Kühen gespendetes ,Heilwasser', mit dem sich reinigen, ausleiten, entschlacken, aktivieren, regenerieren und *der Abgang des Stuhls erleichtern ließ...* "[9]

---

8 Aus dem Prospekt „Exklusiv im Reformhaus" der Schoenenberger Firmengruppe, April 2001.
9 Anemueller, Dr. med., Die Molketrinkkur, Hädecke-Verlag, Gratisauflage für Angehörige der neuform-Reformbranche; eigene, *kursive* Hervorhebung.

Wozu dient wohl diese Auslassung? Allzu deutlich will man gegenüber seiner Kundschaft offenbar nicht werden, die dann richtigerweise annehmen könnte, bei Molke handle es sich um ein Abführmittel, denn das wäre billiger zu haben und als gesund gelten solche Mittel gemeinhin nicht.

Man soll nicht annehmen, die Gesundheitsindustrie wisse nicht, was sie unter das Volk bringt. Ganz offensichtlich wird jedoch die allgemeine Unkenntnis über die Not der Milchindustrie, ihre Molken- und Milchzuckerberge loszuwerden, schamlos ausgenutzt. In völliger Verdrehung der Tatsachen mutiert schlecht zu vermarktende Molke zu einem bewusst aus Milch hergestellten Produkt, bei dem noch Weide- und Futterpflege betrieben worden sein soll. Wenn hier geweidet und gefüttert wurde, dann doch für das Käsearoma und nicht für die schnell verderbliche Molke.

Erstaunlich ist, dass die heute völlig denaturierte, hocherhitzte, aus Pulvern restituierte Flüssigkeit in ihren gesundheitlichen Auswirkungen mit der Molke vergangener Zeiten gleichgesetzt wird, die stets frisch genossen wurde. Sogar die berühmten Gesundheits-Molketrinkkuren des 18. und 19. Jahrhunderts, ebenfalls von den Reformhäusern wiederentdeckt, fanden wegen des schnellen Verderbs nur in der Nähe von Käsereien statt. Mitten in der Nacht wurde die Molke von den Sennhütten in die Dörfer getragen, wo die Heilsuchenden sie frühmorgens trinken mussten, denn mittags hätte sie schon verdorben geschmeckt. Kurorte wurden folglich diejenigen Orte und Regionen, in denen Käse hergestellt wurde und in denen deshalb kurzfristig frische Molke verfügbar war. Die berühmteste Region war die Gegend um Appenzell, deren Käse einer der bekanntesten wurde.

Mittlerweile scheint man hinzugelernt zu haben und weist in manchen Broschüren darauf hin, dass Molke bei der Gewinnung von Quark und Käse anfällt. Und offensichtlich hat sich auch herumgesprochen, dass sie für einen Teil der Menschheit ungesund ist. Denn bei Milchzucker- und Molkenprodukten ist seit 2002 vermehrt der Zusatz „bei Milch- und Laktose-Unverträglichkeit ungeeignet" zu finden. Trotzdem schmückt Molke ein Gesundheitsimage; das Ungesunde steht im Kleingedruckten.

Für Molkenpulverdrinks aller Geschmacksrichtungen, die man in Fitnessstudios und ähnlich gesunden Plätzen, mittlerweile aber auch in Billigsupermärkten bekommt, gilt Ähnliches wie für die Trinkkuren. Molke wird als Gesundheitsdrink und Life-Style-Produkt gepuscht und ist wegen seines hohen Milchzuckergehalts – sofern man ihn nicht künstlich entfernt hat – doch nichts weiter als ein Abführmittel. Und die besondere Eiweißanreicherung von Drinks auf Molkebasis hat, wie wir mittlerweile wissen, ebenfalls ihre Schattenseiten. Die Strategie der Industrie scheint jedoch aufzugehen: Der Molkenabsatz ist auf dem Wege der Besserung, wie im Folgenden zu lesen ist:

„Molkenpulver konnte hingegen, nicht zuletzt aufgrund des höheren Molkeanfalls durch eine gesteigerte Käseproduktion (+ 16,1%), deutlich zulegen.
Molkenerzeugnisse sind Erfolgsprodukte
...Die Möglichkeit, Molkenerzeugnisse in den unterschiedlichsten Gestaltungsformen in der Lebensmittelindustrie einzusetzen, schafft zunehmenden Absatz. [...] Man sollte nicht verkennen, dass Molkenerzeugnissen zukünftig eine besondere Bedeutung in der Ernährungsindustrie zukommen wird."[10]

An der zukünftig besonderen Bedeutung von Molkenpulver, insbesondere von Molkenproteinkonzentraten, und Milchzucker in der Nahrungsmittelindustrie wollen wir auch gar nicht zweifeln. Viele Menschen, nicht nur solche mit Nahrungsmittelunverträglichkeiten, merken das bereits sehr genau: Sie schlagen sich vermehrt mit Krankheitssymptomen herum, die sie nicht so recht zuordnen können. Entzündungen der Verdauungsorgane, Darmprobleme, multiple Allergien und Hautkrankheiten sind nur die primär greifbaren Folgen des zusätzlichen Milchzuckers und -eiweißes in der Nahrung.
Den Preis zahlen zunächst die Menschen, die erkranken, aber auch die Allgemeinheit mit ihrem Beitragsgeld z. B. für Versicherungen und für jene, die diese Kranken therapieren. Es ist ein interessantes, offenbar zeitgemäßes Spiel, wenn Risiken neuer Produktionsverfahren, neuer Produkte, neuer Nahrungsmittel und Zusatzstoffe den Einzelnen und der Solidargemeinschaft auferlegt werden. Die eigentlich industriell verursachten Probleme werden so individualisiert und sozialisiert und die Gewinne privatisiert. Wir wären wohl weiser, klüger und gesünder, wenn wir Abfall behandelten, wie es dem Abfall gebührt.

---

[10] Aus: 2002 Milch & Markt Informationsbüro, Produktions- und Nachfrageentwicklung, Nr. 3/4; gemeint ist eine Steigerung des Molkenanfalls innerhalb eines Jahres um 16,1 % von 1999 bis 2000.
Vgl.: http://www.milch-markt.de

18 Was hindert uns?

Der Geschmack

Milch schmeckt, Joghurt ist lecker, Quark ist gesund, Eiskrem ist super und Käse, wer will ohne ihn leben?

Milchprodukte sind angenehm, behindern und verdünnen die Säure im Magen, erzeugen Gefühle sanfter Entspannung. Und zusätzlich, dank Kasomorphinen, die das Neugeborene beruhigen und ihm Lust an der Nahrung verschaffen, wird auch Erwachsenen ganz lustvoll und wohl zumute, wenn sie Milchprodukte essen und trinken.

Wenn es stimmt, dass wir das sind, was wir essen, sind wir innerhalb der letzten vierzig Jahre ziemlich milchhaltig geworden. So ungewöhnlich dieser Gedanke vielleicht ist: Nie zuvor haben Menschen regelmäßig über Jahre bzw. Jahrzehnte 30 bis 50 % ihrer täglichen Kalorienaufnahme aus Kuhmilchprodukten bezogen. Die Gründe sind der starke Hang zum 'light'-Geschmack und mittlerweile eine unterschiedlich motivierte Abhängigkeit von den mundfertig produzierten, kaum eine Kautätigkeit erfordernden und gut rutschenden Milchmahlzeiten, die noch dazu als gesund gelten. Ihre traditionellen Vorgänger schmeckten anders, in der Regel herb, sauer und bitter, was unmäßigen Genuss verhinderte. Statt sich ab und zu am anspruchsvollen Geschmack echter Köstlichkeit zu laben, wollen, können und müssen wir heute dank manipulierter Produkte täglich vom Pasteurisierten, Homogenisierten, Gesüßten, Gelatinestabilisierten, auf mild-cremig-zart Getrimmten naschen.

Kinder lieben ihre Milch und diejenigen, die sie nicht mögen, werden von den Erwachsenen an ihr Glück gewöhnt: Man vermischt sie mit Kakao oder Erdbeeren und dann lieben noch die letzten Verweigerer ihre Milch. Und wenn sie beginnen sich ihre Brote zu schmieren? Cremiger Schokoladenaufstrich und Schmelzkäse, Milchpulver inklusive, phosphatreich und mit Zusatzstoffen. Wenn es doch etwas gesünder sein soll, gibt man ihnen Cornflakes und Müsli und auch hier kommt Milch dazu.

Für die Erwachsenen frisches Brot mit Knoblauchbutter, Crème-fraîche in der Sauce, Brie, Camembert, alter Gouda, Parmesan zum Schließen des Magens, dann aber doch noch Eiskrem zum Nachtisch, vielleicht sogar mit Schlagsahne. Zwischen den Schlemmertagen rechnet man sich mit Frühlingsquark und Vollkornbrot, Joghurt, Sauermilchkäse, Harzer Roller oder Handkäs' die Kalorien herunter und der Salat bekommt ein Joghurtdressing. Wenn es wieder mehr sein darf, gibt es Pizza mit Käse, der sich mühelos um jeden Finger wickeln lässt; in der Schokolade am

Nachmittag ist Milchpulver und der frische Salat für das Abendessen ist zwar eigentlich milchlos, aber das lässt sich mit Feta beheben.

Irrtümer

Viele verzichten auf Fleisch und wähnen sich damit fern vom Tier. Milch ist aber auch ein tierisches Produkt, über das man bei vermeintlich tierferner Ernährung doch erhebliche Berührungspunkte mit dem Tier und über dieses natürlich auch mit der qualvollen Tierhaltung hat. Oft sind es Frauen, die vegetarisch und mit gutem Gewissen alles richtig machen wollen, um niemandem zu schaden. Nach der BSE-Krise wird mehr als vorher noch zugunsten der Milchprodukte auf Fleisch verzichtet – Milch scheint nicht von der Seuche betroffen zu sein. Ob man aber auf sie bauen kann, ist und bleibt zweifelhaft. Der Käsekonsum stieg 2001 in schwindelerregende Höhen und die Preise taten es ihm nach, denn besonders nach Nahrungsmittelkrisen zahlen die VerbraucherInnen gerne mehr für gesundes Essen.

Aber unsere Milch – wenn auch vom lebenden Tier – ist weder gesundheitlich noch moralisch einwandfrei. Milch/-produkte sind für viele Menschen ungesund, nicht wegen schädlicher Keime, denn industriell verarbeitet sind sie ja wirklich äußerst hygienisch, nein, wegen der Bedenken 'von Natur aus'. Milchprodukte werden fast mit jedem Bearbeitungsschritt problematischer und schädigen auf leisen Sohlen. Sie sind wahre Eiweiß- und/oder Fettbomben, enthalten den für viele Menschen unverdaulichen Milchzucker und sind Hormoncocktails. Dies alles gilt schon für die natürliche, nicht bearbeitete Milch, aber nach der Molkereibehandlung gilt es erst recht. Kühlung, Pasteurisierung und Homogenisierung verändern Inhaltsstoffe und kreieren ein Kunstprodukt. Wenn auf Verpackungen „schonend pasteurisiert" oder „schonend behandelt" steht, ist das höchstens eine Anspielung auf das schlechte Gewissen der Technologen, eigentlich aber täuscht es Verantwortungsbewusstsein vonseiten der Hersteller sowie Natürlichkeit des Produkts nur vor. Gerade weil die Milch ein extrem sensibles Lebensmittel ist, das für eine ebenso sensible Lebensphase der Säuger gedacht ist, verändert bereits die schonendste Pasteurisierung das Produkt gravierend und die jeweils notwendige, vermeintlich harmlose Kühlung am Anfang, zwischendurch und am Ende jedes Produktionsprozesses tut ein Übriges. Denn Milch ist von Natur aus dazu bestimmt, bei Körpertemperatur umgehend genossen zu werden. Der Säuerungsprozess, der bei Lagerung unweigerlich einsetzt, soll durch Kühlung vermieden werden, ergo setzt der Fäulnisprozess an dessen Stelle ebenso unweigerlich ein. Dieses Ausgangs-produkt – anfaulende Milch – ist die Grundlage für unsere beliebten, ka-somorphinen Milchprodukte, nur weiß das kaum jemand, wahrscheinlich denken noch nicht einmal viele Fachleute so. Wer es doch erkannt hat, rührt aus verschiedenen Gründen nicht an diesem Sachverhalt. Der Kern des komplexen Problems liegt tief und ist mit Interessenpolitik ei-ner mächtigen Wirtschaftslobby und der dazugehörigen akademischen Kreise allein nicht zu erklären.

Der Mythos

Milch ist ein Mythos, der sich noch immer aus der uralten Vorstellung mütterlicher Nahrung speist, denn Milch nährt und ist damit für jedes Säugerbaby Nahrung schlechthin. Durch dieses Wissen und Erleben fin-den wir Milch natürlich und positiv. So weit, so gut. Aber warum finden wir heute nichts eigenartig dabei, dieses uralte, offenbar schon ewig existierende Nahrungsmittel auch als Erwachsene zu verzehren? Wäre es die eigene Humanmilch, die wir als Erwachsene trinken sollten, wä-ren die Vorbehalte sicher groß. Aber die Milch des Rindes ist weit genug entfernt von der eigenen Art, dass wir kein (kannibalisches) Tabu bre-chen müssen. Gleichzeitig ist die Kuh als Haustier aber auch wiederum so nahe, dass wir den Ekel vor dem Artfremden überwinden konnten.

Milch als mütterliche Urnahrung schlechthin fand in der Vorstellungs-welt früher sesshafter Kulturen ihren ersten kulturell transzendierten Ausdruck in milchgebenden Tieren, die als heilig verehrt wurden. Das größte und mächtigste milchgebende Tier war das Rind, respektive die Kuh. Vom Fortpflanzungsgeschehen war und ist sie dem Menschen, re-spektive der Frau, sehr ähnlich. Denn Kühe sind wie die Frauen etwa neun Monate lang schwanger und haben einen drei- bis fünfwöchigen Brunstzyklus, ähnlich dem weiblichen Menstruationszyklus. Die Men-schen des Neolitikums muss diese Parallelität herausgefordert haben. In-sofern verwundert es nicht, dass die mächtigsten Göttinnen und in späte-ren Zeiten auch Götter mit Rindern und der Kuhmilch in Verbindung standen. Ist in Ägypten die kuhgestaltige Hathor die Urmutter, auf die sich Göttinnen und Götter beziehen und sich mit ihrem Namen als Titel schmücken, so tragen sogar noch die späten Götter Indiens den Zusatz „Kuhgeborene". Milch, Honig und Nektar waren die Speisen der Götter, die ihnen überall geopfert wurden. Und Milch war der kostbare Trank, mit dem Menschen Unsterblichkeit zu erlangen und in den Kreis der Göttinnen und Götter aufgenommen zu werden hofften. Kuhmilch symbolisierte in den prähistorischen und frühen historischen Kulturen von Nordeuropa über den Mittelmeerraum bis in den Orient und nach Indien die allmächtige mütterliche Macht der Lebensspenderin und Nährerin der ihr Anvertrauten.

Diese mythischen Vorstellungen sind uns heute nicht mehr in bewusster Erinnerung. Wir erinnern jedoch den weniger sagenumwobenen, eher fassbaren biblischen Teil des Mythos, der ein selbstverständlicher Bestandteil heutigen Lebens geworden ist. Denn obwohl die westliche Welt (der Milchländer) inzwischen oft nicht mehr religiös ist, kennen die meisten Menschen das Bibelzitat vom „schönen weiten Land, in dem Milch und Honig fließen" aus dem Alten Testament, das eingangs beschrieben wurde. Der sich heute daraus speisende Mythos beruht auf einem Irrtum über die damalige Bedeutung von Milch. In Unkenntnis des Ursprungs biblischer Milchlobpreisungen halten wir unseren Milchkonsum auch kulturell für natürlich, angemessen und in Tradition eingebettet. Erst bei etwas mehr Licht betrachtet wird die Notwendigkeit, den heutigen Umgang mit der Milch zu überdenken, erkennbar.

Die Aufhebung der Tabus

Milchhexen und Schadenszauber

Trotz der positiven mythologischen Seite brauchte es lange, bis Milch/ -produkte zu dem werden konnten, was sie heute sind. Zusätzlich zur grundsätzlich negativen Einstellung medizinischer Autoritäten war Milch in den europäischen mittelalterlichen Agrargesellschaften mit vielen Tabus besetzt. Denn als Urnahrung haftete ihr ein Machtaspekt an, der auch zum Schaden von Menschen eingesetzt werden konnte. Milch wurde als eine Flüssigkeit angesehen, die mit dem Blut aus ein und derselben körperlichen Quelle stammte. Daher rührt die Vorstellung, dass, wer Macht über Milch hatte, sie auch über Blut und damit über Leben und Tod hatte. Da Milch wie Menstruationsblut weiblich ist, wurden manche Frauen im negativen Sinne als Milchhexen angesehen, die scheinbar nicht nur Milch und Kühe verhexten, sondern auch allerlei anderen Schadenszauber anrichteten. In den Hexenverfolgungen spielte dies eine große Rolle. Als tierische und weibliche Körperflüssigkeit mit Verbindungen zu Zauber und übernatürlichen Kräften fanden viele die Milch generell problematisch und tabuisiert. Mit Überwindung dieser Vorstellungen in der Neuzeit veränderte sich auch langsam das Verhältnis zur Milch.

Das Verschwinden des Ekels

Auch wenn man im 19.Jahrhundert über mittelalterliche Vorstellungen hinaus war, blieb ein grundsätzlicher, physischer Ekel vor der frischen Milch erhalten. Zumindest beim Melken kam der abstoßende, Ekel erregende Aspekt einer tierischen Körperflüssigkeit bei vielen Menschen zum Tragen. Milch war schon deshalb tabu; sie war eine Flüssigkeit, die viele Menschen nicht ohne weiteres unverarbeitet zu sich nahmen. Erst der industrielle Gewinnungs- und Verarbeitungsprozess hat die nötige Distanz geschaffen, die diese tierische Körperflüssigkeit für Menschen erträglich und akzeptabel machte. Die Kenntnis vom Ekel gegenüber der Milch ist heute fast völlig verschwunden, ja, sie ist unbekannt, da unnötig geworden. Aber dazu brauchte es Zeit und die technologischen Veränderungen, die mit dem Verschwinden der Agrargesellschaft einhergingen. Noch vor 100 Jahren musste die Milch, um als modern zu gelten, gegen die negativen bäuerlichen Vorbehalte durchgesetzt werden. Die Beziehung gerade der ärmeren Schichten zur agrarischen Produktion war noch lebendig.

Wer das Melken im Stall einmal erlebt hat, weiß, wovon die Rede ist. Stellen Sie sich vor, Sie stehen im Stall neben einer Kuh, die mit der Hand gemolken wird, und man schöpft Ihnen aus dem Melkeimer einen Becher Milch. Dem Eimer entströmen leichte Dampfschwaden, weil die Milch erheblich wärmer ist als die Stalltemperatur. Sie nehmen den Becher mit der für Sie wahrscheinlich zunächst überraschend warmen Milch in die Hand, riechen das Heu und den Milch-Kuh-Duft und alles, was in dem Stall sonst noch riecht, und so manche und mancher lehnt in dem Moment dankend ab. Nicht selten wird Übelkeit verspürt, denn in solch einer Situation kann spürbar und offensichtlich werden, dass eben diese Milch aus einem lebenden Tier stammt, eine Situation, die durchaus besonders ist: eine warme, gelblich weiße, schaumige Flüssigkeit, Körperflüssigkeit einer fremden Art. Auf ganz frische Milch einen Würgereiz zu bekommen wäre nicht ungewöhnlich, jedenfalls erging es unseren Vorfahren oft so. Viele ekelten sich regelrecht vor ihr und konnten sie nur in bearbeiteter Form akzeptieren. Die natürliche Körperreaktion schützte vor so mancher Unbill.

Die Entfremdung

Die industrialisierte Landwirtschaft beruht geradezu darauf, dass dieses Instinktverhalten außer Kraft gesetzt wird und bleibt. Durch die strikte Trennung in zwei Welten, Erzeugung und Produktion einerseits und Verbrauch aus dem Supermarkt andererseits, ist eine Distanz und Entfremdung geschaffen, die den Umgang mit tierischen Produkten für den Menschen erträglich, harmlos und leicht macht. Tierische Massenerzeugung und Massenkonsum wären ohne diese Distanz nicht machbar. Insofern ist es schwer, an eine Zukunft mit biologischer Landwirtschaft zu glauben, die immer auch um eine Verminderung der Distanz zwischen Erzeuger und Verbraucher bemüht ist. Denn genau diese Distanz überbrückt den Ekel, der mit der tierischen Nahrungsproduktion verbunden ist und das Mitleid mit der Kreatur. Wer isst schon gerne das Huhn oder das Kaninchen, das er selbst großgezogen hat? Fleisch von einem Rind zu essen, das man mit Namen kennt, ist auch ein anderes Erlebnis als das anonyme Verzehren eines ungetauften Steaks. Nicht umsonst tauschen ernährungsbewusste, nicht-bäuerliche Kreise ihr eigenes Vieh kurz vor der Schlachtung untereinander aus. Manche lassen auch den Metzger versichern, dass es nach der Schlachtung nicht gerade das eigene Schwein zurück gibt. Das sind Rituale bewusster Entfremdung. Daher beinhaltet die biologische Landwirtschaft in viel stärkerem Maße als die konventionelle das Risiko einer auf Überzeugung beruhenden Teil- oder Totalabkehr vom Fleischkonsum. Die industrialisierte Landwirtschaft hat Lebensmittelskandale in Fülle zu bieten, die jedoch, so lange die notwendige Distanz gewahrt bleibt, die grundsätzlichen Parameter des VerbraucherInnenverhaltens nur kurzfristig und oberflächlich tangieren.

Milch bekommen wir vom lebenden Tier, Mitleid wegen Tötung ist daher nicht nötig und Ekel ist ohne sinnliche Erfahrung der Milcherzeugung kaum mehr vorhanden. Häufig wissen wir sogar nur noch 'theoretisch', dass Milch/-produkte tierisch sind, denn die Wahrnehmung verrät nicht viel davon. Wir kaufen sie verpackt, vier- oder dreieckig in Milchtüten, in Käseecken, in Butterblöcken, in Joghurtbechern, in Eiskremtüten, in Milchdrinkgläsern und in Schokoladenblocks. Wäre nicht ab und zu auf den Verpackungen eine Kuh zu sehen, würde an die Herkunft gar nicht mehr gedacht. Die Entfernung von der Kuh ist groß und ihr Euter fern; das Tierische an der Milch ist verschwunden.

Verdrängung in Zeiten von BSE

Die Trennung zwischen Tier und Produkt ist bedingt notwendig, nimmt aber mittlerweile groteske und gefährliche Züge an. Harmlos ist noch die Begriffsverwirrung in Bezug auf vegetarische Kost. So wird vegetarische Küche oder Ernährung umgangssprachlich nicht mehr entsprechend ihrer Wortbedeutung als rein pflanzliche Kost betrachtet. Die rein pflanzliche Ernährung wird als vegan bezeichnet, während als vegetarische Ernährung eine Kost ohne Fleisch, Wurst und Fisch, aber mit Milchprodukten und Eiern gilt. Folglich verzehrt diese Gruppe der modernen Lacto-Ovo-Vegetarier jede Menge Milchprodukte und Eier, ohne sich unbedingt bewusst zu machen, dass sie damit tierische Eiweiße, Fette, Kohlenhydrate und Hormone zu sich nimmt. Sie wundert sich oft über den ausbleibenden Gesundheitseffekt, den sie sich eigentlich versprochen hatte.[1]

Sehr irrational ist das Konsumverhalten in Zeiten von BSE, und zwar nicht nur in Deutschland. Kurzerhand stieg man von Rindfleisch auf Käse um, als wäre Käse kein Rinderprodukt. Das ist starke Verdrängung und zeigt den Entfremdungseffekt zwischen Tier und Produkt. Die öffentliche Debatte in Deutschland zum Jahreswechsel 2000/2001 fokussierte sich auf Fleisch und Wurst, Milchprodukte blieben außen vor. Nach einiger Zeit erst hatten Journalisten die Sache so weit durchdacht, dass sie auch Fragen bezüglich der Milch stellten. Dies geschah zaghaft, denn auch die Presse wusste, dass die falsche Antwort eine Massenpanik hätte heraufbeschwören können. Und so wurde die 'richtige' Antwort gegeben: Die Milch sei nach derzeitigem Wissenschaftsstand unbedenklich. Diese 'richtige' Antwort verbreitete man ohne viel Aufhebens und dadurch glaubhaft.

Wenn hier nach einem Zusammenhang zwischen Milch/-produkten und BSE gefragt wird, dann sicher nicht, um Panik zu schüren. Aber niemand kennt die Ursache von BSE genau oder weiß, ob und wie die Erreger auf den Menschen übertragen werden. Auch Wissenschaftler können diese Fragen nicht beantworten. Es wird vermutet, dass die Infektion über die Nahrung (Tiermehl, Milchaustauscher) zustandekommt. Warum aber hauptsächlich Kälber und Milchkühe betroffen sind und weniger Mastrinder, darf erst gar nicht laut gefragt werden. Die Beantwortung könnte schmerzhaft sein, denn gerade Milchkühe und Kälber haben mehr Power-Protein und Power Fett, also mehr Tiermehl und Tierfett, erhalten als Mastrinder, damit die hohe Milchleistung gewährleistet ist bzw. die Kälber schneller wachsen. Das spricht zumindest dafür, dass Milch

---

[1] Exemplarisch für den im Verhältnis zur Normalbevölkerung ausbleibenden Gesundheitserfolg einer lacto-ovo-vegetarischen Ernährung stehen die Adventisten in den USA, die weitgehend fleischlos leben, dafür aber sehr viel Milchprodukte verzehren. Z.B. sind ihre Brust- und Prostatakrebsraten nicht niedriger als die der übrigen Bevölkerung. Willett in: American Journal of Clinical Nutrition, 2003, 78 (suppl), S. 539S-543S.

und Milchprodukte vielleicht doch gründlicher unter die Lupe genommen werden sollten. Carleton Gajdusek, der 1976 den Nobelpreis für seine lebenslangen Forschungen auf dem Gebiet der spongiformen Enzephalopathien beim Menschen erhielt, hat zusätzlich die wissenschaftliche Forschung zur Übertragung dieser Erkrankungen von Säugetieren auf andere Säugetierarten und auf den Menschen angestoßen. Er ist der Auffassung, dass der Erreger auch über die Milch übertragen werden kann.[2] Die Betonung liegt auf 'kann', denn er weiß es nicht sicher, aber seine Forschungserfahrungen sprechen dafür. Dass BSE auslösende Eiweißstoffe auch in Milch und Milchprodukten infizierter Kühe enthalten sind, ist sogar in Lehrbüchern nachzulesen und wird nicht mehr ernsthaft bestritten.[3] Alle, die Milchprodukte konsumieren, leben mit ähnlichen Risiken, wie sie auch Fleischesser in Kauf nehmen müssen. Kaum jemand weiß das jedoch und Aufklärung wird vermieden.

Nach einer britischen Studie, in der Milch BSE infizierter Kühe an Kälber verfüttert wurde, erkrankten diese nach 18 Monaten nicht. Das heißt bei einer Inkubationszeit von 6 bis 8 Jahren nichts Genaues. Der britischen Regierung ist es, was Milch und BSE angeht, offensichtlich mulmig geworden: So wurde am 14. Januar 2001 über deutsche Medien kundgetan, dass die englische Regierung Zweifel an der These habe, BSE sei durch Milch nicht übertragbar. Sie habe daher eine Studie in Auftrag gegeben, um den Übertragungsweg zwischen Milch und BSE zu klären.[4] Am nächsten Tag stand in Deutschlands meistgelesener Zeitung: „BSE durch Milch? [...] Englische Forscher schließen nicht mehr aus, dass BSE auch über Kuhmilch übertragen werden kann..."[5] Als Kommentar dazu erklärte ein deutscher Wissenschaftler, dass nichts auszuschließen sei, das Risiko bei Milch aber sehr gering sei. Was komplett fehlte, war der Hinweis auf die von der britischen Regierung in Auftrag gegebene Studie, sowie der Beweggrund für diesen Auftrag.

Ideologie und Interessen

Das Milchparadox

Kalzium kommt aus der Milch, Cholesterin verursacht Herzinfarkt, Fett macht fett und Eiweiß fit. Diese Halbwahrheiten kennen wir mittlerwei-

---

2   Richard Rhodes, Tödliche Mahlzeit, S. 176 und 228.
3   Cornelia Schlieper, Ernährung heute, S. 119.
4   WDR 2 am 14. Jan. 2001, mehrfach in den Nachrichten.
5   BILD vom 15. Jan. 2001.

le. Aber sie spiegeln nicht nur die Ernährungsvorstellungen der meisten abendländischen Menschen wider, sondern werden auch von Experten landauf, landab verkündet. Es gibt zwar auch Fachleute, die, sofern sie zu Wort kommen, genau das Gegenteil verkünden, aber natürlich werden diese weit seltener in den Medien zitiert. Neben der geballten Marktmacht von Nahrungsmittel-, Pharma-, Diät- und Fitnessindustrie trägt häufig unkritischer Journalismus zu dieser Situation bei. Es wundert aus verschiedenen Gründen nicht, dass LeserInnen oft abschalten und neue Ernährungsratschläge mit einem Achselzucken quittieren. Viele gehen wegen Widersprüchlichkeiten dazu über, jede diesbezügliche Theorie über Bord zu werfen und nach ihrem Geschmack zu leben. Vermutlich wäre dies auch – lebten wir noch vor der Etablierung der Ernährungsindustrie – die gesündeste Methode. Seit etwa 40 Jahren haben wir es jedoch mit einer sehr spezialisierten und globalisierten Nahrungsmittelindustrie zu tun, für die inzwischen der künstliche aromatische Pep in Lebensmitteln, besonders in qualitativ minderwertigen, zum Standard gehört. Gedacht sei nur einmal an Glutamat. Ohne diesen höchst umstrittenen Geschmacksverstärker, der bekannt für seine Hirn schädigenden Wirkungen ist, geht fast nichts mehr. Wir sind – was ohne weiteres gar nicht so leicht zu beeinflussen ist – einer geschmacklich-sinnlichen Dauerverführung ausgesetzt, Gegenwehr ist zumindest kompliziert. Diejenigen, die ihre Ernährung auf vermeintlich einfache und gesunde Art selber steuern wollen, greifen nur allzu häufig nach den weißen Milchprodukten mit dem Image: tradiert, ursprünglich, natürlich und gesund. Sie greifen nach einem Trugbild.

Milch ist das industrielle Nahrungsmittel schlechthin geworden, von der Erzeugung bis zum Endprodukt mit umfassender Fließbandlogik. Das Milchprodukt, das wir kaufen, ist immer ein Endprodukt aus der Milchfabrik, gekühlt, in Tanks gestapelt, gerührt, separiert, zentrifugiert, über Plattenwärmeaustauscher geleitet, durch hunderte Meter Rohrleitungen, Ventile, Pumpen und Homogenisatoren gepresst, in Fraktionen zerlegt, wieder zusammengesetzt. Weder in Getreide noch im Fleisch, noch im Gemüse und Obst hat sich die Fließbandlogik derart perfekt manifestiert. Milch muss und kann handwerklich und hauswirtschaftlich nicht mehr verarbeitet werden, wozu bei anderen Grundnahrungsmitteln noch weitaus mehr individuelle Spielräume bestehen. Deren industrielle Produktion und Weiterverarbeitung ist zwar ebenfalls weit fortgeschritten, aber wer will, kann das Urprodukt leicht in jedem Supermarkt erwerben und selbst verarbeiten. Nur Rohmilch kann man praktisch nicht mehr erwerben. Man stelle sich vor, wir könnten keine Äpfel mehr kaufen, nur noch Apfelsaft, Apfeltaschen, Apfelmus. Homogenisierte und pasteurisierte Milch ist so gesehen 'Milchmus', das optisch zwar der Rohmilch ähnelt, aber neben Fertignahrung eines der am stärksten bearbeiteten und veränderten Nahrungsmittel überhaupt ist. Ein fabrikproduziertes Naturprodukt – paradox.

Milch, Politik und Propaganda

Milch hat seit etwa hundert Jahren höchste politische Brisanz, und zwar in allen Milchländern. Sie ist eine Haupteinkommensquelle der Landwirtschaft und unterliegt strenger staatlicher, heute sogar suprastaatlicher Reglementierung durch die Europäische Union. Wie politisch Milch ist, kann beispielhaft an einem der landwirtschaftlichen Hauptprobleme der EU-Neumitglieder gezeigt werden: Es ist dies das Problem der kleinen Kuhhaltungen, die durchschnittlich nur eine (Bulgarien) bis drei oder vier (Polen) Kühe halten. Die Milch dieser Kühe ist im gemeinsamen EU-Binnenmarkt weder in der Vermarktung noch kostenmäßig konkurrenzfähig. Der Strukturwandel – Aufgabe der kleinen Kuhhaltungen –, der sich nach dem Zweiten Weltkrieg in Deutschland innerhalb von zwanzig Jahren vollzog, wird in den osteuropäischen EU-Mitgliedsstaaten im Zeitraffer durchgeführt werden müssen, mit erheblichen ökonomischen Folgen für die Betroffenen und politischen Implikationen.

Den Aufstieg der Milch vom Rohstoff für Butter und etwas Käse in der Subsistenzproduktion zum Grundnahrungsmittel, zum Rohstoff unzähliger Milchprodukte und zum Komponentenreservoir für die übrige Nahrungsmittelindustrie ist eingehend dargestellt worden. Neben den Mythen lässt eine seit gut hundert Jahren nicht abreißende Propaganda zwischen Realität und Image eine immer größere Lücke klaffen. Anfangs hatte man durchaus die Verbesserung der Lebensbedingungen ärmerer Bevölkerungsschichten im Sinn; eine allgemein ausreichende Kalorienversorgung, die Proletarier sollten vom Bier abgebracht und Kleinkinder besser ernährt werden. Das neue Lebensmittel war relativ billig und hatte große Fett- und Eiweißpotenziale, es geriet nicht in den Verdacht ungesund zu sein, und so förderte man seinen Konsum staatlicherseits. Bei Milch passte einfach alles zusammen: Die Bauern konnten sich ein zweites Standbein schaffen, indem sie in die Milchproduktion für die städtischen Märkte einstiegen; es etablierte sich eine neue Wissenschaft, eine neue Industrie und ein neuer staatlicher Verwaltungsapparat, bis heute gemeinsam mit den Produzenten die vier Säulen moderner Milchwirtschaft; die Verbraucher profitierten von preiswerten und 'guten' Nahrungsmitteln. Milch passte in die Gründerzeit, die Zeit der naturwissenschaftlichen Entdeckungen und des technologischen Fortschritts, perfekt hinein, ihr langsamer Aufstieg begann. Noch in den 1920er Jahren schien es nötig einen „Reichsmilchauschuss" zu gründen, dessen Aufgabe allein darin bestand, den Milchkonsum in der zögernden Bevölkerung anzukurbeln. Die Notwendigkeit, sich gegen Vorbehalte durchzusetzen, gereichte der Milch letztlich zum Vorteil, denn als potenzieller Krankheitsüberträger wurde sie besonderen Hygienemaßnahmen unterworfen und dadurch allgemein akzeptabel. Die wissenschaftliche Forschung selbst stand dabei im Vordergrund, indem sie vortrefflich ihre berechtigten Hygienevorstellungen in die Praxis umsetzen und Verarbeitungstechnologien anhand eines neuen Lebensmittels entwickeln konnte. So war zunächst und zu Recht Milch als gesund und modern angepriesen worden, aber mit dem Ziel größtmöglicher Unverfälschtheit, denn die Menschen kannten ja die echte Milch noch und neue Bearbeitungsmethoden, wie die Pasteurisierung, lehnten sie mehrheitlich ab. Dann jedoch, nach dem Zweiten Weltkrieg, waren die neuen Technologien nicht mehr aufzuhalten und es wurde schwierig bzw. unmöglich die Milch natürlich zu erhalten. Die alte Milchpropaganda von der natürlichen, guten und gesunden Milch wurde hohl. Die Diskrepanz zwischen Sein und Schein aufrecht erhalten zu haben, ist vornehmlich das Verdienst einer aus dem 19. Jahrhundert stammenden Geisteshaltung in der Ernährungsindustrie, dem Agrarbereich, den Verwaltungen und der Wissenschaft, die sich fast ausschließlich auf die Hygiene konzentriert und sämtliche sonstigen gesundheitlichen Aspekte von Nahrungsmitteln und ihres Konsums nur ungern diskutiert.

Werbung mit Hygiene ist heute veraltet, weil selbstverständlich, aber natürlich und gesund, das sind immer noch Vokabeln, mit denen man Menschen zur Milch führt. Sie stimmen zwar nicht mehr, doch Sachzwänge entschuldigen jetzt die Unnatürlichkeit. Und an der Gesundheit, die noch immer hauptsächlich aus hygienischer Sicht betrachtet wird, zweifeln die Hersteller nicht. Für die anderen Gesundheitsfragen sind nicht allein sie, sondern auch andere, wie Wissenschaft und Verwaltungen, zuständig. Aber diese haben auch kaum offene Zweifel an ihrem Tun. Das Loblied auf die Milch wird also allenthalben noch weiter gesungen.

Milch? Besser nicht!

Am Ende der klassischen Industrialisierungsperiode angekommen, müssen wir uns fragen, ob wir auch am Ende des industriellen Milchkonsums stehen. Sollen Kühe unter immer absurderen und schädlicheren Haltungsbedingungen ständig noch mehr Milch geben und sollen Menschen immer mehr Milchprodukte essen? Stagnierende oder rückläufige Verbrauchszahlen in den Milchländern lenken den Milchexport in Schwellenländer und die so genannte Dritte Welt – moralisch nur schwer zu rechtfertigen. Eine Grenze taucht auf und warum sollten wir nicht, statt chronisch Wachstum anzustreben, einfach nur so klug sein, diese Grenze wahrzunehmen? Der Zenit des Milchkonsums ist längst erreicht und mittlerweile überschritten, der Zenit gesundheitsschädlicher Auswirkungen noch nicht.

Das traditionelle Gesundheitsmodell bröckelt und wird unbezahlbar, man wird – trotz Gentechnologie – um die Erforschung ursächlicher Zusammenhänge zwischen bestimmten Nahrungsmitteln und Krankheiten nicht herumkommen. Auf diesem Terrain gebührt der Milch einer der vordersten Ränge, das wissen viele ÄrztInnen, Fach- und Sachkundige und Betroffene nur zu gut. Laut zu sagen trauen es sich nur wenige, hier besteht ein Tabu, zumindest eine feste Tradition, die allerdings langsam aufzubrechen scheint.

Seit zwei Jahren ist ein Trend zu kritischer Publikation zu beobachten. Die noch immer wenigen aufklärenden TV-Sendungen und Zeitungsberichte haben die Milchindustrie jedoch so aufgeschreckt, dass auf ihrer letzten Welttagung im Herbst 2006 ein „Global Dairy Forum" eingerichtet wurde, das sich mit dem Image von Milchprodukten im Licht einer weltweit wachsenden Anti-Milchbewegung beschäftigen soll.[6] Wir dürfen gespannt sein, welche Forschungen von diesem Forum angestossen und welche neuen Imagestrategien verfolgt werden. Eines ist sicher, dass die Lobbyarbeit verstärkt werden wird, gepaart mit noch höheren Ausgaben für Milchwerbung.

Der Werbemacht der Milch- und Ernährungsindustrie stehen noch wenige, aber immer mehr Zweifler, darunter auch Wissenschaftler und Ernährungsexperten gegenüber. Diese tagten fast zeitgleich mit der Milchindustrie, jedoch am anderen Ort und in dem echten Bemühen die Vor- und Nachteile des menschlichen Milchkonsums zu ergründen. Die dreitägige Konferenz veranstaltete das Harvard Center for Cancer Preventi-

---

[6] http://www.newstarget.com/021054.html

on in Boston USA im Oktober 2006 zum Thema: „Milk, Hormons and Human Health" mit WissenschaflterInnen aus aller Welt.[7] Das in Boston versammelte Know-how kam zu wenig schmeichelhaften Ergebnissen für die Milch.

Die Zweifel an der gesundheitlichen Unbedenklichkeit von Milch haben sogar eine gewisse Tradition. Die Amerikaner Harvey und Marilyn Diamond haben in ihren Welt-Bestsellern „Fit for Life" schon in den1980er Jahren auf die Milchproblematik hingewiesen. In den 1990er Jahren ist ihnen John Robbins mit seinem Buch „Ernährung für ein neues Jahrtausend" gefolgt. Der Erbe des größten amerikanischen Eiskremunternehmens, Baskin, trat sein Erbe nicht an, stattdessen erforschte er lieber die Zusammenhänge zwischen Ernährung und Krankheiten und schrieb sie nieder. Mit „The China Study" hat Colin Campbell, emeritierter Professor der Cornell Universität, 2005 sein Resümee aus 40 Jahren Ernährungsforschung niedergeschrieben. Es lautet in Bezug auf Milch, dass sie ein überflüssiges und auf lange Sicht gesundheitsschädliches Nahrungsmittel ist!

Im deutschen Sprachraum fand sich derartige Literatur kaum und wenn, dann in sehr verkürzter Form, siehe M. O. Bruker „Der Murks mit der Milch" und Wolfgang Spiller „Macht Kuhmilch krank?" Das Internet ist ergiebiger, dort gibt es mittlerweile viele kritische Seiten. AllergologInnen und HautärztInnen wissen um die Milchproblematik, beleuchten sie jedoch meist fachspezifisch.

Mit Robert Cohens, „Milk, The Deadly Poison," Jane Plants, „Dein Leben in Deiner Hand,"[8] den beiden EU-Studien zu BST und Justine Butlers „white lies" von 2006 liegen englischsprachige Publikationen als Auswertungen der wissenschaftlichen Forschung zum Thema vor, die unseren heutigen Milchkonsum insgesamt fragwürdig erscheinen lassen. Mit „Milch besser nicht" hat seit drei Jahren auch im deutschen Sprachraum ein Nachdenken über die Milch ganz allgemein eingesetzt. Über kurz oder lang wird man sich auch bei uns mit der Problematik eingehender beschäftigen und die Einstellung zum natürlichen, guten Nass mit der weißen Farbe, die Hygiene, Helligkeit und Modernität zu vermitteln scheint, neu justieren müssen. Ob wir Milch wohl auch geschätzt hätten, wäre sie rot, braun oder gar schwarz?

---

7 http://www.hsph.harvard.edu/cancer/workshops/milk/program.html
8 Das ins Deutsche übersetzte Buch von Jane Plant enthält Anleitungen zu einer milch- und umweltgiftfreien Ernährung und einem solchen Lebensstil, auf das für alle, die milchfrei leben wollen oder müssen, verwiesen sei.

Anhang

*Die Galen-Zitate sind dem Werk von Conrad Gesner entnommen (siehe Gesner im Literaturverzeichnis).

Literaturverzeichnis

Wissenschaftliche Studien sind jeweils nur in den Fußnoten aufgeführt.

Abel, Wilhelm
Geschichte der deutschen Landwirtschaft vom frühen Mittelalter bis zum 19. Jahrhundert, Verlag Eugen Ulmer, Stuttgart, 1978.

Andre, Jacques
Essen und Trinken im alten Rom, Philipp Reclam jun., Stuttgart,1998.

Anemueller, Dr. med.
Die Molketrinkkur, Hädecke-Verlag, Gratisauflage für Angehörige der neu-form-Reformbranche, ohne Jahresangabe.

Bächtold-Sträubli, Hans (Hrsg.)
Handwörterbuch Zur Deutschen Volkskunde, Abteilung I, Aberglaube, Handwör-terbuch Des Deutschen Aberglaubens, Walter de Gruyter & Co., Berlin/Leipzig, 1934/1935.

Baltes, Werner
Lebensmittelchemie, Springer-Verlag, Berlin, 1995.

Behm, Susanne
Molke, Volkswirtschaftlicher Verlag, München, 1987.

Benecke, Norbert
Der Mensch und seine Haustiere, Die Geschichte einer Jahrtausende alten Be-ziehung, Theiss-Verlag, Stuttgart, 1994.

Beutling, Dorothea (Hrsg.)
Biogene Amine in der Ernährung, Springer-Verlag, Berlin, 1996.

BfR-Bundesinstitut für Risikobewertung
Domke, Großklaus, Niemann, Przyrembel, Richter, Schmidt, Weißenborn, Wör-ner, Ziegenhagen (Hrsg.)
Verwendung von Vitaminen in Lebensmitteln – Toxikologische und ernährungs-physiologische Aspekte, Berlin 2004.
und
Verwendung von Mineralstoffen in Lebensmitteln – Toxikologische und ernäh-rungsphysiologische Aspekte, Berlin 2004.

Biesalski, Hans und Grimm, Peter
Taschenatlas der Ernährung, Thieme-Verlag, Stuttgart, 2002.

Bittermann, Eberhard
Die landwirtschaftliche Produktion in Deutschland 1800–1950, in: Kühn-Archiv, 70. Band, Martin-Luther-Universität Halle-Wittenberg, VEB Max Niemeyer Verlag, Halle (Saale), 1956.

Blau, Gerhard und Kielwein, Gerhard
Die Erzeugung von Qualitätsmilch, Verlag der Ferber'schen Universitäts-Buchhandlung, Gießen, 1985.

Brockhaus Enzyklopädie
20. Aufl., Wiesbaden, 1998.

Bruce, James
Zu den Quellen des Blauen Nils, übersetzt von Gussenbauer, Herbert, K. Thienemanns-Verlag, Stuttgart, 1987.

Bruker, M. O., Dr. med. und Jung Mathias, Dr. phil.
Der Murks mit der Milch, emu-Verlag, 3. Aufl., Lahnstein, 1996.

Burton, Benjamin und Foster, Willis
Human Nutrition, Mcgraw-Hill Book Company, 1988.

Butler, Dr. Justine
white lies, The health consequences of consuming cow´s milk, Vegetarian & Vegan Foundation, Bristol, United Kingdom, 2006
http://www.vegetarian.org.uk/whitelies/report.pdf

Campbell, T. Colin
The China Study, Startling Implications For Diet, Weight Loss And Long-Term Health, First BenBella Books Edition, Dallas, Texas, 2005.

Classen/Diehl/Kochsiek
Innere Medizin, Urban & Schwarzenberg, 4. Aufl., München, 1998.

Cohen, Robert
Milk, The Deadly Poison, Argus Publishing, Englewood Cliffs, New Jersey, 1998.

Comberg, Gustav
Die deutsche Tierzucht im 19. und 20. Jahrhundert, Verlag Eugen Ulmer, Stuttgart, 1984.

Davids, Georg
Holländer und Holländereien, in: Arbeit und Leben auf dem Lande, Band 4, Die Milch, Geschichte und Zukunft eines Lebensmittels, Cloppenburg, 1996.

Diamond, Harvey und Diamond, Marilyn
Fit for Life, verschiedene Ausgaben und Auflagen, Goldmann Taschenbücher.

Anhang

Diamond, Jared
Der Dritte Schimpanse, Fischer-Verlag, Frankfurt a.M., 1994.

Dirie, Waris und Miller, Cathleen
Wüstenblume, Franz Schneekluth-Verlag, München, 1998.

Eaton, Russell
The Milk Imperative, A ticking bomb inside your body, DeliverdOnline, Wokingham, United Kingdom, 2005.

Eekhof-Stork, Nancy
Der große Käseatlas, Hallwag-Verlag, Bern, 1979.

Ehrlich, Maria
Untersuchung von Molkereimilchprodukten aus Deutschland auf gesundheitlich bedeutsame Fettsäuren (Omega 3, Omega 6, CLA) unter Berücksichtigung des eingesetzten Maisfutters, Universität Kassel, 2006
http://www.einkaufsnetz.org/gesunde-milch

Ellerkamp, Marlene
Industriearbeit, Krankheit und Geschlecht, Vandenhoeck und Ruprecht, Göttingen, 1991.

Elmadfa, Ibrahim und Leitzmann, Claus
Ernährung des Menschen, Ulmer, Stuttgart, 1990.

Embry, Ashton F.
Multiple Sklerose, Wahrscheinliche Ursache und aussichtsreichtste Behandlung, übersetzt von Detlef Neumann
http://www.mss-ev.de/1023_04_u.htm

Ernährungsbericht 2000, Ernährungsbericht 2004
im Auftrag des Bundesministerium für Gesundheit erstellt, über den Buchhandel zu beziehen.

EU-BST-Human-Report
Report on Public Health Aspects of the Use of Bovine Somatotrophin, Scientific Committee on Veterinary Measures relating to Public Health, adopted 15/16 March 1999.
http://ec.europa.eu/food/fs/sc/scv/out19_en.html

EU-BST-Tier-Report
Report of the Scientific Committee on Animal Health and Animal Welfare, (SCA-WAH), adopted 10. March 1999, Report on Animal Welfare Aspects of the use of Bovine Somatotropin; Bericht des Wissenschaftlichen Ausschusses für Tiergesundheit und Wohlbefinden der Tiere; Entscheidungsgrundlage für die Ratsverordnung vom 17. Dez. 1999 (1999/879/EG), ABl L 331/71; erhältlich über die EU-Kommission.
http://ec.europa.eu/food/fs/sc/scv/out21_en.html

Fahr, Rolf-Dieter und von Lengerken, Gerhard (Hrsg.)
Milcherzeugung, Deutscher Fachverlag, Frankfurt a. M., 2003.

Fink, Andrea
Von der Bauernmilch zur Industriemilch; Dissertation an der Fachhochschule Kassel, 35 aus 1991, Nr. B 338.

Gesner, Conrad
Büchlein von der Milch und den Milchprodukten, übersetzt von Dr. Siegfried Kratzsch, Dr. Carl-Ludwig Riedel (Hrsg.), Milchwirtschaftliche Lehr- und Untersuchungsanstalt, 1. Aufl., Krefeld, 1996.

Gesundheitsbericht für Deutschland
GBE 1998, herausgegeben vom Statistischen Bundesamt Wiesbaden mit dem „Spezialbericht Allergien 2000."

Goodall, Jane
Ein Herz für Schimpansen, Rowohlt, Reinbek, 1991.

Göttner-Abendroth, Heide
Die Göttin und ihr Heros, Verlag Frauenoffensive, 8. Aufl., München, 1988.

Hans O., Gravert
Die Milch, Verlag Eugen Ulmer, 1983.

Grant, Michael und Hazel, John
Lexikon der antiken Mythen und Gestalten, dtv/List, München, 1987.

Grassi, Ernesto (Hrsg.)
Hippokratische Schriften, rororo, Reinbek, 1962.

Grimm, Hans-Ulrich
Aus Teufels Topf, Die neuen Risiken beim Essen, Knaur, Stuttgart, 2001.

Grimms Wörterbuch
Band 12, Deutscher Taschenbuch Verlag, München, 1984.

Anhang

Harris, Marvin
Wohlgeschmack und Widerwillen. Die Rätsel der Nahrungstabus, Klett-Cotta, Stuttgart, 1988.

Heiss, Rudolf (Hrsg.)
Lebensmitteltechnologie, Springer-Verlag, Berlin, 1996.

Hetzner, Eberhard (Hrsg.)
Handbuch Milch, Loseblattsammlung, Behr's Verlag, 13. Aktualisierung, Hamburg, 2001.

Hoops, Johannes
Reallexikon der Germanischen Altertumskunde, Band 2 und 3, Verlag Karl J. Trübner, Straßburg, 1913-1915.

Illing, Stephan
Allergische Erkrankungen im Kindesalter, Hippokrates-Verlag, Stuttgart, 1992.

Jakubke, Hans-Dieter und Jeschkeit, Hans
Aminosäuren, Peptide, Proteine, Akademie-Verlag, Berlin, 1982.

Jarisch, Reinhart, Hrsg.
Histamin-Intoleranz, Georg-Thieme-Verlag, Stuttgart, 1999.

Jonsson, Ursula
Die Basisallergie, Verlag Ius Salutatis/BoD, Augsburg, 2002.

Kammerlehner, Josef
Lab Käse Technologie, Verlag Thomas Mann, Gelsenkirchen-Buer, 1986.

Kapfelsberger, Eva und Pollmer, Udo
Iß und stirb, Kiepenheuer & Witsch, Köln, 1982.

Kasper, Heinrich, Prof. Dr. med.
Ernährungsmedizin und Diätetik, Urban und Fischer, 9. Aufl., München, 2000: Urban und Schwarzenberg, 8. Aufl., 1996 und 7. Aufl., München, 1991.

Kielwein, Gerhard, Prof. Dr.
Leitfaden der Milchkunde und Milchhygiene, Blackwell Wissenschafts-Verlag, 3., neu bearbeitete Aufl., Berlin, 1994; Verlag Paul Parey, 2., neu bearbeitete Aufl., Berlin, 1985.

Kiple, Kenneth F. und Coneè Ornelas, Kriemhild (Hrsg.)
The Cambridge World History of Food; Cambridge University Press, UK, 2000.

Klammrodt, Friedrich
Unkonzentriert, aggressiv, überaktiv – Ein Problem der Erziehung oder der Ernährung? Verlag Grundlagen und Praxis, Leer, 1999.

Klupsch, H. J.
Saure Milcherzeugnisse Milchmischgetränke und Desserts, Verlag Thomas Mann, 2. Aufl., Gelsenkirchen-Buer, 1992.

Knaurs Lexikon der ägyptischen Kultur
München, 1978.

Martinetz, Dieter
Nahrungsgifte, Urania, Leipzig, 1995.

Milchgenossenschaft Trier
Broschüre: Zur Ausstellung in Saarbrücken 1911, Stadtarchiv Trier.

Mirow, Jürgen
Geschichte des Deutschen Volkes, Casimir-Katz-Verlag, Gernsbach, 1990.

Neue Chemie in Lebensmitteln
Zweitausendeins, Frankfurt a. M., 1995.

Oudet, Maurice
Misereor Aachen (Hrsg.), Agrarsubventionen schaffen Armut. Das Beispiel der EU-Milch in Burkina Faso, MVG Medienproduktion und VertriebsgmbH, Aachen, 2005.

Oster, Kurt A./Ross, Donald J./Richmond Dawkins, Hazel H.
The XO Factor and how it can destroy your arteries, your heart, your life! Park City Press, New York, 1983.

Pantaleone da Confienza
Summe der Milchprodukte, Summa lacticiniorum, übersetzt von Dr. Siegfried Kratzsch; Dr. Carl-Ludwig Riedel und Dr. Dieter Hansen (Hrsg.), Milchwirtschaftliche Lehr- und Untersuchungsanstalt,
Westparkstr. 92– 96 , 47803 Krefeld, 1. Aufl., Krefeld, 2002.

Pfeuffer, Maria
Funktionelle Wirkung konjugierter Fettsäuren, in: Schriftenreihe der Agrar- und Ernährungswissenschaftlichen Fakultät der Universität Kiel, Nr. 90, 2000.

Plant, Jane, Prof.
Dein Leben in Deiner Hand, Goldmann, München, 2000.

Pollmer,Udo/Fock,Andrea/Gonder,Ulrike/Haug,Karin
Prost Mahlzeit! Krank durch gesunde Ernährung,
Kiepenheuer & Witsch, Köln, 2001.

Pollmer,Udo/Hoike,Cornelia/Grimm,Hans-Ulrich
Vorsicht Geschmack, rororo, Reinbeck bei Hamburg, 2000.

Procházka, Eleonore Dr.
Umwelt direkt, Nr. 4, 1994.

Ranke-Graves, Robert von
Griechische Mythologie, Quellen und Deutung, Burghard König (Hrsg.), rororo,
Reinbek, 1994.

Rapp, Doris
Ist das Ihr Kind?, Versteckte Allergien aufdecken und behandeln, medi-Verlag
Hamburg, 1996.

Rauch-Petz, Gisela G., Dr. med.
Allergenfrei essen, Südwest-Verlag, Berlin, 2000.

Renner, Edmund, Prof. Dr.
Milch und Milchprodukte in der Ernährung des Menschen, Volkswirtschaftlicher
Verlag, 4. Aufl., München, 1983.

Renner, Edmund, Prof. Dr.
Lexikon der Milch, Volkswirtschaftlicher Verlag, München, 1988.

Rhodes, Richard
Tödliche Mahlzeit, Spiegel-Buch, Goldmann, München, 2000.

Rifkin, Jeremy
Das biotechnologische Zeitalter, Goldmann, München, 2000.

Robbin, John
Ernährung für ein neues Jahrtausend, Hans-Nietsch-Verlag, Waldfeucht, 1995.

Römpp
Lexikon Lebensmittelchemie, Thieme-Verlag, Stuttgart, 1995.
Lexikon Chemie, Thieme-Verlag, Stuttgart, 1999.

Sass,W. und Seifert,J.
Über Insorptions- und Persorptionsvorgänge im Magen-Darm-Trakt, in: Jorde,
W. und Schata,M. (Hrsg.) Nahrungsmittelallergie, Dustri-Verlag, Mönchenglad-
bach, 1991.

Schibler, Jörg u. a.
Ökonomie und Ökologie neolithischer und bronzezeitlicher Ufersiedlungen am
Zürichsee, Monographien der Kantonsarchäologie, Band 20, Zürich 1997.

Schleip, Thilo
Laktoseintoleranz, Ehrenwirth, Verlagsgruppe Lübbe, 2001.

Schlieper, Cornelia A.
Grundfragen der Ernährung, Verlag Handwerk und Technik, 14. Aufl., Hamburg, 1998;
Enährung heute, Verlag Handwerk und Technik, 9. Aufl., Hamburg, 2001.

Schlimme, E.
in C. A. Barth, E. Schlimme, Milk Proteins, Nutritional, Clinical, Functional and Technological Aspects, Springer-Verlag, New Vork, 1988 und Steinkopff-Verlag, Darmstadt, 1989.

Schürmann, Thomas
Milch – Zur Geschichte eines Nahrungsmittels, in: Arbeit und Leben auf dem Lande, Band 4, Die Milch, Geschichte und Zukunft eines Lebensmittels, Cloppenburg, 1996.

Schwedt, Georg
Taschenatlas der Lebensmittelchemie, Stuttgart, Thieme-Verlag, Stuttgart, 1999.

Seebaum, Silvia
Wertigkeit von A1- und A2-Antikörpern gegen ß-Casein beim Typ 1- Diabetes mellitus: Eine prospektive Familienstudie, Dissertation, Fachbereich Humanwissenschaften der Justus-Liebig-Universität Gießen, 1998.

Sienkiewicz, Tadeusz, Dr. und Riedel, Carl-Ludwig, Dr.
Molke und Molkeverwertung, VEB Fachbuchverlag, Leipzig, 1986.

Souci-Fachmann-Kraut, Der kleine
Lebensmitteltabelle für die Praxis, Hrsg.: Deutsche Forschungsanstalt für Lebensmittelchemie, 2. Aufl., Garching, 1991.

Spiekermann, Uwe
Zur Geschichte des Milchkleinhandels in Deutschland im 19. Jahrhundert, in: Arbeit und Leben auf dem Lande, Band 4, Die Milch, Geschichte und Zukunft eines Lebensmittels, Cloppenburg, 1996.

Spiller, Wolfgang
Macht Kuhmilch krank? Waldthausen-Verlag, Ritterhude, 1996.

Spitzmüller, Beate
Lydia Rabinowitsch-Kempner, in: Aufbrüche, Frauengeschichten aus Tiergarten 1850–1950, Kulturamt Tiergarten (Hrsg.), Berlin, 1999.

Spreer, Edgar
Technologie der Milchverarbeitung, Behr's Verlag, 7. Aufl., Hamburg, 1995.

Statistische Jahrbücher für das Deutsche Reich
Statistisches Bundesamt, Wiesbaden, verschiedene Jahrgänge.

Anhang

Statistische Jahrbücher für die Bundesrepublik Deutschland
Statistisches Bundesamt, Wiesbaden, verschiedene Jahrgänge.

Statistik L
Statistische Jahrbücher über Ernährung Landwirtschaft und Forsten, Landwirt-schaftsverlag GmbH Münster-Hiltrup, verschiedene Jahrgänge.

Statistisches Bundesamt
Bevölkerung und Wirtschaft 1872 –1972, Kohlhammer, 1972.

Sutermeister, Edwin und Brühl, Ernst, Dr.
Das Kasein, Verlag Julius Springer, Berlin, 1932.

Teuteberg, Hans Jürgen und Wiegelmann, Günter (Hrsg.)
Unsere tägliche Kost, F. Coppenrath-Verlag, Münster, 1986.

Teuteberg, Hans-Jürgen und Wiegelmann, Günter
Der Wandel der Nahrungsgewohnheiten unter dem Einfluß der
Industrialisierung, Göttingen, 1972.

Töpel, Alfred
Chemie und Physik der Milch, B. Behr´s Verlag, Hamburg, 2004.

Tüttenberg, Hans-Werner
Nahrungsmittelallergien erkennen und behandeln, Verlag Gesundheit, 1999.

Veith, Walter
Ernährung neu entdecken, Der Einfluss der Ernährung auf unsere Gesundheit,
Wissenschaftliche Erkenntnisse, übersetzt von Winfried Küsel, Wissenschaftli-che Verlags-Gesellschaft, Stuttgart, 1996.

Vollmer, Dr. W.
Vollständiges Wörterbuch der Mythologie aller Völker, Krais- und Hoffmann-Ver-lag, 2. Aufl., Stuttgart, 1859.

Walker, Barbara G.
The Woman's Encyclopedia of Myth and Sekrets, Harper-Collins Publishers Inc.,
New York, 1983.

Weber, Herbert
Milch und Milchprodukte, Behr's Verlag, Hamburg, 1996.

Weiler, Gerda
Der Aufrechte Gang der Menschenfrau, Ulrike-Helmer-Verlag, Frankfurt a. M.,
1994.

Winchenbach, Andrea
Prüfung der Essentialität lebender Keime für die Förderung der intestinalen Laktosehydrolyse durch die mikrobielle ß-Galactosidase fermentierter Milchprodukte am Modell des gnotobiotischen Göttinger Minischweins, Dissertation an der Freien Universität Berlin, 1998, Fachbereich Veterinärmedizin (Journalnummer: 2172).

ZMP
Zentrale Markt- und Preisberichtsstelle, Bonn, Marktbilanz Milch, verschiedene Jahrgänge.

Anhang

Internetadressen

Stand Mai 2007

Auswertungs- und Informationsdienst für Ernährung, Landwirtschaft und Forsten (aid) e.V.
http://www.aid.de

Basisallergie
http://www.basisallergie.de

BBC – Gesundheitsinfos
http://news.bbc.co.uk/hi/english/health

Bundesforschungsanstalt für Ernährung und Lebensmittel,
Standort Kiel
(ehem. Bundesanstalt für Milchforschung)
http://www.bafm.de

Biotechnologie in der Käseherstellung
http://www.bmvel-forschung.de/
FORSCHUNGSREPORTRESSORT/DDD/T1_98_1208.pdf

Brustkrebs
http://www.erieping.de
Wissenschaftlich fachlich sehr gute Info´s einer betroffenen Wissenschaftlerin.
Women´s Health Initiative
http://www.nhlbi.nih.gov/whi
Das Für und Wider der Hormonseratztherapie.

Bundesministerium für Verbraucherschutz, Ernährung und Landwirtschaft
Ernährungsbericht 2000 in Kurzform
http://www.verbraucherministerium.de/
index-0003C61C275E10219EBE6521C0A8D816.html

Diabetes
http://www.nealhendrickson.com/mcdougall/020700puthepancreas.htm
http://www.nationaldairycouncil.org/NationalDairyCouncil/Nutrition/Reducing/
diabetesMellitusPage1.htm

Dr. Robert Kradjian's Gesundheitsbrief
http://www.notmilk.com/kradjian2.html

EU.L.E.N – SPIEGEL Ernährung, wissenschaftlich, kritisch
http://www.das-eule.de

Verbraucherschutz in Bezug auf Nahrungsmittel
www.foodwatch.de

Anhang

Fruktoseunverträglichkeit
http://www.kup.at/kup/pdf/305.pdf

Galaktosämie
http://www.galaktosaemie.de

Ganzheitliche Medizin und Naturheilverfahren
Dr. Joern Reckel
http://www.bimedical.de

Gesund leben, Dr. Eleonore Procházka
http://www.sylt-gesund-leben.de/texten/milch.htm
Toxikologische Beratung in Bezug auf Ernährung

Gentechnik Info's
http://www.biosicherheit.de

Glutamat
http://www.glutamat.info/media/Glutamat_im_menschlichen_K%F6rper.asp
http://www.a-c-media.de/glutamat.htm

Greenpeace-Kampagne zur Fettsäurezusammensetzung von Milch
http://www.greenpeace.de/fileadmin/gpd/user_upload/themen/landwirtschaft/gr
eenpeace_hintergrund_milch.pdf

Homocystein/Dr. Seitz
http://www.m-seitz.de/Homocystein/homocystein.htm

Hormones: Here's the Beef
Environmental concerns reemerge over steroids given to livestock
Janet Raloff
http://www.sciencenews.org/articles/20020105/bob13.asp

Info's über den Milchmarkt von der Milchindustrie
http://www.milch-markt.de

Information des Internationalen Molkerei Verbandes (International Dairy Federation) zur Milch-Gesundheitsdebatte in englischer Sprache
http://www.fil-idf.org/WebsideDocuments/JACNDecember 2005.pdf

Jod
http://www.jod-kritik.de/index.htm
http://www.jodkrank.de

Laktoseforum
http://www.libase.de

Lebensmittelallergieforum
http://www.lebensmittelallergie.info
Wissenschaftlich fachlich sehr gute Info´s zu Laktoseintoleranz und den sie begleitenden anderen Intoleranzen, Allergien und sonstigen Erkrankungen.

Milch
http://www.milchlos.de

Monsanto – BST
http://www.monsantodairy.com

Möglichkeiten in der alternativen Therapie bei Multipler Sklerose und anderen autoimmunen Erkrankungen
http://www.mss-ev.de/1023_04_u.htm

Muttermilch und Milch
http://www.gesundheit.gs/milch.htm

Nationale Verzehrsstudie II – NVSII
http://www.was-esse-ich.de

notmilk-Seite
http://www.notmilk.com

Paratuberkulose
Manfred Stein: http://www.animal-health-online.de/drms/rinder/mcrohn.htm

PubMed (Medline)
http://www.ncbi.nlm.nih.gov/entrez/query.fcgi?CMD=&DB=PubMed

Robert Koch Institut
http://www.rki.de

Slow Food Deutschland
http://www.slowfood.de
und Umweltinstitut München e.V.
http://www.umweltinstitut.org/frames/all/m51.htm

Tipps der DGE für alle, die keine Milch trinken können
http://www.dge.de/modules.php?name=News&file=article&sid=427

Tierschutz
Animals Angels
http://www.animals-angels.de

USDA National Nutrient Database
http://www.nal.usda.gov/fnic/foodcomp/srch/search.htm

Anhang

Vegetarismus–Milch
http://www.vegetarismus.ch

White lies
The health consequences of consuming cow´s milk, Vegetarian & Vegan Foundation
http://www.vegetarian.org.uk/whitelies/report.pdf

Was wir essen
http://www.was-wir-essen.de

Zöliakie/Sprue
Deutsche Zöliakiegesellschaft e.V.
http://www.dzg-online.de

Abkürzungsverzeichnis

ABl.	Amtsblatt
ADS	Aufmerksamkeits-Defizit-Syndrom
BGBl.	Bundesgesetzblatt
BSE	bovine spongiforme Enzephalopathie
BST	bovines Somatotropin
CLA	conjugated linoleic acids
CMA	Centrale Marketing-Gesellschaft mbH der Deutschen Agrarwirtschaft
DGE	Deutsche Gesellschaft für Ernährung
DMB	Dairy Marketing Board
EFSA	European Food Safety Authority, Europäische Behörde für Lebensmittelsicherheit
EG	Europäische Gemeinschaft
EU	Europäische Union
EWG	Europäische Wirtschaftsgemeinschaft
FAZ	Frankfurter Allgemeine Zeitung
FDA	Food and Drug Administration (USA)
FR	Frankfurter Rundschau
GVO	gentechnisch veränderte Organismen
Hrsg.	Herausgeber
hGH, auch GH	human Growth Hormone
IGF	insulin-like growth-factor
MAO	Monoaminooxidase
MKS	Maul-und Klauenseuche
MS	Multiple Sklerose
PCB	polychlorierte Biphenyle
pH	pondus Hydrogenii
rBST	recombinante bovine somatotropin
RGBl.	Reichsgesetzblatt
SCAWAH	Scientific Committee on Animal Health and Animal Welfare (EU)
Tbc	Tuberkulose
UF	Ultrafiltration

Anhang

UHT	ultra high temperature
UV-Strahlung	ultraviolette Strahlung
Verf.	Verfasserin
WTO	World Trade Organisation, Welthandelsorganisation
WHO	World Health Organisation, Weltgesundheitsorganisation
XO	Xanthinoxidase, Xanthineoxidase
ZMP	Zentrale Markt- und Preisberichtsstelle

Maßeinheiten

1 t	Tonne = 1000 kg
1 kg	Kilogramm = 1000 g
1 g	Gramm = 1000 mg
1 mg	Milligramm = 1 Tausendstel Gramm
1 µg	Mikrogramm = 1 Millionstel Gramm
1 ng	Nanogramm = 1 Milliardstel Gramm
1 µm	Mikrometer = 1 Millionstel Meter
1 l	Liter = 1000 Milliliter
1 l Milch	1030 g Milch

Glossar

Absorption, Aufnahme, Vorgang des In-sich-Aufsaugens.

Adaption, Anpassung.

Adipositas, krankhaftes Übergewicht.

Alaktasie, Laktasemangel; fehlende oder mangelnde Bildung des Enzyms Laktase im Dünndarm; personalisiert: Alaktasier.

Allergie, veränderte, d. h. gesteigerte oder verminderte Immunreaktion des Organismus, die zu krankhaften Unverträglichkeitsreaktionen auf Substanzen außerhalb des Organismus führt.

Allmende, der Teil der Gemeindeflur, der sich im Gemeindeeigentum aller Dorfbewohner befand, meist Weiden, Wald und Brachland. Damit konnten ärmere Dorfbewohner unterstützt und für das Dorf Einnahmen erzielt werden. Im 18. und 19. Jahrhundert wurden sie langsam aufgelöst.

Alzheimer'sche Krankheit, mit Demenz verbundene Großhirnrindenatrophie.

Aminosäure, kleinster Eiweißbaustein.

Anaphylaxie, anaphylaktischer Schock, starke Kreislaufreaktion auf biogene Amine, die in besonders schweren Fällen zum Tode führt.

Anthropologie, Wissenschaft vom Menschen und seiner Entwicklung.

anti-aging, wörtlich: gegen das Altern.

anti-apoptotisch, das zelleigene Programm zur Selbstzerstörung ist ausgeschaltet, den Zelltod verhindernd.

antikarzinogen, hemmende Wirkung auf Wachstum und Ausbreitung von Tumoren.

Apoptose, programmierter Zelltod.

apoptotisch, das zelleigene Programm zur Selbstzerstörung betreffend.

Arteriosklerose, Arterienverkalkung.

Atrophie, Gewebeschwund.

Autoimmunerkrankung, Erkrankung, bei der das Immunsystem körpereigene Strukturen angreift und Antikörper gegen sie bildet, als handele es sich um Fremdstoffe.

bactofugieren, schnelles Schleudern einer Flüssigkeit in einer speziellen Zentrifuge, um schädliche Keime zu entfernen.

biogene Amine, Substanzen, die beim Eiweißabbau anfallen und in unphysiologisch hohen Mengen schädlich sind, z. B. Histamin, Tyramin, Phenylalanin u. a.

Boútyron, altgriechisch: Kuhquark.

bovin, vom Rind stammend.

Anhang

bovines Somatotropin, Rindersomatotropin.

Brucellose, Entzündung, die durch Brucellen-Bakterien hervorgerufen wird.

Bruch, Bezeichnung für die geronnene Milchmasse bei der Käse- und Quarkherstellung.

BSE = bovine spongiforme Enzephalopathie, fortschreitende Gehirnveränderung beim Rind, die schnell zum Tod führt.

Bürstensaum, Minizotten im Dünndarm, auf den großen Zotten sitzend.

Cholesterin, in allen tierischen Geweben vorkommende fettähnliche Substanz, ein Sterin.

chronisch, langsam verlaufend und lange anhaltend.

Copräcipitat, technisches Milchprodukt aus Kasein und Molkeneiweiß.

Darmmukosa, innere Schleimhaut des Darms.

Darmresorption, siehe Resorption.

Demenz, Verlust erworbener intellektueller Fähigkeiten.

Denaturierung, hier: physikalische Veränderung von Eiweißen.

Diabetes Typ I, insulinabhängiger juveniler Diabetes, totaler Insulinmangel.

Diabetes Typ II, so genannter Altersdiabetes,
Resistenz gegen Insulin, d. h. die Zellen sprechen nicht mehr genügend auf das vorhandene Insulin an.

Disaccharid, Zweifachzucker.

Eiweißstandardisierung, ein Milchprodukt durch Zuführen von Molkenproteinen und/oder Kaseinen auf einen bestimmten Eiweißgehalt einstellen.

Enzym, organische Verbindung, meistens eine Eiweißverbindung, die Stoffwechselprozesse steuert; früher benutzte man die Bezeichnung Ferment.

enzymatisch, mittels Enzymen reagierend.

Epidemiologie, Wissenschaft von der Entstehung und Verbreitung von Massen- und Zivilisationserkrankungen.

essentielle Aminosäure, eine Aminosäure, die im menschlichen Körper nicht gebildet wird, muss mit der Nahrung zugeführt werden. Acht Aminosäuren gelten als essentiell.

Evolutionsgeschichte, die Geschichte von der Entwicklung der Erde und des Menschen.

Exorphine, opiatähnliche Eiweiße, die mit der Nahrung aufgenommen werden.

Fäzes, menschliche Ausscheidung über den Dickdarm.

Fermentation, Umwandlung, Vergärung von Substanzen durch Einwirken von Bakterien und Enzymen.

Fertilität, Fruchtbarkeit.

Fordismus, eine auf den amerikanischen Industriellen Henry Ford zurückgehende These in der ökonomischen Wissenschaft aus der ersten und zweiten Dekade des 20. Jahrhunderts. Danach führt eine erhöhte Arbeitsteilung und Rationalisierung (Fließband) zu höherer Produktion, zur Verbilligung der Herstellung eines Produktes und zu besseren Produkten mit niedrigeren Preisen. Angebliche Folge: Auch die Arbeiter können sich die von ihnen produzierten Produkte leisten.

Fruktose, Fruchtzucker (Einfachzucker).

Galaktokinase, Enzym, das beim Abbau von Galaktose beteiligt ist.

Galaktose, Schleimzucker (Einfachzucker).

Gastmahl des Trimalchion, beschrieben von dem römischen Schriftsteller Petronius Arbiter (66 n. Chr. durch Selbstmord gestorben) in seinem Buch: Satyricon, Cena Trimalchionis.

Gelatine, Binde- und Dickungsmittel aus tierischem, minderwertigem Eiweiß, das beim Kochen von Bindegeweben (Knochen, Häute, Sehnen) entsteht. Löst sich beim Erwärmen auf und härtet beim Abkühlen zu Gel aus.

genetische Disposition, genetische Veranlagung.

Gen-Food, umgangssprachlich, Nahrungsmittel, die mit Hilfe gentechnologischer Verfahren hergestellt werden.

gesättigte Fettsäuren, Fettsäuren mit nur einer einfachen Verbindung zwischen Kohlenstoff- und Wasserstoffatomen. Alle Kohlenstoffatome sind gesättigt, daher stabil, und oxidieren nicht.

Glukose, Traubenzucker (Einfachzucker).

Gluten, Eiweiß des Weizens.

Häresie, Ketzerei.

Histamin, biogenes Amin, das aus der Aminosäure Histidin gebildet wird.

hitzelabil, durch Hitze veränderbar.

Hominiden, Menschenartige.

Homogenisierung, mechanische Behandlung von Flüssigkeiten zur Zerkleinerung ihrer festen Bestandteile, damit sich normalerweise nicht mischbare Flüssigkeiten vermischen lassen, z. B. Fett und Wasser. Um dies zu erreichen, wird die Flüssigkeit mit Druck durch winzige Spalten gepresst.

Homo sapiens, biologische Gattungsbezeichnung für den Menschen.

human Growth Hormone, menschliches Wachstumshormon.

Humanmilch, Frauenmilch, Muttermilch des Menschen.

Anhang

Hypolaktasie, Laktasemangel; anderer Ausdruck für Alaktasie und Laktoseintoleranz; im Englischen als *hypolactasia* besonders geläufig.

Hypothalamus, Bereich des Zwischenhirns, in der die Hypophyse (Hirnanhangdrüse) liegt.

Immunglobuline, Antikörper der spezifischen körpereigenen Abwehr; dienen dem Immunschutz, z. B. IgG, IgA, IgE, IgM.

indigene Bevölkerung, Urbevölkerung.

Insulin-like Growth-Factor, IGF, Insulin-ähnlicher Wachstumsfaktor, starkes Wachstumshormon.

Karnivoren, Fleischfresser.

Kaseine, die größte Kuhmilcheiweißfraktion, die wiederum aus unterschiedlichen Fraktionen besteht.

Kasomorphine, bioaktive Kaseine mit morphinähnlicher Wirkung.

Keim, ein Kleinstlebewesen, meistens Bakterium oder Virus; es kann positive, neutrale oder negative Wirkung auf den Menschen haben.

Keulung, gezielte Tötung von Haustieren aus Krankheitsgründen.

Kohlenhydrat, eine aus Kohlenstoff, Sauerstoff und Wasserstoff zusammengesetzte organische Verbindung, z. B. Zucker, Stärke oder Zellulose.

kongenital, angeboren.

Kraftfutter, besonders eiweißreiche Ernährung, zur Verbesserung der Milchleistung von Kühen; ursprünglich aus Getreide, Mais und Soja, später wurde (legal) Tiermehl, hauptsächlich aus tierischen Proteinen, zugesetzt.

Lab, die aus den Mägen von jungen Säugetieren gewonnene, den Käsestoff der Milch zum Gerinnen bringende Substanz, die hauptsächlich aus dem Enzym Chymosin/Chymase und einem kleinen Anteil Pepsin besteht. Erwachsene Säuger bilden kein Chymosin mehr, nur noch das Enzym Pepsin, das jedoch den Käsestoff nicht so gut wie das Chymosin zum Gerinnen bringt.

Laktase, ein Enzym im Dünndarm von Kleinkindern und jungen Säugetieren; bei erwachsenen Tieren wird es nicht mehr gebildet, bei erwachsenen Menschen hauptsächlich nur noch in der weißen eurasischen Bevölkerung; fehlt das Enzym und werden trotzdem Milchprodukte gegessen, kommt es zu krankhaften Veränderungen im Stoffwechsel.

Laktasier, Menschen, die das Enzym Laktase bilden und deshalb Milchzucker im Dünndarm spalten können.

Laktation, Zeitraum, in dem ein weibliches Säugetier nach einer Geburt Milch gibt.

Laktobazillen, eine Gattung der Milchsäurebakterien.

Laktose, Milchzucker (Zweifachzucker, bestehend aus Glukose und Galaktose).

Laktoseintoleranz, Milchzuckerunverträglichkeit, siehe dort.

Lebensmittelunverträglichkeit, die nicht auf einer allergischen Reaktion beruhende Unverträglichkeit auf von außen zugeführte Substanzen; meist fehlen Verdauungsenzyme.

Linolensäure, Omega-3-Fettsäure.

Linolsäure, Omega-6-Fettsäure.

Lipid, Fett.

Maillard-Reaktion, Reaktion von Eiweißen mit Kohlenhydraten, hier: Kasein-Laktose-Bräunungsreaktion; wird in der Lebensmittelindustrie (z. B. Mikrowellennahrung) eingesetzt.

Magermilch, in der Molkerei: völlig entfettete Milch; in der Alltagssprache: Milch, deren Fettanteil reduziert ist.

Malabsorption, ungenügende oder fehlende Aufnahme von Nahrungsbestandteilen aus dem Verdauungstrakt, besonders aus dem Dünndarm; kann unterschiedliche Ursachen haben, häufig Enzymmangel oder Dünndarmerkrankungen.

Maltose, Zweifachzucker, bestehend aus zwei Molekülen Glukose.

Mastitis, bakterielle Entzündung der Euterdrüsen.

Membran, dünnes, feines gespanntes Häutchen mit Filterfunktion.

Migration, Wanderbewegung von bestimmten Populationen über Ländergrenzen hinweg.

Milchfraktionen, die verschiedenen Hauptbestandteile der Milch.

Milchländer, alle westlichen Industriestaaten, also die alte EU vor Mai 2004, die USA, Kanada, Australien, Neuseeland.

Milchplasma, Magermilch, Milch ohne Fett, jedoch mit Eiweißen, Milchzucker und Wasser.

Milchquotenregelung, seit 1984 ununterbrochen in Kraft; Erzeuger erhalten eigentumsähnliche Rechte, sogenannte Milchquoten, zugeteilt. Diese geben ihnen das Recht eine bestimmte Menge Milch an Molkereien zu liefern. Beim Überschreiten der genehmigten Menge sind hohe Abgaben an die EU fällig, als Anreiz die Quote einzuhalten. In 2015 soll die Quote wegfallen.

Milchsammelstellen, häufig Vorläufer von Molkereien, denen die Bauern ihre lose Milch brachten. Hier wurde sie eventuell auf schädliche Keime untersucht, gekühlt, pasteurisiert und an die Milchhändler und Geschäfte als lose Milch/Trinkmilch abgegeben. Nicht verkaufte Milch nahmen diese Sammelstellen auch wieder zurück; so genannte Restmilch konnte hier von den Bauern zur Fütterung von Schweinen abgeholt werden.

Milchsäurebakterium, kann überall vorkommen, besonders aber in der Stallluft; spaltet mittels eines von ihm produzierten Enzyms, der Laktase, Milchzucker in Traubenzucker und Schleimzucker.

Milchzuckerunverträglichkeit, Laktoseintoleranz; bei fehlender oder mangelnder Aktivität des Enzyms Laktase im Dünndarm kann der Nahrungs-Milchzucker nicht gespalten werden; wenn trotzdem milchzuckerhaltige Nahrungsmittel gegessen werden, kommt es zu verschiedenen krankhaften Reaktionen.

minor, von untergeordneter Bedeutung.

Mizellen, kleine, abgeschlossene Partikel.

Molkenproteine, die kleinere Milcheiweißfraktion, die wiederum aus unterschiedlichen Fraktionen besteht.

Monosaccharid, Einfachzucker.

Mukosa/Mucosa, Schleimhaut.

Multiple Sklerose, MS, Entmarkungskrankheit des Zentralnervensystems, bei der das Myelin angegriffen wird.

Myelin, fetthaltige Umhüllung von Nervenfasern.

Neolithikum, Jungsteinzeit.

neolithische Revolution, ab etwa 10.000 v. Chr., Übergang von Jäger- und SammlerInnenkulturen zu sesshaften, Ackerbau und Viehzucht betreibenden Kulturen.

Neugeborenen-Screening, Standarduntersuchung jedes Neugeborenen auf angeborene Stoffwechselerkrankungen.

Nitrat, Salz der Salpetersäure.

Obstipation, Stuhlverstopfung.

Omnivoren, Allesfresser.

oral, durch den Mund.

Osteomalazie, Knochenerweichung, bei Kindern Rachitis genannt.

Osteoporose, Knochenentkalkung.

Ovarien, Eierstöcke.

Oxyd, Verbindung eines chemischen Elements mit Sauerstoff.

Oxydation, Vereinigung (Reaktion) eines Stoffes mit Sauerstoff.

Paläolithikum, Altsteinzeit.

Pasteurisierung, Erhitzung einer Flüssigkeit auf eine bestimmte Höhe (unter 100 °C) zur Abtötung von Keimen.

PCB – polychlorierte Biphenyle, zählen zu den giftigen Chemikalien.

Pepid, Kette von mindestens zwei oder mehreren Aminosäuren, die an einer bestimmten Stelle miteinander verbunden sind (Carboxyl- und Aminogruppe) = Peptidbindung.

pH-Wert, Gewicht des Wasserstoffs pro Liter Lösung; Kurzbezeichnung für die Wasserstoffionenkonzentration.

physiologisch, die Lebensvorgänge im Organismus betreffend.

Plasmalogene, Fettstoffe, biochemisch: Acetalphosphatide; rund 20% aller Phospholipide in Gehirn und Herz sollen Plasmalogene sein.

Population, Bevölkerung.

prebiotische Lebensmittel, mit unverdaulichen Bestandteilen, z.B. Oligofruktose und Inulin, angereicherte Produkte, die gezielt das Wachstum von Mikroorganismen im Darm fördern sollen.

probiotische Lebensmittel, mit lebenden Mikroorganismen angereicherte Lebensmittel, z.B. Joghurt mit bestimmten Milchsäurebakterien, die das Darmmilieu beeinflussen sollen.

prospektive Studien, Studien, die einen bestimmten Patientenpool über Jahre begleiten, um Langzeitaussagen über bestimmte gesundheitliche Entwicklungen zu machen.

Proteine, Eiweiße.

psychrotrophe Keime, Fäulnisbakterien; zersetzen Eiweiße.

pure-food, wörtlich: reine Lebensmittel; Bewegung in den USA, die ein verfassungsmäßiges Grundrecht des Menschen auf reine, unveränderte Lebensmittel fordert.

purgieren, innerlich reinigen, abführen.

Pyridoxin, Vitamin B 6.

Rekontaminierung, Wiederansteckung.

Resorption, Aufnahme von Stoffen durch lebende Zellen; im Darm versteht man darunter den aktiven Transportprozess in Richtung Blut und Lymphe; auch Darmresorption.

Restmilch, die nicht verkaufte Milch, Sauermilch und Molke, die früher wieder als Schweinefutter an die Molkerei oder die Bauern zurückging.

Retardierung, Zurückbleiben in der Entwicklung.

Saccharose, Zweifachzucker, bestehend aus einem Molekül Fruktose und Glukose.

Serumalbumin (bovin), eines von mehreren Molkeneiweißen.

Silage, Gärfutter, Futter das fermentiert wird, damit es sich länger hält.

somatische Zellen, Körperzellen, meist Eiterzellen, in unterschiedlicher Anzahl in der Milch von Kühen, die an Mastitis leiden.

Sprue, Glutenunverträglichkeit im Erwachsenenalter; siehe Zöliakie.

steroide Substanz, Substanz aus der Stoffklasse des Sterans, z. B. in Geschlechtshormonen, Gallensäuren, D-Vitaminen; unter steroiden Hormonen werden i. d. R. Geschlechtshormone verstanden.

Subsistenzwirtschaft, Produktion für den Eigenbedarf ohne nennenswerte Überschüsse für Lagerung, Tausch oder Handel.

synthetisieren, durch Synthese herstellen, aus einfacheren Stoffen zusammengefügt.

Tabu, niemals angesprochene Verhaltensweise, die aber unter Umständen allgemein bekannt sein kann.

tetanisch, krampfartig.

thermisch, die Wärme betreffend.

toxisch, giftig.

Triglyzeride, Fettsäuren, bestimmte Form der Glyzeride.

Trockensubstanz, Teile einer Flüssigkeit, die nicht Wasser sind.

Trockensubstanzerhöhung/Trockenmasseerhöhung im Milchverarbeitungsprozess, Erhöhung der Trockenmasse mittels Zusatz von Milcheiweiß- und Milchzucker.

Tuberkulose, Tbc, durch Tuberkelbakterien hervorgerufene chronische Infektionskrankheit.

Tumor, Geschwulst.

Typhus, der Prototyp der schweren fieberhaften Salmonelleninfektion mit besonderer Auswirkung auf das Darmgeschehen.

UHT-Milch, ultra high temperature, ultra-hocherhitzte Milch; mindestens eine Sekunde lang auf 135 °C erhitzt; z. B. H-Milch.

Ultrafiltration, Filtern von Lösungen durch Membranen, um bestimmte feste Stoffe von der Flüssigkeit zu trennen.

Underdogs, englische Bezeichnung für Menschen am Rande der Gesellschaft ohne Einflussmöglichkeiten; Benachteiligte.

ungesättigte Fettsäuren, Fettsäuren mit einer oder mehreren Doppelbindungen an Kohlenstoffatome, da sie für ein ausgeglichenes chemisches Verhältnis zu wenig Wasserstoffatome haben; daraus folgt ihre Neigung zur Oxidation.

Vorzugsmilch, gereinigte Rohmilch, die zum Verkauf abgepackt ist.

World Trade Organisation, Welthandelsorganisation mit Sitz in der Schweiz (Genf).

Zöliakie, Glutenunverträglichkeit; früher, Bezeichnung für die Glutenunverträglichkeit nur im Kindesalter; chronische Verdauungsinsuffizienz infolge von Unverträglichkeit des Weizen-Glutenbestandteils Gliadin und ähnlicher Bestandteile anderer Getreidearten.

Zotten, in den Dünndarm hineinragende, seine Resorptionsoberfläche stark vergrößernde Darmausbuchtungen.

Anhang

Stichwortverzeichnis

A

A1/A2-Milch 178

Adaption 26, 130, 335

Adipositas 148f., 164, 335

ADS 17, 127f., 178, 333

Afrikaner 139ff., 144

Akne 126f.

Alaktasier 12, 16, 21, 138ff., 142f.,
148ff., 152, 156, 164f., 167, 245,
266, 268f., 293ff., 335

Allergie 11, 17, 75, 89, 117f., 128,
133, 152, 214, 221, 223, 234f.,
278, 292, 304, 321, 324, 331, 335

Aminosäuren 89, 159f., 200, 214,
227, 290, 322, 336, 341

anaphylaktischer Schock 335

Anti-Aging 11, 208

Antibiotika 69, 85f., 91, 95, 198, 201,
289

Arbeitstiere 30, 72

Armenspeisung 51

Arteriosklerose 152, 158, 184, 231f.,
236, 335

Asiaten 140f., 144

Asthma 39, 42, 117, 152, 235

Audumla 30f.

Autismus 125f., 178f.

B

Benzoesäure 12, 183f., 257, 273, 278

Bergkäse 290

Bibel 20

bioaktive Kaseine 178, 338

biogene Amine 89, 294f., 335

boutyron 249

Brustkrebs 17, 122ff., 329

BSE 13, 69, 82, 238, 306, 310ff.,
333, 336

BST 84, 91, 190, 199ff., 204ff., 208f.,
317, 320f., 331, 333

Butter 12, 18ff., 26, 34ff., 38f., 41,
43ff., 49ff., 53ff., 65, 70, 76, 79,
90, 101, 104ff., 110ff., 140, 172,
175, 215, 249ff., 263, 280f., 291,
314

Butterschmalz 19, 34, 291, 250

C

Carrageen 169, 255

casale 34, 301

Cheddar 170, 290

cheese effect 295

China 29, 114, 117, 122f., 146ff.,
158, 317, 319

Cholera 61

Cholesterin 11, 154, 174f., 231, 253,
312, 336

Chymosin 285, 338

CLA 188f., 320, 333

Colon 267

Copräcipitat 255, 280, 336

D

Dauererhitzung 211

Denaturierung 227, 229f., 261, 276,
336

DGE 157, 269, 331, 333

Diabetes 10, 17, 117ff., 129, 141, 148, 152, 176f., 179, 192, 325, 329, 336

Dickdarm 23, 135, 224, 227ff., 266f., 270f., 336

Doktorandenfete 10, 103

Doping 11, 208

E

Edda 31

Eierstockkrebs 124

Eisen 75, 176, 182

Eiweiß 23, 34, 81, 88, 90, 93, 119, 153, 159f., 164, 192, 214, 225, 230, 232, 243, 245, 257, 261, 293f., 306, 312, 337

Emmentaler 175, 186, 284, 286, 289f., 292, 294

Enzymhemmer 229

Epilepsie 7, 37, 42

ESL-Milch 245

Euglobulin 226

Europa/Io 33

Europäische Union 314, 333

EWG 68, 72, 79f., 333

F

Farbstoffe 214, 255, 261, 291

Fermentation 12, 258ff., 270, 273, 336

Fett 12, 18ff., 24, 26, 28, 35f., 39, 52, 55ff., 62, 74, 81, 86, 88ff., 112, 135, 153, 160, 164, 175, 185f., 192, 215, 222, 224ff., 229f., 232, 240ff., 245, 249f., 253f., 259, 286, 292f., 299, 311f., 314, 337, 339

Fette 19, 81, 204f., 213, 231, 253, 311

Feulgen, Robert 231

Fließbandlogik 68f., 313

Fordismus 337

G

Galaktose 11, 135, 155, 167, 169ff., 245, 256ff., 265f., 293f., 337f.

Galen von Pergamon 7, 37, 283, 301

Gärung 135, 264, 270f., 273, 294

Gelatine 255f., 262, 278, 337

Gesner, Conrad 37, 39, 318

Gluten 119, 126, 128, 130ff., 149, 178, 337

Glutenunverträglichkeit 130, 132, 342f.

Griechen 9, 18, 32ff., 43, 139, 249, 284

H

H-Milch 9, 12, 75, 214, 238, 245, 342

Hathor 30ff., 307

Hera 32f.

Hippokratikum 296

Histamin 12, 127, 235, 257, 273, 293ff., 322, 335, 337

Histaminose 295

Hocherhitzung 212

Hodenkrebs 172

Holländereien 45, 319

Homogenisierung 222

Homogenisierung 9, 11, 74f., 133, 161, 215, 221ff., 229f., 232ff., 238, 241ff., 261f., 287, 306, 337

Honig 9, 17, 20, 41, 307f.

Hormone 11, 69, 91, 95, 124, 167, 189, 192, 197, 204f., 207f., 228ff., 311, 333, 337

Hortus Sanitatis 297

Hypolaktasie 21, 338

I

IGF 11, 190ff., 202ff., 230, 333, 338

Indien 29f., 33, 36, 114, 122, 139f., 145f., 292, 308

indigene Bevölkerung 140f., 338

insulinähnlichen Wachstumsfaktor 202, 209

J

Jod 182, 330

Joghurt 12, 16, 20, 76, 101, 106, 111ff., 131, 140, 144, 148, 160, 165, 168, 170, 174f., 183ff., 187f., 213, 215, 222, 238, 258ff., 266ff., 272f., 278, 280f., 299, 305, 341

Joghurt mild 12, 259, 262f., 269

Johne'sche Krankheit 216

K

Kalium 180f.

Kaltpasteurisierung 11, 211, 218f.

Kalzium 10, 75, 97, 123, 154f., 157ff., 181ff., 281, 298, 312

Karnivoren 23, 338

Käse 12f., 16, 18, 20, 26, 28, 34ff., 42ff., 49ff., 53, 55, 65, 70, 76, 91, 101, 104ff., 110ff., 119, 123, 144, 147, 157, 159ff., 165, 168, 170, 172, 175, 178, 184, 186f., 207, 222f., 225, 249, 275, 277, 280, 283ff., 301, 303, 305, 311, 314, 322, 336

Kaseinat 255, 280f.

Kaseine 42, 90f., 119, 160, 176ff., 204f., 214, 230, 258, 280f., 285, 338

Käseordal 295f.

Käsereifung 12, 285, 289, 293

Kasomorphine 126, 176, 178f., 338

Kefir 12, 258, 264ff.

Keimarmut 9, 67, 76, 88

Keimflora 85f., 88, 238, 240, 244

Klonkühe 98f., 191

Klonmilch 11, 99f., 191f.

Koagulum 224

Koch, Robert 61, 331

Kolostralmilch 94f., 208

Konservierung 11f., 28, 63, 212, 250, 278, 281

Kuhkulte 30

Kuhleben 72, 94, 205

Kurzzeiterhitzung 211, 213

Kurzzeitsäuerung 261

L

Lab 12, 34, 284f., 322, 338

Laktase 10, 21, 135f., 138, 142, 154ff., 161, 166f., 171, 173, 258, 335, 338, 340

Laktasebildungsfähigkeit 10, 136, 138, 155, 165

Laktasemangel 10, 21, 136, 138, 142, 155, 162, 167, 335, 338

Laktasier 21, 138f., 143, 165f., 270, 338

Laktose 10, 13, 132, 135, 155, 167ff., 214, 245, 255, 257, 262, 265, 267, 270, 279, 281f., 291, 293f., 297ff., 303, 338f.

laktosefreie Milch 149, 245

Laktoseintoleranz 4, 21, 139f., 142, 144f., 147f., 150f., 153, 162, 172, 269f, 299, 324, 338ff.

Lehfeldt, Wilhelm 54

Leukämie 203

Linolensäuren 12, 253f.

Linolsäuren 188, 253f.

Linsentrübung 11, 169

Lipase 215, 226

M

Magenschranke 203ff., 227f., 266, 270

Magnesium 151, 157, 161, 181

Margarine 9, 12, 55f., 58, 249, 253ff., 281

Massenproduktion 9, 67, 76, 213, 219, 259, 263, 275, 287

Mastitis 10, 85f., 91f., 196, 201, 339, 342

Methionin 12, 160, 184f., 187f., 214, 257, 273, 294

Metschnikoff, Ilja 259

Milchabstinenz 152

Milchberg 301f.

Milcheiweiß 11f., 28, 104, 116, 149, 152, 168, 176, 255, 259, 280ff., 342

Milchertrag 9f., 26f., 45, 80ff., 92f.

Milcherträge 46

Milcherzeugungsstatistik 109

Milchgesetz 9, 63, 65ff., 237

Milchhändlerinnen 9, 49, 53

Milchhexen 308

Milchindustrie 9, 16, 67, 73, 101, 118, 145, 149f., 159, 212, 233, 245, 257, 263, 303, 316, 330

Milchländer 113, 121f., 145, 156, 158, 165, 308, 339

Milchleistung 43ff., 49, 79, 80ff., 93, 95ff., 190, 193, 198, 200ff., 206ff., 311, 338

Milchparadox 312

Milchquotenregelung 79, 339

Milchsäure 12, 258, 263, 265f., 272, 275, 286, 293f.

Milchverfälschung 9, 58

Milchzucker 10, 12, 28, 57, 104, 106, 117, 125, 132f., 135f., 140, 143f., 149, 152, 155, 167ff., 171ff., 245f., 256ff., 262, 264ff., 276f., 281f., 286, 293f., 297ff., 303f., 306, 338ff., 342

Molke 7, 13, 17, 35, 37, 41, 45, 55, 60, 69, 106, 119, 185, 261f., 266, 275f., 278f., 283, 285, 287f., 297ff., 318, 325, 341

Molkenproteine 176f., 213, 225, 230, 255, 261, 276f., 279, 281, 288, 298, 340

Molkerei 64, 70, 73f., 76, 88f., 95, 108, 220, 223, 229, 238ff., 242f., 265, 268f., 330, 339, 341

Morbus Crohn 138, 152, 216ff.

Morbus Parkinson 125

Moses 17

Multiple Sklerose 10, 117f., 120f., 320, 333, 340

N

Nahrungsmittelgesetz 58f.

Natamycin 289

Natriumnitrat 289

neolithische Revolution 24, 340

Nierensteine 42, 136

Normann, Wilhelm 56

O

Ohrentzündungen 152

Omega 3 253f., 320

Omega 6 253f., 320

Omnivoren 23, 340

Osteomalazie 154, 340

Osteoporose 17, 117, 125, 136, 154, 156, 158, 340

Oster, Kurt 231

Oxalsäure 158, 162

oxygalaktinos 283

P

Pantaleone 37ff., 323

Paratuberkulose 11, 211, 216ff., 331

partikuliertes Molkenprotein 299

Pasteur, Louis 211

Pasteurisierung 9, 11, 59, 62f., 74f., 87, 133, 203f., 211ff., 218f., 222f., 226, 238, 242, 261f., 268f., 278, 286, 306, 315, 340

Pepsin 284f., 338

Phosphate 162, 291

Phythin 162

Propaganda 17, 57, 70, 147, 302, 314

Prostatakrebs 123f.

Proteine 23f., 81, 160, 176f., 213, 322, 341

Q

Quark 12, 16, 20, 28, 39f., 42, 51, 55, 70, 74, 76, 101, 106, 111, 160, 168, 170, 184, 187, 215, 273, 275ff., 280, 283f., 297f., 303, 305

R

rBST 11, 190f., 193ff., 204ff., 333

Reizdarm 152

Restmilch 45f., 54ff., 60, 240, 339, 341

Robinowitsch-Kemper, Lydia 61, 325

Rohmilch 67, 86ff., 171, 184, 212ff., 218f., 221ff., 237, 239f., 244, 269, 290f., 313f., 342

Rohstoffreservoir 12, 278f.

Römer 9, 13, 18, 33ff., 249, 283, 301f.

S

Salbe 43, 249

Salmonellen 11f., 237, 246f.

Salpeter 289

Sauermilch 12, 26, 28, 35, 40, 42, 55, 76, 86, 140, 185, 230, 244, 257, 266f., 273, 275, 283f., 293, 341

Schadenszauber 308

Schafsmilch 9, 34, 41, 43f.

Schmelzkäse 12, 162, 181, 291f., 299, 305

Schulspeisungsprogramme 143

Separatoren 240

Seuchen 9, 59

Solidargemeinschaft 304

somatische Zellen 85, 240, 342

Sonnenlicht 154

Sprue 131, 138, 332, 342
Sprühtrocknung 246
Subsistenzwirtschaft 342

T
Tageslichtergänzungsbeleuchtung 207
Tbc 56, 60f., 63, 333, 342
Teilhomogenisieren 243
Thermisieren 239f.
Trinkmilch 9, 20, 26, 49f., 54ff., 63, 70, 74, 76, 89, 105f., 109, 111, 113, 119, 144, 170, 180, 222, 237, 242, 244, 277, 339
Trockensubstanz 167, 259, 262, 268, 276, 292, 342
Tumorreife 191, 205
Typhus 63, 342

U
Überproduktion 10, 79
UF 276ff., 333
UHT 75, 87, 180, 215, 245, 334, 342
Ultrafiltration 208, 275f., 279, 298, 333, 342
Unfruchtbarkeit 11, 169, 172, 201

V
Verdaulichkeit 39, 161, 223ff.
Verkapselungseffekt 230, 234
Vitamin D 154, 164, 180
Vitamine 11, 75, 180, 213, 215
von Linde, Carl 50

W
Wachstumshormon 11, 190f., 193, 202, 208, 337f.
Wasserbindung 261
WHO 122f., 165, 232, 272, 334
Wiesenheu 108

X
Xanthinoxidase 215, 230ff., 245, 334
XO-Faktor 11, 221, 230f.

Z
Zentrifuge 54, 276, 335
Zeus 32f.
Zichorien 51
Ziegenmilch 18, 34, 43, 88, 178, 266
Zink 151, 181f.
Zitronensäure 183, 255
Zivilisationskrankheiten 10, 115, 120
Zöliakie 130ff., 138, 332, 342f.